Linux典藏大系

Linux
从入门到精通
（第3版）

刘忆智 ◎ 编著

清华大学出版社
北京

内 容 简 介

本书是获得大量读者好评的"Linux 典藏大系"中的经典畅销书《Linux 从入门到精通》的第 3 版。本书第 2 版累计 30 次印刷,印数超过 10 万册,多次被评为清华大学出版社"年度畅销书",还曾获得"51CTO 读书频道"颁发的"最受读者喜爱的原创 IT 技术图书奖",并被 ChinaUnix 技术社区大力推荐。本书基于新发布的 Ubuntu 22.04,循序渐进地向读者介绍 Linux 的基础应用、系统管理、网络应用、娱乐与办公、程序开发、服务器配置和系统安全等相关知识。本书提供教学视频、思维导图、教学 PPT、习题参考答案和软件工具等超值配套资源,帮助读者高效、直观地学习。

本书共 27 章,分为 7 篇。第 1 篇"基础知识",包括 Linux 概述、Linux 的安装、Linux 的基本配置、桌面环境。第 2 篇"系统管理",包括 Shell 的基本命令、文件和目录管理、软件包管理、硬盘管理、用户与用户组管理、进程管理。第 3 篇"网络应用",包括网络配置、浏览网页、传输文件、远程登录。第 4 篇"娱乐与办公",包括多媒体应用、图像查看和处理、打印机配置、办公软件的使用。第 5 篇"程序开发",包括 Linux 编程工具和 Shell 编程。第 6 篇"服务器配置",包括服务器基础知识、HTTP 服务器——Apache、Samba 服务器和网络硬盘——NFS。第 7 篇"系统安全",包括任务计划——cron、防火墙和网络安全、病毒和木马等。附录给出了 Linux 的常用指令。

本书内容丰富,讲解循序渐进,非常适合广大 Linux 初、中级读者阅读,也适合开源软件爱好者和从事 Linux 平台开发的各类人员阅读,还可作为大中专院校相关专业的教材。

本书封面贴有清华大学出版社防伪标签,无标签者不得销售。
版权所有,侵权必究。举报: 010-62782989, beiqinquan@tup.tsinghua.edu.cn。

图书在版编目(CIP)数据

Linux 从入门到精通 / 刘忆智编著. —3 版. —北京:清华大学出版社,2024.4(2025.5 重印)
(Linux 典藏大系)
ISBN 978-7-302-66020-0

Ⅰ. ①L… Ⅱ. ①刘… Ⅲ. ①Linux 操作系统 Ⅳ. ①TP316.89

中国国家版本馆 CIP 数据核字(2024)第 070107 号

责任编辑:王中英
封面设计:欧振旭
责任校对:徐俊伟
责任印制:杨 艳

出版发行:清华大学出版社
网 址:https://www.tup.com.cn, https://www.wqxuetang.com
地 址:北京清华大学学研大厦 A 座 邮 编:100084
社 总 机:010-83470000 邮 购:010-62786544
投稿与读者服务:010-62776969, c-service@tup.tsinghua.edu.cn
质量反馈:010-62772015, zhiliang@tup.tsinghua.edu.cn

印 装 者:北京联兴盛业印刷股份有限公司
经 销:全国新华书店
开 本:185mm×260mm 印 张:26.25 字 数:652 千字
版 次:2010 年 1 月第 1 版 2024 年 4 月第 3 版 印 次:2025 年 5 月第 2 次印刷
定 价:89.80 元

产品编号:100972-01

前言

对于计算机操作系统，多数人熟知的是微软公司的 Windows 系统和苹果公司的 Mac 系统。而对于技术人员来说，他们还熟知一个不属于任何公司的操作系统——Linux。该系统一诞生，就以一种奇妙的方式影响着人们的工作和生活。例如：互联网服务器为人们提供了各种各样的服务，如订餐、购物、在线直播和游戏等，提供这些服务的服务器超过 70% 使用的是 Linux 系统；另外，为人们提供实时天气预报的超级计算机和全球 500 强公司基本上都在使用 Linux 系统。即便是全世界用户量最大的 Android 手机，其操作系统也与 Linux 有着密切的关系，因为 Android 系统是基于 Linux 内核开发的。

本书是获得大量读者好评的"Linux 典藏大系"中的经典畅销书《Linux 从入门到精通》的第 3 版。截至本书完稿，本书第 2 版累计 30 次印刷，印数超过 10 万册，多次被评为清华大学出版社"年度畅销书"，还曾获得"51CTO 读书频道"颁发的"最受读者喜爱的原创 IT 技术图书奖"。本书试图向读者传递一个信号：无论个人用户，还是企业用户，Linux 系统都是一个足够可靠的选择。本书不是一本参考大全，也不是一本命令手册，而是一本能帮助初学者从零开始部署和使用 Linux 系统的实用之作。除此之外，本书还能向管理员传递一些解决实际问题的思路和技巧。

关于"Linux 典藏大系"

"Linux 典藏大系"是专门为 Linux 技术爱好者推出的系列图书，涵盖 Linux 技术的方方面面，可以满足不同层次和各个领域的读者学习 Linux 的需求。该系列图书自 2010 年 1 月陆续出版，上市后深受广大读者的好评。2014 年 1 月，创作者对该系列图书进行了全面改版并增加了新品种。新版图书一上市就大受欢迎，各分册长期位居 Linux 图书销售排行榜前列。截至 2023 年 10 月底，该系列图书累计印数超过 30 万册。可以说，"Linux 典藏大系"是图书市场上的明星品牌，该系列中的一些图书多次被评为清华大学出版社"年度畅销书"，还曾获得"51CTO 读书频道"颁发的"最受读者喜爱的原创 IT 技术图书奖"，另有部分图书的中文繁体字版在中国台湾出版发行。该系列图书的出版得到了国内 Linux 知名技术社区 ChinaUnix（简称 CU）的大力支持和帮助，读者与 CU 社区中的 Linux 技术爱好者进行了广泛的交流，取得了良好的学习效果。另外，该系列图书还被国内上百所高校和培训机构选为教材，得到了广大师生的一致好评。

关于第 3 版

随着技术的发展，本书第 2 版与当前 Linux 的新版本有所脱节，这给读者的学习带来了不便。应广大读者的要求，笔者结合 Linux 技术的发展对第 2 版图书进行全面的升级改版，推出了第 3 版。相比第 2 版图书，第 3 版在内容上的变化主要体现在以下几个方面：

- ❏ 将 Ubuntu 的版本从 12.04 升级为 22.04；
- ❏ 对系统自带软件的操作方法全部进行了更新；
- ❏ 将第三方应用软件升级为当前的新版本，并对其在 Ubuntu 22.04 上的运行进行了一一验证，确保都能正常运行；
- ❏ 对 Linux 的新技术和新标准进行了补充，如 Ext4；
- ❏ 修订了第 2 版中的一些疏漏，并对一些表述不够准确的内容重新表述；
- ❏ 增加了思维导图和课后习题，以方便读者梳理和巩固所学知识。

本书特色

1．视频教学，高效、直观

本书涉及大量的具体操作，为此笔者专门录制了对应的配套教学视频，以更加高效和直观的方式讲解书中的重要知识点和操作，从而帮助读者取得更好的学习效果。

2．内容新颖、全面，紧跟技术发展

本书基于当前流行的 Ubuntu 22.04 版写作，内容非常新颖，而且几乎涵盖 Linux 入门与进阶读者需要掌握的所有常用知识点与操作：桌面用户可以掌握如何在 Linux 上进行办公和娱乐；系统管理员可以掌握服务器配置、系统管理和 Shell 编程等知识；开发人员可以掌握编译器、调试器和正则表达式等与开发相关的知识。

3．门槛很低，容易上手

本书不需要读者有任何的 Linux 使用经验即可轻松上手，只要读者懂得如何使用鼠标、键盘和电源开关，就能顺利阅读本书。本书为操作性较强的内容提供了"快速上手"环节，先用简单的示例带领读者上手操作，然后进一步介绍理论与进阶知识。

4．示例丰富，实用性强

本书配合大量的操作示例进行讲解，读者在自己的实验环境中即可操作。对于一些难度较大的知识点和操作，书中通过"进阶"环节来讲解，这些内容对系统管理员非常重要。

5．目录详尽，即用即查

本书为每个重要的知识点都提供了详尽的目录，而且在附录中给出了 Linux 常用指令的索引表，以方便读者查阅。对于有一定 Linux 基础的读者，完全可以把本书作为备用备查的手册，以便在工作中随时查阅。

6．提供习题、源代码、思维导图和教学 PPT

本书特意在每章后提供多道习题，用以帮助读者巩固和自测该章的重要知识点，另外还提供源代码、思维导图和教学 PPT 等配套资源，以方便读者学习和老师教学。

本书内容

第 1 篇　基础知识

本篇涵盖第 1～4 章，主要内容包括 Linux 的起源、发展、安装、基本配置和桌面环境的使用等。通过学习本篇内容，读者可以快速了解 Linux 系统的特点，并掌握搭建 Linux 环境的步骤和 Linux 系统的基本操作方法。

第 2 篇　系统管理

本篇涵盖第 5～10 章，主要内容包括 Shell 的基本命令、文件和目录管理、软件包管理、硬盘管理、用户与用户组管理、进程管理等。通过学习本篇内容，读者可以全面掌握 Linux 系统配置的基础知识，并学习如何解决 Linux 系统的常见问题。

第 3 篇　网络应用

本篇涵盖第 11～14 章，主要内容包括网络配置、浏览网页、传输文件和远程登录等。通过学习本篇内容，读者可以全面掌握如何在 Linux 系统中操作各种网络应用，从而像在 Windows 系统中一样灵活地应用各种网络资源。

第 4 篇　娱乐与办公

本篇涵盖第 15～18 章，主要内容包括多媒体应用、图像查看和处理、打印机配置、办公软件的使用。通过学习本篇内容，读者可以全面掌握如何在 Linux 系统中进行各种娱乐活动，以及处理各种日常工作，从而让 Linux 成为自己的办公和娱乐平台。

第 5 篇　程序开发

本篇涵盖第 19、20 章，主要内容包括 Linux 编程工具，如 Vim 等各种编辑器、GCC 编译器、GDB 调试器和版本控制系统等，另外还包括 Shell 编程的基础知识。通过学习本篇内容，读者可以全面掌握 Linux 环境下的各种开发工具的使用，以及 Shell 编程的相关知识，从而将 Windows 系统的编程工作顺利地迁移到 Linux 系统中。

第 6 篇　服务器配置

本篇涵盖第 21～24 章，主要内容包括服务器基础知识、HTTP 服务器——Apache、Samba 服务器、网络硬盘——NFS。通过学习本篇内容，读者可以全面掌握常见的 Linux 服务器搭建技巧，而且可以将自己的个人 PC "升级"为功能强大的服务器。

第 7 篇　系统安全

本篇涵盖第 25～27 章，主要内容包括任务计划——cron、防火墙和网络安全、病毒和木马。通过学习本篇内容，读者可以全面掌握 Linux 系统基本的安全防护技巧，从而为自己的 Linux 系统搭建一个安全的环境。

附录

本书附录给出了 Linux 常用指令速查表,将 Linux 系统常用的 437 个指令按照功能进行分类,以方便读者在使用的过程中进行检索。

读者对象

- Linux 初、中级用户;
- Linux 环境下的开发人员;
- 开源软件爱好者;
- 大中专院校的学生;
- 社会培训机构的学员。

配书资源获取方式

本书涉及的配书资源如下:
- 配套教学视频;
- 高清思维导图;
- 习题参考答案;
- 配套教学 PPT;
- 书中涉及的工具。

上述配套资源有 3 种获取方式:关注微信公众号"方大卓越",然后回复数字"18",即可自动获取下载链接;在清华大学出版社网站(www.tup.com.cn)上搜索到本书,然后在本书页面上找到"资源下载"栏目,单击"网络资源"按钮进行下载;在本书技术论坛(www.wanjuanchina.net)上的 Linux 模块进行下载。

技术支持

虽然笔者对书中所述内容都尽量予以核实,并多次进行文字校对,但因时间所限,可能还存在疏漏和不足之处,恳请读者朋友批评与指正。

读者在阅读本书时若有疑问,可以通过以下方式获得帮助:
- 加入本书 QQ 交流群(群号:302742131)进行提问;
- 在本书技术论坛(见上文)上留言,会有专人负责答疑;
- 发送电子邮件到 book@wanjuanchina.net 或 bookservice2008@163.com 获得帮助。

编者

2024 年 3 月

目录

第 1 篇　基础知识

第 1 章　Linux 概述 2
1.1　Linux 的起源和发展 2
1.1.1　Linux 的起源 2
1.1.2　追溯到 UNIX 2
1.1.3　影响世界的开源潮流 3
1.1.4　GNU 公共许可证：GPL 4
1.2　为什么选择 Linux 4
1.2.1　作为服务器 4
1.2.2　作为桌面 5
1.3　Linux 的发行版本 5
1.3.1　不同的发行版本 5
1.3.2　哪种发行版本最好 6
1.3.3　本书选择的发行版本 7
1.4　Internet 上的 Linux 资源 8
1.5　小结 9
1.6　习题 9

第 2 章　Linux 的安装 11
2.1　安装前的准备工作 11
2.1.1　从哪里获得 Linux 11
2.1.2　硬件要求 11
2.1.3　与 Windows "同处一室" 12
2.1.4　虚拟机的使用 12
2.1.5　虚拟机软件 VMware Workstation 13
2.2　安装 Linux 至硬盘 13
2.2.1　第一步：从 U 盘启动 13
2.2.2　关于硬盘分区 15
2.2.3　配置 Ubuntu 的基本信息 17
2.2.4　设置用户和口令 17
2.2.5　第一次启动 18
2.3　获取帮助信息和搜索应用程序 19

2.4 进阶：修复受损的 Grub 20
    2.4.1 Windows "惹的祸" 20
    2.4.2 使用救援模式 20
    2.4.3 重新安装 Grub 21
2.5 小结 23
2.6 习题 23

第 3 章 Linux 的基本配置 24

3.1 关于超级用户 root 24
    3.1.1 root 用户可以做什么 24
    3.1.2 避免灾难 25
    3.1.3 Debian 和 Ubuntu 的 root 用户 25
3.2 依赖发行版本的系统管理工具 26
3.3 中文支持 26
3.4 关于硬件驱动程序 27
3.5 获得更新 28
3.6 进阶：配置 Grub 29
    3.6.1 Grub 的配置文件 29
    3.6.2 使用 Grub 命令行 31
3.7 小结 32
3.8 习题 32

第 4 章 桌面环境 34

4.1 快速熟悉工作环境 34
    4.1.1 运行应用程序 34
    4.1.2 浏览文件系统 34
    4.1.3 创建一个文本文件 35
4.2 个性化设置 36
    4.2.1 设置桌面背景和字体 36
    4.2.2 设置显示器的分辨率 37
    4.2.3 设置代理服务器 37
    4.2.4 设置鼠标和触摸板 38
    4.2.5 设置快捷键 38
4.3 进阶：究竟什么是"桌面" 39
    4.3.1 可以卸载的图形环境 39
    4.3.2 X 窗口系统的基本组成 40
    4.3.3 X 窗口系统的启动过程 41
    4.3.4 启动 X 应用程序 41
    4.3.5 桌面环境——KDE 和 Gnome 谁更好 42
4.4 小结 42

4.5 习题 ·· 43

第 2 篇 系统管理

第 5 章 Shell 的基本命令 ·· 46
5.1 Shell 简介 ··· 46
5.2 格式约定 ··· 46
5.3 快速上手：浏览硬盘 ··· 47
5.4 提高效率：使用命令行补全和通配符 ··· 48
5.5 查看目录和文件 ··· 50
  5.5.1 显示当前目录：pwd 命令 ·· 50
  5.5.2 改变目录：cd 命令 ··· 50
  5.5.3 列出目录内容：ls 命令 ·· 51
  5.5.4 列出目录内容：dir 和 vdir 命令 ··· 52
  5.5.5 查看文本文件：cat 和 more 命令 ··· 53
  5.5.6 显示文件的开头和结尾：head 和 tail 命令 ······································· 54
  5.5.7 更好地阅读文本：less 命令 ··· 55
  5.5.8 查找文件内容：grep 命令 ··· 56
5.6 我的文件在哪里：find 命令 ·· 57
5.7 更快速地定位文件：locate 命令 ··· 58
5.8 从终端运行程序 ··· 58
5.9 查找特定程序：whereis 命令 ·· 59
5.10 查看用户及版本信息 ··· 59
5.11 寻求帮助：man 命令 ·· 60
5.12 获取命令简介：whatis 和 apropos 命令 ·· 60
5.13 小结 ·· 61
5.14 习题 ·· 62

第 6 章 文件和目录管理 ·· 63
6.1 Linux 文件系统架构 ·· 63
6.2 快速上手：和团队共享文件 ··· 64
6.3 建立文件和目录 ··· 65
  6.3.1 建立目录：mkdir 命令 ·· 65
  6.3.2 建立一个空文件：touch 命令 ··· 66
6.4 移动、复制和删除 ··· 66
  6.4.1 移动和重命名：mv 命令 ··· 66
  6.4.2 复制文件和目录：cp 命令 ·· 67
  6.4.3 删除目录和文件：rmdir 和 rm 命令 ·· 68
6.5 文件和目录的权限 ··· 69
  6.5.1 权限设置针对的用户 ·· 69

6.5.2　需要设置哪些权限 69
　　6.5.3　查看文件和目录的属性 70
　　6.5.4　改变文件的所有权：chown 和 chgrp 命令 71
　　6.5.5　改变文件的权限：chmod 命令 72
　　6.5.6　文件权限的八进制表示 72
　6.6　文件类型 73
　　6.6.1　查看文件类型 73
　　6.6.2　建立链接：ln 命令 74
　6.7　输入、输出重定向和管道 75
　　6.7.1　输出重定向 75
　　6.7.2　输入重定向 76
　　6.7.3　管道："|"命令 77
　6.8　小结 78
　6.9　习题 79

第 7 章　软件包管理 80

　7.1　快速上手：安装和卸载 QQ for Linux 80
　　7.1.1　安装 QQ for Linux 80
　　7.1.2　运行 QQ for Linux 81
　　7.1.3　卸载 QQ for Linux 81
　7.2　软件包管理系统简介 82
　7.3　管理 .deb 软件包：dpkg 命令 82
　　7.3.1　安装软件包 83
　　7.3.2　查看已安装的软件包 83
　　7.3.3　卸载软件包 84
　7.4　管理 RPM 软件包：rpm 命令 84
　　7.4.1　安装软件包 84
　　7.4.2　升级软件包 85
　　7.4.3　查看已安装的软件包 85
　　7.4.4　卸载软件包 85
　7.5　高级软件包工具：APT 87
　　7.5.1　APT 简介 87
　　7.5.2　下载和安装软件包 87
　　7.5.3　查看软件包信息 89
　　7.5.4　配置 apt-get 90
　　7.5.5　使用图形化的 APT 91
　7.6　进阶：以 Nmap 为例从源代码编译软件 92
　　7.6.1　为什么要从源代码编译 93
　　7.6.2　下载和解压软件包 93
　　7.6.3　正确地配置软件 93

		7.6.4 编译源代码	95

       7.6.4 编译源代码 ··· 95
       7.6.5 将软件安装到硬盘上 ··· 95
       7.6.6 出错了怎么办 ··· 96
  7.7 小结 ··· 96
  7.8 习题 ··· 97

第 8 章 硬盘管理 ··· 98

  8.1 关于硬盘 ··· 98
  8.2 Linux 文件系统 ··· 98
       8.2.1 Ext3FS 和 Ext4FS 文件系统 ··· 98
       8.2.2 ReiserFS 文件系统 ··· 99
       8.2.3 关于 swap ··· 99
  8.3 挂载文件系统 ··· 99
       8.3.1 快速上手：使用 U 盘 ··· 100
       8.3.2 Linux 中设备的表示方法 ··· 101
       8.3.3 挂载文件系统：mount 命令 ··· 101
       8.3.4 在启动时挂载文件系统：/etc/fstab 文件 ··· 102
       8.3.5 为什么无法弹出 U 盘：卸载文件系统 ··· 104
  8.4 查看硬盘的使用情况：df 命令 ··· 104
  8.5 检查和修复文件系统：fsck 命令 ··· 105
  8.6 在硬盘上建立文件系统：mkfs 命令 ··· 105
  8.7 压缩工具 ··· 107
       8.7.1 压缩文件：gzip 命令 ··· 107
       8.7.2 更高的压缩率：bzip2 命令 ··· 108
       8.7.3 支持 rar 格式 ··· 108
  8.8 存档工具 ··· 109
       8.8.1 文件打包：tar 命令 ··· 109
       8.8.2 转移文件：dd 命令 ··· 111
  8.9 进阶 1：安装硬盘并分区——fdisk ··· 111
       8.9.1 使用 fdisk 工具建立分区表 ··· 111
       8.9.2 使用 mkfs 命令建立 Ext4FS 文件系统 ··· 114
       8.9.3 使用 fsck 命令检查文件系统 ··· 115
       8.9.4 测试分区 ··· 115
       8.9.5 创建并激活交换分区 ··· 115
       8.9.6 配置 fstab 文件 ··· 115
       8.9.7 重新启动系统 ··· 116
  8.10 进阶 2：高级硬盘管理 ··· 117
       8.10.1 独立硬盘冗余阵列 RAID ··· 117
       8.10.2 逻辑卷管理器 LVM ··· 117
  8.11 进阶 3：工作备份 ··· 117

8.11.1 为什么要进行备份 ·············· 118
8.11.2 选择备份机制 ················ 118
8.11.3 选择备份介质 ················ 118
8.11.4 备份文件系统：dump 命令 ········· 119
8.11.5 恢复备份：restore 命令 ·········· 121
8.11.6 让备份按时自动完成：cron 命令 ····· 122
8.12 小结 ························ 123
8.13 习题 ························ 124

第 9 章 用户与用户组管理 ················ 125

9.1 用户与用户组的基础知识 ············ 125
9.2 快速上手：为朋友添加一个账户 ········ 125
    9.2.1 使用命令行工具：useradd 和 groupadd ·· 126
    9.2.2 使用图形化管理工具 ············ 127
    9.2.3 记录用户操作：history 命令 ········ 129
    9.2.4 直接编辑 passwd 和 shadow 文件 ····· 130
9.3 删除用户：userdel 命令 ············· 130
9.4 管理用户账号：usermod 命令 ·········· 130
9.5 查看用户信息：id 命令 ············· 131
9.6 用户间的切换：su 命令 ············· 131
9.7 受限的特权：sudo 命令 ············· 132
9.8 进阶 1：/etc/passwd 文件 ············ 133
    9.8.1 /etc/passwd 文件概览 ············ 133
    9.8.2 加密的口令 ················· 134
    9.8.3 UID 号 ··················· 134
    9.8.4 GID 号 ··················· 135
9.9 进阶 2：/etc/shadow 文件 ············ 135
9.10 进阶 3：/etc/group 文件 ············ 136
9.11 小结 ······················· 136
9.12 习题 ······················· 137

第 10 章 进程管理 ······················ 138

10.1 快速上手：结束一个失控的程序 ······· 138
10.2 什么是进程 ··················· 139
10.3 进程的属性 ··················· 139
    10.3.1 PID：进程的 ID 号 ············ 139
    10.3.2 PPID：父进程的 PID ··········· 140
    10.3.3 UID 和 EUID：真实和有效的用户 ID ·· 140
    10.3.4 GID 和 EGID：真实和有效的组 ID ··· 140
    10.3.5 谦让度和优先级 ·············· 141

10.4 监视进程：ps 命令 ... 141
10.5 即时跟踪进程信息：top 命令 ... 143
10.6 查看占用文件的进程：lsof 命令 ... 143
10.7 向进程发送信号：kill 命令 ... 144
10.8 调整进程的谦让度：nice 和 renice 命令 ... 146
10.9 /PROC 文件系统 ... 147
10.10 小结 ... 148
10.11 习题 ... 148

第 3 篇 网络应用

第 11 章 网络配置 ... 152
11.1 几种常见的连接网络的方式 ... 152
11.1.1 通过办公室局域网连接 ... 152
11.1.2 无线连接 ... 152
11.1.3 Modem 连接 ... 153
11.2 连接 PC 至局域网和 Internet ... 153
11.2.1 连接办公室局域网 ... 153
11.2.2 使用 ADSL ... 154
11.2.3 无线网络 ... 156
11.3 进阶：在命令行下配置网络 ... 157
11.3.1 使用 ifconfig 配置网络接口 ... 158
11.3.2 使用 route 配置静态路由 ... 159
11.3.3 主机名和 IP 地址间的映射 ... 160
11.4 小结 ... 161
11.5 习题 ... 161

第 12 章 浏览网页 ... 163
12.1 使用 Mozilla Firefox ... 163
12.1.1 启动 Firefox ... 163
12.1.2 设置 Firefox ... 164
12.1.3 清除最新的历史记录 ... 165
12.1.4 安装扩展组件 ... 166
12.2 使用 Google Chrome ... 167
12.3 基于文本的浏览器：Lynx ... 168
12.3.1 为什么要使用字符界面 ... 168
12.3.2 启动和浏览 ... 168
12.3.3 下载和保存文件 ... 170
12.4 其他浏览器 ... 170
12.5 小结 ... 171

| 12.6 | 习题 | 171 |

第13章 传输文件 ... 172

- 13.1 Linux 间的网络硬盘：NFS ... 172
  - 13.1.1 安装 NFS 文件系统 ... 172
  - 13.1.2 卸载 NFS 文件系统 ... 173
  - 13.1.3 选择合适的安装选项 ... 173
  - 13.1.4 启动时自动安装远程文件系统 ... 174
- 13.2 与 Windows 协作：Samba ... 175
  - 13.2.1 什么是 Samba ... 175
  - 13.2.2 快速上手：访问 Windows 的共享文件夹 ... 175
  - 13.2.3 查看当前可用的 Samba 资源：smbtree 和 nmblookup ... 177
  - 13.2.4 Linux 中的 Samba 客户端程序 smbclient ... 178
  - 13.2.5 挂载共享目录：mount.cifs ... 179
- 13.3 基于 SSH 的文件传输工具：sftp 和 scp ... 179
  - 13.3.1 安全的 FTP：sftp ... 179
  - 13.3.2 利用 SSH 通道复制文件：scp ... 180
- 13.4 小结 ... 181
- 13.5 习题 ... 181

第14章 远程登录 ... 183

- 14.1 快速上手：搭建实验环境 ... 183
  - 14.1.1 物理网络还是虚拟机 ... 183
  - 14.1.2 安装 OpenSSH ... 184
  - 14.1.3 安装图形化远程桌面软件 Tightvnc ... 185
  - 14.1.4 SUSE 的防火墙设置 ... 185
- 14.2 登录另一台 Linux 服务器 ... 187
  - 14.2.1 安全的 Shell：SSH ... 187
  - 14.2.2 登录 X 窗口系统：图形化的 VNC ... 189
  - 14.2.3 从 Windows 登录 Linux ... 190
- 14.3 登录 Windows 服务器 ... 192
- 14.4 为什么不使用 TELNET ... 193
- 14.5 进阶：使用 SSH 密钥 ... 193
  - 14.5.1 为什么要使用密钥 ... 194
  - 14.5.2 生成密钥对 ... 194
  - 14.5.3 复制公钥至远程主机 ... 195
  - 14.5.4 测试配置 ... 195
  - 14.5.5 密钥的安全性 ... 195
- 14.6 小结 ... 196
- 14.7 习题 ... 196

第 4 篇　娱乐与办公

第 15 章　多媒体应用 ... 198
15.1　关于声卡 ... 198
15.2　播放器软件简介 ... 199
15.3　播放音频和视频 ... 199
15.3.1　播放数字音乐文件 ... 199
15.3.2　使用 VLC Media Player 播放 MP4 视频 ... 202
15.4　Linux 中的游戏 ... 204
15.4.1　发行版自带的游戏 ... 204
15.4.2　Internet 上的游戏资源 ... 206
15.5　小结 ... 207
15.6　习题 ... 208

第 16 章　图像查看和处理 ... 209
16.1　查看图片 ... 209
16.1.1　使用 Konqueror 和 Nautilus 查看图片 ... 209
16.1.2　使用 GIMP 查看图片 ... 211
16.1.3　使用 Shotwell 管理相册 ... 212
16.2　使用 GIMP 处理图像 ... 215
16.2.1　GIMP 基础 ... 215
16.2.2　漫步工具栏 ... 216
16.2.3　实例：移花接木 ... 217
16.2.4　使用插件 ... 219
16.3　LibreOffice 的绘图工具 ... 220
16.4　小结 ... 221
16.5　习题 ... 221

第 17 章　打印机配置 ... 222
17.1　打印机简介 ... 222
17.1.1　打印机的语言：PDL ... 222
17.1.2　驱动程序和 PDL 的关系 ... 223
17.1.3　Linux 如何打印：CUPS ... 223
17.2　添加打印机 ... 224
17.2.1　打印机的选择 ... 224
17.2.2　连接打印机 ... 224
17.2.3　让 CUPS 认识打印机 ... 225
17.2.4　配置打印机选项 ... 225
17.2.5　测试当前的打印机 ... 226
17.3　管理 CUPS 服务器 ... 226

17.3.1 设置网络打印服务器 227
17.3.2 设置打印机的类 228
17.3.3 操纵打印队列 230
17.3.4 删除打印机和类 230
17.4 回顾：CUPS 的体系结构 231
17.5 KDE 和 Gnome 的打印工具 232
17.6 小结 232
17.7 习题 233

第 18 章 办公软件的使用 234
18.1 常用的办公套件：LibreOffice.org 234
18.1.1 文字处理器 234
18.1.2 电子表格 236
18.1.3 演示文稿 241
18.1.4 文档兼容 242
18.2 查看 PDF 文件 242
18.2.1 使用 Xpdf 243
18.2.2 使用 Foxit Reader 244
18.3 小结 245
18.4 习题 245

第 5 篇　程序开发

第 19 章 Linux 编程工具 248
19.1 编辑器的选择 248
19.1.1 Vim 编辑器 248
19.1.2 Emacs 编辑器 253
19.1.3 图形化编程工具 256
19.2 C 和 C++的编译器：GCC 257
19.2.1 编译第一个 C 程序 257
19.2.2 与编译有关的选项 258
19.2.3 优化选项 259
19.2.4 编译 C++程序：G++ 259
19.3 调试：GDB 260
19.3.1 启动 GDB 260
19.3.2 获得帮助 260
19.3.3 查看源代码 262
19.3.4 设置断点 263
19.3.5 运行程序和单步执行 263
19.3.6 监视变量 264

- 19.3.7 临时修改变量 ································· 265
- 19.3.8 查看堆栈情况 ································· 265
- 19.3.9 退出 GDB ····································· 265
- 19.3.10 命令汇总 ···································· 266
- 19.4 与他人协作：版本控制系统 ······················ 266
  - 19.4.1 什么是版本控制 ····························· 266
  - 19.4.2 安装及配置 Git ······························ 267
  - 19.4.3 建立项目仓库 ································ 269
  - 19.4.4 创建项目并导入源代码 ······················· 269
  - 19.4.5 开始项目开发 ································ 270
  - 19.4.6 修改代码并提交 ······························ 270
  - 19.4.7 解决冲突 ····································· 271
  - 19.4.8 撤销修改 ····································· 274
  - 19.4.9 命令汇总 ····································· 275
- 19.5 小结 ·· 276
- 19.6 习题 ·· 276

第 20 章 Shell 编程 ································ 278

- 20.1 正则表达式 ······································ 278
  - 20.1.1 什么是正则表达式 ···························· 278
  - 20.1.2 不同风格的正则表达式 ························ 278
  - 20.1.3 快速上手：在字典中查找单词 ················· 278
  - 20.1.4 字符集和单词 ································· 279
  - 20.1.5 字符类 ·· 280
  - 20.1.6 位置匹配 ······································ 281
  - 20.1.7 字符转义 ······································ 281
  - 20.1.8 重复 ·· 281
  - 20.1.9 子表达式 ······································ 282
  - 20.1.10 反义 ··· 283
  - 20.1.11 分支 ··· 283
  - 20.1.12 逆向引用 ···································· 283
- 20.2 Shell 脚本编程 ·································· 284
  - 20.2.1 需要什么工具 ································· 284
  - 20.2.2 第一个程序：Hello World ···················· 284
  - 20.2.3 变量和运算符 ································· 285
  - 20.2.4 表达式求值 ···································· 289
  - 20.2.5 脚本执行命令和控制语句 ······················ 290
  - 20.2.6 条件测试 ······································ 293
  - 20.2.7 循环结构 ······································ 299
  - 20.2.8 读取用户输入 ································· 302

20.2.9　脚本执行命令 303
20.2.10　创建命令表 305
20.2.11　其他有用的 Shell 命令 305
20.2.12　定制工具：安全的 delete 命令 309
20.3　Shell 定制 310
20.3.1　修改环境变量 311
20.3.2　设置别名 312
20.3.3　个性化设置：修改.bashrc 文件 313
20.4　小结 314
20.5　习题 314

第 6 篇　服务器配置

第 21 章　服务器基础知识 318
21.1　系统引导 318
21.1.1　启动 Linux 的基本步骤 318
21.1.2　Systemd 和 Target 319
21.1.3　服务器启动脚本 320
21.2　管理守护进程 321
21.2.1　什么是守护进程 322
21.2.2　服务器守护进程的运行方式 322
21.2.3　配置 xinetd 323
21.2.4　举例：通过 xinetd 启动 SSH 服务 326
21.2.5　配置 inetd 327
21.3　小结 327
21.4　习题 328

第 22 章　HTTP 服务器——Apache 329
22.1　快速上手：搭建一个 HTTP 服务器 329
22.2　Apache 基础知识 330
22.2.1　HTTP 的工作原理 330
22.2.2　安装 Apache 服务器 331
22.2.3　启动和关闭服务器 334
22.3　设置 Apache 服务器 335
22.3.1　配置文件 335
22.3.2　使用日志文件 336
22.3.3　使用 CGI 337
22.4　使用 PHP+MySQL 338
22.4.1　PHP 和 MySQL 简介 338
22.4.2　安装 MariaDB 338

		22.4.3	安装 PHP	339
		22.4.4	配置 Apache	340
22.5	小结			341
22.6	习题			341

第 23 章 Samba 服务器 … 343

23.1	快速上手：搭建一个 Samba 服务器		343
23.2	Samba 基础知识		344
	23.2.1	从源代码安装 Samba 服务器	344
	23.2.2	启动和关闭服务器	346
23.3	Samba 配置		346
	23.3.1	关于配置文件	346
	23.3.2	设置全局域	347
	23.3.3	设置匿名共享资源	349
	23.3.4	开启 Samba 用户	349
	23.3.5	配合用户权限	350
	23.3.6	设置孤立用户的共享目录	351
	23.3.7	访问自己的主目录	352
23.4	安全性的几点建议		352
23.5	小结		353
23.6	习题		353

第 24 章 网络硬盘——NFS … 355

24.1	快速上手：搭建一个 NFS 服务器		355
	24.1.1	安装 NFS 服务器	355
	24.1.2	简易配置	355
	24.1.3	测试 NFS 服务器	356
24.2	NFS 基础知识		356
	24.2.1	关于 NFS 协议的版本	356
	24.2.2	RPC：NFS 的传输协议	357
	24.2.3	无状态的 NFS	357
24.3	NFS 配置		358
	24.3.1	理解配置文件	358
	24.3.2	启动和停止服务	359
24.4	安全性的几点建议		360
	24.4.1	充满风险的 NFS	360
	24.4.2	使用防火墙	360
	24.4.3	压制 root 和匿名映射	361
	24.4.4	使用特权端口	362
24.5	监视 NFS 的状态：nfsstat 命令		362

24.6 小结 363
24.7 习题 363

第 7 篇 系统安全

第 25 章 任务计划——cron 366
25.1 快速上手：定期备份重要文件 366
25.2 cron 的运行原理 366
25.3 crontab 管理 367
    25.3.1 系统的全局 cron 配置文件 367
    25.3.2 普通用户的配置文件 367
    25.3.3 管理用户的 cron 任务计划 368
25.4 理解配置文件 368
25.5 简单的定时：at 命令 370
25.6 小结 371
25.7 习题 372

第 26 章 防火墙和网络安全 373
26.1 Linux 的防火墙——UFW 373
    26.1.1 UFW 简介 373
    26.1.2 查看 UFW 防火墙的状态 373
    26.1.3 添加规则 375
    26.1.4 删除规则 376
    26.1.5 防火墙保险吗 377
26.2 网络安全工具 377
    26.2.1 扫描网络端口：nmap 命令 377
    26.2.2 找出不安全的口令：John the Ripper 379
26.3 主机访问控制 380
26.4 小结 380
26.5 习题 381

第 27 章 病毒和木马 382
27.1 随时面临的威胁 382
    27.1.1 计算机病毒 382
    27.1.2 特洛伊木马 383
    27.1.3 掩盖入侵痕迹：Rootkits 383
27.2 基于 Linux 系统的防毒软件：ClamAV 383
    27.2.1 更新病毒库 383
    27.2.2 基本命令和选项 384
    27.2.3 图形化工具 385

27.3 反思：Linux 安全吗 ·· 386
27.4 小结 ·· 386
27.5 习题 ·· 386

附录 A　Linux 的常用指令 ·· 388

第1篇
基础知识

- 第1章 Linux 概述
- 第2章 Linux 的安装
- 第3章 Linux 的基本配置
- 第4章 桌面环境

第 1 章　Linux 概述

什么是 Linux？在所有关于 Linux 的问题中，没有比这个问题更基础的了。简单地说，Linux 是一种操作系统，可以安装在包括服务器、个人计算机、手机和打印机等各类设备中。尝试一个新的操作系统难免让人心潮澎湃，如果读者之前还没有接触过 Linux，在正式开始安装和使用 Linux 之前，首先让自己放松，试着做几个深呼吸，然后跟随本章的介绍来整理一下同 Linux 有关的思绪。

1.1　Linux 的起源和发展

Linux 的起源和发展是一段令人着迷的历史，其中包含太多颠覆"常理"的事件和思想，促成 Linux 成长壮大的"神奇"力量总是被人津津乐道，Linux 创造的传奇有时候让初次接触它的人也会感到不可思议。

1.1.1　Linux 的起源

1991 年，一个名不见经传的芬兰研究生购买了自己的第一台 PC，并且决定开始开发自己的操作系统。这个想法非常偶然，最初只是为了满足自己读写新闻和邮件的需求。这个芬兰人选择了 Minix 作为对象。Minix 是由荷兰教授 Andrew S. Tanenbaum 开发的一种模型操作系统，这个开放源代码的操作系统最初只是用于研究的目的。

这个研究生就是 Linus Torvalds，他很快编写了自己的硬盘驱动程序和文件系统，并且慷慨地把源代码上传到互联网上。Linus 把这个操作系统命名为 Linux，意指"Linus 的 Minix"（Linus' Minix）。

Linus 根本不会想到，这个内核迅速引起了全世界的兴趣。在短短的几年时间里，借助社区开发的推动力，Linux 迸发出了强大的生命力。1994 年，1.0 版本的 Linux 内核正式发布。本书写作时，最新的稳定内核版本为 5.19.10。

Linux 目前得到了大部分 IT 巨头的支持，并且进入了重要战略规划的核心领域。一个非盈利性的操作系统计划能够延续那么多年，并且最终成长为在各行各业发挥巨大影响力的产品本身就让人惊叹。在探究这些现象背后的原因前，首先来看一下 Linux 和 UNIX 之间的关系，这两个名词常常让人感到有些困惑。

1.1.2　追溯到 UNIX

UNIX 的历史需要追溯到遥远的 1969 年，最初只是 AT&T 贝尔实验室的一个研究项目。

10 年后，UNIX 被无偿提供给各大学，由此成为众多大学和实验室研究项目的基础。

尽管 UNIX 被免费提供，但获取其源代码仍然需要向美国电话电报公司（AT&T）交纳一定的许可证费用。1977 年，加利福尼亚大学伯克利分校（简称伯克利）的计算机系统研究小组（CSRG）从 AT&T 获取了 UNIX 的源代码，经过改动和包装后发布了自己的 UNIX 版本——伯克利 UNIX（Berkeley UNIX），这个发行版通常被称为 BSD（Berkeley Software Distribution，伯克利软件发行版）。

随着 UNIX 在商业上的蓬勃发展，AT&T 的许可证费用也水涨船高。于是伯克利决定从 BSD 中彻底除去 AT&T 的代码。这项工程持续了一年多。到 1989 年 6 月，一个完全没有 AT&T UNIX 代码的 BSD 版本诞生了。这是第一套由 Berkeley 发布的自由的可再发行（freely-redistributable）的代码，所谓的"自由"，颇有些"你知道这是我的东西就可以了"的意思。只要承认这是 Berkeley 的劳动成果，那么任何人就可以通过任何方式使用这些源代码。

1995 年 6 月，4.4BSD-Lite 发行，但这也是 CSRG 的绝唱。此后，CSRG 因为失去资金支持而被迫解散，但 BSD 的生命并没有到此终结。目前大多数的 BSD UNIX 的版本，如 FreeBSD、OpenBSD 等都是从 4.4BSD-Lite 发展而来的，并且延续了它的许可证协议。

与此同时，另一些 UNIX 版本则沿用了 AT&T 的代码，这些 UNIX 系的操作系统包括 HP-UX 和 Solaris 等。

简单地说，Linux 是对 UNIX 的重新实现。世界各地的 Linux 开发人员借鉴了 UNIX 的技术和用户界面，并且融入了很多独创的技术改进。Linux 的确可以称作 UNIX 的一个变体，但从开发形式和最终产生的源代码来看，Linux 不属于 BSD 和 AT&T 风格的 UNIX 中的任何一种。因此严格说来，Linux 是有别于 UNIX 的另一种操作系统。

1.1.3 影响世界的开源潮流

Linux 的发展历程看起来是一个充满传奇色彩的故事。特别是，为什么有如此多的人向社区贡献源代码，而不索取任何酬劳并任由其他人免费使用？"因为他们乐于成为一个全球协作努力活动的一部分"，Linus 这样回答。开源成为一种全球性的文化现象，无数的程序员投身到各种开源项目中，并且乐此不疲。

事实上，社区合作已经成为被广泛采用的开发模式。Linux、Apache、PHP 和 Firefox 等业界领先的各类软件产品均使用社区开发模式并采用某种开源许可协议。包括 Sun、IBM、Novell、Google 甚至 Microsoft 在内的很多商业公司都拥有自己的开放源代码社区。

有意思的是，开放源代码的思想不仅仅根植于程序员的头脑中，更重要的是，社区合作演变成为了一种互联网文化。见证了维基百科等产品的巨大成功，人们发现，用户创造内容这种所谓的 Web 2.0 模式从本质上是同开源思想一脉相承的。

IT 领域已经有了多种不同的开放源代码许可证协议，包括 BSD、Apache、GPL、MIT、LGPL 等。其中的一些比较宽松，如 BSD、Apache 和 MIT，用户可以修改源代码，并保留修改部分的版权。Linux 所遵循的 GPL 协议相对比较严格，它要求用户将所作的一切修改回馈社区。关于开源协议的讨论常被看作一个法律问题，一些法律系的学生会选择这方面的主题作为自己的毕业论文。在百度搜索栏中输入关键字"开源协议"可以得到非常详尽的解答。

1.1.4　GNU 公共许可证：GPL

GNU 来源于 20 世纪 80 年代初期，Richard Stallman 在软件业引发了一场革命。他坚持认为软件应该是"自由"的，软件业应该发扬开放、团结、互助的精神。这种在当时看来离经叛道的想法催生了 GNU 计划。截至 1990 年，在 GNU 计划下诞生的软件包括文字编辑器 Emacs、C 语言编译器 GCC 以及一系列 UNIX 程序库和工具。1991 年，Linux 的加入让 GNU 实现了自己最初的目标——创造一套完全自由的操作系统。

GNU 是 GNU's Not UNIX（GNU 不是 UNIX）的缩写。这种古怪的命名方式是计算机专家们玩的小幽默（如果觉得这一点都不好笑，那么就不要勉强自己）。GNU 公共许可证（GNU Public License，GPL）是包括 Linux 在内的一批开源软件遵循的许可证协议。下面来关心一下 GPL 中到底说了些什么（这对于考虑部署 Linux 或者其他遵循 GPL 产品的企业可能非常重要）。概括来说，GPL 包括以下内容：

- ❑ 软件最初的作者保留版权。
- ❑ 其他人可以修改、销售该软件，也可以在此基础上开发新的软件，但必须保证这份源代码向公众开放。
- ❑ 经过修改的软件仍然要受到 GPL 的约束——除非能够确定经过修改的部分是独立于原来作品的。
- ❑ 如果软件在使用中给使用者造成了损失，开发人员不承担相关责任。

完整的 GPL 协议可以在互联网上通过各种途径（如 GNU 的官方网站 www.gnu.org）获得，GPL 协议已经被翻译成中文，读者可以在百度搜索栏中搜索 GPL 获得相关信息。

1.2　为什么选择 Linux

Windows 已经占据了世界上大部分计算机的系统——从 PC 到服务器。如果已经习惯了在 Windows 下工作，有什么必要选择 Linux 呢？Linux 的开发模式从某个角度回答了这个问题。Linux 是免费的，用户并不需要为使用这个系统交付任何费用。当然，这并不是唯一的也不是最重要的理由。相对于 Windows 和其他操作系统，Linux 拥有其独特的优势，这些优势使 Linux 长期以来得到了大量的应用和支持，并在最近几年获得了爆发性的发展。

1.2.1　作为服务器

Linux 已经在服务器市场展现了非比寻常的能力，世界各地有数百万名志愿者为 Linux 提供技术支持和软件更新，其中有 IBM、Google、Red Hat 和 Novell 等 IT 跨国企业的资深学者和工程师。这要归功于 Linux 的社区开发模式，公开的源代码没有招来更多的攻击者攻击，相反，Linux 对于安全漏洞可以更快速地做出反应。因此，在企业级应用领域，更少被病毒和安全问题困扰的 Linux 是众多系统管理员的首选。

Linux 在系统性能方面同样表现出色。不必担心 Linux 是否能发挥服务器的全部性能；相反，在实现同样的功能时，Linux 所消耗的系统资源比 Windows 更少，同时也更为稳定。

由于虚拟化技术、分布式计算、互联网应用等在 Linux 上可以得到很好的支持，因此 Linux 在服务器市场的份额一直在快速增长。

2004 年，IBM 宣布其全线服务器均支持 Linux。这无疑向世界传递了这样一个信号：Linux 已经成长为一种最高档次的操作系统，具备了同其他操作系统一较高下的实力。在这之后的 4 年中，步 IBM 后尘的企业越来越多。如今，选择 Linux 作为自己的服务器操作系统已经不存在任何风险，因为主流的服务器制造商都能够提供对 Linux 的支持。

值得一提的是，2022 年排名前 500 的超级计算机全部采用的是 Linux 操作系统。Linux 在超级计算机系统中的百分百占比从 2017 年开始一直延续至今。

总体上来说，Linux 非常健壮和灵活，非常适合用于大型企业生产环境——在把 Linux 投入使用之后，用户将会更多地体会到这一点。

1.2.2 作为桌面

没有必要夸大 Linux 作为桌面操作系统的优势。在这个领域，Windows 仍然占据绝对的主导地位。在用户体验方面，Windows 的确做得更好。然而随着 Linux 在桌面领域投入的精力加大，其桌面市场份额正在缓步提升。

那么究竟有什么理由在 PC 上使用 Linux 呢？"免费"是一个非常重要的理由。Linux 上的开源软件非常丰富，能够完成日常办公中的所有任务，并且不需要为此缴纳任何费用。用户不再需要为各种专业软件和操作系统支付大笔的许可证费用，省下的这笔资金可以用到更有用的地方。

另一个重要理由在于 Linux 的开放性。这意味着用户可以订制自己需要的功能，在 Linux 中，没有什么是不能被修改的。对于希望学习操作系统原理的用户，Linux 是一个很好的平台，它可以让研究人员清楚地看到其中的每一个细节。

相较于 Windows 而言，Linux 确实更少受到病毒的侵扰。随着学习的深入，读者会逐渐了解其中的原因。

1.3 Linux 的发行版本

严格来说，Linux 这个词并不能指代本书要介绍的这个（或者说几个）操作系统。Linux 实际上只定义了一个操作系统内核，这个内核由 kernel.org 负责维护。不同的企业和组织在此基础上开发了一系列辅助软件，然后打包发布自己的"发行版本"。各种发行版本可以"非常不同"，却是建立在同一个基础之上的。

1.3.1 不同的发行版本

Linux 的发行版本确实太多了，表 1.1 只列出了其中比较著名的一些版本（即便如此，这张表格仍然有点长）。这些发行版本是按照字母顺序而不是按推荐或者流行程度排序的。

表 1.1　Linux著名的发行版本

发行版本	官方网站	说明
CentOS	www.centos.org	模仿Red Hat Enterprise Linux的非商业发行版本
Debian	www.debian.org	免费的非商业发行版本
Fedora	fedoraproject.org	Red Hat公司赞助的社区项目免费的发行版本
Gentoo	www.gentoo.org	基于源代码编译的发行版本
Mandriva	www.mandriva.com	前身Mandrakelinux，第一个为非技术类用户设计的Linux发行版本
openSUSE	www.opensuse.org	SUSE Linux的免费发行版本
Red Flag	www.redflag-linux.com	国内发展最好的Linux发行版本
Red Hat Enterprise	www.redhat.com	Red Hat公司的企业级商业化发行版本
SUSE Linux Enterprise	www.suse.com/linux	Novell公司的企业级商业化Linux发行版本
TurboLinux	www.turbolinux.com.cn	在中国和日本取得较大成功的发行版本
Ubuntu	www.ubuntu.com	类似于Debian的免费发行版本

在过去的10年中，Red Hat公司一直是Linux乃至开源世界的领导者。2003年，公司高层决定将其产品分成两个不同的发行版本。商业版本被称为Red Hat Enterprise Linux，这个发行版本专注于企业级应用，并向使用它的企业提供全套技术支持，Red Hat公司从中收取相关的许可证费用。另一个发行版本称为Fedora，其开发依托于Linux社区。尽管Fedora从名字上已经不再打着Red Hat的旗号，但是这两个发行版本依然保持着很大的相似性。

另一个走上几乎相同路线的Linux发行版本是SUSE Linux。这个目前由Novell公司运作的Linux发行版本分为SUSE Linux Enterprise和openSUSE两种，前者由Novell提供技术和服务支持，后者则由Linux社区维护并免费提供。相对于Fedora而言，openSUSE似乎能够得到更多的来自其商业公司的支持。

一个很有意思的发行版本是CentOS，这个发行版本收集了Red Hat为了遵守各种开源许可证协议而必须开放的源代码，并且打包整理成一个同Red Hat Enterprise非常相似的Linux发行版本。CentOS完全免费，这对于希望搭建企业级应用平台，而又不需要Red Hat公司服务支持的团队而言是一个好消息。

Debian和Ubuntu依旧保持着Linux的最初的理念。这两个发行版本由社区开发，并且完全向用户免费提供。Red Flag Linux（红旗Linux）是来自北京中科红旗软件技术有限公司的产品，这几年，国内Linux市场环境有了长足的进步，这也促使红旗软件逐渐成长为亚洲最大、发展最迅速的Linux产品发行商，并于2004年同亚洲其他Linux发行商合作发布了企业级Linux系统Asianux。红旗Linux最大的优势在于其本地化服务，同时在中文支持上，红旗Linux比其同行做得更好。

1.3.2　哪种发行版本最好

既然已经介绍了那么多发行版本，那么哪一种最好呢？每种发行版本都宣称自己能够提供更好的用户体验、更丰富的软件库……从这个意义上讲，发行商的建议常常只是出于广告宣传的目的。

使用哪一种发行版本，主要取决于用户的具体需求。如果用户需要在企业环境中部署

Linux 系统，那么应该侧重考虑 Red Hat Enterprise Linux 这样的发行版本，这些专为企业用户设计的 Linux 可以更有效地应用在生产环境中，并且在出现问题的时候能够找到一个为此负责的人。对于大型企业而言，千万不要尝试那些小的发行版本，因为稳定性永远是最重要的，没有人愿意看到自己购买的产品几年后就不存在了。如果某些发行版的某些功能的确很吸引人，那么至少也要等它"长大了"再说。

虽然 Debian 和 Ubuntu 是两个非盈利性的发行版本，但是在很长的时间内，这两个发行版本将会继续存在。对于企业用户而言，这是同样值得考虑的对象。

对于个人用户而言，需要考虑的东西就少很多。桌面用户可能更关心漂亮的图形界面及简易的操作性。很难确定哪个发行版本更"漂亮"，或者用起来更顺手——这取决于用户不同的"口味"。通常来说，标榜自己是 Desktop（桌面）的 Linux 发行版在很大程度上都考虑到了这两个方面。

Linux 玩家可能会来回尝试多个发行版本，这是一件充满乐趣的事情。每当一个新的 Linux 发行版出现，或者已有发行版本完成一次升级后，都会有无数的 Linux 爱好者参与到测评和比较中。因此在决定使用哪个发行版之前，关注相关的 Linux 论坛是一个好主意。

1.3.3 本书选择的发行版本

众多的 Linux 发行版本的确丰富了 Linux 世界，但是也给所有介绍 Linux 的书籍出了一个大难题，即究竟选择哪个发行版本作为讲解对象？本书非常谨慎地选择了其中的两个版本：Ubuntu Linux 和 openSUSE Linux。它们不但是目前 Linux 桌面市场占有率最高的两个发行版本，更重要的是，这两个发行版都是 Linux 桌面的代表，本书讨论的所有内容几乎可以不加修改地应用于其他 Linux 发行版本中。

在具体的讲解过程中，Ubuntu Linux 占据了更多的篇幅，只有在两个体系不同的地方，才会让 openSUSE 出场。另外，考虑 Ubuntu 桌面环境是基于 Gnome 的，本书为 openSUSE 选择了 KDE Plasma 5 桌面。

另外，在涉及服务器配置的地方，本书会兼顾到使用 Red Hat Enterprise Linux 和 Fedora 的用户，毕竟在服务器领域，这两个版本的 Linux 系统占据了更大比例的市场份额。

关于 Gnome 和 KDE 的详细介绍，可以参考第 4 章，这里可以先了解一下这两个发行版的用户界面，如图 1.1 和图 1.2 所示。

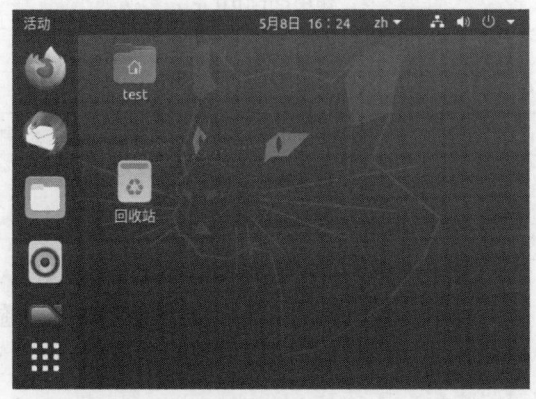

图 1.1　Ubuntu Linux 的 Gnome 桌面

图 1.2　openSUSE 的 KDE Plasma 桌面

1.4　Internet 上的 Linux 资源

Internet 上永远都不缺少 Linux 资源，除了 1.3.1 节列出的各发行版的官方网站外，还有很多组织和个人建立了各种 Linux 网站和论坛，这些资源为 Linux 用户提供了大量支持。经常光顾这些地方并及时实践是学习 Linux 的最好途径。表 1.2 和表 1.3 分别列出了国外和国内常用的 Linux 资源。

表 1.2　常用的国外Linux资源

国 外 网 站	说　　明
lwn.net	来自Linux和开放源代码界的新闻
www.kernel.org	Linux内核的官方网站
www.linux.com	提供全方位的Linux信息（尽管不是官方网站）
www.linuxtoday.com	非常完整的Linux新闻站点

表 1.3　常用的国内Linux资源

国 内 网 站	说　　明
www.chinaunix.net	国内最大的Linux/UNIX技术社区网站
www.linuxeden.com	Linux伊甸园，最大的中文开源信息门户网站
www.linuxfans.org	中国Linux公社，拥有自己的Linux发行版本Magic Linux
www.linuxsir.org	提供Linux各种资源、包括信息、软件和手册等

以上 Linux 站点显然不能涵盖所有的 Linux 资源，Linux 爱好者遍布全球，遇到问题的时候随便找个 Linux 的相关网站发张帖就会得到热情的解答，但是通常并不推荐这种做法。首先尝试自己去寻找问题的答案是一个好习惯，任何流行的搜索引擎都能帮上忙。对于技术类的问题，百度是相对"更好"的选择。

不要有意回避 UNIX 的相关信息，这些信息通常可以直接用于 Linux（回忆一下本章开头所讲的 Linux 和 UNIX 之间的渊源）。对于某些特定于某些发行版本的配置则应该注意，因为这些发行版本很可能使用了不同的配置方式。本书在可能产生这些问题的地方都会给出说明。

1.5 小 结

- Linux 起源于芬兰研究生 Linus Torvalds 1991 年的个人计划，最初只是一个简单的操作系统内核。Linus 将其在互联网上公布后，这个内核吸引了全世界大量志愿者共同参与开发。
- UNIX 来源于 AT&T 贝尔实验室的一个研究项目，CSRG 对其重新实现后发布了不含 AT&T 代码的伯克利 UNIX。这两种版本（AT&T 和 BSD）是很多 UNIX 类操作系统如 Solaris、FreeBSD 等的共同祖先。
- Linux 社区的开发人员借鉴了 UNIX 技术和使用方式，并将其融入 Linux 中。Linux 不属于以上两种 UNIX 中的任何一种。
- 基于社区合作的开源文化已经深刻地影响了这个世界。
- Linux 内核遵循 GPL 协议发布，这个许可证协议是 GNU 计划的一部分。
- Linux 在服务器领域占据绝对的优势，可以非常有效地应用于各类生产环境。作为一个先进的操作系统，Linux 得到了几乎所有 IT 巨头的支持。
- Linux 在桌面市场的份额也在不断上升，并在全世界聚集了一大批爱好者。
- 不同的企业和组织在 Linux 内核的基础上开发了一系列辅助软件，并打包发布自己的"发行版本"。选择哪个发行版本，完全取决于用户的需求和"口味"。
- Internet 上存在大量的 Linux 资源，在遇到问题时合理利用这些资源是学习 Linux（也是学习其他计算机技术）的重要途径。

1.6 习 题

一、填空题

1. Linux 是一种操作系统，可以安装在_____、_____、_____、_____等各类设备中。
2. 1991 年，_____购买了自己的第一台 PC，并且决定开始开发自己的操作系统。
3. Linux 的含义是_____。

二、选择题

1. 作为服务器，为什么选择 Linux？（   ）
   A. 免费   B. 长期提供技术支持和软件更新
   C. 安全   D. 稳定

2．作为桌面，为什么选择 Linux？（   ）
A．免费 B．开源软件 C．开放性 D．安全
3．下面哪个发行版更适合作为服务器？（   ）
A．Red Hat Enterprise   B．Ubuntu
C．openSUSE   D．Fedora

三、判断题

1．Linux 并不是一个操作系统，只是一个操作系统内核。（   ）
2．GNU 的全称是 GNU'S Not UNIX。（   ）
3．GNU 公共许可证是包括 Linux 在内的一批开源软件遵循的许可证协议。（   ）

第 2 章　Linux 的安装

了解了 Linux 的历史和发展过程，读者大概已经急切地想要把 Linux 安装到自己的计算机上。有的读者可能在阅读本章之前就做过这样的尝试。无论这些尝试最终是成功还是失败，让我们一起从这里开始 Linux 之旅吧！

2.1　安装前的准备工作

在安装这个全新的操作系统之前，需要做一些准备工作。从哪里得到 Linux？对计算机配置有什么要求？安装会删除计算机上原有的 Windows 吗？对这些在论坛上经常出现的问题，本节将逐一回答。

2.1.1　从哪里获得 Linux

使用 Linux 本身不需要支付任何费用。读者可以在各 Linux 发行版的官方网站上（详见 1.3.1 节）找到安装镜像文件。然后，通过一些 U 盘系统制作软件制作 U 盘启动盘。在 Windows 中，常用的 U 盘制作工具有 UltraISO、Win32DiskImager 等。

如果限于网速而无法下载，可以考虑在软件经销商处购买或直接向开发商订购拥有技术支持的商业版本。Red Hat、SUSE 等发行版都发售企业版 Linux 套件，使用这些套件本身是免费的，商业公司只对其软件支持和服务收费。

任何时候，用户都有权力免费复制和发放 Linux。这意味着同一份 Linux 备份可以在无数台计算机上安装而不需要考虑许可证问题。如此看来，获得一份 Linux 安装文件并不是什么难事。

2.1.2　硬件要求

对于安装 Linux 的硬件要求这个问题，最简单也是最标准的回答是取决于使用的发行版。一般来说，这并不是一件需要特别考虑的事情。以 Ubuntu 22.04 为例，默认安装需要 4GB 内存和 25GB 硬盘的空间。对于现在的绝大多数计算机而言，这样的要求甚至可以忽略。读者有必要认真阅读相关配置要求，并选择一个合适的版本，也可以从各发行版的官方网站上找到某个特定版本需要的最低配置。

2.1.3 与 Windows"同处一室"

第一次安装 Linux 的 PC 用户都会问这样的问题:"Linux 会不会覆盖计算机上原有的 Windows?"答案是"不会"——如果选择将 Linux 安装在另一个分区上的话。Linux 默认使用的操作系统引导加载器 Grub(早期的 Linux 使用另一种名为 LILO 的引导工具)可以引导包括 Linux、Windows 和 FreeBSD 等多种操作系统。

Linux 安装程序会在一切准备稳妥之后安装 Grub,并加入对硬盘中原有操作系统的支持。这一切都是自动完成的。但反过来却有可能产生问题。例如,Windows 的引导加载程序至今无法支持 Linux。因此,如果选择在安装 Linux 之后再安装 Windows,那么 Windows 的引导程序将把 Grub 覆盖,从而导致 Linux 无法启动。这个时候可以使用 Linux 的安装文件对 Grub 实施恢复,详见 2.4 节的内容。

2.1.4 虚拟机的使用

如果不希望在自己的计算机上看到两个系统,那么还有一种方法可供选择——使用虚拟机。虚拟机是这样一种软件:它本身安装在一个操作系统中,却可以虚拟出整个硬件环境。在这个虚拟出来的硬件环境中,可以安装另一个操作系统。对于这两个操作系统,前者称为宿主操作系统(Host OS),后者被称作客户操作系统(Guest OS),如图 2.1 所示。使用虚拟机最显而易见的优点在于,对客户操作系统的任何操作都不会对实际的硬件系统产生不良影响,因为其所依赖的硬件环境都是"虚拟"出来的。最终反映在硬盘上的只是一系列文件。

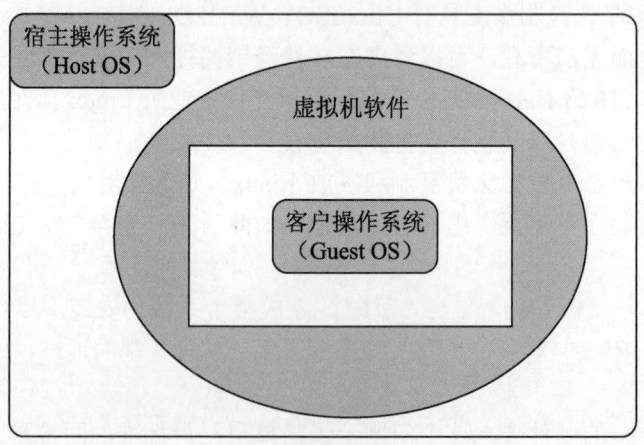

图 2.1 虚拟机示意

事实上,虚拟机在服务器端拥有更广泛的应用。由于在控制成本和利用资源等方面展现出的巨大作用,虚拟机技术在最近几年获得了长足的进步。VMware、Sun 和 Microsoft 等公司纷纷推出了自己的虚拟机产品。Intel 等芯片厂商也在 CPU 级别上提供了对虚拟机技术的支持。

2.1.5 虚拟机软件 VMware Workstation

对于 PC 用户而言，最常用到的虚拟机软件是 VMware Workstation。这款虚拟机产品可以在包括 Windows 和 Linux 在内的多个平台上运行。这里推荐使用虚拟机软件主要有以下几个原因。

- 利用虚拟机软件搭建 Linux 学习环境简单、容易上手，最重要的是利用虚拟机模拟出来的 Linux 与真实的 Linux 几乎没有区别。如果购买服务器，其价格不是一般的初学者所能承受的，而且其声音很大也很费电。
- 搭建 Linux 集群等大规模环境，有时需要同时开启几台虚拟机。此时，如果是用户服务器或者在自己的计算机上安装 Linux，则很难满足学习要求，购买多台服务器就更不现实了。
- 利用虚拟机学习，如果计算机配置较高，就可以同时开启多个 Linux 虚拟机进行学习，上班或回家的路上带着笔记本电脑即可随时学习。如果是多台真实的计算机或服务器设备，就无法移动了。
- 使用虚拟机系统环境，用户可以对虚拟机系统进行任何的设置和更改操作，甚至可以格式化虚拟机系统硬盘，进行重新分区等操作，而且完全不用担心会丢掉有用的数据，因为虚拟机是系统上运行的一个虚拟软件，对虚拟机系统的任何操作都相当于在操作虚拟机的设备和系统，不会影响计算机上的真实数据。

VMware Workstation Pro 可以从官网 https://www.vmware.com/cn/products/workstation-pro/workstation-pro-evaluation.html 上下载。目前，VMware Workstation Pro 的最新版本为 16.2.4，下载后的软件包名为 VMware-workstation-full-16.2.4-20089737.exe。VMware Workstation Pro 的安装比较简单，双击软件包，单击"下一步"按钮，即可将其成功安装到 Windows 系统中。

2.2 安装 Linux 至硬盘

准备工作完成之后，就可以着手将 Linux 安装到硬盘中了。如今 Linux 的安装过程非常"自动"化，只需要轻点几下鼠标，就能够完成整个系统的安装。尽管如此，本节仍然会详细地介绍安装过程。同时，对于和 Windows 存在显著区别的地方，如硬盘分区的组织方式，本节将会着重介绍。

2.2.1 第一步：从 U 盘启动

这几乎是安装所有操作系统的第一步——如果选择以 U 盘方式安装。首先确保手中已经有 Linux 的安装 U 盘（如果不知道如何获得安装 U 盘，参见 2.1.1 节），打开计算机，调整 BIOS 设置使计算机从 U 盘启动。然后插入安装 U 盘，重新启动计算机。计算机启动后将显示 Ubuntu 安装选项选择界面，如图 2.2 所示。选择第一项"Try or Install Ubuntu"选项，按 Enter 键将显示"欢迎"界面，如图 2.3 所示。

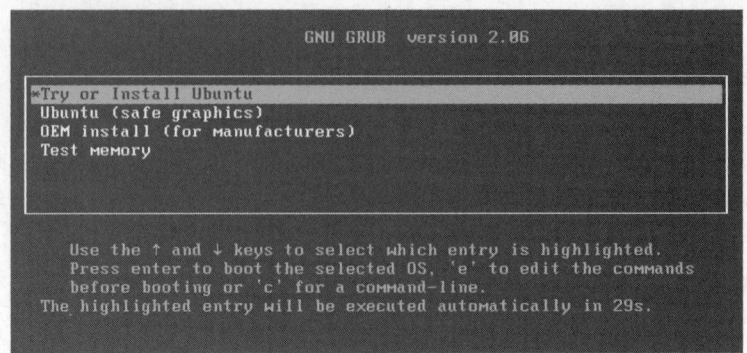

图 2.2　安装选项选择界面

☎提示：读者经常问的一个问题是，如何改变 BIOS 中的启动顺序？这取决于不同的主板和 PC 制造商的设置。通常来说，可以在开机时按 Del 键或 F2 键进入 BIOS 设置界面，找到 Boot Sequence 或类似的标签，调整 CD-ROM 或类似选项至第一个位置，然后按 Esc 键保存并退出即可。不同的主板在 BIOS 设置上会有出入，因此首先参考主板说明书是一个明智的选择。

（1）Ubuntu 默认安装的是英文版。从左侧下拉列表框中选择"中文（简体）"语言，则安装界面变为中文，如图 2.3 所示。

（2）单击"安装 Ubuntu"按钮，弹出"键盘布局"对话框，如图 2.4 所示。

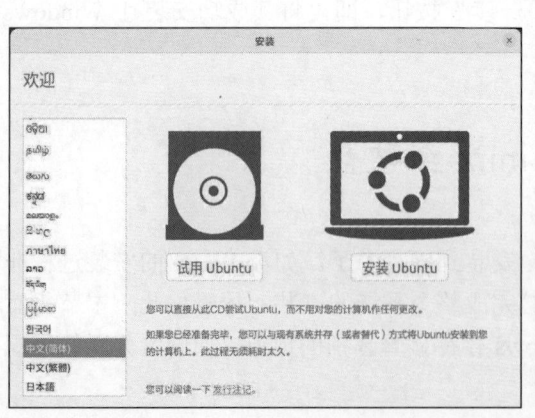

图 2.3　选择安装语言

图 2.4　"键盘布局"对话框

（3）这里使用默认的键盘布局 Chinese。单击"继续"按钮，弹出"更新和其他软件"对话框，如图 2.5 所示。

（4）这里使用默认设置，单击"继续"按钮，弹出"安装类型"对话框，如图 2.6 所示。

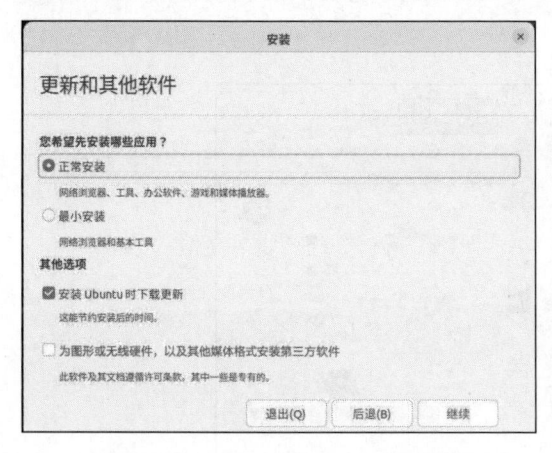

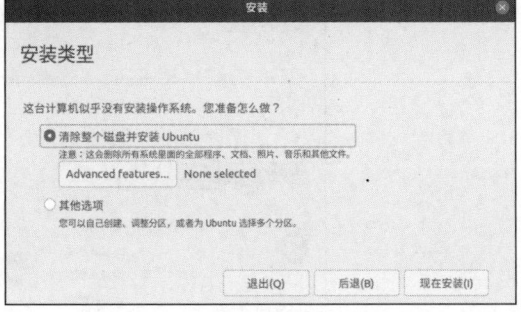

图 2.5 "更新和其他软件"对话框　　　　图 2.6 "安装类型"对话框

2.2.2 关于硬盘分区

硬盘分区是整个安装过程中最为棘手的环节，涉及很多概念和技巧。因此在正式分区之前，首先来看一下 Linux 中对硬盘及其分区的表述方式。

硬盘一般分为 IDE 硬盘、SCSI 硬盘和 SATA 硬盘。在 Linux 中，IDE 接口的设备被称为 hd，SCSI 和 SATA 接口的设备则被称为 sd（本书中如果不作特殊说明，默认将使用 SCSI 或 SATA 接口的硬盘）。第 1 块硬盘被称作 sda，第 2 块硬盘被称作 sdb，以此类推。Linux 规定，一块硬盘上只能存在 4 个主分区，分别被命名为 sda1、sda2、sda3 和 sda4。逻辑分区则从 5 开始标识，每多一个逻辑分区，末尾的分区号就加 1。逻辑分区没有数量限制。

一般来说，每个系统都需要一个主分区来引导。这个分区存放着引导整个系统的必备程序和参数。在 Windows 环境中常说的 C 盘就是一个主分区，它是硬盘的第一个分区，在 Linux 中被称为 sda1。其余的 D、E、F 盘等属于逻辑分区，对应于 Linux 中的 sda5、sda6、sda7 等。操作系统主体可以安装在主分区，也可以安装在逻辑分区，但引导程序必须安装在主分区。

有了这些准备知识，接下来就可以着手对硬盘进行分区了。首先要确保硬盘上有足够的剩余空间。如果打算安装双系统，那么需要为 Linux 预留至少一个分区空间。下面开始讲解如何在安装过程中进行分区。

注意：如果选择将 Linux 安装在一个已经写有数据的分区中（如原来 Windows 所在的分区），那么这个分区中的数据将被完全删除！为了防止因误操作导致灾难性的后果，建议在安装前对重要数据进行备份。

（1）Ubuntu 提供给用户两种硬盘设定方式。"清除整个硬盘并安装 Ubuntu"方式是将整个硬盘作为一个主分区。"其他选项"方式则允许用户进行分区。第一种方式为默认选项。这里选择第二种方式。单击"继续"按钮，弹出"安装类型"对话框，如图 2.7 所示。

（2）在"安装类型"对话框中允许用户进行分区。单击"新建分区表"按钮，为硬盘建立分区表。这时，会显示硬盘空闲空间。单击"空闲"项目后再单击"添加"按钮，弹出"创建分区"对话框。这里创建两个主分区，分区设置如表 2.1。设置完成后，分区配置如图 2.8 所示。

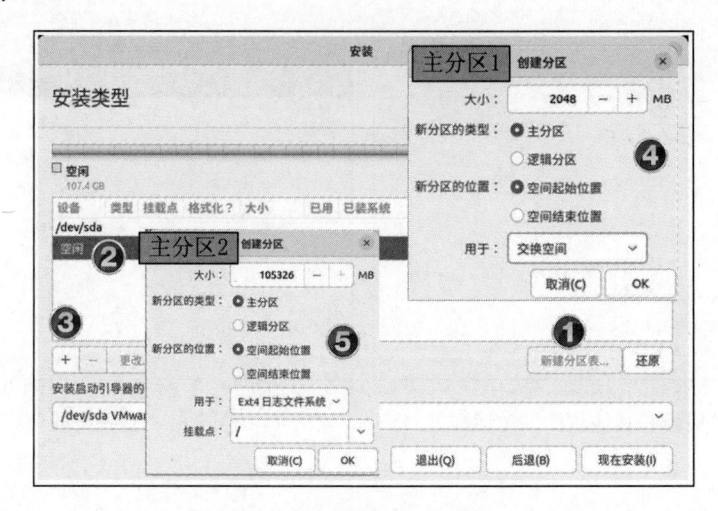

图 2.7 "安装类型"对话框

表 2.1 "分区设置表"

分 区	新分区的类型	新建分区的容量	作 用	说 明
分区1	主分区	2048MB	交换空间	该分区相当于虚拟内存，用于缓冲数据
分区2	主分区	105326MB	Ext4日志文件系统	该分区是安装系统必有的主分区

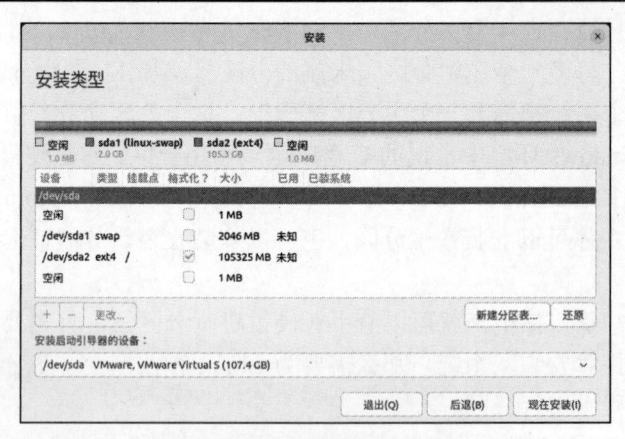

图 2.8 完成分区

（3）完成所有分区的划分后，单击"现在安装"按钮，弹出一个警告对话框，如图 2.9 所示。

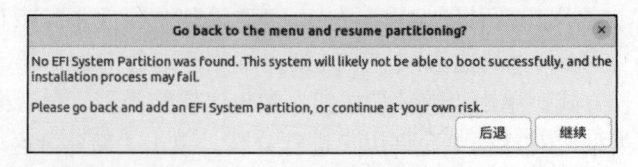

图 2.9 警告对话框

（4）这里只是一个提醒，要求创建 EFI 分区。只要计算机的 BIOS 设置是 Legacy 启动模式，就可以忽略这个提醒。单击"继续"按钮，弹出"确认分区表"对话框，如图 2.10 所示。

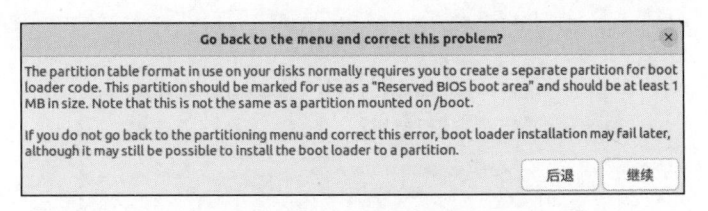

图 2.10　"确认分区表"对话框

（5）单击"继续"按钮，弹出"将改动写入硬盘吗？"对话框，如图 2.11 所示。该对话框显示将格式化的分区表，单击"继续"按钮，进入时区选择对话框。

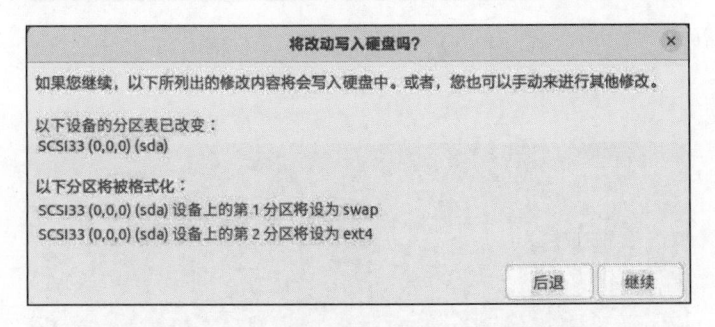

图 2.11　"将改动写入硬盘吗？"对话框

2.2.3　配置 Ubuntu 的基本信息

Ubuntu.Linux 安装程序开始安装时将进入一个时区选择对话框。该对话框默认没有输入地区。如果想更改时区，直接在地图上选择地区或者直接输入（如 Shanghai）。单击"继续"按钮，将显示"您是谁？"对话框，用于创建用户。

2.2.4　设置用户和口令

设置用户和口令是安装设置的最后一步，下面讲解如何设置该信息。

（1）用户名和口令设置对话框如图 2.12 所示。在对应的文本框中输入用户名和密码（需要输入两次）后单击"继续"按钮。

（2）此时会弹出"欢迎使用 Ubuntu"对话框，如图 2.13 所示。该对话框会显示安装过程，安装的时间取决于计算机的性能，通常需要几十分钟。

（3）安装完成后要求重新启动。注意，这时必须重新启动计算机。

注意：在 Ubuntu Linux 中，现在设置的用户拥有管理员权限。而在 Red Hat、SUSE 等发行版中，则需要另外设置一个叫作 root 的用户，这个用户具有管理员权限。关于管理员和超级用户的知识，可以参见 3.1 节的内容。

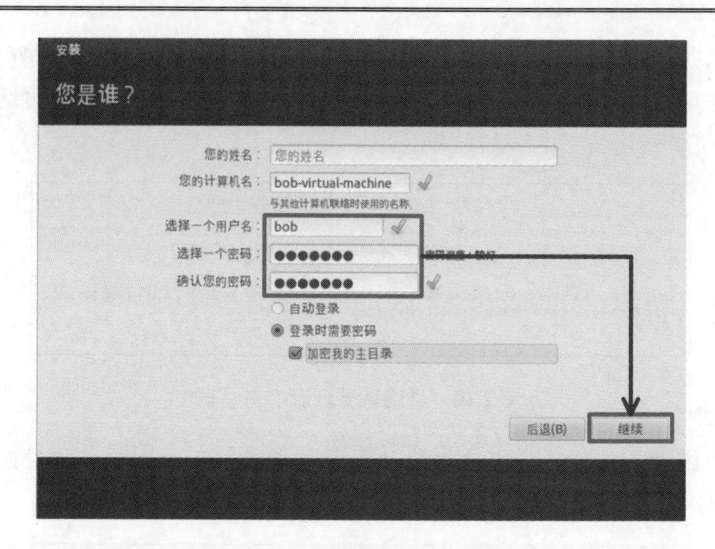

图 2.12 "您是谁？"对话框

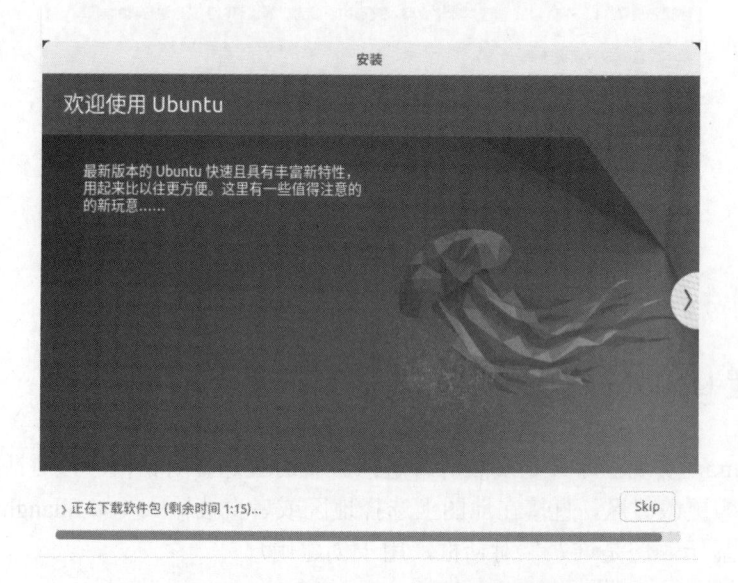

图 2.13 "欢迎使用 Ubuntu"对话框

2.2.5 第一次启动

至此，Linux 已经安装在硬盘中了。重新启动计算机，Linux 会显示启动进度条。启动速度取决于计算机的性能，启动时间会有差异。随后 Linux 将自动进入登录界面，如图 2.14 所示。

选择安装过程中创建的用户，并输入密码（该密码就是在安装过程中设置的用户的密码）后，按 Enter 键即可登录系统。系统的初始界面如图 2.15 所示。

图 2.14 "登录"界面

图 2.15 所示的界面就是登录系统的一个桌面，在此可以进行许多操作。单击初始界面右上角的关机按钮，选择"关机/注销"|"关机"命令，弹出"关机"对话框，如图 2.16 所示。

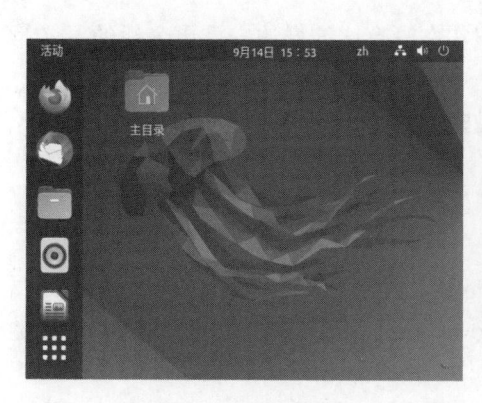

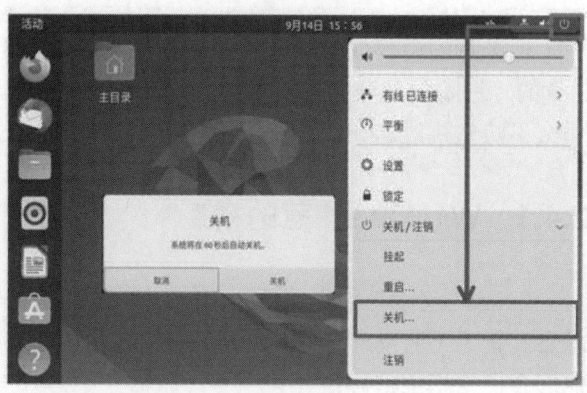

图 2.15　初始界面

图 2.16　"重启"和"关机"命令

2.3　获取帮助信息和搜索应用程序

在 Ubuntu 初始界面，单击左上方的"活动"按钮会弹出 Dash 页。通过 Dash 页的选项可以找到大部分帮助信息。用户也可以使用搜索框查找感兴趣的主题。例如，在搜索框中输入"计算器"，并按 Enter 键，就会弹出"计算器"图标。单击该图标，就可以运行计算器程序，如图 2.17 所示。

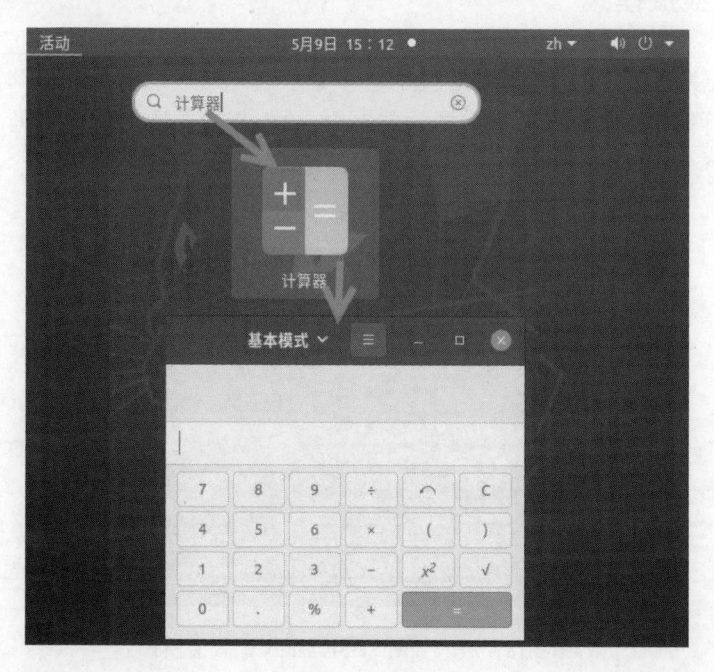

图 2.17　Dash 页

2.4 进阶：修复受损的 Grub

把进阶的内容放在本节讲的确有一点超前，但实在没有比这样的安排更合适的了（第 3 章的"进阶"部分会进一步讨论这个引导程序）。如果读者觉得理解本节的内容有困难，那么不妨先跳过这一节，待阅读完第 8 章后再回过来学习本节的内容。

2.4.1 Windows "惹的祸"

Linux "老手"们告诫新用户一定要先装 Windows，然后再安装 Linux。但遗憾的是，总会有新手不听劝告（想一想处理中毒后的 Windows 最简单有效的办法是什么？），于是他们会在论坛上抱怨：

"我的计算机是 Windows 和 Linux 双系统，昨天我重新安装了 Windows，但重启后 Linux 跑哪儿去了？"

这的确不是 Linux 的错，Windows "自作聪明"地把多重引导程序 Grub 覆盖了，而自己的引导程序并没有引导启动 Linux 的能力。这个问题十分常见，在笔者写作本章的最近一个星期里，已经有 3 位 Linux 用户前来寻求这方面的帮助，这也是促使笔者决定增加本节的原因。

解决的方法很简单：重新安装 Grub。当然，前提是用户使用相同版本的 Linux 安装文件，这通常不难做到。

2.4.2 使用救援模式

一些 Linux 发行版本（如 openSUSE）在安装文件中包含"救援模式"，用于在紧急情况下对系统进行修复。要进入救援模式，首先用 2.2.1 节的方法启动计算机，依次选择"更多"|"急救系统"（Rescue System）命令，如图 2.18 所示。在这个模式下，用户可以在不提供口令的情况下以 root 身份登录系统。

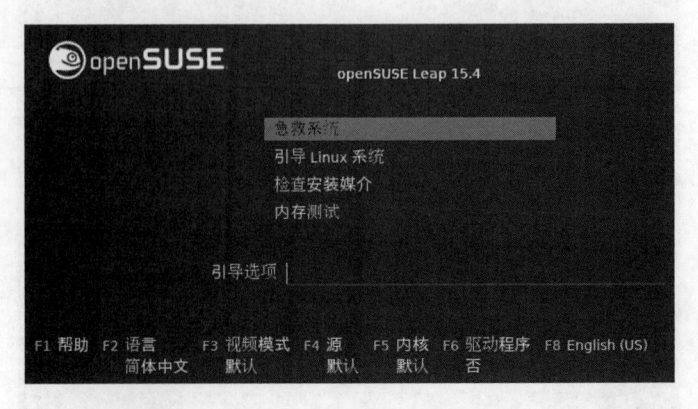

图 2.18　进入 openSUSE Linux 的救援模式

另一些发行版本（如 Ubuntu）在安装文件中集成了 LiveCD 的功能，即用户可以从安装文件中完整地运行这个操作系统。这些发行版本不需要"救援模式",因为其本身就具有恢复功能。同样,首先用 2.2.1 节的方法启动计算机,单击"试用 Ubuntu"按钮,如图 2.19 所示。

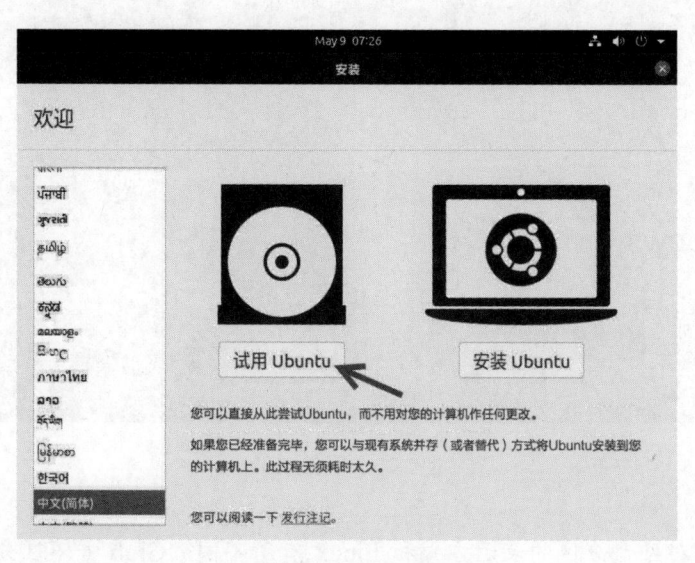

图 2.19　试用 Ubuntu

2.4.3　重新安装 Grub

成功地从安装文件启动 Linux 后,就已经做好了修复 Grub 的准备。现在就开始着手重装这个引导程序,在 Linux 命令行下依次输入以下命令:

```
grub
find/boot/grub/stage1
root(hdx,y)
setup(hd0)
quit
```

表 2.2 逐条解释了以上命令的含义。

表 2.2　用于重装Grub的命令详解

命　　令	含　　义
grub	启动安装文件中的Grub程序。如果读者正在使用Ubuntu,那么应该使用sudo grub命令以root身份运行
find /boot/grub/stage1	查找硬盘上的Linux系统将/boot目录存放在哪个硬盘分区中。Grub在安装的时候需要读取这个目录中的相关配置文件
root (hdx,y)	指示Linux内核文件所在的硬盘分区(也就是/boot目录所在的分区),将这里的(hdx,y)替换为上一行中查找到的那个分区。注意括号中不能存在空格
setup (hd0)	在第一块硬盘上安装引导程序Grub
quit	退出Grub程序

至此,重新启动计算机就可以找回双系统了。为了给读者一个更为直观的感受,图 2.20 显示了笔者在虚拟机上重装 Grub 的全过程。

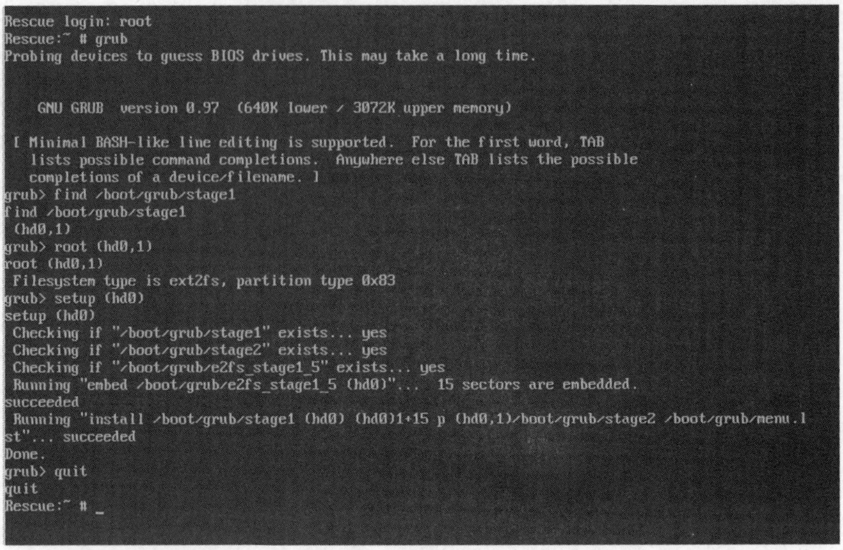

图 2.20　重装 Grub

> 💡 提示：Grub 对硬盘分区的表示方式和 Linux 有所不同。Grub 并不区分 IDE、SCSI 或 SATA 硬盘，所有的硬盘都被表示为"(hd#)"的形式，其中，"#"是从 0 开始编号的。例如，(hd0) 表示第 1 块硬盘，(hd1) 表示第 2 块硬盘，以此类推。对于任意一块硬盘（hd#），(hd#,0)、(hd#,1)、(hd#,2)、(hd#,3) 依次表示它的 4 个主分区，而随后的 (hd#,4)……则是逻辑分区。例如，图 2.20 中的 (hd0,1) 表示第 1 块硬盘的第 2 个主分区。

目前，大部分 Linux 系统默认安装的 Grub 版本为 Grub 2，因此一般把 Grub 2 称作 Grub。Grub 和 Grub 2 的主要区别在于版本号不同。Grub 是指 Grub 1.97 及之前的版本，Grub 2 是指 Grub 1.98 及以后的版本。在对硬盘分区上也有不同，Grub 是从 0 开始编号的，Grub 2 是从 1 开始编号的。而且，Grub 和 Grub 2 修复的方法也不同。下面介绍如何安装 Grub 2。

（1）进入急救模式或命令行终端，使用 root 用户执行 fdisk -l 命令查看硬盘分区情况，找到主要的 Linux 分区（即根分区"/"所在的硬盘分区）。

```
fdisk -l
```

（2）重新生成 Grub 2 配置文件。执行命令如下：

```
grub2-mkconfig -o /boot/grub2/grub.cfg
```

（3）使用 grub2-install 命令重新安装 Grub 2。假设，Linux 所在的硬盘为/dev/sda，执行命令如下：

```
grub2-install /dev/sda
```

（4）重新启动系统，Grub 2 安装成功。

> 💡 提示：在 openSUSE Linux 系统中，重新安装 Grub 的命令为 grub2-mkconfig 和 grub2-install。在 Ubuntu Linux 系统中，重新安装 Grub 的命令为 grub-mkconfig 和 grub-install。

2.5 小　　结

- Linux 的安装镜像可以从各发行商的网站上免费下载。在安装前需要了解 Linux 所需的硬件配置。
- 可以保留计算机上原有的 Windows，把 Linux 安装在另一个硬盘分区上。
- 虚拟机软件可以虚拟出一个完整的硬件环境，使同时运行多个独立的操作系统成为可能。
- VMware Server 是一款免费的、服务器级别的虚拟机软件。
- Linux 中对硬盘分区的表述方式和 Windows 有很大不同。
- 大部分 Linux 发行版本都可以在安装过程中让用户选择需要安装哪些软件包。
- 在安装结束后需要建立登录所需的用户。
- 可以通过"帮助支持中心"工具寻求帮助。
- 安装 Linux 后再安装 Windows 会覆盖原有的 Grub 引导程序。
- 通过 Linux 安装文件中的"救援模式"可以重新安装 Grub。

2.6 习　　题

一、填空题

1．安装 Ubuntu 22.04，默认需要_____内存、_____硬盘空间。
2．安装操作系统的第一步是_____。
3．在 Windows 中，常用的 U 盘制作工具有_____和_____等。

二、选择题

1．Linux 规定，一块硬盘上只能存在（　　）个主分区。
A．1　　　　　　B．2　　　　　　C．3　　　　　　D．4
2．逻辑分区的编号是从（　　）开始标识的。
A．4　　　　　　B．5　　　　　　C．1　　　　　　D．6

三、判断题

1．安装双系统时，一定要先装 Windows 再装 Linux。　　　　　　　　　　（　　）
2．Windows 和 Linux 分区方式相同。　　　　　　　　　　　　　　　　　（　　）
3．安装双系统时，需要为 Linux 至少预留一个分区空间。　　　　　　　　（　　）

四、操作题

1．通过 U 盘启动方式，在实体机中安装操作系统。
2．使用镜像文件，在虚拟机 VMware Workstations 中安装操作系统。

第 3 章 Linux 的基本配置

安装完操作系统后，常常需要做一些基本配置，以满足自己的需求。随着 Linux 桌面的日趋成熟和人性化，这种所谓的"基本配置"已经越来越少了。本章选择了入门用户最常碰到的一些问题来解答，以便读者能够尽快上手。

3.1 关于超级用户 root

之所以首先介绍 root 用户，是因为这个用户实在太重要了。所有的系统设置都需要使用 root 用户来完成。root 从字面上解释是"根"的意思，所以超级用户也被称作根用户。从某种意义上讲，它相当于 Windows 中的 Administrator 用户。

☎提示：本节使用的一些命令只是为了能更好地说明问题，读者如果不能马上理解，可以暂且不去理会。在后续章节中将逐步讲解 Linux 命令行的使用。

3.1.1 root 用户可以做什么

root 用户可以做什么呢？对于这个问题的答案是 Anything。没错，作为整个系统中拥有最高权限的用户，root 用户可以对系统做任何事情。root 用户可以访问、修改、删除系统中的任何文件和目录。另外，对于下面这些受限的操作，一般只有 root 用户能够执行。
- 添加或删除用户；
- 安装软件；
- 添加或删除设备；
- 启动和停止网络服务；
- 某些系统调用（如对内核的请求）；
- 关闭系统。

☎提示：像"关闭系统"这样的操作都需要 root 用户来执行，看起来是一件奇怪的事情。事实上，作为 Linux 的祖先，UNIX 是一种典型的服务器操作系统。而服务器的关闭和启动都必须得到管理员的授权（试想一个普通用户登录服务器，然后随意执行关机命令会怎样）。出于操作简易性的考虑，桌面版的 Linux 允许普通用户在图形界面下关闭系统，但在命令行下执行关机命令仍然需要 root 口令。

Linux 系统中的每个文件和目录都属于某个特定的用户，没有得到许可，其他用户就不能访问这些对象。但 root 用户却可以访问所有用户的文件，如同访问自己的文件一样。

因此，拥有 root 口令意味着更多的责任，特别是在一台多人协作的服务器上。

3.1.2 避免灾难

正如 3.1.1 节提到的，root 用户可以在系统中做任何事情。那么保证安全性就显得尤为重要。系统不会因为用户输入的命令足够"愚蠢"而拒绝执行。相反，系统会乐滋滋地执行这个命令，然后把自己完完整整地删除。

```
$ rm -fr /*                                    ##删除根目录下所有的文件和目录
```

另外，妥善保管 root 口令也至关重要。因为任何得到 root 口令的人都能够完全控制系统。root 口令应该至少为 8 个字符，7 个字符的密码其实很容易被破解。从理论上讲，最安全的口令应该是由字母、标点符号和数字组成的足够长的随机序列。但这样的密码往往难以记忆，如果为了使用这种所谓"最安全"的密码而不得不把它写在纸上，则是得不偿失的。一个比较好的建议是，使用拼音组成的一句话并穿插标点和数字。例如 jintian,qinglang（今天，晴朗），woshiyongUbuntu22.04（我使用 Ubuntu22.04）等都是不错的口令。

和普通用户一样，root 账号可以直接用来登录系统。但这显然是一个非常糟糕的选择。既然任何一项误操作都有可能造成灾难性的后果，就应该在必要的时候再使用 root 账号。幸运的是，Linux 提供了这样的特性。用户可以执行不带参数的 su 命令将自己提升为 root 权限（当然需要提供 root 口令）。另一个命令行工具是 sudo，它可以临时使用 root 身份运行一个程序，并在程序执行完毕后返回至普通用户状态。这两个工具将在第 9 章详细介绍。

3.1.3 Debian 和 Ubuntu 的 root 用户

对于绝大多数的 Linux 发行版而言，安装的最后一步会设置两个用户口令：一个是 root 用户；另一个是用于登录系统的普通用户。而对于 Debian 和 Ubuntu 而言，事情显得有些古怪——只有一个普通用户，而没有 root！实际上，这个在安装过程中设置的普通用户账号，在某种程度上充当了 root。平时，这个账号安分守己地做自己份内的事，没有任何特殊权限。在需要 root 的时候，则可以使用 sudo 命令来运行相关程序。sudo 命令运行时会要求输入口令，这个口令就是该普通账号的口令。

📖助记：sudo 的全称是 super user do，中文意思是超级用户去做。

读者可能会有这样的疑问：如果再建立一个用户，那么这个用户是不是也能够使用 sudo "为所欲为"呢？答案是否定的。sudo 通过读取/etc/sudoers 来确定用户是否可以执行相关命令。这个文件默认需要有 root 权限才能够修改。关于/etc/sudoers 的修改和配置，将在 9.8 节介绍。

也可以使用 sudo 的-s 选项将自己提升为 root 用户，使用了-s 选项的 sudo 命令相当于 su。例如，在终端输入：

```
bob@bob-virtual-machine:~$ sudo -s
[sudo] bob 的密码：
root@bob-virtual-machine:/home/bob#
```

> **注意**：出于安全性考虑，在输入密码时屏幕上并不会有任何显示（包括星号）。

最后，可以使用 exit 命令回到先前的用户状态。

```
root@bob-virtual-machine:/home/bob# exit
exit
bob@bob-virtual-machine:~$
```

3.2　依赖发行版本的系统管理工具

很多 Linux 发行版本都提供了可视化的系统管理工具。例如，Red Hat 的 Network Administration Tool 及 openSUSE 的 YAST2，如图 3.1 所示。这些可视化工具给 Linux 用户带来了莫大的方便，从而让系统管理工作变得只是单击鼠标这样简单。

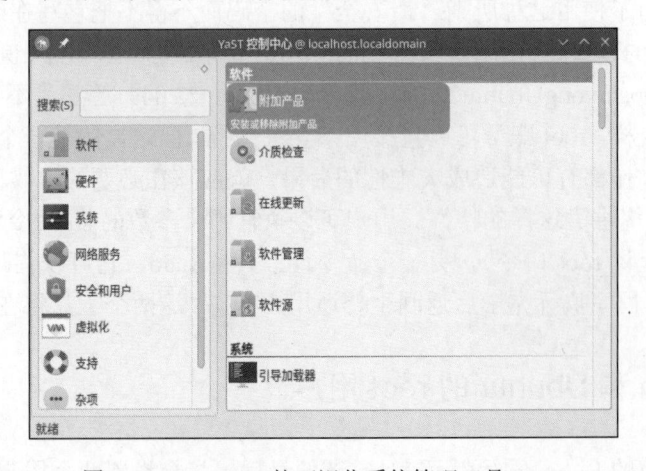

图 3.1　openSUSE 的可视化系统管理工具 YaST

从另一方面看，这些工具向用户隐藏了实施配置的底层机制。尽管这对于初学者而言并不是什么坏事，但图形界面的简易性仅在系统正常时才能够发挥优势。当故障发生时，可视化工具对于解决问题常常无能为力。管理员不得不在命令行模式下手动解决这些问题。相对于可视化工具而言，命令行往往更灵活、更可靠。

基于以上原因，本节着重讨论如何在命令行模式下管理系统，所有 Linux 发行版本基本都是如此。同时考虑到读者的基础，本节尽可能多地穿插讲解可视化配置工具。鉴于 Ubuntu 和 openSUSE 在桌面端的普及程度，大部分的可视化工具都以 Ubuntu Linux 和 openSUSE 为例进行介绍。其他发行版本的配置工具的使用大致相似。

3.3　中文支持

如果读者正在使用 openSUSE 或 Ubuntu，那么只要记得在安装的时候选择中文支持就可以了。如果在安装过程中选择了英文，系统安装成功后，也可以手动安装中文语言包。为此，用户需要在安装结束后手动安装中文包。下面简单介绍在 Ubuntu 下安装中文支持的过程，其中一些步骤涉及后面的内容，这里暂且不求甚解就可以了。

首先应该确保计算机已经连接到了 Internet（如果读者遇到一些问题，可以参考第 11 章的相关内容）。单击左上方的"dash 页"按钮打开终端模拟器，输入下面的命令：

```
$ sudo apt-get update
```

上面的命令用于从 Internet 更新当前系统软件包的信息，为此需要提供 root 口令。系统会给出一系列下载信息作为回应，这些信息如下（用户可以设置速度更快的安装源，参见 7.5 节）：

```
命中:1 http://cn.archive.ubuntu.com/ubuntu jammy InRelease
命中:2 http://security.ubuntu.com/ubuntu jammy-security InRelease
命中:3 http://cn.archive.ubuntu.com/ubuntu jammy-updates InRelease
命中:4 http://cn.archive.ubuntu.com/ubuntu jammy-backports InRelease
正在读取软件包列表… 完成
```

完成更新工作后，依次执行下面的操作步骤。

（1）在应用程序中，启动 Language Support 程序，弹出 Language Support 对话框，在其中的设置如图 3.2 所示。

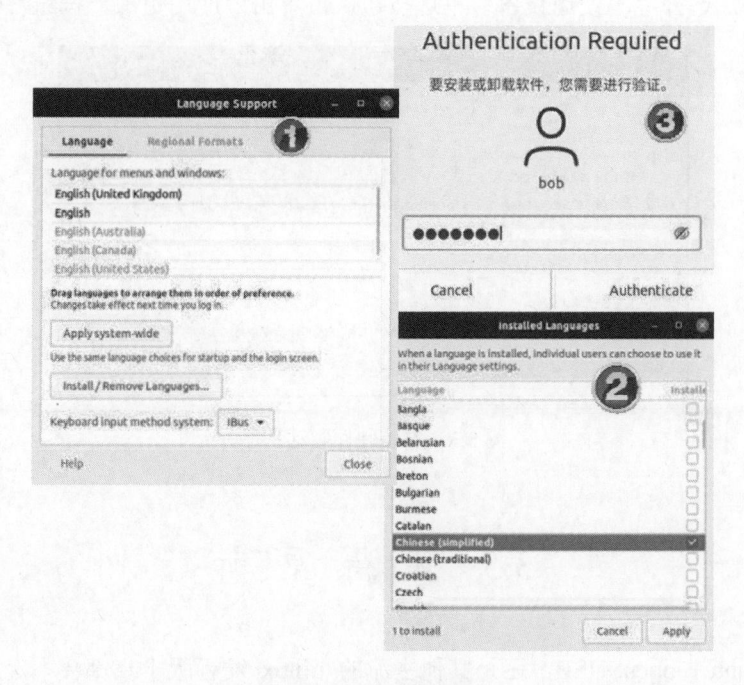

图 3.2 语言支持界面

（2）单击 Apply 按钮，将会显示正在应用更改。应用完成后就可以让 Ubuntu 全方位地支持中文了。

3.4 关于硬件驱动程序

对于早期的 Linux 而言，寻找特定的硬件驱动程序往往是安装配置中最花费时间的一步，有时系统管理员甚至需要自己编写驱动程序。如今，Linux 已经得到了绝大部分主流的硬件厂商的支持。Linux 安装完成后，一般不需要再安装什么驱动程序了。Linux 安装程序会自动监测系统硬件，并安装相应的驱动程序。在这一点上，Linux 比 Windows 更加人性化（读者应该会有安装完 Windows 后安装诸多硬件驱动的经历）。

对于 Linux 安装程序没有集成的驱动程序，就需要手动安装了。主流硬件厂商一般都会在其官方网站上提供驱动程序的 Linux 版本（专有驱动就是非 Ubuntu 自带的驱动）。安装方法视不同的驱动程序提供商和用户的 Linux 版本而定。读者应该仔细阅读安装说明。需要注意的是，驱动程序的安装往往存在风险。因此必须选择与自己的硬件完全匹配的驱动程序，否则会让硬件无法使用，甚至损坏硬件。

如果硬件厂商并没有提供 Linux 版本的驱动程序，那么只能寄希望于第三方开发了。很多 Linux 爱好者会开发一些硬件驱动程序，如果读者碰巧找到了，那么可以安装并使用。但这些驱动程序往往没有得到硬件厂商的支持，存在一定的使用风险，应该谨慎对待。

Ubuntu Linux 的更新程序会自动从互联网上探测适合当前系统的驱动程序，并在适当的时候提示用户安装。在应用程序中，启动"附加驱动"程序，弹出"软件和更新"对话框，单击"附加驱动"选项卡，如图 3.3 所示。选择相应的设备驱动即可。如果不想使用某个驱动的话，选择"不使用设备"单选按钮，再单击"应用更改"按钮，使配置生效。

图 3.3 安装硬件驱动程序

3.5 获得更新

无论 Ubuntu、openSUSE，还是其他主流的 Linux 发行版本，都会不定期地提供相关软件包的更新。这些更新通常是出于升级版本或是修补安全漏洞的目的。不定期是必然的，因为安全漏洞不会定期出现。世界上所有的软件发行商也不会同时发布升级版本。系统不会盲目地更新不存在的软件，因此更新列表的长度总是同当前系统上安装的软件数量成正比。

以 Ubuntu Linux 为例，在应用程序中，启动"软件更新器"程序，弹出"软件更新器"对话框。展开"更新详情"列表，可显示所有可用更新，包括安全更新（一定要安装）和推荐软件更新。每当有可用更新时，在对话框最上面会提示"这台计算机有可用的升级"。Ubuntu 的更新非常迅速，笔者在半个多月的时间里积累了接近 300MB 的更新内容。

在更新列表中选择需要更新的软件包（通常使用推荐更新即可），单击"立即安装"按钮，即可从互联网上下载并安装更新。这时会弹出一个"软件更新器"对话框，如图 3.4 所示。

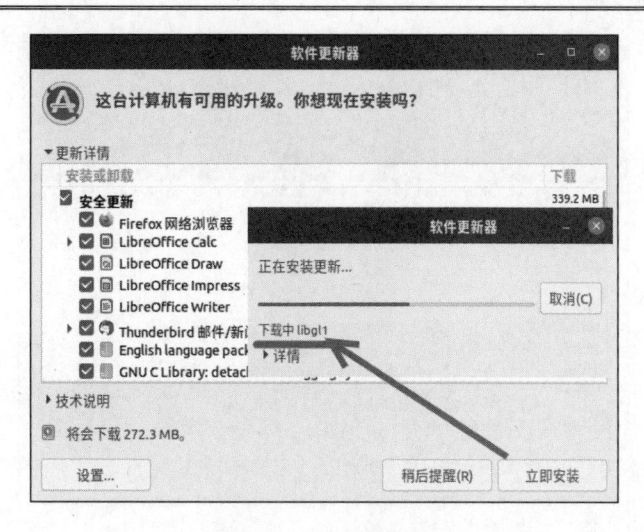

图 3.4　软件更新器

3.6　进阶：配置 Grub

本节继续介绍引导程序 Grub。在 2.4 节中介绍了如何修复被损坏的 Grub，本节将更深入地讲解 Grub 的使用。当然所谓的"深入"是相对的，这个引导程序本身可以拿出来写一本书，本节涉及的只是一些皮毛而已。

3.6.1　Grub 的配置文件

Grub 启动时通常从/boot/grub/grub.cfg 中读取引导配置信息，并且严格地依此行事。下面是引导一个 Linux 系统所做的配置，这段内容取自 Grub 配置文件给出的示例。

```
1 #
2 # DO NOT EDIT THIS FILE
3 #
4 # It is automatically generated by grub-mkconfig using templates
```

以上内容的大意为：请不要编辑此文件，该文件以/etc/grub.d 作为模版，以/etc/default/grub 作为配置，被 grub-mkconfig 命令自动生成。因此，我们打开此处指定的配置文件/etc/default/grub，查看并修改需要的功能参数。在终端执行下列命令，结果如图 3.5 所示。

```
sudo gedit /etc/default/grub
```

编辑其中需要修改的参数：GRUB_DEFAULT 为引导项列表的默认选择项序号（从 0 数起）；GRUB_TIMEOUT 为引导项列表自动选择的超时时间（如图 3.5 所示）。同时我们也看到文件开头提到，修改 Grub 配置文件后须执行 update-grub 命令更新 grub.cfg 文件。

编辑完成并保存后回到终端，执行 sudo update-grub 命令，系统自动依照刚才编辑的配置文件（/etc/default/grub）生成为引导程序准备的配置文件（/boot/grub/grub.cfg）。

```
sudo update-grub
```

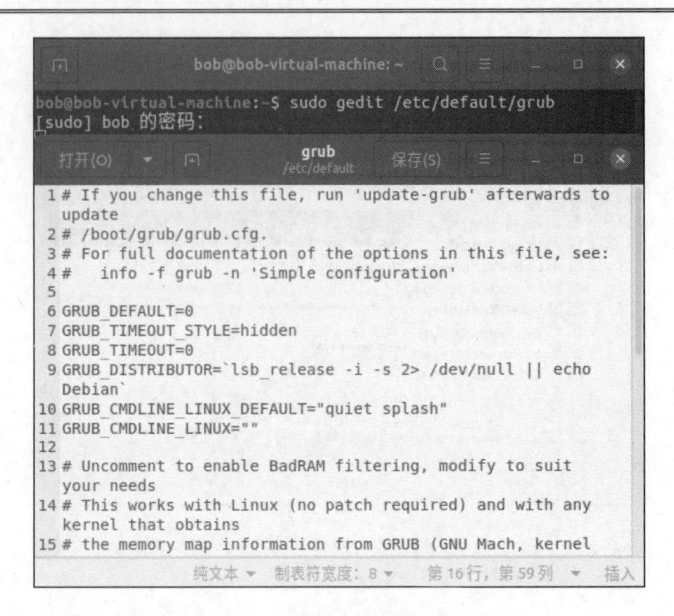

图 3.5　修改 Grub 配置文件

连续输出各个引导项之后，输出 done 即表示已完成生成过程，如图 3.6 所示。

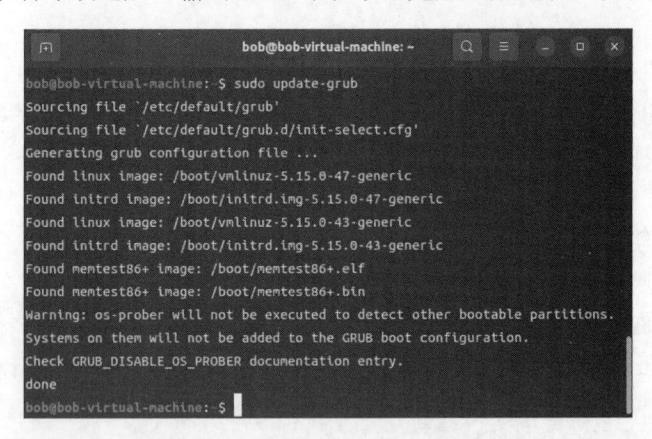

图 3.6　更新配置文件后的显示结果

同时，引导项列表文件/boot/grub/grub.cfg 也被更新。

引导 Windows 的配置则有些不同，下面这段内容同样是取自 Grub 配置文件的示例。

```
title           Windows 95/98/NT/2000
root            (hd0,0)
makeactive
chainloader     +1
```

关键字 makeactive 将 root 指定的分区设置为活动分区；关键字 chainloader 从指定位置加载 Windows 引导程序。

如果安装双系统，建议先安装 Windows，后安装 Linux。然而随着 Ubuntu 内核的不断升级，Grub 修改了开机启动菜单，会自动把最新的 Ubuntu 放在第一位，把 Windows 放在最后一个。我们经常希望把 Windows 调整到靠前的位置，可能还会修改默认的启动项和等待时间等。解决方案如下：

（1）找到 Grub 配置，打开配置文档，在终端里输入以下命令：

```
sudo gedit /boot/grub/grub.cfg
```

（2）修改 Grub 配置。

```
set default="0"：表示默认的启动项，"0"表示第一个，以此类推。
set timeout=10：表示默认等待时间，单位是秒。
如果 timeout 被设置为 0，那么用户就没有任何选择余地，Grub 自动依照第 1 个 title 的指示
引导系统。
```

（3）找到 Windows 启动项，将其复制到所有 Ubuntu 启动项之前，例如：

```
### BEGIN /etc/grub.d/30_os-prober ###
menuentry "Windows 7 (loader) (on /dev/sda1)" --class windows --class os {
insmod part_msdos
insmod ntfs
set root='(/dev/sda,msdos1)'
search --no-floppy --fs-uuid --set=root A046A21446A1EAEC
chainloader +1
}
### END /etc/grub.d/30_os-prober ###
```

（4）保存并退出。

3.6.2 使用 Grub 命令行

用户可以在 Grub 引导时手动输入命令来指导 Grub 的行为。在 Grub 启动画面出现时按 C 键可以进入 Grub 的命令行模式，如图 3.7 和图 3.8 所示。

图 3.7 Grub 引导界面

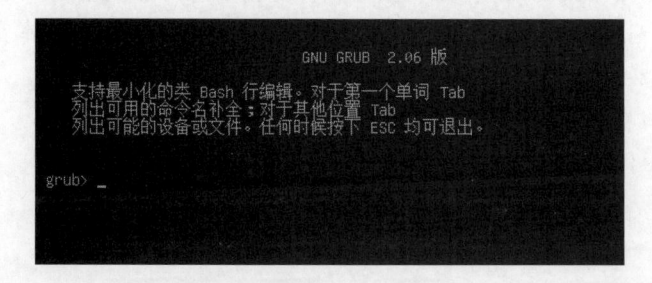

图 3.8 Grub 命令行

提示：在 Ubuntu 22.04 中，默认开机后直接进入系统，无法进入引导菜单编辑界面，即无法设置开机引导 Grub。此时，用户需要编辑/etc/default/grub 配置文件。修改后的配置参数如下：

```
bob@bob-virtual-machine:~$ sudo vi /etc/default/grub
#GRUB_TIMEOUT_STYLE=hidden
GRUB_TIMEOUT=10
GRUB_CMDLINE_LINUX_DEFAULT="text"
```

保存并退出配置文件。然后执行 update-grup 命令，更新 Grub 配置使其生效。

```
bob@bob-virtual-machine:~$ sudo update-grub
```

然后重新启动系统，将显示引导菜单编辑界面。

Grub 命令行的使用比较复杂。如表 3.1 列出了 Grub 的一些常用命令，读者如果对此感兴趣，可以到 www.gnu.org/software/grub/manual/ 上下载其官方手册。

表 3.1 引导程序 Grub 的常用命令

命　　令	说　　明
help	显示帮助信息
reboot	重新引导系统
root	指定根分区
kernel	指定内核所在的位置
find	在所有可以安装的分区上寻找一个文件
boot	依照配置引导系统

3.7 小　　结

- 超级用户 root 是 Linux 中最重要的用户，拥有执行系统管理任务的完整权限。
- 注意妥善保管 root 口令，并在执行某些"破坏性"的任务时格外小心。
- Debian 和 Ubuntu 强制用户通过 sudo 命令提升权限。
- Linux 发行版本通常包含自己的可视化管理工具，但命令行始终是管理员最可靠的伙伴。
- openSUSE 和 Ubuntu 用户都可以直接从安装文件中获取中文支持。
- Linux 能够自动检测并安装绝大部分硬件的驱动程序。
- Ubuntu 和 openSUSE 都能自动获取软件更新信息，并提示用户下载安装。
- 引导程序 Grub 的配置文件是/boot/grub/grub.cfg。这是一个文本文件，可以用任何文本编辑器修改。
- 在 Grub 启动画面出现时按 C 键可以进入 Grub 的命令行模式。

3.8 习　　题

一、填空题

1. root 从字面上解释是"根"的意思，因此超级用户也称作＿＿＿＿＿。
2. 为 root 用户设置口令时，至少应该＿＿＿＿＿个字符。

3．最安全的口令应该是由_____、_____和_____组成的足够长的随机序列。

二、选择题

1．下面的（　　）操作只有 root 用户能够执行。
A．添加或删除用户　　　　　　　　B．安装软件
C．启动和停止网络服务　　　　　　D．关闭系统
2．下面的（　　）口令是较安全的。
A．12345678　　　　B．abcdefg　　　　C．abc123456　　　　D．pass123!@#

三、判断题

1．root 用户可以做任何事情。　　　　　　　　　　　　　　　　　　　　（　　）
2．root 用户和 Windows 中的 Administrator 用户相同。　　　　　　　　（　　）
3．使用 sudo 命令可以执行任意操作。　　　　　　　　　　　　　　　　（　　）

四、操作题

1．使用 rm 命令删除/tmp 目录下的所有文件。
2．使用 sudo 命令切换当前用户为 root 用户。

第 4 章 桌 面 环 境

本章将带领读者熟悉一下 Linux 的桌面环境，这里仍然以 Ubuntu 22.04 为例。使用其他发行版本的用户可能会发现具体操作有所不同，但是没有关系，读者需要做的无非是在"另一个地方"找到这些工具或这些工具的等效替代品。Linux 桌面环境如今变得越来越华丽，越来越人性化，即便是第一次使用 Linux 的用户也可以简单地进行一些操作了。

4.1 快速熟悉工作环境

本节介绍第一次使用 Linux 必须要知道的事情。如何运行应用程序？如何浏览硬盘？如何建立一个文本文件？如果读者对这些内容已经了解，那么可以跳过这一节。

4.1.1 运行应用程序

在 Ubuntu 中运行应用程序和读者想象得一样简单（或许更简单），所有的应用程序都被安放在桌面左下角的"应用程序"列表中。例如，启动 LibreOffice Writer 程序，打开这个文字处理软件，如图 4.1 所示。这个软件将在 18.1 节详细介绍。

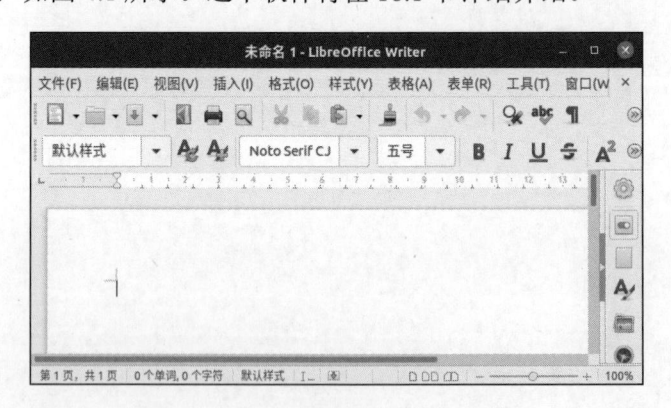

图 4.1　LibreOffice Writer 的用户界面

4.1.2 浏览文件系统

可以使用一个类似于 Windows 中的"资源管理器"的工具浏览整个硬盘。单击收藏夹中的"文件"程序，在"其他位置"能够看到当前计算机中所有的存储设备及分区，如图 4.2 所示。

图 4.2　文件浏览器

双击相应的图标可以进入该目录。也可以单击搜索按钮 ，在"搜索"栏中输入具体的路径名来访问。注意，在 Linux 中，路径的分隔符是正斜线"/"，而不是反斜线"\"。用户自己的主目录存放在/home 下以用户名命名的目录中。

Linux 中的文件系统结构和 Windows 非常不同，读者暂时可以不必会，在 6.1 节中会详细介绍。

4.1.3　创建一个文本文件

在 Ubuntu 22.04 系统安装完成后，右击桌面，弹出的快捷菜单中没有"新建文档"命令。此时，用户需要手动将"新建文档"命令添加到菜单列表中。操作步骤如下：

（1）打开文件夹，在用户主目录里找到"模板"文件夹。

（2）双击进入"模板"文件夹，里面是空的，什么文件也没有。然后右击桌面，在弹出的快捷菜单中选择"在终端打开"命令，打开终端窗口。在终端窗口中执行以下命令：

```
sudo gedit 文本文件
```

执行以上命令后，打开一个空白的文本文件，如图 4.3 所示。

（3）单击"保存"按钮，将空白的文本文件保存到模板目录中并关闭该文件。此时，在任何文件夹下右击桌面就可以创建文本文件了，如图 4.4 所示，依次选择"新建文档"|"文本文件"命令，将创建一个名为"文本文件"的空白文件。

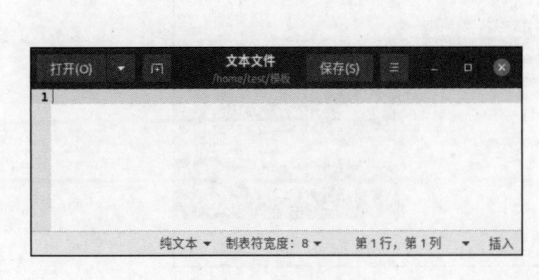

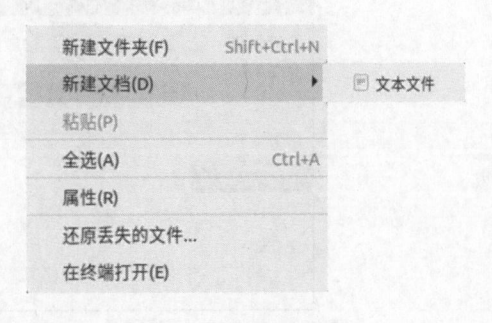

图 4.3　空白文件　　　　　　　　图 4.4　新建文本文件

☎提示：按照以上方法添加"新建文档"选项后，只能在非桌面的文件夹下创建文档。右击桌面，仍然没有"新建文档"选项。

4.2 个性化设置

本节介绍 Ubuntu 桌面环境的个性化设置。大部分的设置均针对当前用户，因此不需要提供 root 口令，而涉及系统设置的部分，则要求拥有管理员权限。

4.2.1 设置桌面背景和字体

右击桌面，在弹出的快捷菜单中选择"更改背景"命令，可以弹出打开"背景"对话框。在其中可以看到当前能够使用的桌面背景图片，如图 4.5 所示。单击相应的图片可以更改桌面背景。注意，这个对话框并没有提供"确定"按钮，所做的选择会即时反映在桌面上。

图 4.5 修改桌面背景

如果希望选择自己的壁纸图片，那么可以单击"添加图片"按钮，弹出"选择图片"对话框，如图 4.6 所示。定位到相应的图片文件，单击"打开"按钮把图片添加到"背景"列表框中。在选择图片的时候，效果图会即时显示在"选择图片"对话框的右侧。

图 4.6 添加壁纸

如果要设置字体，在系统设置对话框中单击"辅助功能"选项，启用"视觉"选项中的"大号文本"功能即可，如图 4.7 所示。单击相应元素后的按钮可以进行其他设置。注意，这个对话框并没有提供"确定"按钮，所做的选择会即时生效。

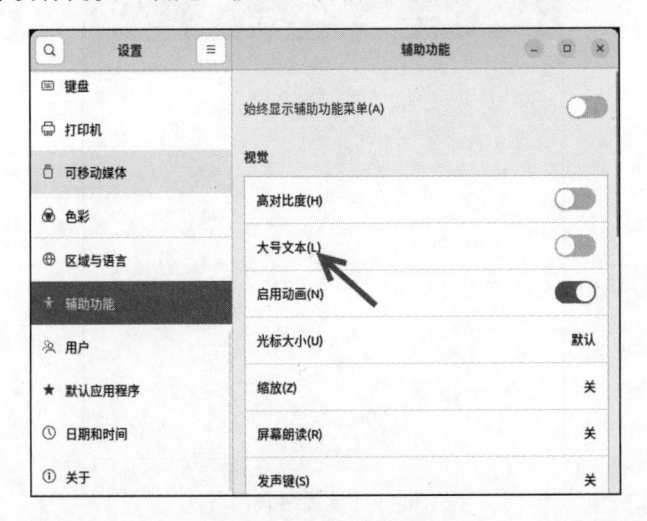

图 4.7 修改字体外观

4.2.2 设置显示器的分辨率

右击桌面，在弹出的快捷菜单中选择"显示设置"命令，弹出"显示器"窗口，如图 4.8 所示。系统会根据显示器的实际情况列出可供选择的分辨率和刷新频率数值。建议读者不要随便更改分辨率设置，Ubuntu 的这个小工具有时候不太稳定，并且在大部分情况下，修改显示器的分辨率并没有什么必要。

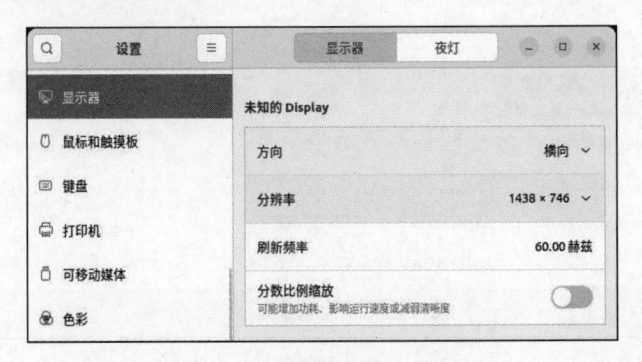

图 4.8 设置显示器的分辨率

4.2.3 设置代理服务器

如果读者的计算机需要通过内网的代理服务器连接到互联网，那么就应该让系统知道这台服务器。在程序列表中，单击"设置"程序，弹出"设置"对话框。在该对话框中，选择"网络"命令，然后在网络代理中单击设置按钮，弹出"网络代理"对话框。单击

"手动"单选按钮,如图4.9所示,然后依次填写各个文本框信息就可以了。当然,用户应该在设置之前清楚代理服务器的地址和开放端口。填写完毕后,直接关闭该对话框即可。

图 4.9 设置网络代理

4.2.4 设置鼠标和触摸板

Ubuntu可以对鼠标和触摸板的按键进行设置。在"设置"窗口中选择"鼠标和触摸板"选项,可以弹出"鼠标和触摸板"窗口,如图4.10所示。此时,用户可以设置鼠标的速度。

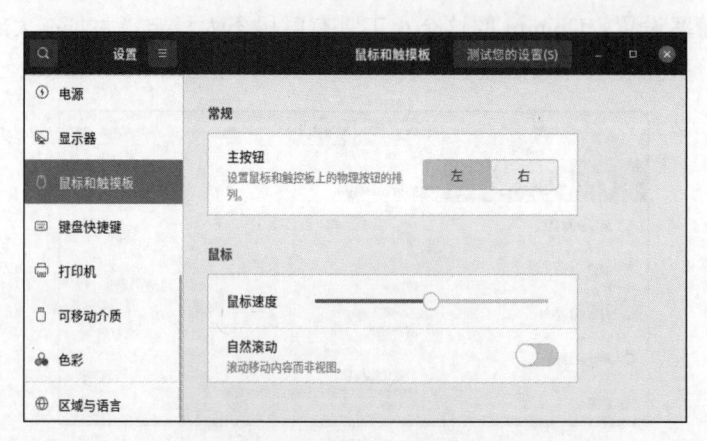

图 4.10 设置鼠标和触摸板

对于"左撇子"而言,将鼠标方向设置为左手是必要的,因此,此时需要设置主按钮为左。通过右上方的"测试您的设置"按钮,可以测试鼠标设置。

4.2.5 设置快捷键

使用键盘上的快捷键可以提高工作效率。在"设置"窗口中选择"键盘"选项,弹出

"键盘"对话框。在"键盘"设置的"键盘快捷键"部分，单击"查看及自定义快捷键"命令，弹出"键盘快捷键"对话框，如图 4.11 所示。单击任意一个程序，可以看到所有能够设置快捷键的程序，其中的一些程序（如启动终端）已经做过设置了，如图 4.12 所示。

图 4.11　设置键盘快捷键

图 4.12　在启动器中设置的快捷键

用户也可以自己添加、更改和删除某个快捷键。在相应的行上单击，系统会提示用户输入快捷键，此时直接使用键盘上相应的按键即可完成修改。例如，要设置快捷键 Ctrl+Alt+R，应该依次按住 Ctrl 键、Alt 键和 R 键，然后同时松手。要删除某个快捷键，只要在提示的时候按下 Backspace 键就可以了。

4.3　进阶：究竟什么是"桌面"

Linux 中"桌面"的概念在初学者看来只能用"乱七八糟"来形容，好在那些试图解释清楚这件事情的人们也有同样的感受。本节的内容有一点枯燥，更令人沮丧的是，读者可能在很长一段时间内都不会用到这些概念。

4.3.1　可以卸载的图形环境

"可以卸载的图形环境"这句话在 Windows 专家们看来简直是不可思议的。"那我们还怎么工作？"，他们会这样问。Linux 不是一种基于图形环境的操作系统，40 年前的 UNIX 用户可以在命令行下完成所有的工作，现在仍然可以。在内核中，图形环境只是一个普通的应用程序，和其他服务器程序（如 Apache 和 NFS 等）没有区别。

如果 Linux 发行版本的安装程序允许用户自己定制安装软件，那么从一开始就可以选择不要图形环境（参见 2.2.3 节），这样 Linux 启动后会把用户带至命令行。Linux 的命令将在后面的章节陆续介绍。

4.3.2　X 窗口系统的基本组成

X 窗口系统（X Window System）是 Linux 图形用户环境的基础。这个系统最初诞生于 MIT（麻省理工学院）的 Athena 项目，时间是 20 世纪 80 年代。X 窗口系统的发展经历了一段复杂而曲折的过程，如今绝大多数 Linux 使用的是由 X.org 基金会维护的 X.Org（曾经被广泛使用的 XFree86 因为许可证的转变正逐渐退出 Linux 市场）。

X 窗口系统基于一种独特的服务器/客户机架构。本节首先解释几个基本概念。这些概念现在看起来可能有点抽象，如果读者在后面的学习中糊涂了，那么可以回到这里寻求帮助。

1．X 服务器

X 服务器用于实际控制输入设备（如鼠标和键盘）和位图式输出设备（如显示器）。准确地说，X 服务器定义了给 X 客户机使用这些设备的抽象接口。和大部分人的想法不同，X 服务器没有定义高级实体的编程接口，这意味着它不能理解"画一个按钮"这样的语句，而是告诉它："画一个方块，这个方块周围要有阴影，当用户按下鼠标左键的时候，这些阴影应该消失……对了，这个方块上还应该写一些字……"

这种设计的意义在于，X 服务器能够做到最大程度的与平台无关。用户可以自由选择窗口管理器和 Widget 库来定制自己的桌面，而不需要改变窗口系统的底层配置。

2．X 客户端程序

需要向 X 服务器请求服务的程序就是 X 客户端程序。具体来说，LibreOffice、Gedit 这些应用程序都是 X 客户端程序，它们运行时需要把自己的"样子"描述给 X 服务器，然后由 X 服务器负责在显示器上绘制这些应用程序的界面。

3．窗口管理器

窗口管理器（Window Manager）负责控制应用程序窗口的各种行为，如移动、缩放、最大化和最小化窗口，在多个窗口间切换等。从本质上来说，窗口管理器是一种特殊的 X 客户端程序，因为这些功能都是通过向 X 服务器发送指令实现的。Window Maker、FVWM、IceWM、Sawfish 等是目前比较常见的窗口管理器。

4．显示管理器

显示管理器（Display Manager）提供了一个登录界面，其任务就是验证用户的身份，让用户登录到系统。可以说，图形界面的一切（除了它自己）都是由这个显示管理器启动的，包括 X 服务器。用户也可以选择关闭显示管理器，这样就必须通过命令行运行 startx 命令（或者使用.login 脚本）来启动 X 服务器。

☎提示：这里所说的"脚本"是指 Shell 脚本，它是一段能够被 Linux 理解的程序。这部分内容将在第 21 章详细介绍。

5. Widget库

Widget 库定义了一套图形用户界面的编程接口。应用程序开发人员通过调用 Widget 库来实现具体的用户界面，如按钮、菜单、滚动条和文本框等。程序员不需要理解 X 服务器的语言，Widget 库会把"画一个按钮"这句话翻译成 X 服务器能够理解的表述方式。

6. 桌面环境

现在终于到了问题的关键，究竟什么是桌面环境？以 KDE 和 Gnome 为代表的 Linux 桌面环境是把各种与 X 有关的程序（除了 X 服务器）整合在一起的"大杂烩"。这些程序包括像 Gedit 这样的普通应用软件、窗口管理器、显示管理器和 Widget 库。但无论桌面环境如何复杂，最后处理图形输出的仍然是 X 服务器。这一点一定要牢记。

4.3.3 X 窗口系统的启动过程

X 窗口系统的启动过程基本是由显示管理器（Display Manager）完成的。显示管理器启动后依次完成下面的工作。

（1）启动 X 服务器。
（2）提供一个界面友好的屏幕，等待验证用户的身份。
（3）执行用户的引导脚本，这个脚本用于建立用户的桌面环境。

简单提一下"引导脚本"——尽管到现在为止还没有正式接触"脚本"这个概念。桌面环境的引导脚本是一段用 Linux 命令组成的脚本程序，叫作 Xsession。Xsession 通过启动窗口管理器、任务栏，设定应用的默认值、安装标准键绑定等来启动整个桌面环境。KDE 和 Gnome 都有自己的启动脚本，这些通常不需要用户操心。

Xsession 会一直运行，直到用户退出（或者说，当 Xsession 运行结束后，用户就退出了）。窗口管理器是 Xsession 启动的唯一的前台程序（其他程序都在后台执行），如果没有这个前台程序，那么用户会在登录后立即退出系统。关于前台和后台执行程序的区别，可参考 5.8 节的内容。

4.3.4 启动 X 应用程序

X 窗口系统的服务器/客户机架构意味着一台主机上的 X 应用程序可以在另一台主机的屏幕上显示出来。X 服务器接收来自多个应用程序的请求，然后在本地显示，而这些应用程序可能正运行在网络的其他几台主机上。

也就是说，为了运行一个 X 应用程序，必须指定在什么地方显示。环境变量 DISPLAY 定义了这些内容（环境变量用于在系统运行时保存一些同系统和用户相关的信息，详见 21.3.1 节）。下面给出一个 DISPLAY 变量的典型设置：

```
DISPLAY=servername:3.2
```

当 X 应用程序启动时，它会查看这个环境变量。在上面这个例子中，X 应用程序把自己的图形输出到主机 servername 上的显示 3 和屏幕 2 上。

"显示 3 和屏幕 2"这句话有点难懂。如果一台主机只运行一个 X 服务器，那么这个 X

服务器就工作在端口 6000，对应的显示号是 0；如果再安装一个 X 服务器程序，那么这个新的 X 服务器会工作在端口 6001，对应的显示号是 1，以此类推。至于"屏幕 2"，是指在一台主机上连接有多台显示器的情况下，显示器也从 0 开始编号。第 1 台显示器标识为"屏幕 0"，因此"屏幕 2"就是这台主机所连接的第 3 台显示器。

由于大部分主机只运行一个 X 服务器，连接一台显示器，所以大部分情况下，环境变量 DISPLAY 的值会像下面这样：

```
servername:0.0
```

现在再回过来考虑最常见的情况——X 客户机（X 应用程序）向本地的 X 服务器传递图形输出，X 服务器在本地的显示器上显示图形。此时就不再需要指定服务器名了，环境变量 DISPLAY 的值相应地退化为下面这样：

```
:0.0
```

由于屏幕号也可以省略（默认屏幕号为 0），所以在最简单的情况下，DISPLAY 变量的值只是一个":0"。

4.3.5 桌面环境——KDE 和 Gnome 谁更好

在开源世界，凡是涉及"什么和什么谁更好？"这一类的问题，总能引起一片"硝烟弥漫"，并且每一方的论据都很有说服力。这样一来，提问者最后总能学会如何"辩证"地看待问题。下面这些内容就是站在中立的立场给出的建议。

KDE（K 桌面环境）是用 C++编写的，基于 Qt 库。这是刚从 Windows 或者 Mac 转过来的用户比较偏爱的桌面环境。因为它确实比较漂亮，在使用习惯上也同 Windows 比较接近。对于热衷于定制桌面的用户而言，KDE 可能是最好的选择。

为 KDE 编写的应用程序总是带着一个字母 K，如 Konqueror（文件浏览器）和 Konsole（命令行终端）等。KDE 为程序员提供了一套功能完备的开发工具，包括一个集成开发环境（IDE），这使得程序员很容易在 KDE 上开发风格统一的应用程序

Gnome 是用 C 语言写成的，基于 GTK+Widget 库。这个桌面环境最初是为了对抗 KDE 而诞生的——这是另一个"自由"对抗"非自由"的故事。相对于 KDE 而言，Gnome 看上去不那么讨人喜欢，它有点严肃，好像总是板着一张脸。但 Gnome 的确更快速和简洁，因为在有些人看来，KDE 有点太啰嗦了。

同 KDE 类似，Gnome 应用程序大多带着一个字母 G，如 GIMP（图形处理软件）、GFTP（FTP 工具）等。同样，Gnome 也为开发人员提供了一套易于使用的开发工具。

究竟是使用 Gnome 还是 KDE，取决于在性能和外观之间的权衡，或者个人的喜好。人们对食物和桌面环境都有不同的偏好，这很正常。

4.4 小　　结

- Ubuntu 的图形化应用软件都存放在"应用程序"列表中。
- 启动"文件"程序可以打开文件系统浏览器。

- ❏ Gedit 是 Gnome 桌面环境附带的文本编辑器，支持语法加亮等高级功能。
- ❏ 个性化设置针对当前用户，因此一般不需要提供 root 口令。
- ❏ 通常情况下应该避免设置显示器的分辨率。
- ❏ 本地主机和同一网络的主机应该避免通过代理服务器访问。
- ❏ 恰当地设置键盘快捷键可以提高工作效率。
- ❏ Linux 的图形环境是可以卸载的。
- ❏ X 窗口系统（X Window System）是 Linux 图形用户环境的基础。
- ❏ 显示管理器负责启动 X 窗口系统的绝大多数组件。
- ❏ X 窗口系统基于服务器/客户机架构，图形化应用程序可以"异地"显示自己。
- ❏ X 应用程序通过查看环境变量 DISPLAY 决定在哪里显示自己。
- ❏ 选择 Gnome 还是 KDE 是性能和外观之间的权衡，或者仅是个人喜好的差异。
- ❏ 在 Linux 中，所有软件的配置都是通过文本文件实现的。

4.5 习　　题

一、填空题

1. Ubuntu 自带的图形文本编辑器叫作_____。
2. Gedit 文本编辑器默认使用_____编码。

二、选择题

1. 窗口管理器负责控制应用程序窗口的（　　）行为。
   A．移动　　　　　B．缩放　　　　　C．最大化　　　　　D．最小化
2. 应用程序开发人员通过调用 Widget 库来实现（　　）用户界面。
   A．按钮　　　　　B．菜单　　　　　C．滚动条　　　　　D．文本框

三、判断题

1. Linux 是一种基于图形环境的操作系统。　　　　　　　　　　　　（　　）
2. KDE 是用 C++编写的，基于 Qt 库。　　　　　　　　　　　　　（　　）
3. Gnome 是用 C 语言编写的，基于 GTK+Widget 库。　　　　　　　（　　）

四、操作题

1. 在 Ubuntu 22.04 中添加"新建文档"菜单。
2. 创建一个名为 test.txt 的文本文件。

第 2 篇
系统管理

- 第 5 章　Shell 的基本命令
- 第 6 章　文件和目录管理
- 第 7 章　软件包管理
- 第 8 章　硬盘管理
- 第 9 章　用户与用户组管理
- 第 10 章　进程管理

第 5 章　Shell 的基本命令

一直以来 Shell 以其稳定、高效和灵活成为系统管理员的首选。本章主要介绍 Shell 的基本命令，包括切换目录、查找并查看文件、查看用户信息等。此外，读者还可以查看用户手册了解相关内容。下面首先简要介绍一下究竟什么是 Shell。

5.1　Shell 简介

命令行和 Shell 这两个概念常常是令人困惑的。很多时候，这两个名词的概念相同，即命令解释器。然而从严格意义上来讲，命令行指供用户输入命令的界面，其本身只是接受输入，然后把命令传递给命令解释器。从本质上讲，Shell 是一个程序，它在用户和操作系统之间提供了一个面向命令行的可交互接口。用户在命令行中输入命令，运行在后台的 Shell 把命令转换成指令代码发送给操作系统。Shell 提供了很多高级特性，使得用户和操作系统间的交互变得简便和高效。

目前，在 Linux 环境中有几种不同类型的 Shell，常用的有 Bourne Again Shell（BASH）、TCSH Shell 和 Z-Shell 等。不同的 Shell 的语法和特性不尽相同，用户可以使用任何一种 Shell。在 Linux 中，默认安装和使用的 Shell 是 BASH。本书中所有的命令都在 BASH 下测试通过。当然，读者如果有兴趣，也可以尝试使用其他类型的 Shell。

> **提示：** 怎样打开命令行？一般来说，Ubuntu 用户可以单击桌面左上方的"活动"按钮，在弹出的 Dash 页的搜索栏中输入"终端"，并按 Enter 键，就会显示"终端"图标。双击该图标，就可以打开终端模拟器。也可以使用命令行控制台。Linux 默认有 7 个控制台，可以通过按快捷键 Ctrl+Alt+F1~F7 进入。默认情况下前 6 个控制台是命令行控制台，第 7 个则留给 X 服务器。在 Ubuntu 22.04 中，F2 是图形环境。

5.2　格 式 约 定

Linux 命令行界面有一个输入行，用于输入命令。在 BASH 中，命令行以一个美元符号 "$" 作为提示符，表示用户可以输入命令了。下面就是一个 Shell 提示符，表示命令行的开始。

$

如果正在以 root 身份执行命令，那么 Shell 提示符将变为"#"。

```
#
```

本书中的命令将以"提示符+命令+注释"的形式给出。以下面这个命令为例：

```
$ sudo dpkg -i linuxqq_2.0.0-b2-1089_amd64.deb          ##安装QQ for Linux
```

其中，"$"符号为命令行提示符，"sudo dpkg -i linuxqq_2.0.0-b2-1089_amd64.deb"是命令，而"##"后面的文字则是注释。注释是本书为了更清楚地解释命令用途而添加的，在实际使用过程中并不会出现。读者在使用时只需要输入命令部分即可。需要提醒的是，Linux 的命令和文件名都是区分大小写的，也就是说，SUDO 和 sudo 是不一样的。

> **注意**：在 BASH 的美元提示符前，一般还会有一段信息，包括用户名、主机名和当前目录。一个完整的提示符如下：
>
> ```
> lewis@lewis-laptop:/home$
> ```

为了突出重点，本书一般省略"$"前的那段信息。

本书在执行命令后面会同时给出系统的输出信息。对于比较长的输出信息，限于篇幅并不会全部列出。本书会挑选其中比较重要的部分，其他部分用"…"代替。例如：

```
$ dpkg -S openssh
openssh-client: /usr/share/doc/openssh-client/changelog.Debian.gz
openssh-client: /usr/lib/openssh/ssh-pkcs11-helper
openssh-client: /usr/share/apport/package-hooks/openssh-client.py
openssh-client: /usr/share/doc/openssh-client/faq.html
openssh-client: /usr/share/doc/openssh-client/NEWS.Debian.gz
…
```

如果需要给出命令的一般语法，可选部分使用方括号"[ ]"表示，例如：

find [OPTION] [path…] [expression]

最后，在所有需要用到 root 权限的地方，本书一律使用 sudo 工具。使用 sudo 工具临时提升用户权限是一个好的习惯，在某些不适合使用 sudo 的场景，本书会给出说明。

5.3　快速上手：浏览硬盘

本节将带领读者浏览自己计算机上的文件系统。本节的命令非常简单，稍后将详细讲解各类基本命令。

首先，打开终端进入根目录。

```
$ cd /                                                   ##进入根目录
$ ls                                                     ##列出文件和目录
bin     cdrom   etc     home    initrd.img   lib32    lost+found   mnt
proc    sbin    tmp     var vmlinuz  boot    dev     initrd    initrd.img.old
lib     lib64   media   opt     root    srv     sys     usr      virtualM
vmlinuz.old
```

可以看到，Linux 安装完毕后自动在根目录下生成了大量目录和文件。在后续章节中将逐一介绍这些目录的用途。

下面选择 home 目录进入。这个目录下存放着系统所有用户的主目录。主目录的名称就是用户名。在笔者的计算机上共有两个用户，分别是 lewis 和 guest。

```
$ cd home/                                          ##进入/home 目录
$ ls
guest  lewis  lost+found
```

可以使用不带任何参数的 cd 命令进入用户主目录。主目录下存放着一些配置文件和用户的私人文件。用户主目录默认对其他用户关闭访问权限，这意味着 guest 不能看到 lewis 主目录下的任何东西。

```
$ cd                                                ##进入用户主目录
$ ls
bin Desktop  Examples  Huawei  programming  share  vmware  公共的  模板  视频  图片  文档  音乐  桌面
$ cd 桌面/                                          ##进入"桌面"目录
$ ls
ie6.desktop  virtualbox-ose.desktop  vmware-server.desktop
```

下面到/etc 目录下看一看。这个目录存放着系统及绝大部分应用软件的配置文件（这里只列出了其中的一部分）。和 Windows 不同，Linux 使用纯文本文件来配置软件。修改配置文件可以很方便地对软件进行定制。

```
$ cd /etc/                                          ##进入/etc/目录
$ ls
acpi              console-tools       gconf                issue.net
…
```

查看 fstab 这个文件，其中定义了各硬盘分区所挂载的目录路径。

```
$ cat fstab                                         ##查看 fstab 文件
# /etc/fstab: static file system information.
#
# <file system> <mount point>  <type>  <options>    <dump>  <pass>
proc            /proc          proc    defaults     0       0
# /dev/sda5
UUID=23656c06-e5a7-4349-9a6a-176a8389b2e3  /  ext3  relatime,errors=remount-ro 0  1
…
```

读者还可以进入其他目录并查看相应的文件，看看 Linux 都安装了哪些程序。接下来在正式介绍命令之前，先看一下 BASH 的特性，这些特性可以帮助用户提高工作效率。

5.4 提高效率：使用命令行补全和通配符

文件名是命令中最常见的参数，然而每次完整输入文件名是一件很麻烦的事情，特别是当文件名很长的时候。幸运的是，BASH 提供了一个功能——命令行补全。当输入文件名的时候，只需要输入前面几个字符，然后按 Tab 键，Shell 会自动把文件名补全。例如，在/etc 目录下输入 cat fs：

```
$ cat fs<TAB>                                       ##<TAB>表示按下 Tab 键
```

Shell 会自动将命令补全为：

```
$ cat fstab
```

如果以输入的字符开头的文件不止一个,那么可以连续按两次 Tab 键,Shell 会以列表的形式给出所有以输入的字符开头的文件。例如,在/etc/目录下:

```
$ cat b<TAB><TAB>                                           ##这里连续按两次 Tab 键
bash.bashrc              blkid.tab              brlapi.key
bash_completion          blkid.tab.old          brltty/
bash_completion.d/       bluetooth/             brltty.conf
belocs/                  bogofilter.cf
bindresvport.blacklist   bonobo-activation/
```

事实上,命令行补全也适用于所有 Linux 命令。例如,输入 ca 并按两次 Tab 键:

```
$ ca<TAB><TAB>
cabextract      calibrate_ppa      captoinfo      catchsegv
cal             caller             case           catman
calendar/       cancel             cat
```

☎提示:系统命令本质上就是一些可执行文件,可以在/usr/bin/目录下找到。从这个方面来讲,命令行补全和文件名补全其实是一回事。

另外,Shell 有一套被称作通配符的专用符号,它们是"*""?""[ ]"。这些通配符可以搜索并匹配文件名的一部分,从而大大简化命令的输入,这使得批量操作成为可能。

"*"用于匹配文件名中任意长度的字符串。例如,需要列出目录中所有的 C++文件(通常以.cpp 结尾),命令如下:

```
$ ls
main.cpp makefile quicksort quicksort.cpp quicksort.h
$ ls *.cpp
main.cpp quicksort.cpp
```

和"*"类似的通配符是"?"。但和"*"匹配任意长度的字符串不同,"?"只匹配一个字符。在下面的例子中,"?"用来匹配文件名中以 text 开头而后跟一个字符的文件。

```
$ ls
text1  text2  text3  text4  textA  textB  textC  textD  text_one  text_two
$ ls text?
text1  text2  text3  text4  textA  textB  textC  textD
```

"[ ]"用于匹配所有出现在方括号内的字符。例如,下面列出了以 text 开头而仅以 1 或 A 结束的文件名。

```
$ ls
text1  text2  text3  text4  textA  textB  textC  textD  text_one  text_two
$ ls text[1A]
text1  textA
```

也可以使用短线"-"来指定一个字符集范围,所有包含在上下界之间的字符都会被匹配。例如,下面列出了所有以 text 开头并以 1~3 中某个字符(包括 1 和 3)结束的文件。

```
$ ls text[1-3]
text1  text2  text3
```

也可以使用字母范围。在 ASCII 字符集中,A-Z 匹配所有的大写字母。例如:

```
$ ls text[A-C]
textA  textB  textC
```

5.5 查看目录和文件

本节将介绍目录和文件的操作命令,这些是用户经常用到的命令。其中的一些命令前面已经使用过,这里将详细介绍。读者应该牢记这些命令和选项,并且多多练习。

5.5.1 显示当前目录:pwd 命令

pwd 命令会显示当前所在的位置,即工作目录。例如,执行如下命令:

```
$ cd /usr/local/bin                ##进入/usr/local/bin/目录
$ pwd                              ##显示当前所在位置
/usr/local/bin
```

> **提示**:读者可能会问,既然在 BASH 的命令提示符前会显示当前工作路径名,那么为什么还需要 pwd 这个命令呢?答案是这个特性并不是所有 Shell 都采用的。在 FreeBSD 等操作系统中,BASH 并不会自动显示当前目录。因此,虽然在某个版本的 Linux 中 pwd 命令显得完全没有必要,但是并不意味着在其他版本的 UNIX 或 Linux 系统中,pwd 命令也是无用的。

5.5.2 改变目录:cd 命令

cd 命令用于在 Linux 文件系统的不同部分之间的切换。登录系统之后,总是处在用户主目录中,这个目录就是"路径名",它是由/home/开头,后面是登录的用户名。

输入 cd 命令,后面跟着一个路径名作为参数就可以直接进入另外一个子目录。例如,使用下面的命令进入/usr/bin 子目录。

```
$ cd /usr/bin
```

在/usr/bin 子目录中时,可以用以下命令进入/usr 子目录。

```
$ cd ..
```

在/usr/bin 子目录中还可以使用下面的命令直接进入根目录,即"/"目录。

```
$ cd ../..
```

最后,使用下面的命令回到自己的用户主目录。

```
$ cd
```

或者:

```
$ cd ~
```

> **提示**:在 Shell 中,".."代表当前目录的上一级目录,而"."则代表当前目录。另外,"~"代表用户主目录,这个符号通常位于 Esc 键的下方。

5.5.3 列出目录内容：ls 命令

ls 命令是 list 的简化形式，ls 命令的选项非常之多，这里只介绍一些常用的选项。ls 命令的基本语法如下：

```
ls [OPTION] ... [FILE] ...
```

不带任何参数的 ls 命令用于列出当前目录下的所有文件和子目录。例如：

```
$ cd                                                    ##进入用户主目录
$ ls
bin      Examples  programming  text     公共的  视频  文档  桌面
Desktop  Huawei    share        vmware   模板    图片  音乐
```

在这个列表中，可以方便地区分目录和文件。默认情况下，目录显示为蓝色；普通文件显示为黑色；可执行文件显示为草绿色；淡蓝色则表示这个文件是一个链接文件（相当于 Windows 中的快捷方式）。用户也可以使用带 -F 选项的 ls 命令。

```
$ ls -F
bin/      Examples@  programming/  text*     公共的/  视频/  文档/  桌面/
Desktop/  Huawei/    share/        vmware/   模板/    图片/  音乐/
```

可以看到，-F 选项会在每个目录后加上"/"，在可执行文件后加"*"，在链接文件后加上"@"。这个选项在某些无法显示颜色的终端上比较有用。

以上文件就是主目录下的所有文件了吗？可以使用 -a 选项一探究竟。

```
$ ls -a
.                .gstreamer-0.10    .sudo_as_admin_successful
..               .gtk-bookmarks     .sudoku
.adobe           .gvfs              .Tencent
.anjuta          Huawei             text
.aptitude        .ICEauthority      .themes
.bash_history    .icons             .thumbnails
.bash_logout     .ies4linux         .tomboy
.bashrc          .kde               .tomboy.log
bin              .local             .update-manager-core
.cache           .macromedia        .update-notifier
.chewing         .metacity          .viminfo
...
```

可以看到很多头部带"."的文件名。在 Linux 中，这些文件称作隐含文件，在默认情况下并不会显示。除非指定使用 -a 选项显示所有文件。命令的选项可以组合使用，如果要指定多个选项，只需要使用一个短横线，无须给每个选项都加一个短横线。例如：

```
$ ls -aF
./               .gstreamer-0.10/   .sudo_as_admin_successful
../              .gtk-bookmarks     .sudoku/
.adobe/          .gvfs/             .Tencent/
.anjuta/         Huawei             text*
.aptitude/       .ICEauthority      .themes/
.bash_history    .icons/            .thumbnails/
.bash_logout     .ies4linux/        .tomboy/
.bashrc          .kde/              .tomboy.log
bin/             .local/            .update-manager-core/
.cache/          .macromedia/       .update-notifier/
```

```
.chewing/          .metacity/                 .viminfo
...
```

另一个常用选项是-l 选项。这个选项可以用来查看文件的各种属性。例如:

```
$ cd /etc/fonts/
$ ls -l
总用量 24
drwxr-xr-x 2 root root 4096 2008-08-01 21:25 conf.avail
drwxr-xr-x 2 root root 4096 2008-08-01 21:25 conf.d
-rw-r--r-- 1 root root 5283 2008-02-29 01:22 fonts.conf
-rw-r--r-- 1 root root 6961 2008-02-29 01:22 fonts.dtd
```

上面共有 8 个信息栏，从左至右依次表示:

- 文件的权限标志（将在 6.5 节详细介绍。）
- 文件的链接个数（将在 6.6 节详细介绍）。
- 文件所有者的用户名。
- 该用户所在的用户组组名（所有者和用户组的概念将在第 9 章介绍）。
- 文件的大小。
- 文件最后一次被修改时的日期。
- 文件最后一次被修改时的时间。
- 文件名。

在 ls 命令后跟路径名可以查看该子目录中的内容。例如:

```
$ ls /etc/init.d/
acpid              hwclock.sh                      reboot
acpi-support       keyboard-setup                  rmnologin
alsa-utils         killprocs                       rsync
anacron            klogd                           samba
apparmor           laptop-mode                     screen-cleanup
apport             linux-restricted-modules-common sendsigs
...
```

5.5.4 列出目录内容: dir 和 vdir 命令

Windows 用户可能比较熟悉 dir 这个命令。Linux 中也有 dir 命令，但是功能比 ls 命令少一些。

```
$ dir /etc/init.d/
acpid              killprocs                       reboot
acpi-support       klogd                           rmnologin
alsa-utils         laptop-mode                     rsync
anacron            linux-restricted-modules-common samba
apache2            loopback                        screen-cleanup
apparmor           module-init-tools               sendsigs
apport             mountall-bootclean.sh           single
atd                mountall.sh                     skeleton
...
```

vdir 命令相当于为 ls 命令加上-l 选项，可以默认情况下列出目录和文件的完整信息。

```
$ vdir /etc/init.d/
总用量 508
-rwxr-xr-x 1 root root  2710 2008-04-19 01:05 acpid
```

```
-rwxr-xr-x 1 root root    762 2007-08-31 10:48 acpi-support
-rwxr-xr-x 1 root root   9708 2008-02-27 21:21 alsa-utils
-rwxr-xr-x 1 root root   1084 2007-03-05 22:32 anacron
-rwxr-xr-x 1 root root   5736 2008-06-25 21:50 apache2
-rwxr-xr-x 1 root root   2653 2008-04-08 04:50 apparmor
…
```

5.5.5 查看文本文件：cat 和 more 命令

cat 命令用于查看文件的内容（通常这是一个文本文件），后跟文件名作为参数。例如：

```
$ cat day
Monday
Tuesday
Wednesday
Thursday
Friday
Saturday
Sunday
```

cat 命令后面可以跟多个文件名作为参数，当然也可以使用通配符。例如：

```
$ cat day weather
Monday
Tuesday
Wednesday
Thursday
Friday
Saturday
Sunday
sunny
rainy
cloudy
windy
```

对于程序员而言，为了调试方便，常常需要显示代码行号。为此，cat 命令提供了 -n 选项，可以在每一行代码前显示代码行号。

```
$ cat -n stack.h
    1  /*Header file of stack */
    2  /* 2008-9-3 */
    3
    4  #ifndef STACK_H
    5  #define STACK_H
    6
    7  struct list {
    8      int data;
    9      struct list *next;
   10  };
   11
   12  struct stack {
   13      int size;    /* the size of the stack */
   14      struct list *top;
   15  };
   16
   17  typedef struct list list;
   18  typedef struct stack stack;
   19
   20  void push(int d, stack *s);
   21  int pop(stack *s);
```

```
22
23    int is_empty(stack *s);
24
25    #endif
```

cat 命令会一次性将所有内容全部显示在屏幕上,这看起来是一个"缺陷"。因为对于一个长达几页甚至几十页的文件而言,cat 命令显得毫无用处。为此,Linux 提供了 more 命令逐页地显示文件内容。例如:

```
$ more fstab
# /etc/fstab: static file system information.
#
# <file system> <mount point>   <type>   <options>      <dump>   <pass>
  proc           /proc          proc     defaults         0        0
# /dev/sda5
…
# /dev/sda6
UUID=da9367d2-dabb-4817-8e6a-21c782911ee1 /home         ext3     relatime
   0    2
# /dev/sda9
UUID=3973793e-2390-4c47-b3d6-499db983d463 /labs         ext3     relatime
   0    2
# /dev/sda10
UUID=3ac7978d-6fb4-4dcf-baa9-bdec0cb51222 /station      ext3     relatime
   0    2
# /dev/sda7
UUID=fc5440b8-5558-4e9f-99c0-e85062083895 /usr          ext3     relatime
   0    2
# /dev/sda8
--More--(75%)
```

可以看到,more 命令会在最后显示一个百分比,表示已显示的内容占整个文件的比例。按空格键可以向下翻动一页,按 Enter 键可以向下滚动一行,按 Q 键可以退出。

5.5.6　显示文件的开头和结尾:head 和 tail 命令

查看文件的两个常用命令是 head 和 tail,分别用于显示文件的开头和结尾。可以使用 -n 参数指定显示的行数。

```
$ head -n 2 day weather
==> day <==
Monday
Tuesday

==> weather <==
sunny
rainy
```

注意,head 命令的默认输出包括文件名(放在==>和<==之间)。tail 命令的用法和 head 命令相同。例如:

```
$ tail -n 2 day weather
==> day <==
Saturday
Sunday

==> weather <==
```

```
cloudy
windy
```

5.5.7 更好地阅读文本：less 命令

less 命令和 more 命令非常相似，但 less 命令的功能更为强大。less 命令改进了 more 命令的很多细节，并添加了许多特性。这些特性让 less 命令看起来更像是一个文本编辑器，只是去掉了文本编辑的功能。总体来说，less 命令提供了下面这些增强功能。

- ❑ 使用方向键（键盘上的上、下、左、右键）在文本文件中前后或左右滚屏。
- ❑ 用行号或百分比作为书签来浏览文件。
- ❑ 实现复杂的检索、高亮显示等操作。
- ❑ 兼容常用的字处理程序（如 Emacs 和 Vim）的键盘操作。
- ❑ 阅读到文件结束时 less 命令不会退出。
- ❑ 屏幕底部的信息提示更容易控制使用，而且提供了更多的信息。

下面简单地介绍 less 命令的使用方法。以/boot/grub/grub.cfg 文件为例，输入下面的命令：

```
$ less /boot/grub/grub.cfg
```

下面是 less 命令的输出。

```
#
# DO NOT EDIT THIS FILE
#
# It is automatically generated by grub-mkconfig using templates
# from /etc/grub.d and settings from /etc/default/grub
#

### BEGIN /etc/grub.d/00_header ###
if [ -s $prefix/grubenv ]; then
  set have_grubenv=true
  load_env
fi
set default="0"
if [ "${prev_saved_entry}" ]; then
  set saved_entry="${prev_saved_entry}"
  save_env saved_entry
  set prev_saved_entry=
  save_env prev_saved_entry
  set boot_once=true
fi

function savedefault {
  if [ -z "${boot_once}" ]; then
:
```

可以看到，使用 less 命令时会在屏幕底部显示一个冒号 ":" 等待用户输入命令。如果想向下翻一页，可以按空格键。如果想向上翻一页，按 B 键。也可以用方向键向前后或者左右移动。

如果要在文件中搜索某一个字符串，可以使用正斜线 "/" 后面跟想要查找的内容，less 命令会把找到的第一个搜索目标高亮显示。要继续查找相同的内容，只要再次输入正斜线 "/" 并按 Enter 键就可以了。

使用带参数-M 的 less 命令可以显示更多的文件信息,例如下面的输出:

```
…
default         0

## timeout sec
# Set a timeout, in SEC seconds, before automatically booting the default
entry
# (normally the first entry defined).
timeout         10

## hiddenmenu
# Hides the menu by default (press ESC to see the menu)
#hiddenmenu
/boot/grub/menu.lst lines 1-23/172 16%
```

可以看到,less 命令在输出信息的底部显示了这个文件的名称、当前页码、总的页码,以及表示当前位置在整个文件中的位置的百分比数值。最后按 Q 键可以退出 less 命令并返回 Shell 提示符。

5.5.8 查找文件内容:grep 命令

有时并不需要列出文件的全部内容,用户只是想找到包含某些信息的那一行内容。这个时候,如果使用 more 命令一行一行去找,无疑是费时费力的。当文件特别大时,这样做则完全不可行了。为了在文件中寻找某些信息,可以使用 grep 命令。

grep [OPTIONS] *PATTERN* [FILE...]

例如,为了在文件 day 中查找包含 un 的行,可以使用如下命令:

```
$ grep un day
Sunday
```

可以看到,grep 命令有两个类型不同的参数,第一个是被搜索的模式(关键词),第二个是所搜索的文件。grep 命令会将文件中出现关键词的行输出。可以指定多个文件来搜索,例如:

```
$ grep un day weather
day:Sunday
weather:sunny
```

如果要查找如 struct list 这样的关键词,那么必须在关键词的两边加单引号,以便把空格包含进去。

```
$ grep 'struct list' stack.h
struct list {
    struct list *next;
    struct list *top;
typedef struct list list;
```

严格地说,grep 命令通过"基础正则表达式"(Basic Regular Expression)进行搜索。和 grep 命令相关的一个命令是 egrep,除了使用"扩展的正则表达式"(Extended Regular Expression),egrep 和 grep 命令完全一样。扩展正则表达式能够提供比基础正则表达式更完整的表达规范。正则表达式将在 20.1 节中介绍。

5.6 我的文件在哪里：find 命令

随着文件增多，使用搜索命令成为顺理成章的事情。find 就是这样一个强大的命令，它能够迅速在指定范围内查找到文件。find 命令的基本语法如下：

```
find [OPTION] [path...] [expression]
```

例如，希望在/usr/bin/目录中查找 zip 命令：

```
$ find /usr/bin/ -name zip -print
/usr/bin/zip
```

从上面的例子中可以看到，find 命令需要一个路径名作为查找范围，在这里是/usr/bin/。find 命令会深入这个路径的每一个子目录中去寻找，因此，如果指定"/"，就是查找整个文件系统。-name 选项指定了文件名，在这里是 zip。可以使用通配符来指定文件名，如"find ~/ -name *.c -print"将会列出用户主目录下所有的 C 程序文件。-print 表示将结果输出到标准输出（在这里也就是屏幕）。注意，find 命令会输出文件的绝对路径。

find 命令还能够指定文件的类型。在 Linux 中，目录和设备都以文件的形式表现，可以使用 find 命令的-type 选项来定位特殊的文件类型。例如，在/etc/目录中查找名称为 init.d 的目录：

```
$ find /etc/ -name init.d -type d -print
find: /etc/ssl/private: Permission denied
find: /etc/cups/ssl: Permission denied
/etc/init.d
```

> 注意：在输出结果中出现了两行 Permission denied，这是由于普通用户并没有进入这两个目录的权限，find 在扫描时将跳过这两个目录。

find 命令的-type 选项可以使用的参数如表 5.1 所示。

表 5.1 find命令的-type选项可供使用的参数

参数	含义	参数	含义
b	块设备文件	f	普通文件
c	字符设备文件	p	命名管道
d	目录文件	l	符号链接

还可以通过指定时间来指导 find 命令查找文件。-atime n 命令用来查找在几天前最后一次使用的文件，-mtime n 则用来查找在 n 天前最后一次修改的文件。但是在实际使用过程中，很少能准确确定 n 的大小。在这种情况下，可以用+n 表示大于 n，用-n 表示小于 n。例如，在/usr/bin/中查找最近 100 天内没有使用过的命令（也就是在 100 天或 100 天以前最后一次使用的命令）。

```
$ find /usr/bin/ -type f -atime +100 -print
/usr/bin/pilconvert.py
/usr/bin/espeak-synthesis-driver.bin
/usr/bin/pildriver.py
/usr/bin/pilfont.py
```

```
/usr/bin/gnome-power-bugreport.sh
/usr/bin/gnome-power-cmd.sh
/usr/bin/pilprint.py
/usr/bin/pilfile.py
```

类似地，下面的命令用于查找在当前目录中，最近一天内修改过的文件。

```
$ find . -type f -mtime -1 -print
./text1
./day
./weather
```

5.7 更快速地定位文件：locate 命令

虽然 find 命令已经展现出了其强大的搜索能力，但是对于大批量的搜索而言还是显得慢了一些，特别是当用户完全不记得自己的文件放在哪里时，使用 locate 命令会是不错的选择。例如：

```
$ locate *.doc
/fishbox/share/book/Linux 从入门到精通.doc
/fishbox/share/book/linux_mulu.doc
/fishbox/share/book/作者介绍.doc
...
```

上面的搜索结果几乎是一瞬间就出现了。这不禁让人疑惑，locate 命令究竟是如何做到这一点的呢？事实上，locate 命令并没有进入子目录进行搜索，它类似于 Google 的桌面搜索，通过检索文件名数据库来确定文件的位置。locate 命令会自动建立整个文件名数据库，不需要用户插手。如果希望立刻生成该数据库文件的最新版本，那么可以使用 updatedb 命令。运行 updatedb 命令需要有 root 权限，更新整个数据库大概耗时 1min。

5.8 从终端运行程序

从终端运行程序只需要输入程序名称即可。在前面的章节中，我们一直在实践如何运行程序，如 ls、find 和 locate 等这些 Linux 命令都只是一些程序而已。类似地，可以这样启动网页浏览器 Firefox。

```
$ firefox
```

按 Enter 键之后，当前终端会被挂起，直到 Firefox 运行完毕（即单击关闭按钮）。如果希望启动应用程序后其继续在终端模拟器中工作，可需要在命令后加上"&"，指导程序在后台运行。

```
$ firefox &
[1] 8449
```

此时，Firefox 将运行在后台，终端继续等待用户的输入。其中，8449 表示这个程序的进程号。关于程序进程，将在第 10 章详细介绍。

5.9　查找特定程序：whereis 命令

whereis 命令主要用于查找程序文件，并提供这个文件的二进制可执行文件、源代码文件和使用手册页存放的位置。例如，查找 find 命令：

```
$ whereis find
find: /usr/bin/find /usr/share/man/man1/find.1.gz
```

可以使用-b 选项让 whereis 命令只查找这个程序的二进制可执行文件。

```
$ whereis -b find
find: /usr/bin/find
```

如果 whereis 命令无法找到文件，那么将返回一个空字符串。

```
$ whereis xxx
xxx:
```

whereis 命令无法找到某个文件的原因可能是，这个文件不存在于任何 whereis 命令搜索的子目录中。whereis 命令检索的子目录是固定编写在它的程序中的，这看起来像一个缺陷，但把搜索限制在固定的子目录如/usr/bin、/usr/sbin 和/usr/share/man 下可以显著加快文件查找的速度。

5.10　查看用户及版本信息

在一台服务器上，同一个时间往往会有很多人同时登录。who 命令可以查看当前系统中的登录用户及他们都工作在哪个控制台上。

```
$ who
lewis    tty7         2022-09-30 21:12 (:0)
lewis    pts/0        2022-09-30 21:13 (:1.0)
```

有时用户可能会忘记自己是以什么身份登录系统的，特别是当需要以特殊身份启动某个服务器程序时。这种情况下使用 whoami 命令很合适。正如这个命令的名称 whoami 一样，它会回答"我是谁"这个问题。

```
$ whoami
lewis
```

另一个常用的命令是 uname，其用于显示当前系统的版本信息。带-a 选项的 uname 命令会给出当前操作系统的所有有用信息。

```
$ uname -a
Linux lewis-laptop 5.15.0-47-generic #51-Ubuntu SMP Thu Aug 11 07:51:15 UTC 2022 x86_64 x86_64 x86_64 GNU/Linux
```

大部分时候只需要知道内核版本信息，此时可以使用-r 选项。

```
$ uname -r
5.15.0-47-generic
```

5.11 寻求帮助：man 命令

在 Linux 中获取帮助是一件非常容易的事情。Linux 几乎为每个命令和系统调用都编写了帮助手册。使用 man 命令可以方便地获取某个命令的帮助信息。

```
$ man find
FIND(1)                                                          FIND(1)

NAME
       find - search for files in a directory hierarchy

SYNOPSIS
       find [-H] [-L] [-P] [path…] [expression]

DESCRIPTION
       This  manual page documents the GNU version of find.  GNU find searches
       the directory tree rooted at each given file  name  by  evaluating  the
…
Manual page find(1) line 1
```

man 命令在显示手册页时实际调用的是 less 命令。可以通过方向键或 K 键（向上）、J 键（向下）上下翻动。空格键用于向下翻动一页。按 Q 键则退出手册页面。man 命令手册一般被分为 9 节，各部分的内容如表 5.2 所示。

表 5.2　man 命令手册的目录

目录	内容
/usr/share/man/man1	普通命令和应用程序
/usr/share/man/man2	系统调用
/usr/share/man/man3	库调用，主要是 libc() 函数的使用文档
/usr/share/man/man4	设备驱动和网络协议
/usr/share/man/man5	文件的详细格式信息
/usr/share/man/man6	游戏
/usr/share/man/man7	文档使用说明
/usr/share/man/man8	系统管理命令
/usr/share/man/man9	内核源代码或模块的技术指标

5.12 获取命令简介：whatis 和 apropos 命令

man 手册中的"长篇大论"有时候显得太啰嗦了，很多情况下用户只是想要知道某个命令大概可以做哪些事，此时可以使用 whatis 命令。

```
$ whatis uname
uname (1)             - print system information
```

whatis 命令可以从某个程序的使用手册页中抽出一行简单的介绍性文字，帮助用户了解这个程序的大致用途。whatis 命令的原理同 locate 命令基本一致。

与 whatis 命令相反的一个命令是 apropos，这个命令可以通过使用手册反查到某个命令。举例来说，如果用户想要搜索一个文件而又想不起来应该使用哪个命令的时候，可以这样求助于 apropos：

```
$ apropos search
apropos (1)              - search the manual page names and descriptions
badblocks (8)            - search a device for bad blocks
bzegrep (1)              - search possibly bzip2 compressed files for a
                           regular expression
bzfgrep (1)              - search possibly bzip2 compressed files for a
                           regular expression
bzgrep (1)               - search possibly bzip2 compressed files for a
                           regular expression
find (1)                 - search for files in a directory hierarchy
gnome-search-tool (1)    - the GNOME Search Tool
manpath (1)              - determine search path for manual pages
tracker-applet (1)       - The tracker tray-icon and on-click-search-entry
tracker-search-tool (1)  - Gnome Tracker Search Tool
tracker.cfg (5)          - configuration file for the trackerd search daemon
trackerd (1)             - indexer daemon for tracker search tool
zegrep (1)               - search possibly compressed files for a regular
                           expression
zfgrep (1)               - search possibly compressed files for a regular
                           expression
zgrep (1)                - search possibly compressed files for a regular
                           expression
zipgrep (1)              - search files in a ZIP archive for lines matching
                           a pattern
```

可以看到，apropos 将命令简介（其实就是 whatis 命令的输出信息）中包含 search 的条目一并列出，用户总能够从中找到自己想要的答案。

5.13 小　　结

- 命令行是 Linux 的精华部分，所有的系统管理操作都可以在 Shell 下完成。
- 有多种不同的 Shell 可供使用。目前 Linux 中使用最广泛的是 BASH。
- 可以使用命令行补全和通配符提高使用 Shell 的效率。
- pwd 命令用于显示当前的目录信息。
- cd 命令用于在目录间切换，这是 Linux 中使用最频繁的命令。
- ls 命令提供了大量选项供用户查看目录内容。
- dir 和 vdir 命令是 ls 命令的"袖珍"版本。
- 使用 cat 命令可以查看文本文件。more 命令可以分页显示一个较长的文本文件。
- 使用 head 和 tail 命令可以显示一个文件的开头和结尾。
- less 命令提供了查看文件的更高级功能。man 命令就是通过调用 less 命令显示帮助手册信息的。
- grep 命令是查找文件内容的利器，更高级的使用方法参见第 20 章。
- find 命令可以按需查找某个特定的文件（包括目录）。
- locate 命令通过事先建立数据库提高搜索文件的速度。

- 直接输入程序名称可以从终端运行程序。可以选择在后台执行程序，从而使当前 Shell 继续接受命令输入。
- whereis 命令可以查找某个特定程序所在的位置。
- 通过 who 命令可以查看当前有哪些登录用户。
- uname 命令用于显示当前系统的版本信息。
- Linux 提供了详细的帮助手册，可以通过 man 命令查看，这些手册通常被分为 9 节，包含特定的主题。
- whatis 和 apropos 命令能够从 man 命令手册中提取简要的信息。

5.14 习　　题

一、填空题

1. 目前，Linux 环境下常用的 Shell 有_____、_____和_____等。

2. 在 BASH 中，命令行使用_____作为提示符，表示用户可以输入命令了。如果正在以 root 身份执行命令，Shell 提示符为_____。

3. 在 BASH 的美元提示符号前的信息依次为_____、_____和_____。

二、选择题

1. 下面的（　）命令用来查看当前目录下的文件列表。
A．cd　　　　　　B．find　　　　　　C．ls　　　　　　D．pwd

2. 在 BASH 中，使用（　）键，Shell 会自动把文件名补全。
A．Esc　　　　　　B．Tab　　　　　　C．End　　　　　　D．Delete

3. 下面的（　）命令可以快速定位文件位置。
A．ls　　　　　　B．find　　　　　　C．whereis　　　　　　D．locate

三、判断题

1．less 和 more 命令相同，都是用来查看文件的更多内容。　　　　　　（　　）

2．从终端运行程序后，通过添加"&"符号可以使程序在后台运行。　　　（　　）

3．man 手册一般被分成 9 节。　　　　　　　　　　　　　　　　　　　（　　）

四、操作题

1．使用 man 命令查看 ls 命令的帮助信息。

2．使用 uname 命令查看当前系统的版本信息。

第 6 章 文件和目录管理

使用文件和目录是工作中不可回避的环节。通过前面的章节，读者已经积累了一些文件和目录的操作经验。本章将进一步介绍如何使用 Shell 管理文件和目录。在正式讲解相关命令之前，有必要介绍一下 Linux 目录结构的组织形式。在 5.3 节中我们浏览了整个文件系统，下面详细介绍。

6.1 Linux 文件系统架构

正如读者已经看到的，Linux 目录结构的组织形式和 Windows 有很大的差别。首先，Linux 没有"盘符"的概念，也就是说 Linux 系统不存在 C 盘和 D 盘等。已建立文件系统的硬盘分区被挂载到某一个目录下，用户通过操作目录来实现硬盘的读写——正如读者在安装 Linux 时注意到的那样。其次，Linux 不存在像 Windows\这样的系统目录。在安装完成后，就有一堆目录出现在根目录下，并且看起来每一个目录中都存放着系统文件。最后一个区别是，Linux 使用正斜线"/"而不是反斜线"\"来标识目录。

既然 Linux 将文件系统挂载到目录下，那是先有文件系统还是先有目录？和"先有鸡还是先有蛋"的问题一样，这个问题初看起来有点让人犯晕，正确的答案是，Linux 需要先建立一个根"/"文件系统，并在这个文件系统中建立一系列空目录，然后将其他硬盘分区（如果有的话）中的文件系统挂载到这些目录下。例如，第 2 章在介绍硬盘分区的时候划分了一个单独的分区，然后把它挂载到/home 目录下。

理论上说，可以为根目录下的每个目录都单独划分一个硬盘分区，这样根分区的容量就可以设置得很小（几乎所有的目录都存放在其他分区中，根分区中的目录只是起到"映射"的作用），不过这对于普通用户而言没有太大必要。

如果某些目录没有特定的硬盘分区与其挂钩，则该目录下的所有内容将存放在根分区。在第 2 章的例子中，除了/home 中的文件和目录，其他所有的文件和目录都被存放在根分区"/"中。

> 提示：说了那么多，有一个概念始终没有解释，那就是文件系统，这个概念将在第 8 章详细介绍。这里读者只要简单地把它理解为硬盘或者分区的同义词就可以了。

要理解 Linux 的文件系统架构，一个好的建议是：不要管那么多，先使用。

表 6.1 列出了 Linux 系统的主要目录。

表 6.1　Linux系统的主要目录及其内容

目录	内容
/bin	构建最小系统所需要的命令（最常用的命令）
/boot	内核与启动文件
/dev	各种设备文件
/etc	系统软件的启动和配置文件
/home	用户的主目录
/lib	C编译器的库
/media	可移动介质的安装点
/opt	可选的应用软件包（很少使用）
/proc	进程的映像
/root	超级用户root的主目录
/sbin	和系统操作有关的命令
/tmp	临时文件存放点
/usr	非系统的程序和命令
/var	系统专用的数据和配置文件

6.2　快速上手：和团队共享文件

共享文件对一个团队而言非常重要。团队的成员常常需要在一台服务器上共同完成一项任务（如开发一套应用软件）。下面介绍如何实现用户间的文件共享。假设这个团队的成员在服务器上的用户名分别是 lucy、lewis、mike 和 peter，他们都属于 workgroup 这个用户组（用户和用户组的内容参见第 9 章），可以用以下命令模拟这个场景。

```
##新建一个名为 workgroup 的用户组
$ sudo groupadd workgroup
##新建用户，并归入 workgroup 组
$ sudo useradd -G workgroup lucy
$ sudo passwd lucy                          ##为用户 lucy 设置登录密码
$ sudo useradd -G workgroup lewis
$ sudo passwd lewis                         ##为用户 lewis 设置登录密码
$ sudo useradd -G workgroup mike
$ sudo passwd mike                          ##为用户 mike 设置登录密码
$ sudo useradd -G workgroup peter
$ sudo passwd peter                         ##为用户 peter 设置登录密码
```

📞 提示：如果读者对如何协作开发大型程序感兴趣，可以参考 19.4 节的内容。

首先，在/home 目录下建立一个名为 work 的目录作为这个小组的工作目录，注意需要有 root 权限。

```
$ cd /home                                  ##切换到/home 目录
$ sudo mkdir work                           ##建立一个名为 work 的目录
```

此时，任何用户都可以访问这个新建的目录，但只有 root 用户才拥有该目录的写权限。现在希望让 workgroup 组的成员拥有 work 目录的读写权限，并禁止其他无关的用户查看这

个目录。

```
$ sudo chgrp workgroup work/     ##将 work 目录的所有权交给 workgroup 组
$ sudo chmod g+rwx work/         ##增加 workgroup 组对 work 目录的读、写、执行权限
$ sudo chmod o-rwx work/         ##撤销其他用户对 work 目录的读、写、执行权限
```

其次，将 work 目录交给一个组长 lewis（现在 work 目录的所有者还是 root 用户）。

```
$ sudo chown lewis work/         ##将 work 目录的所有者更改为 lewis 用户
```

此时，所有属于这个组的成员就可以访问并修改 work 目录中的内容了，而其他未经授权的用户（除了 root）则无法看到其中的内容。举例来说，lewis 在 /home/work 目录下新建了一个名为 test 的空文件，如果同属一个组的用户 peter 认为这个文件没有必要则有权限删除它。

```
$ su lewis                       ##切换到用户 lewis
$ cd /home/work/
$ touch test                     ##/建立一个空文件 test
$ su peter                       ##切换到用户 peter
$ cd /home/work/
$ rm test                        ##删除 test 文件
```

6.3 建立文件和目录

本节介绍如何在 Linux 中建立文件和目录，这是文件和目录管理的第一步，在 6.2 节中我们已经进行了实践，下面进一步地介绍。

6.3.1 建立目录：mkdir 命令

mkdir 命令可以一次建立一个或几个目录。下面的命令在用户主目录下建立 document 和 picture 两个目录。

```
$ cd ~                           ##进入用户主目录
$ mkdir document picture         ##新建两个目录
```

用户也可以使用绝对路径来新建目录。

```
$ mkdir ~/picture/temp           ##在主目录下新建名为 temp 的目录
```

由于主目录下 picture 目录已经存在，因此这个命令是合法的。当用户试图运行下面这个命令时，mkdir 命令将提示错误。

```
$ mkdir ~/tempx/job
mkdir: 无法创建目录 "/home/lewis/tempx/job": 没有该文件或目录
```

这是因为当前在用户主目录下并没有 tempx 这个目录，自然也无法在 tempx 目录下创建 job 目录了。为此 mkdir 提供了 -p 选项，用于完整地创建一个子目录结构。

```
$ mkdir -p ~/tempx/job
```

在上面的命令中，mkdir 命令首先会创建 tempx 目录，然后创建 job 目录。当需要创建一个完整的目录结构时，这个选项是非常有用的。

6.3.2 建立一个空文件：touch 命令

touch 命令的使用非常简单，只需要在后面跟上一个文件名作为参数。下面的命令可以在当前目录下新建一个名为 hello 的文件。

```
$ touch hello
```

用 touch 命令建立的文件是空文件（也就是不包含任何内容的文件）。空文件对建立某些特定的实验环境是有用的。另外，当某些应用程序因为缺少文件而无法启动，而这个文件实际上并不重要时，可以建立一个空文件暂时"骗过"这个程序。

touch 命令的另一个用途是更新一个文件的建立日期和时间。例如，对于 test.php 这个文件，使用 ls -l 命令显示出这个文件的建立时间为 2022 年 9 月 17 日 10 点 09 分。

```
$ ls -l test.php
-rw-r--r-- 1 lewis lewis 238 9月 17 10:09 test.php
```

使用 touch 命令更新信息后，建立时间变成了 2022 年 9 月 18 日 17 点 21 分。

```
$ touch test.php
$ ls -l test.php
-rw-r--r-- 1 lewis lewis 238 9月 18 17:21 test.php
```

touch 命令的这个功能在自动备份和整理文件时非常有用，这使得程序可以分辨出哪些文件已经备份或整理过了。关于文件备份的内容可参见 8.11 节。

6.4 移动、复制和删除

通过 6.3 节的学习，读者已经能够创建文件和目录了。本节继续介绍如何移动、复制和删除文件及目录，这是文件和目录管理的基本操作。下面首先从移动和重命名文件开始介绍。

6.4.1 移动和重命名：mv 命令

正如读者猜想的那样，mv 为 move 的缩写形式，这个命令可以用来移动文件。下面的命令将 hello 文件移动到 bin 目录下。

```
$ mv hello bin/
```

mv 命令除了可以移动文件以外，还可以移动目录。下面的命令把 Photos 目录移动到桌面上。

```
$ mv Photos/ 桌面/
```

mv 命令在执行过程中不会显示任何信息。如果目标目录下有一个同名文件会怎样呢？下面不妨来做一个小实验。

（1）在主目录下新建一个名为 test 的目录。

```
$ cd ~                                              ##进入用户主目录
$ mkdir test
```

```
$ cd test/
```

（2）建立一个名为 hello 的文件。这里使用重定向新建一个文件，然后将字符串 Hello 输入这个文件中。重定向将在 6.7 节详细介绍。

```
$ echo "Hello" > hello
$ cat hello
Hello
```

（3）回到主目录下，创建一个名为 hello 的空文件。

```
$ cd ..                                                    ##回到上一级目录
$ touch hello
```

（4）把空的 hello 文件移动到 test 目录下。注意，test 目录下已经有一个内容为 Hello 的同名文件了。查看 test 目录下的 hello 文件发现这是一个空文件。也就是说，mv 命令把 test 目录下的同名文件替换了，但却没有给出任何警告！

```
$ mv hello test/
$ cd test/
$ cat hello
```

问题看上去很严重，用户可能不经意间就会把一个重要文件给删除了。为此，mv 命令提供了 -i 选项用于在这种情况下发出询问。

```
$ mv -i hello test/
mv: 是否覆盖"test/hello"?
```

回答 y 表示覆盖，回答 n 表示跳过这个文件。

另外一个比较有用的选项是 -b。这个选项用一种不同的方式来处理刚才的问题，即在移动文件前，首先在目标目录的同名文件的文件名后加一个"~"，从而避免这个文件被覆盖的危险。例如：

```
$ mv -b hello test/
$ cd test/
$ ls
hello      hello~
```

Linux 没有"重命名"这个命令，原因很简单，即没有这个必要。重命名无非就是将一个文件在同一个目录下移动，这是 mv 命令最擅长的工作。

```
$ mv hello~ hello_bak
$ ls
hello      hello_bak
```

因此对 mv 命令比较准确的描述是，mv 命令可以在移动文件和目录的同时对其重命名。

6.4.2 复制文件和目录：cp 命令

cp 命令用来复制文件和目录。下面的命令可以将文件 test.php 复制到 test 目录下。

```
$ cp test.php test/
```

和 mv 命令一样，cp 命令在默认情况下会覆盖目标目录下的同名文件。可以使用 -i 选项对这种情况进行提示，也可以使用 -b 选项对同名文件改名后再复制。这两个选项的使用和 mv 命令一样。

```
$ cp -i test.php test/
cp: 是否覆盖"test/test.php"?
```

回答 y 表示覆盖，回答 n 表示跳过这个文件。

```
$ cp -b test.php test/
$ cd test/
$ ls
test.php          test.php~
```

cp 命令在执行复制任务的时候会自动跳过目录。例如：

```
$ cp test/ 桌面/
cp: 略过目录"test/"
```

为此，可以使用-r 选项，这个选项将子目录连同其中的文件一起复制到另一个子目录下。

```
$ cp -r test/ 桌面/
```

6.4.3 删除目录和文件：rmdir 和 rm 命令

rmdir 命令用于删除目录，这个命令的使用非常简单，只需要在其后跟上要删除的目录名作为参数即可。

```
$ mkdir remove                              ##新建一个名为 remove 的子目录
$ rmdir remove                              ##删除这个目录
```

但是 rmdir 命令只能删除空目录，使用下面的命令时会提示错误。

```
$ cd test
$ ls
hello     hello_bak     test.php      test.php~
$ rmdir test/
rmdir: 删除 "test/" 失败：目录不为空
```

因此，在使用 rmdir 命令删除一个目录之前，首先要将这个目录下的文件和子目录全部删除。删除文件需要用到 rm 命令。rm 命令同样可以用来删除目录，而且比 rmdir 命令更为高效。由于这个原因，在实际使用中 rmdir 命令很少被用到。

rm 命令可以一次删除一个或几个文件。下面的命令可以删除 test 目录下所有的 PHP 文件。

```
$ rm test/*.php
```

和 mv 等命令一样，rm 命令不会在删除时给出任何提示。通过 rm 命令删除的文件将永远地从系统中消失了，不会被放入一个称作"回收站"的临时目录下（虽然使用某些恢复软件可能会找回一些文件，但只是"可能"而已）。一个比较安全的使用 rm 命令的方式是使用-i 选项，这个选项会在删除文件前给出提示并等待用户确认。

```
$ rm -i test/hello
rm: 是否删除普通空文件 "test/hello"？
```

回答 y 表示确认删除，回答 n 表示跳过这个文件。对于只读文件，即使不加上-i 选项，rm 命令也会对此进行提示。

```
$ rm hello_bak
rm: 是否删除有写保护的普通空文件 "hello_bak"？
```

可以使用-f 选项来避免这样的交互式操作。rm 会自动针对这些问题回答 y。

```
$ rm -f hello_bak
```

带有-r 参数的 rm 命令会递归地删除目录下的所有文件和子目录。例如，下面这个命令会删除 Photos 目录下所有的目录、子目录及子目录下的文件和子目录……最后删除 Photos 目录。也就是说，把 Photos 目录完整地从硬盘上移除了（当然前提是拥有这样操作的权限）。

```
$ rm -r Photos/
```

使用 rm 命令的时候要非常谨慎，特别是以 root 身份执行该命令时。在删除一个文件前，要认真评估后果。如果要使用-f 和-r 选项，则需要确定这样操作的必要性。在 20.2.12 节中将会为读者编写一个更加安全的 delete 命令。

6.5 文件和目录的权限

很难想象没有权限的世界会变成什么样子，随便哪个用户都可以大摇大摆地"溜"进别人的目录下，然后对里面的文件乱改一气。当然，他自己的文件也可能经历同样的命运。Linux 是一个多用户的操作系统，正确地设置文件权限非常重要，就像在"快速上手"环节中做的那样。

6.5.1 权限设置针对的用户

Linux 为 3 种人准备了权限——文件所有者（属主）、文件属组用户和其他人。因为有了"其他人"，这样的分类将世界上所有的人都囊括进来了。但读者应该已经敏感地意识到，root 用户其实是不应该被算在"其他人"里面。root 用户可以查看、修改、删除所有人的文件——不要忘了 root 用户拥有控制一台计算机的所有权限。

文件所有者通常是文件的创建者，但是也不一定。可以中途改变一个文件的属主用户，这必须直接由 root 用户来实施。这句话换一种说法或许更贴切：文件的创建者自动成为文件的所有者（属主），文件的所有权可以转让，转让"手续"必须由 root 用户办理。

可以把文件交给一个组，这个组就是文件的属组。组是一群用户组成的一个集合，类似于学校里的一个班、公司里的一个部门等，文件属组中的用户按照设置对该文件享有特定的权限。通常来说，当某个用户如 lewis 建立一个文件时，这个文件的属主就是 lewis，文件的属组是只包含一个用户 lewis 的 lewis 组。当然，也可以设置文件的属组是一个不包括文件所有者的组，在文件所有者执行文件操作时，系统只关心属主权限，而组权限对属主是没有影响的。

☎提示：关于用户和用户组的概念，在第 9 章中将会详细介绍。

最后，"其他人"就是不包括前两类人和 root 用户在内的"其他"用户。通常来说，"其他人"总是享有最低的权限（或者干脆没有权限）。

6.5.2 需要设置哪些权限

可以赋予某类用户对文件和目录享有 3 种权限，即读取（r）、写入（w）和执行（x）。

对于文件而言，拥有读取权限意味着可以打开并查看文件的内容；写入权限控制着对文件的修改；而是否能够删除和重命名一个文件则是由其父目录的权限设置所控制的。

要让一个文件可执行，必须设置其执行权限。可执行文件有两类，一类是可以直接由 CPU 执行的二进制代码；另一类是 Shell 脚本程序。这两部分内容将在第 19 章和 20 章详细介绍。

对目录而言，读取权限负责确定能否列出该目录中的内容；写入权限控制在目录下创建、删除和重命名文件；所谓的执行权限实际上是控制用户能否进入该目录。因此，目录的执行权限是最基本的权限。

6.5.3 查看文件和目录的属性

使用带选项-l 的 ls 命令可以查看一个文件的属性，包括其权限。首先来看一个例子：

```
$ ls -l /bin/login
-rwxr-xr-x 1 root root 38096 3月 14 2022 /bin/login
```

上面的命令列出了/bin/login 文件的主要属性信息。下面逐段分析这一行字符串所代表的含义。

- ❑ 第 1 个字段的第 1 个字符表示文件类型，在上例中是 "-"，表示这是一个普通文件。文件类型将在 6.6 节详细介绍。
- ❑ 接下来的 rwxr-xr-x 就是 3 组权限位。这 9 个字符应该被这样断开：rwx、r-x、r-x，分别表示属主、属组和其他人拥有的权限。r 表示可读取，w 表示可写入，x 表示可执行。如果某个权限被禁用，那么就用一个短横线 "-" 代替。在这个例子中，属主拥有读取、写入和执行权限，属组和其他人拥有读取和执行权限。
- ❑ 紧跟着 3 组权限位的数字表示该文件的链接数目。这里是 1，表示该文件只有一个硬连接。关于链接文件，可以参考 6.6 节的内容。
- ❑ 第 3 个和第 4 个字段分别表示文件的属主和属组。在这个例子中，login 文件的属主是 root 用户，而属组是 root 组。
- ❑ 最后的 4 个字段分别表示文件大小（38096 字节）、最后修改的日期（2022 年 3 月 14 日），以及这个文件的完整路径（/bin/login）。

要查看一个目录的属性，应该使用 ls 命令的-ld 选项。

```
$ ls -ld /etc/
drwxr-xr-x 135 root root 12288 12月 27 12:06 /etc/
```

最后，使用不带文件名作为参数的 ls -l 命令可以列出当前目录下的所有文件（不包括隐藏文件）的属性。

```
$ ls -l
总用量 27004
drwxr-xr-x 2 lewis lewis    4096      12月 28 16:43 account
-rw-r--r-- 1 lewis lewis   15994      12月 28 20:14 ask.tar.gz
-rw-r--r-- 1 lewis lewis      57      11月 10 17:00 days
drwx------ 2 root  root     4096      11月 10 21:39 Desktop
lrwxrwxrwx 1 lewis lewis      26      11月  9 23:19 Examples -> /usr/share/example-content
-rw-r--r-- 1 lewis lewis 27504640     11月 10 15:50 linux_book_bak.tar
```

```
drwx------  4 lewis lewis  4096         11月 10 18:31 programming
-rw-r--r--  1 lewis lewis  27374        11月 10 17:02 question.rar
drwxr-xr-x  2 lewis lewis  4096         11月 10 23:22 公共的
drwxr-xr-x  2 lewis lewis  4096         11月 10 23:22 模板
...
```

6.5.4 改变文件的所有权：chown 和 chgrp 命令

chown 命令用于改变文件的所有权。chown 命令的基本语法如下：

chown [OPTION] … [OWNER][:[GROUP]] FILE...

上面的命令将文件 FILE 的属主更改为 OWNER，属组更改为 GROUP。下面的命令将文件 days 的属主更改为 lewis，把其属组更改为 root。

```
$ ls -l days                                  ##查看当前 days 的所有权
-rw-r--r-- 1 guest guest 57 11月 14  17:00 days
$ sudo chown lewis:root days                  ##修改 days 的所有权
$ ls -l days                                  ##查看修改后的 days 的所有权
-rw-r--r-- 1 lewis root 57 11月 14  17:00 days
```

如果只需要更改文件的属主，那么可以省略参数":GROUP"。下面的命令把 days 文件的属主更改为 guest 用户并且保留其属组设置。

```
$ sudo chown guest days
```

同样，也可以省略参数 OWNER，只改变文件的属组。注意，不能省略组名 GROUP 前的冒号":"。下面的命令把 days 文件的属组更改为 nogroup 组并且保留其属主设置。

```
$ sudo chown :nogroup days
```

chown 命令提供了-R 选项，用于改变一个目录及其下所有文件（和子目录）的所有权设置。下面的命令将"iso/"和其下所有文件的所有权交给用户 lewis。

```
$ sudo chown -R lewis iso/
```

查看"iso/"目录的属性可以看到，所有文件和子目录的属主已经变成 lewis 用户了。

```
$ ls -l iso/                                  ##查看"iso/"目录下的文件属性
总用量 9867304
drwxr-xr-x 2 lewis root    4096        11月 14  23:51 FreeBSD7_Release/
-rw-r--r-- 1 lewis lewis   16510976    11月 14  14:03 http.iso
-rw-r--r-- 1 lewis lewis   687855616   11月 27  23:23 office2003.iso
-rw------- 1 lewis root    4602126336  11月 27  16:32 openSUSE-11.0-DVD-i386.iso
-rw-r--r-- 1 lewis lewis   728221696   11月 14  00:18 ubuntu-8.04.1-desktop-i386.iso
-rw-r--r-- 1 lewis lewis   732989440   11月 14  23:51 ubuntu-8.10-desktop-amd64_us.iso
-rw-r--r-- 1 lewis lewis   5292032     11月 14  21:15 VBoxGuestAdditions_1.5.6.iso
-rw-r--r-- 1 lewis root    730095616   11月 27  22:41 winxp.iso

$ ls -ld iso/                                 ##查看"iso/"目录的属性
drwxr-xr-x 2 lewis root    4096        11月 27  23:51 iso/
```

Linux 单独提供了另一个命令 chgrp 用于设置文件的属组。下面的命令将文件 days 的属组设置为 nogroup 组。

```
$ sudo chgrp nogroup days
```

和 chown 命令一样，chgrp 命令也可以使用 -R 选项递归地对一个目录进行设置。下面的命令将"iso/"和其下的所有文件（和子目录）的属组设置为 root 组。

```
$ sudo chgrp -R root iso/
```

chgrp 命令实际上只是实现了 chown 命令的一部分功能，但 chgrp 命令在名称上可以让用户更直观地了解它能干什么事。在实际工作中，是否使用 chgrp 命令是个人习惯的问题。

6.5.5　改变文件的权限：chmod 命令

chmod 命令用于改变一个文件的权限。这个命令使用"用户组+/-权限"的表述方式来增加/删除相应的权限。具体来说，用户组包括文件属主（u）、文件属组（g）、其他人（o）和所有人（a），而权限则包括读取（r）、写入（w）和执行（x）。例如，下面的命令增加了属主对文件 days 的执行权限。

```
$ chmod u+x days
```

chmod 命令可以用 a 同时指定所有人（属主、属组和其他人）。下面的命令用于删除所有人对 days 的执行权限。

```
$ chmod a-x days
```

还可以通过"用户组=权限"的规则直接设置文件权限。同样应用于文件 days，下面的命令赋予属主和属组的读取/写入权限，仅赋予其他用户读取权限。

```
$ chmod ug=rw,o=r days
```

最后一条常用规则是"用户组1=用户组2"，用于将用户组1的权限和用户组2的权限设为完全相同。应用于文件 days 中，下面的命令将其他人的权限设置为和属主的权限相同。

```
$ chmod o=u days
```

☎提示：需要牢记的是，只有文件的属主和 root 用户才有权修改文件的权限。

6.5.6　文件权限的八进制表示

虽然 chmod 命令的助记符的含义很明确，但是太啰嗦了。系统管理员更喜欢用 chmod 命令的八进制语法来修改文件权限——这样就可以不用输入字符了。

首先简单介绍一下八进制记法的来历。每一组权限（r）、（w）、（x）在计算机中实际上占用了 3 位，每一位都有两种情况。例如，对于写入位，只有"设置（r）"和没有设置（-）两种情况。这样计算机就可以使用二进制 0 和 1 来表示每一个权限位，其中，0 表示没有设置，1 表示设置。例如，rwx 就被表示为 111，"-w-"表示为 010 等。

由于 3 位二进制数对应于 1 位八进制数，因此可以进一步用一个八进制数字来表示一组权限。表 6.2 显示了八进制、二进制和文件权限的对应关系。

表 6.2 八进制、二进制、文件权限的对应关系

八 进 制	二 进 制	文件权限	八 进 制	二 进 制	文件权限
0	000	---	4	100	r--
1	001	--x	5	101	r-x
2	010	-w-	6	110	rw-
3	011	-wx	7	111	rwx

不必记住上面这些数字的排列组合。在实际使用中，只要记住 1 代表 x，2 代表 w，4 代表 r，然后简单地做加法就可以了。举例来说，rwx = 4+2+1 = 7，r-x = 4+0+1 = 5。

这样，完整的 9 位权限就可以用 3 个八进制数来表示。例如，"rwxr-x--x"就对应于"751"。下面的命令将文件 prog 的所有权限赋予属主，而属组用户和其他人仅有执行权限：

```
$ chmod 711 prog                      ##用八进制语法设置文件权限
$ ls -l prog                          ##查看设置后的文件权限
-rwx--x--x 1 lewis nogroup 57 11月 27 17:00 prog
```

6.6 文件类型

Linux 中的一切都被表示成文件的形式，包括程序进程、硬件设备、通信通道甚至内核数据结构等。这种设置的好处是带来了一致的编程接口。Linux 中一共有 7 种文件类型，下面简要介绍阅读文件类型的方法，并着重介绍一下符号链接。

6.6.1 查看文件类型

使用带-l 选项的 ls 命令可以查看文件类型。

```
$ ls -l
总用量 21460
drwxr-xr-x 2 lewis lewis       4096    11月  9 16:43 account
-rw-r--r-- 1 lewis lewis      15994    11月  9 20:14 ask.tar.gz
-rw-r--r-- 1 lewis lewis        178    11月  9 15:19 ati3d
…
```

上面的命令显示的第 1 个字符就是文件类型。在本例中，account 是目录（用 d 表示），而 ask.tar.gz 和 ati3d 都是普通文件（以"-"表示）。表 6.3 为 Linux 中的 7 种文件类型及其表示的符号。

表 6.3 Linux中的文件类型

文件类型	符 号	文件类型	符 号
普通文件	-	本地域套接口	s
目录	d	有名管道	p
字符设备文件	c	符号链接	l
块设备文件	b		

正如读者已经知道的那样，Linux 用设备文件来标识一个特定的硬件设备。Linux 中有两类设备文件：字符设备文件和块设备文件。字符设备指能够按照字符序列进行读取的设备，如磁带和串行线路；块设备指用来存储数据并对其各部分内容提供同等访问权的设备，如硬盘。字符设备又称为顺序访问设备，块设备又称为随机访问设备。顾名思义，使用块设备，可以从硬盘的任何随机位置获取数据；而使用字符设备则必须按照数据发送的顺序从串行线路上获取数据。

拥有某个设备文件并不意味着一定存在一个对应的硬件设备，这只是表明 Linux 有处理这种设备的"潜能"。设备文件可以用 mknod 命令来创建。

本地域套接口和有名管道都是与进程间通信有关的，Linux 程序员需要了解这些内容，普通用户则无须了解。

符号链接有点像 Windows 里的快捷方式，用户可以通过别名去访问另一个文件。在 6.6.2 节中将会具体介绍符号链接的相关内容。

6.6.2 建立链接：ln 命令

符号链接（也称作"软链接"）需要使用带-s 参数的 ln 命令来创建。下面是这个命令最简单的形式，通过这个命令给目标文件 TARGET 取一个别名 LINK_NAME。

```
ln -s TARGET LINK_NAME
```

下面的例子具体说明了符号链接的作用。

```
$ ln -s days my_days            ##建立一个名为 my_days 的符号链接指向文本文件 days
$ ls -l my_days                 ##查看 my_days 的属性
lrwxrwxrwx 1 lewis lewis 4 11月  9 22:15 my_days -> days
```

从 my_days 的属性中可以看到，这个文件被指向 days。从此访问 my_days 就相当于访问 days。例如：

```
$ cat days                      ##查看文件 days 的内容
Monday
Tuesday
Wednesday
Thursday
Friday
Saturday
Sunday
$ cat my_days                   ##查看符号链接 my_days 的内容
Monday
Tuesday
Wednesday
Thursday
Friday
Saturday
Sunday
```

my_days 只是文件 days 的一个"别名"，因此删除 my_days 并不会影响 days。假如把 days 删除了，虽然 my_days 还保留在那里，但是已经没有任何意义了。

符号链接还可用于目录，下面这个命令建立一个指向/usr/local/share 的符号链接 local_share。

```
$ ln -s /usr/local/share/ local_share
```

查看 local_share 的属性，的确可以看到这一点。

```
$ ls -l local_share
lrwxrwxrwx 1 lewis lewis 17 11月  9 22:25 local_share -> /usr/local/share/
```

Linux 中还有一种链接称为"硬链接"。这种链接用于将两个独立的文件联系在一起。硬链接和符号链接本质上的区别在于：硬链接是直接引用，而符号链接是通过名称进行引用。例如，下面是使用不带选项的 ln 命令建立硬链接。

```
$ ln days hard_days
```

上面的命令建立了一个链接到 days 的新文件 hard_days。查看二者的属性可以看到，这是两个完全独立的文件，只是被联系在一起了而已。

```
$ ls -l days
-rwx--x--x 2 lewis nogroup 57 11月  9 17:00 days
$ ls -l hard_days
-rwx--x--x 2 lewis nogroup 57 11月  9 17:00 hard_days
```

days 和 hard_days 这两个文件的内容相同，对其中一个文件的改动会反映在另一个文件中。用熟悉的文本编辑器打开 days 文件，删除最后两行，可以看到 hard_days 文件中的内容也改变了。

```
$ cat days                                    ##查看 days 文件的内容
Monday
Tuesday
Wednesday
Thursday
Friday
$ cat hard_days                               ##查看 hard_days 文件的内容
Monday
Tuesday
Wednesday
Thursday
Friday
```

在实际工作中一般选择使用符号链接（软链接），硬链接已经很少使用。

6.7 输入、输出重定向和管道

重定向和管道是 Shell 的一种高级特性，这种特性允许用户人为地改变程序获取输入和产生输出的位置。这个有趣的功能并不是 Linux 的专利，几乎所有的操作系统（包括 Windows）都支持这样的操作。

6.7.1 输出重定向

默认情况下程序输出结果的设备称为标准输出（stdout）。通常来说，标准输出指显示器。例如，下面的 ls 命令用于获取当前目录下的文件列表并输出到标准输出。

```
$ ls
bin  cdrom  etc  initrd     initrd.img.old  lib32    lost+found  mnt  proc
sbin sys    usr
```

```
boot   dev    home initrd.img lib         lib64   media   opt  root  srv
tmp    var
```

输出重定向用于把程序的输出转移到另一个地方去。下面的命令将输出重定向到 ls_out 文件中。

```
$ ls > ~/ls_out
```

这样，ls 命令的输出就不会在显示器上显示出来，而是出现在用户主目录的 ls_out 文件中，每行显示一个文件名。

```
$ cat ~/ls_out
bin
boot
cdrom
dev
etc
home
lib
lib32
…
```

如果 ls_out 文件不存在，那么输出重定向符号 ">" 会试图建立这个文件。如果 ls_out 文件已经存在，那么 ">" 会删除文件中原有的内容，然后用新内容替代。

```
$ uname -r > ls_out
$ cat ls_out
5.13.0-40-generic
```

可以看到，">" 并不会在原始文件名的后面添加版本信息，而是直接覆盖。如果要保留原始文件中的内容，应该使用输出重定向符号 ">>"。

```
$ date > date_out                       ##将 date 命令的输出重定向到 date_out 文件
$ cat date_out                          ##查看 date_out 文件的内容
2022 年 09 月 21 日 星期三 12:18:25 CST
$ uname -r >> date_out   ##将 uname 命令产生的版本信息追加到 date_out 文件的末尾
$ cat date_out                          ##再次查看 date_out 文件的内容
2022 年 09 月 21 日 星期三 12:18:25 CST
5.15.0-47-generic
```

6.7.2　输入重定向

和标准输出类似，默认情况下程序接收输入的设备称为标准输入（stdin）。通常来说，标准输入指键盘。例如，如果使用不带任何参数的 cat 命令，那么 cat 会停在那里，等待从标准输入（也就是键盘）获取数据。

```
$ cat
```

用户的每一行输入会立即显示在屏幕上，直到使用 Ctrl+D 快捷键给 cat 命令一个文件结束符。

```
Hello
Hello
Bye
Bye
<Ctrl+D>                                                ##这里按 Ctrl+D 快捷键
```

通过使用输入重定向符号"<"可以让程序从一个文件中获取输入。

```
$ cat < days
Monday
Tuesday
Wednesday
Thursday
Friday
Saturday
Sunday
```

上面的命令将文件 days 作为输入传递给 cat 命令，cat 读取 days 中的每一行，然后输出读到的内容。最后当 cat 遇到文件结束符时就停止读取操作。整个过程同之前完全一致。

正如读者已经想到的，cat 命令可以接收一个参数来显示文件内容，因此"cat < days"完全可以用 cat days 来替代。事实上，大部分命令都能够以参数的形式在命令行上指定输入文档的文件名，因此输入重定向并不经常使用。

另一种输入重定向的例子被称为立即文档（Here Document）。这种重定向方式使用的操作符是"<<"。立即文档明确告诉 Shell 从键盘接收输入信息并传递给程序。现在来看下面这个例子：

```
$ cat << EOF
> Hello
> Bye
> EOF
Hello
Bye
```

cat 命令从键盘接收两行输入信息并将其发送给标准输出。和前面的例子不同的是，立即文档指定了一个代表输入结束的分隔符（在这里是单词 EOF），当 Shell 遇到这个单词的时候，即认为输入结束并把刚才的键盘输入一起传递给命令。因此，这次 cat 命令会将用户的输入一块显示，而不是每收到一行就迫不及待地把它打印出来。

用户可以选择任意一个单词作为立即文档的分隔符，如 EOF、END 和 eof 等都是不错的选择，只要确保其不是正文的一部分即可。

那么，是否可以让输入重定向和输出重定向结合在一起使用？这听起来是一个不错的主意，来看下面的命令：

```
$ cat << END > hello
> Hello World!
> Bye
> END
```

上面的命令首先让 cat 命令以立即文档的方式获取输入，然后把 cat 的输出重定向到 hello 文件中。查看 hello 文件，可以看到如下内容：

```
Hello World!
Bye
```

6.7.3 管道："|"命令

管道将"重定向"再向前推进了一步。通过一根竖线"|"，将一条命令的输出与另一条命令的输入连接。下面的命令显示了如何在文件列表中查找文件名中包含某个特定字符串的文件。

```
$ ls | grep ay
days
hard_days
mplayer
mplayer~
my_days
```

首先由 ls 命令列出当前目录下的所有文件名，然后管道"|"接收到这些输出，并把它们发送给 grep 命令作为其输入，最后使用 grep 命令在这堆文件列表中查找包含字符串 ay 的文件名，并在标准输出（也就是显示器）显示。

可以在一行命令中使用多个管道，从而构造出复杂的 Shell 命令。这些命令可能看起来晦涩难懂，但它们的确很高效。合理使用管道是提高工作效率的有效手段，随着使用的增多，读者会越来越熟练。

6.8 小　　结

- Linux 的目录组织结构和 Windows 有很大不同。
- Linux 将文件系统挂载到特定的目录下。根文件系统"/"是最初建立的文件系统。
- Linux 的每个系统目录都有其特定的功能。
- mkdir 命令用于创建一个空目录。
- touch 命令用于创建一个空文件，这个命令的另一个用途是更新文件的建立时间。
- mv 命令用于移动并重命名文件和目录。
- cp 命令用于复制文件和目录。
- rmdir 命令用于删除一个空目录。rm 命令可以删除文件和目录（不必为空），但应该谨慎使用，因为删除后的文件无法恢复。
- Linux 为属主（文件所有者）、属组用户和其他人定义了文件（目录）权限。
- 文件（目录）权限包括读取（r）、写入（w）和执行（x）。
- ls -l 命令可以列出文件的完整属性。查看目录的属性应该使用 ls -ld 命令。
- chown 命令可以改变文件的属主和属组。chgrp 命令仅改变文件的属组。
- chmod 命令可以改变文件的权限，有多种表述形式。八进制表示法是系统管理员最常使用的表述形式。
- 对 Linux 各种资源的操作都是通过操作文件实现的。Linux 中总共有 7 种文件类型，分别是普通文件、目录、字符设备文件、块设备文件、本地域套接字、有名管道、符号链接。
- ln 命令建立链接。软链接（符号链接，用 ln -s 命令建立）的使用比硬链接（用 ln 命令建立）更为广泛。
- 在默认情况下程序输出其结果的设备称为标准输出。通常，标准输出总是指向显示器。
- 在默认情况下程序接收输入信息的设备称为标准输入。通常，标准输入总是指向键盘。
- 输出重定向将程序的输出转移到另一个地方；输入重定向改变程序获取输入的

地方。
- 管道将一条命令的输出连接到另一条命令的输入。

6.9 习　　题

一、填空题

1．Linux 为_____种人准备了权限，分别为_____、_____和_____。
2．在 Linux 系统中，可以赋予某类用户对文件和目录拥有 3 种权限，分别为_____、_____和_____。
3．在默认情况下程序输出结果的地方称为_____。

二、选择题

1．下面的（　　）命令用来创建目录。
A．mkdir　　　　　　B．touch　　　　　　C．cd　　　　　　D．pwd
2．下面的（　　）命令用来复制文件。
A．mv　　　　　　　B．cp　　　　　　　C．rmdir　　　　　D．rm
3．Linux 中，文件系统的读取、写入和执行权限分别用（　　）数字表示。
A．124　　　　　　　B．214　　　　　　　C．412　　　　　　D．421

三、判断题

1．在 Linux 中没有"盘符"的概念，也就是说 Linux 中不存在所谓的 C 盘和 D 盘等。
（　　）
2．符号链接也被称作软链接。（　　）
3．标准输出总是指向显示器，标准输入总是指向键盘。（　　）

四、操作题

1．使用 mkdir 命令创建一个完整的目录/test/share。
2．修改目录/test/share 的权限为 777。

第 7 章 软件包管理

顾名思义，软件包是将应用程序、配置文件和管理数据打包的产物。特定的软件包管理系统可以方便地安装和卸载软件包。如今，所有的 Linux 发行版都采用了某种形式的软件包系统，这使得在 Linux 上安装软件变得如同在 Windows 中一样方便。常用的软件包格式有两种，这取决于使用的发行版。SUSE、Red Hat、Fedora 等发行版本使用 RPM，而 Debian 和 Ubuntu 则使用.deb 格式的软件包。

7.1 快速上手：安装和卸载 QQ for Linux

QQ for Linux 是腾讯公司为 Linux 平台提供的 QQ 软件，不是开源软件并且曾停止服务，后于 2019 年 10 月 24 日回归，2020 年 4 月 1 日发布最新测试版。QQ 是一款基于互联网的即时通信软件，支持在线聊天、视频通话、点对点续传文件、共享文件、网络硬盘、自定义面板和 QQ 邮箱等多种功能，并可与多种通信终端相连。

7.1.1 安装 QQ for Linux

QQ for Linux 目前支持 x64、arm64 和 mips64 3 种架构，每种架构支持 Debian 系、红帽系、Arch Linux 系、其他发行版中的一种或几种，下载地址为 https://im.qq.com/linuxqq/download.html。用户可以根据自己的系统架构，选择对应的 QQ 安装包。

下载的文件类似于 linuxqq_2.0.0-b2-1089_amd64.deb 或 linuxqq_2.0.0-b2-1089_x86_64.rpm，这里假设将其放在自己的主目录下。打开终端，输入如下命令：

```
$ cd ~                                                    ##进入自己的主目录
```

对于 Debian 和 Ubuntu 用户，可以输入如下命令：

```
$ sudo dpkg -i linuxqq_2.0.0-b2-1089_amd64.deb            ##安装 QQ for Linux
```

对于 openSUSE 和其他使用 RPM 软件包的用户，可以输入如下命令：

```
$ su                                                      ##切换到 root 用户
# rpm -ivh linuxqq_2.0.0-b2-1089_x86_64.rpm               ##安装 QQ for Linux
```

不管使用哪种软件包，系统都会打印一系列提示信息。在笔者的 Ubuntu 系统上的提示信息如下：

```
正在选中未选择的软件包 linuxqq。
(正在读取数据库 ... 系统当前共安装有 205664 个文件和目录。)
准备解压 linuxqq_2.0.0-b2-1089_amd64.deb ...
正在解压 linuxqq (2.0.0-b2) ...
```

```
正在设置 linuxqq (2.0.0-b2) ...
正在处理用于 gnome-menus (3.36.0-1ubuntu1) 的触发器 ...
正在处理用于 desktop-file-utils (0.24-1ubuntu3) 的触发器 ...
正在处理用于 mime-support (3.64ubuntu1) 的触发器 ...
```

根据使用的软件包系统和 QQ 的版本差异，显示的信息可能会有所不同。如果系统没有报错的话，那么表示 QQ 已经安装完毕。

7.1.2 运行 QQ for Linux

在应用程序列表中选择"腾讯 QQ"程序并单击，启动后的界面如图 7.1 所示。

图 7.1 QQ for Linux 界面

QQ for Linux 的使用和在 Windows 中的使用基本一致，不再赘述。

7.1.3 卸载 QQ for Linux

当前版本的 QQ for Linux 仍然存在很多功能上的不足，如无法视频。如果希望在 Linux 中也能使用所有的功能，可能还需要等到下一个版本的发布。下面介绍如何卸载已安装的 QQ for Linux。

一般来说，卸载软件包需要提供完整的软件包名称或版本。如果无法完整地给出这些信息（事实上很少有人会记住它们），使用软件包管理工具可以找到这些信息。

Debian 和 Ubuntu 用户可以使用下面的命令：

```
$ dpkg -l | grep qq
```

Red Hat 和其他使用 RPM 软件包的用户可使用下面的命令：

```
$ rpm -qa | grep qq
```

这样就可以找到 QQ for Linux 完整的软件包名称了。在笔者的 Ubuntu 上，该软件包叫作 linuxqq。知道了软件包名称后，就可以着手卸载该软件包了。

Debian 和 Ubuntu 用户可使用下面的命令：

```
$ sudo dpkg -r linuxqq
```

Red Hat 和其他使用 RPM 软件包的用户可使用下面的命令：

```
$ su
# rpm -e linuxqq
```

和安装时一样，系统将打印一系列提示信息——如果系统没有报错。至此，QQ for Linux 已经从系统中被完整地卸载了。

7.2　软件包管理系统简介

在早期的 UNIX/Linux 系统中，安装软件是一件相当费时费力的事情。系统管理员不得不直接从源代码编译软件，并为自己的系统做各种调整，甚至还要修改源代码。尽管以源代码形式发布的软件显著增强了用户定制的自由度，但在各种细小环节上耗费如此巨大的精力显然是缺乏效率的。于是，软件包的概念便应运而生了。

软件包管理系统的应用使 Linux 管理员得以从无休止的兼容性问题中解脱出来。软件包使安装软件成为一系列不可分割的原子操作。一旦发生错误，可以卸载软件包，也可以重新安装它们。同时，软件发行商甚至可以不用考虑补丁的问题，因为客户在安装新版本软件包的同时就把老版本替换掉了。

当然，软件包系统并不是万能的。使用软件包系统安装软件同样需要考虑依赖性的问题。只有应用软件依赖的所有库和支持都已经正确安装好了，软件才能被正确安装。一些高级软件包管理工具如 APT 和 YUM 可以自动搜寻依赖关系并进行安装。这些高级软件包管理工具将在后面详细介绍。

常用的软件包格式有两种：RPM（Red Hat Package Manager，Red Hat 软件包管理器），最初由 Red Hat 公司开发并部署在其发行版中，如今已被大多数 Linux 发行版使用；另一种则是 Debian 和 Ubuntu 上使用的.deb 格式。这两种格式提供的功能基本类似。

如今，绝大多数 Linux 发行版都会使用高级软件包管理工具来进一步简化软件包安装的过程。常见的通用版本有 APT 和 YUM（其中，YUM 只能用于 RPM），它们都是免费的。一些主要的 Linux 发行商也会开发适用于自己发行版的高级包管理工具，如 Red Hat 的 Red Hat Network 和 SUSE 的 ZENworks。这些工具常常需要支付费用。

高级软件包管理系统基于这样几个理念和目标：
❑ 简化定位和下载软件包的过程；
❑ 自动进行系统更新和升级；
❑ 方便管理软件包件的依赖关系。

接下来首先介绍两个基本的软件包管理命令工具 rpm 和 dpkg，随后介绍 APT 的使用。最后在本章的"进阶"部分，简要讨论通过源代码安装软件的基本步骤。

7.3　管理.deb 软件包：dpkg 命令

本节将简要介绍 dpkg 命令工具的常用选项和注意事项，这个软件包工具主要用于 Debian 和 Ubuntu 这两个发行版本。限于篇幅，这里没有办法一一列出 dpkg 命令的所有选项和功能，读者可以通过 dpkg --help 命令获得其完整的帮助信息。

7.3.1 安装软件包

和 openSUSE、Red Hat 等发行版本不同，Debian 和 Ubuntu 使用 dpkg 命令工具管理软件包，这些软件包通常以.deb 结尾。

使用 dpkg 的--install 选项安装软件，这个选项也可以简写为-i（前面在安装 QQ for Linux 时使用的是-i 而不是--install 选项）。事实上，在 Linux 中存在很多这样缩写的命令，有兴趣的读者在使用的时候可以整理一下。

> 注意：--install 或-i 选项会在安装软件包之前把系统上原有的旧版本删除。一般来说，这也正是用户需要的。

所有的软件包在安装前都必须保证其所依赖的库和支持构造已经安装在系统中。不过，可以使用--force-选项强制安装软件包。此时，系统将忽略一切依赖和兼容问题直到软件包安装完毕。看起来这是一个不错的方法，但为什么它还要作为一个选项出现呢？在大部分情况下，--force-的最大贡献是让事情变得更糟。没有什么比让系统管理员花费很长的时间检查软件运行问题，结果却发现只是当初无视依赖关系更能让他恼火的了。

因此，在安装时，--force-选项的使用一定要谨慎。在系统出现问题后，没有"撤销"按钮可供选择。除非迫不得已，永远不要使用--force-选项。

7.3.2 查看已安装的软件包

现在来看一个例子，假设需要查找当前系统中的 OpenSSH 版本信息，可以使用如下命令：

```
$ dpkg -l | grep openssh
ii  openssh-client                      1:8.9p1-3
amd64        secure shell (SSH) client, for secure access to remote machines
```

可以看到，当前 OpenSSH 的版本为 1:8.9p1-3，最下面还有对该软件的简要介绍。

对于系统管理员而言，常常需要知道所安装的软件究竟向系统中复制了哪些文件。因此，dpkg 提供了--search 选项（简写为-S）。仍以上面的 OpenSSH 为例，现在来看一下系统中有哪些文件是它带来的。

```
$ dpkg -S openssh
openssh-client: /usr/share/doc/openssh-client/changelog.Debian.gz
openssh-client: /usr/lib/openssh/ssh-pkcs11-helper
openssh-client: /usr/share/apport/package-hooks/openssh-client.py
openssh-client: /usr/share/doc/openssh-client/faq.html
openssh-client: /usr/share/doc/openssh-client/NEWS.Debian.gz
…
```

如果系统和 OpenSSH 版本的不同，则显示的信息也会有所不同。

7.3.3 卸载软件包

使用 dpkg 的--remove（简写为-r）选项可以方便地卸载已经安装的软件包。在 7.1 节中已经介绍了卸载软件包的基本步骤。下面的命令是删除安装在系统中的 Opera 浏览器。

```
$ dpkg -l | grep opera-stable                    ##查看Opera 浏览器的软件包信息
ii  opera-stable                    91.0.4516.16
amd64         Fast, secure, easy-to-use web browser
$ sudo dpkg --remove opera-stable                ##删除 Opera 浏览器
dpkg: 警告: 忽略卸载 opera-stable 的要求，系统中仅存在其配置文件；
可使用 --purge 把这些配置文件一并删除
```

> **注意**：如果卸载的软件包可能包含其他软件所依赖的库和数据文件，在这种情况下继续卸载可能导致不可预计的后果。因此，在卸载软件包之前应确认已经解决了所有的依赖关系，或者使用下面要介绍的高级软件包工具 APT。

7.4　管理 RPM 软件包：rpm 命令

rpm 命令用于管理.rpm 格式的软件包。该命令适用于绝大多数的 Linux 发行版本，如 Red Hat 和 openSUSE 等。下面简要介绍 rpm 命令的使用方法及相关注意事项。rpm 的更多高级功能可以参考其用户手册。

7.4.1　安装软件包

使用 rpm -i 命令安装一个软件包。虽然安装工作只需要一个-i 选项就够了，但是用户通常习惯加上-v 和-h 这两个选项。-v 选项用于显示 rpm 命令当前正在执行的工作，-h 选项通过打印一系列的"#"提醒用户当前的安装进度。

```
$ sudo rpm -i -v -h dump-0.4b41-1.src.rpm
   1:dump                  warning: user tiniou does not exist - using root
warning: group tiniou does not exist - using root
warning: user tiniou does not exist - using root%)
warning: group tiniou does not exist - using root
############################################# [100%]
```

可以把多个选项合并在一起，省略前面的短横线"-"。因此，下面这两条命令是等效的。

命令一：
```
$ sudo rpm -i -v -h dump-0.4b41-1.src.rpm
```

命令二：
```
$ sudo rpm -ivh dump-0.4b41-1.src.rpm
```

rpm -i 同样提供了--force 选项，用于忽略一切依赖和兼容问题，强行安装软件包。和 dpkg 命令一样，除非万不得已，不要随便使用这个看似"方便"的选项。

另外，如果正在安装的软件包在其他软件包的支持下才能正常工作，则会发生软件包相关性冲突。利用--nodeps 选项可以使 rpm 命令忽略这些错误继续安装软件包，但这种忽略软件包相关性问题的方法同样不值得提倡。

7.4.2 升级软件包

rpm -U 命令用于升级一个软件包。这个命令的使用方法和 rpm -i 命令基本相同，用户也可以为其指定通用的安装选项-v 和-h。如果系统中已经安装了 dump 命令工具较早的版本，那么下面这个命令会将其升级为 0.4b41-1 版本。

```
$ sudo rpm -Uvh dump-0.4b41-1.src.rpm
```

升级操作实际上是卸载和安装的组合。当升级软件时，rpm 首先卸载老版本的软件包，然后安装新版本的软件包。如果老版本的软件包不存在，那么 rpm 只需要安装请求的软件包。rpm 的升级操作可以保留软件的配置文件，这样用户就不必担心会被升级后的软件带到一个完全陌生的环境中了。

7.4.3 查看已安装的软件包

使用 rpm -q 命令可以查询当前系统中已经安装的软件包。用户应该指定软件包的名称（不是安装文件的名称），则 rpm 命令会列出具体的版本信息。

```
$ rpm -q check
check-0.12.0-2.el8.x86_64
```

大多数情况下，用户可能不记得软件包的完整名称，可能只记得几个关键字。给 rpm -q 命令加上-a 选项，可以列出当前系统已经安装的所有软件包。

```
$ rpm -qa                                    ##列出系统中安装的所有软件包
pulseaudio-14.0-2.el8.x86_64
pcp-pmda-slurm-5.3.1-5.el8.x86_64
glibc-headers-2.28-164.el8.x86_64
libical-3.0.3-3.el8.x86_64
cyrus-sasl-2.1.27-5.el8.x86_64
…
```

结合管道和 grep 命令可以找到自己想要的软件包。

```
$ rpm -qa | grep xorg                        ##查找名称中包含 xorg 的软件包
xorg-x11-drv-evdev-2.10.6-2.el8.x86_64
xorg-x11-drv-qxl-0.1.5-11.el8.x86_64
xorg-x11-xauth-1.0.9-12.el8.x86_64
xorg-x11-drv-libinput-0.29.0-1.el8.x86_64
xorg-x11-xinit-session-1.3.4-18.el8.x86_64
xorg-x11-xinit-1.3.4-18.el8.x86_64
…
```

7.4.4 卸载软件包

使用 rpm -e 命令可以卸载软件包。这个命令接收软件包的名称作为参数。可以用 7.4.3 节的方法确定想要卸载的软件包的名称，但是名称中不应该带有版本信息。下面的命令用于从系统中删除软件包 tcpdump。

```
$ sudo rpm -e tcpdump
```

有些时候卸载软件包可能会出现问题，由于软件包之间存在相互依赖的关系，所以很有可能出现某个软件包卸载后导致其他软件无法运行的情况。例如：

```
$ sudo rpm -e xorg-x11-devel                    ##卸载软件包 xorg-x11-devel
error: Failed dependencies:
        xorg-x11-devel is needed by (installed) Mesa-devel-7.0.3-35.1.i586
        xorg-x11-devel is needed by (installed) glitz-devel-0.5.6-144.1.i586
        xorg-x11-devel is needed by (installed) cairo-devel-1.4.14-32.1.i586
        xorg-x11-devel is needed by (installed) pango-devel-1.20.1-20.1.i586
        xorg-x11-devel is needed by (installed) gtk2-devel-2.12.9-37.1.i586
```

可见，由于软件包 xorg-x11-devel 被多个软件包所依赖，因此 rpm 命令谨慎地拒绝了这个卸载请求。用户可以明确指定 --nodeps 选项继续这个卸载操作。在按 Enter 键之前，请务必问问自己是否真的要卸载。

有一个十分有用的卸载选项是 --test，它可以模拟 rpm 命令删除软件包的全过程，但并不是真的执行卸载操作。例如，针对软件包 xorg-x11-devel 执行带 --test 选项的卸载命令，选项 -vv（注意是两个 v 而不是一个 w）要求 rpm 命令输出完整的调试信息。

```
$ sudo rpm -e -vv --test xorg-x11-devel
D: opening  db environment /var/lib/rpm/Packages create:cdb:mpool:private
D: opening  db index       /var/lib/rpm/Packages rdonly mode=0x0
D: locked   db index       /var/lib/rpm/Packages
D: opening  db index       /var/lib/rpm/Name rdonly:nofsync mode=0x0
D: opening  db index       /var/lib/rpm/Pubkeys rdonly:nofsync mode=0x0
D:  read h#    503 Header sanity check: OK
D: ========== DSA pubkey id a84edae8 9c800aca (h#503)
D:  read h#   1035 Header V3 DSA signature: OK, key ID 9c800aca
D: ========== --- xorg-x11-devel-7.3-64.1 i586/linux 0x0
D: opening  db index       /var/lib/rpm/Requirename rdonly:nofsync mode=0x0
D:  read h#   1051 Header V3 DSA signature: OK, key ID 9c800aca
D: opening  db index       /var/lib/rpm/Depends create:nofsync mode=0x0
D: opening  db index       /var/lib/rpm/Providename rdonly:nofsync mode=0x0
D:   Requires: xorg-x11-devel                              NO
D: package Mesa-devel-7.0.3-35.1.i586 has unsatisfied Requires: xorg-x11-devel
D:  read h#   1053 Header V3 DSA signature: OK, key ID 9c800aca
D:   Requires: xorg-x11-devel                              NO   (cached)
D: package glitz-devel-0.5.6-144.1.i586 has unsatisfied Requires: xorg-x11-devel
D:  read h#   1060 Header V3 DSA signature: OK, key ID 9c800aca
D:   Requires: xorg-x11-devel                              NO   (cached)
D: package cairo-devel-1.4.14-32.1.i586 has unsatisfied Requires: xorg-x11-devel
D:  read h#   1061 Header V3 DSA signature: OK, key ID 9c800aca
D:   Requires: xorg-x11-devel                              NO   (cached)
D: package pango-devel-1.20.1-20.1.i586 has unsatisfied Requires: xorg-x11-devel
D:  read h#   1067 Header V3 DSA signature: OK, key ID 9c800aca
D:   Requires: xorg-x11-devel                              NO   (cached)
D: package gtk2-devel-2.12.9-37.1.i586 has unsatisfied Requires: xorg-x11-devel
D: closed   db index       /var/lib/rpm/Depends
error: Failed dependencies:
        xorg-x11-devel is needed by (installed) Mesa-devel-7.0.3-35.1.i586
```

```
        xorg-x11-devel is needed by (installed) glitz-devel-0.5.6-144.1.i586
        xorg-x11-devel is needed by (installed) cairo-devel-1.4.14-32.1.i586
        xorg-x11-devel is needed by (installed) pango-devel-1.20.1-20.1.i586
        xorg-x11-devel is needed by (installed) gtk2-devel-2.12.9-37.1.i586
D: closed    db index        /var/lib/rpm/Pubkeys
D: closed    db index        /var/lib/rpm/Providename
D: closed    db index        /var/lib/rpm/Requirename
D: closed    db index        /var/lib/rpm/Name
D: closed    db index        /var/lib/rpm/Packages
D: closed    db environment  /var/lib/rpm/Packages
D: May free Score board((nil))
```

7.5 高级软件包工具：APT

rpm 和 dpkg 针对软件包管理的命令，大大减少了安装软件的工作量。但系统管理员发现，这些命令工具仍然不能有效地解决依赖性问题。为了安装某个软件，管理员常常陷入"A 依赖 B，B 依赖 C，C 依赖 D……"这类无休止的"纠缠"中。以 APT 和 YUM 等为代表的高级软件包管理工具由此应运而生。

7.5.1 APT 简介

APT（Advanced Package Tool，高级软件包工具）是现今最成熟的软件包管理系统。它可以自动检测软件依赖问题，下载和安装所有文件，甚至只需要一条命令，就可以更新整个系统上所有的软件包。

APT 最初被设计运行于 Debian 系统上，只能支持 .deb 格式的软件包文件。如今，APT 被移植到使用 RPM 软件包机制的发行版上。可以从 apt-rpm.org 上获得 APT 的 RPM 版本。

APT 工具常用的命令有两个：apt-get 和 apt-cache。前者用于执行和软件包安装有关的所有操作；后者主要用于查找软件包的相关信息。在大部分情况下，用户也可以使用图形化的 ATP 工具。下面以 Ubuntu 上的"新立得软件包管理器"工具为例，介绍图形化 APT 工具的基本使用，其他图形化 APT 工具的用户界面和使用方法基本类似。

7.5.2 下载和安装软件包

系统第一次启动时，需要运行 apt-get update 更新当前 apt-get 缓存中的软件包信息。此后，就可以使用 apt-get install 命令安装软件包了。事实上，笔者推荐在每次安装和更新软件包之前都运行 apt-get update，以保证获得的软件包是最新的。下面尝试安装一款在 Linux 中很流行的战棋类游戏 Wesnoth。

```
$ sudo apt-get update                                    ##更新软件包信息
获取:1 http://security.ubuntu.com/ubuntu jammy-security InRelease [110 kB]
命中:2 http://cn.archive.ubuntu.com/ubuntu jammy InRelease
获取:3 http://cn.archive.ubuntu.com/ubuntu jammy-updates InRelease [114 kB]
获取:4 https://deb.opera.com/opera-stable stable InRelease [2,590 B]
错误:4 https://deb.opera.com/opera-stable stable InRelease
…
```

```
$ sudo apt-get install wesnoth                              ##安装 Wesnoth
正在读取软件包列表... 完成
正在分析软件包的依赖关系树
读取状态信息... 完成
已经不需要下列自动安装的软件包:
  debhelper kbuild po-debconf intltool-debian gettext module-assistant
  html2text dpatch
使用 'apt-get autoremove' 来删除它们。
将会安装下列额外的软件包:
  libboost-iostreams1.34.1 libsdl-image1.2 libsdl-mixer1.2 libsdl-net1.2
  wesnoth-data
建议安装的软件包:
  wesnoth-all ttf-sazanami-gothic
推荐安装的软件包:
  wesnoth-music
下列【新】软件包将被安装:
  libboost-iostreams1.34.1 libsdl-image1.2 libsdl-mixer1.2 libsdl-net1.2
  wesnoth wesnoth-data
共升级了 0 个软件包，新安装了 6 个软件包，要卸载 0 个软件包，有 95 个软件未被升级。
需要下载 37.3MB 的软件包。
操作完成后，会消耗掉 67.5MB 的额外硬盘空间。
您希望继续执行吗？[Y/n]
```

可以看到，APT 提供了大量信息，并自动解决了包的依赖问题。按 Enter 键执行下载和安装任务。回答 n 表示中止安装过程。现在可以泡上一杯咖啡，耐心地等待软件安装完成。

apt-get 命令还有一些选项可以完成诸如升级和删除软件包等操作。表 7.1 列出了 apt-get 命令的常用选项。

表 7.1 apt-get 命令的常用选项

命　　令	描　　述
apt-get install	下载并安装软件包
apt-get upgrade	下载并安装在本系统上已有的软件包的最新版本
apt-get remove	卸载特定的软件包
apt-get source	下载特定的软件源代码
apt-get clean	删除所有已下载的包文件

举例来说，下面的命令将删除软件包 tremulous。在删除的过程中，APT 照例要求用户确认该操作。直接按 Enter 键或者回答 y，将删除该软件包；回答 n 将放弃删除操作。

```
$ sudo apt-get remove tremulous                             ##删除软件包 tremulous
正在读取软件包列表... 完成
正在分析软件包的依赖关系树
读取状态信息... 完成
已经不需要下列自动安装的软件包:
  tremulous-data
使用 'apt-get autoremove' 来删除它们。
下列软件包将被【卸载】:
  tremulous
共升级了 0 个软件包，新安装了 0 个软件包，要卸载 1 个软件包，有 6 个软件未被升级。
操作完成后，会释放 1774kB 的硬盘空间。
您希望继续执行吗？[Y/n]                                      ##确认该操作
```

```
(正在读取数据库 ... 系统当前总共安装有 183910 个文件和目录。)
正在删除 tremulous ...
```

使用 apt-get -h 选项可以列出 apt-get 命令的完整用法。APT 的翻译团队喜欢使用幽默的方式来表达，例如：

```
$ apt-get -h
apt 2.0.6(amd64)
用法： apt-get [选项] 命令
       apt-get [选项] install|remove 软件包 1 [软件包 2 ...]
       apt-get [选项] source 软件包 1 [软件包 2 ...]

apt-get 可以从认证软件源下载软件包及相关信息，以便安装和升级软件包，
或者用于移除软件包。在这些过程中，软件包依赖会被妥善处理。
常用命令：
  update - 取回更新的软件包列表信息
  upgrade - 进行一次升级
  install - 安装新的软件包（注：软件包名称应当类似 libc6 而非 libc6.deb）
  reinstall - 重新安装软件包（注：软件包名称应当类似 libc6 而非 libc6.deb）
  remove - 卸载软件包
  purge - 卸载并清除软件包的配置
  ...
参见 apt-get(8) 以获取更多关于可用命令的信息。
程序配置选项及语法都已经在 apt.conf(5) 中阐明。
欲知如何配置软件源，请参阅 sources.list(5)。
软件包及其版本偏好可以通过 apt_preferences(5) 来设置。
关于安全方面的细节可以参考 apt-secure(8)。
                              本 APT 具有超级牛力。
```

用户也可以使用 man apt-get 获得更多的信息。总之，系统的帮助手册非常完整、清晰，当出现问题的时候，求助于这些文档是正确的选择。

7.5.3 查看软件包信息

同 rpm 和 dpkg 命令一样，使用 apt-get 命令安装和卸载软件包时必须提供软件包的名字。apt-get 命令并不能理解拼写错误或任何与其缓存中的软件包名称不相符的写法。因此提供正确的软件包名称尤为重要，于是 APT 提供了 apt-cache 命令工具。

apt-cache search 命令可以搜索软件包列表中特定的软件包。假设希望安装一个模拟飞行类游戏软件，但记不清它的名称，可使用下面的命令：

```
$ apt-cache search flight                    ##搜索名称中包含 flight 的软件包
libflightcrew0v5 - C++ library for epub validation
node-async-limiter - Module for limiting concurrent asynchronous actions
in flight
node-inflight - add callbacks to requests in flight to avoid async duplication
node-promise-inflight - one promise for multiple requests in flight to avoid
async duplication
crrcsim - Model-Airplane Flight Simulator
crrcsim-data - Data files for crrcsim package
crrcsim-doc - Documentation for crrcsim package
flight-of-the-amazon-queen - classic 2D point and click fantasy adventure
game
flightcrew - C++ epub validator
flightgear - Flight Gear Flight Simulator
```

...

apt-cache 将会按照字母顺序搜寻并列出所有名称中包含 flight 的软件包。凭借记忆和简介可以很快判断 flightgear 就是要找的软件。

另一个常用的 apt-cache 命令是 apt-cache depends，用于列出特定软件包的依赖关系。例如，现在希望查看 flightgear 依赖的包，可以用下面的命令：

```
$ apt-cache depends flightgear              ##查询flightgear的依赖关系
flightgear
  依赖: flightgear-data-all
  依赖: qml-module-qtquick-window2
  依赖: qml-module-qtquick2
  依赖: libc6
  依赖: libcurl3-gnutls
  依赖: libdbus-1-3
  依赖: libexpat1
  依赖: libflite1
  依赖: libgcc-s1
  依赖: libgl1
...
```

当然，这些依赖关系并不需要用户一个一个地手工解决。正如先前看到的那样，apt-get 命令会帮助系统管理员解决这些问题。这也正是 APT 等软件包管理工具最大的魅力所在。

7.5.4 配置 apt-get

几乎所有的初学者都会问这样的问题：apt-get 从哪里下载软件？这些软件安全吗？事实上，所有 apt-get 用于下载软件的地址通常称为安装源，都被放在/etc/apt/sources.list 中。这是一个文本文件，可以使用任何文本编辑器打开并编辑它。一个典型的 sources.list 文件如下：

```
#deb cdrom:[Ubuntu 22.04.1 LTS _Jammy Jellyfish_ - Release amd64
(20220809.1)]/ jammy main restricted

# See http://help.ubuntu.com/community/UpgradeNotes for how to upgrade to
# newer versions of the distribution.
deb http://cn.archive.ubuntu.com/ubuntu/ jammy main restricted
# deb-src http://cn.archive.ubuntu.com/ubuntu/ jammy main restricted

## Major bug fix updates produced after the final release of the
## distribution.
deb http://cn.archive.ubuntu.com/ubuntu/ jammy-updates main restricted
# deb-src http://cn.archive.ubuntu.com/ubuntu/ jammy-updates main
restricted
...
```

下面简单解释一下各字段的含义。

- deb 和 deb-src：软件包的类型。Debian 类型的软件包使用 deb 或 deb-src。如果是 RPM 的软件包，则应该使用 rpm 或 rpm-src。其中，src 表示源代码（回忆一下 7.5.2 节中的 apt-get source 命令）。
- URL：指向 CD-ROM、HTTP 或者 FTP 服务器的地址，从那里可以获得所需的软件包。

- jammy 等：软件包的发行版本和分类，用于帮助 apt-get 遍历软件库。

还应该能看到一些以"#"开头的行。"#"表示这一行是注释。在 apt-get 看来，注释就等于空行。因此，如果需要暂时禁止一个安装源，可以考虑在这一行的头部加一个"#"，而不是鲁莽地删除——谁知道什么时候还会重新用到呢？

同时，应该确保将 http://cn.archive.ubuntu.com/ubuntu/ 作为一个源来列出（如果正在使用 Ubuntu），以便能访问到最新的安全补丁。

7.5.5 使用图形化的 APT

同 Linux 众多的其他系统管理工具一样，各 Linux 发行商也开发了 APT 的图形化界面。从用户友好的角度来讲，图形化的 APT 无疑更具优势，特别是对于初学者而言。下面简要介绍 Ubuntu 附带的"新立得包管理器"工具的使用和配置方法。

Ubuntu 用户首先在 Ubuntu 软件中心安装好"新立得包管理器"（包名为 synaptic，默认没有安装），然后单击"新立得包管理器（Synaptic Package Manager）"按钮找到这个图形化的 APT 工具。出于安全考虑，必须首先提供系统管理员密码（关于 Debian 和 Ubuntu 的管理员账号问题，可以参考 3.1.3 节）。新立得包管理器的窗口如图 7.2 所示。

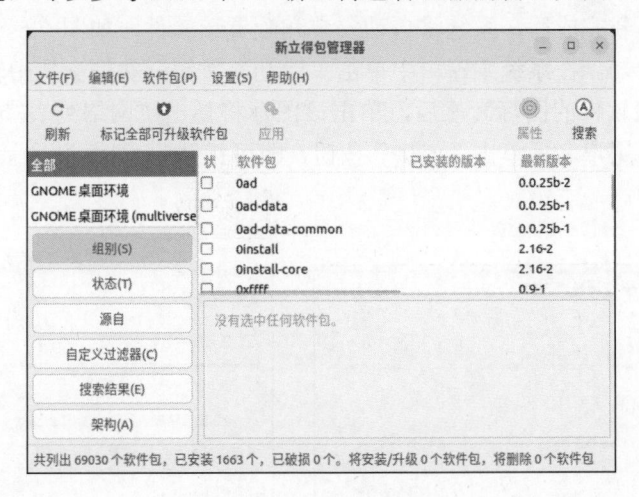

图 7.2　新立得包管理器

大部分的功能都是显而易见的。以安装一个软件包为例，假设现在希望安装一个 IRC 的客户端程序 hexchat，可以遵循下面的步骤。

（1）在图 7.2 中单击"搜索"按钮，在弹出的对话框中输入 xchat。再次单击"搜索"按钮。

（2）找到 hexchat-common 选项，双击进行标记，系统将弹出一个对话框，提示该软件的依赖关系，并指出应该同时标记 hexchat 所依赖的组件。单击"标记"按钮，可以看到 hexchat 和 hexchat-common 已被标记并等待安装，如图 7.3 所示。

（3）单击"应用"按钮，弹出"摘要"对话框，要求用户确认该操作。单击 Apply 按钮，系统将进入软件包的下载环节，如图 7.4 所示。下载速度取决于网速和文件大小，这需要花费一定时间。

图 7.3 安装完 hexchat 的结果

（4）软件包下载完成后，系统将自动安装和配置该软件，如图 7.5 所示，并在结束时弹出对话框进行告知。在系统主窗口中单击"活动"按钮，在搜索栏中输入 hexchat 会在应用程序中显示该软件的图标。然后，单击该图标将弹出"网络列表 hexchat"对话框。在该对话框中输入用户名后单击"连接"按钮，即可打开 hexchat 并登录 IRC 频道。没错，一切就是这么简单。

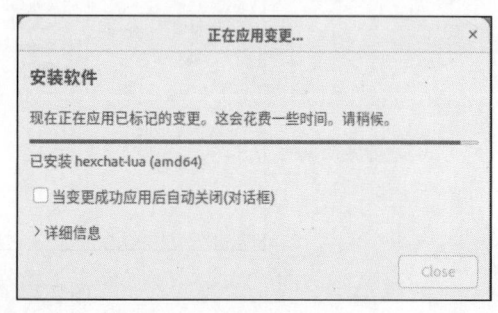

图 7.4　下载包文件　　　　　　　　图 7.5　安装和配置软件包

对于已经安装的软件包，在其条目上右击，在弹出的快捷菜单中可以选择升级、删除等操作。这部分内容比较简单，读者可以自己尝试。

7.6　进阶：以 Nmap 为例从源代码编译软件

从源代码编译软件没有一个标注的流程。这里以网络扫描工具 Nmap 为例进行介绍，虽然不同的软件有不同的编译方式，但是基本思想是一致的。如果读者能够从中体会到 DIY

（自己动手）的基本思维方式，那么本节的目的也就达到了。

7.6.1 为什么要从源代码编译

虽然看起来各种软件包管理工具已经非常完美地解决了 Linux 软件安装的问题，但是有些时候仍然不得不求助于最原始的方法——从源代码编译。这主要基于以下原因：

- 一些软件开发商出于各种原因，并没有提供二进制的软件包，或者只为某个特定的发行版提供了这样的软件包。因此，从源代码编译安装软件就成了唯一的方法。
- 鉴于 Linux 及其下软件的开放性，一些企业和个人出于特殊需求的考虑，需要修改某些软件的源代码。这些经过修改的软件必须重新编译。
- 从源代码编译软件通常能让编译者获得更多的控制权，如软件安装的位置，开启和禁用某些功能等。有些人认为这非常重要，尽管这样做可能并不是高效和安全的。

下面将动手编译一个安装网络扫描工具 Nmap，完整实践编译软件的全过程。在具体讲解的过程中会穿插一些理论知识，帮助读者加深理解。

7.6.2 下载和解压软件包

Nmap 也就是 Network Mapper，是 Linux 的网络扫描和嗅探工具包。该工具的基本功能有 3 个，一是探测主机是否在线；二是扫描主机端口，嗅探所提供的网络服务；三是推断主机所用的操作系统。Nmap 支持 Linux、Windows、macOS 等操作系统，可以从 https://nmap.org/download.html 上下载最新版的 Nmap。本书写作时，Nmap 的最新版本为 7.92。用户需要下载 Nmap 的源代码，即 nmap-7.92.tar.bz2。

在 Linux 的世界里，.tar.bz2 和.tar.gz 这样的压缩格式是发布源代码的标准格式，读者可参考第 8 章的内容，了解解压这两种压缩文件的具体方法。使用下面的命令解压 Nmap 压缩包。

```
$ tar jxvf nmap-7.93.tar.bz2              ##解压缩 Nmap
```

解压后得到一个目录 nmap-7.93。

```
ls -F
nmap-7.93/ nmap-7.93.tar.bz2*
```

7.6.3 正确地配置软件

正确地配置软件是整个过程中最关键的一步。Linux 上所有的软件都使用 configure 这个脚本来配置以源代码形式发布的软件。configure 依据用户提供的相关参数生成对应的 makefile 文件，后者指导 make 命令正确地编译源代码。

几乎所有的 configure 脚本都提供了 --prefix 这个选项，用于指定软件安装的位置。如果用户不指定，那么软件就按照默认的路径设置来安装。下面这个命令指定将软件安装在 /usr/local/ 目录下。

```
$ ./configure --prefix=/usr/local/
```

☎ 提示：将软件安装在/usr/local 目录下是一个好习惯，这样可以同安装在/usr 目录下的系统工具有效地区分开。

至于 configure 的其他选项，不同的软件提供的选项不同。得到一套全新的源代码后，最有经验的用户也不能凭空推断出应该设置哪些选项。这需要借助软件提供的安装文档，这些文档通常称为 README 或者 INSTALL。

```
$ cd nmap-7.93/                                    ##进入 Nmap 的源代码目录

$ cat README.md                                    ##查看安装文档
Installing
----------
Ideally, you should be able to just type:

    ./configure
    make
    make install

For far more in-depth compilation, installation, and removal notes, read the
[Nmap Install Guide](https://nmap.org/book/install.html) on Nmap.org.

Using Nmap
----------
Nmap has a lot of features, but getting started is as easy as running `nmap
scanme.nmap.org`. Running `nmap` without any parameters will give a helpful
list of the most common options, which are discussed in depth in [the man
page](https://nmap.org/book/man.html). Users who prefer a graphical interface
can use the included [Zenmap front-end](https://nmap.org/zenmap/).
```

这里截取了帮助文档中的一段，但这些文档已经提供了足够多的信息。下面的配置命令将 Nmap 安装在默认路径下。

```
$ ./configure                                      ##执行 configure 脚本
checking whether NLS is requested... yes
checking build system type... x86_64-unknown-linux-gnu
checking host system type... x86_64-unknown-linux-gnu
checking for gcc... gcc
checking whether the C compiler works... yes
checking for C compiler default output file name... a.out
checking for suffix of executables...
checking whether we are cross compiling... no
checking for suffix of object files... o
checking whether we are using the GNU C compiler... yes
checking whether gcc accepts -g... yes
checking for gcc option to accept ISO C89... none needed
checking for inline... inline
checking for gcc... (cached) gcc
```

configure 脚本首先检查当前系统是否符合编译条件。因此，系统应该安装有正确的编译器，在 Linux 中通常是 GCC，并且系统的体系结构应该和该软件的设计一致。关于 GCC 编译器的详细介绍，可参见 19.2 节的内容。如果 configure 脚本没有报错，那么接下来就可以着手编译软件了。

7.6.4 编译源代码

成功配置好软件后，接下来就可以编译源代码了。在 README.md 文件中找到下面这一段。

```
Installing
----------
Ideally, you should be able to just type:

    ./configure
    make
    make install
```

从以上信息可以看到，简单执行 make 命令即可编译源代码。

```
$ make                                              ##编译源代码
g++ -MM -I./liblinear -I./liblua -I./libdnet-stripped/include -I./libz
-I./libpcre -I./libpcap -I./nbase -I./nsock/include -DHAVE_CONFIG_H
-DNMAP_PLATFORM=\"x86_64-unknown-linux-gnu\" -DNMAPDATADIR=\"/usr/local/
share/nmap\" -D_FORTIFY_SOURCE=2 charpool.cc
FingerPrintResults.cc FPEngine.cc FPModel.cc idle_scan.cc MACLookup.cc
main.cc nmap.cc nmap_dns.cc nmap_error.cc nmap_ftp.cc NmapOps.cc
NmapOutputTable.cc nmap_tty.cc osscan2.cc osscan.cc output.cc payload.cc
portlist.cc portreasons.cc protocols.cc scan_engine.cc scan_engine_
connect.cc scan_engine_raw.cc scan_lists.cc service_scan.cc services.cc
string_pool.cc Target.cc NewTargets.cc TargetGroup.cc targets.cc tcpip.cc
timing.cc traceroute.cc utils.cc xml.cc nse_main.cc nse_utility.cc
nse_nsock.cc nse_dnet.cc nse_fs.cc nse_nmaplib.cc nse_debug.cc
nse_pcrelib.cc nse_lpeg.cc nse_zlib.cc > makefile.dep
Compiling libnetutil
cd libnetutil && make
```

make 命令是一种高级编译工具，它可以依据 makefile 文件中的规则调用合适的编译器来编译源代码。因为大型软件总是由大量模块组合在一起的，其中，源代码文件的联系错综复杂，因此不可能逐一手动编译这些文件。使用 make 命令可以按照预先设定的步骤（通常是由 configure 脚本完成的）自动执行。

make 命令产生的输出看起来有点杂乱，像一大串随机字符。编译需要的时间通常取决于机器的性能。编译 Nmap 所花费的时间大概为几分钟的时间。

7.6.5 将软件安装到硬盘上

正如读者已经看到的，编译完源代码之后，应该运行 make install 命令来安装软件。运行这个命令需要拥有 root 权限，因为需要把文件复制到某些系统目录下。

```
$ sudo make install                                 ##以 root 身份安装软件
/usr/bin/install -c -c -m 644 docs/nmap.xsl /usr/local/share/nmap/
/usr/bin/install -c -c -m 644 docs/nmap.dtd /usr/local/share/nmap/
/usr/bin/install -c -c -m 644 nmap-services /usr/local/share/nmap/
/usr/bin/install -c -c -m 644 nmap-payloads /usr/local/share/nmap/
/usr/bin/install -c -c -m 644 nmap-rpc /usr/local/share/nmap/
/usr/bin/install -c -c -m 644 nmap-os-db /usr/local/share/nmap/
/usr/bin/install -c -c -m 644 nmap-service-probes /usr/local/share/nmap/
/usr/bin/install -c -c -m 644 nmap-protocols /usr/local/share/nmap/
/usr/bin/install -c -c -m 644 nmap-mac-prefixes /usr/local/share/nmap/
```

```
/usr/bin/install -c -d /usr/local/share/nmap/scripts
/usr/bin/install -c -d /usr/local/share/nmap/nselib
```

7.6.6 出错了怎么办

用户在编译源代码的过程中可能会出现错误。编译源代码时不会自动解决依赖关系，因此，如果缺少某个依赖包那么将会使安装失败。例如，下面是配置 Nmap 软件时提示的错误信息：

```
./configure --prefix=/usr/local/
checking whether NLS is requested… yes
checking build system type… x86_64-unknown-linux-gnu
checking host system type… x86_64-unknown-linux-gnu
checking for gcc… no
checking for cc… no
checking for cl.exe… no
configure: error: in `/root/nmap-7.92':
configure: error: no acceptable C compiler found in $PATH
See `config.log' for more details
```

从最后几行信息中可以看到，当前系统缺少 C 编译器，因此无法配置 Nmap 软件。接下来，安装 gcc-c++软件即可解决该问题。

有些时候出现的问题并不像上面给出的错误信息那么简单。此时应该仔细分析出错信息，阅读软件的安装文档，并且到搜索引擎上去看看别人是否遇到过同样的问题。如果尝试了所有方法都没有解决问题，那么应该带着尽可能多的资料去论坛提问。提问的技巧很重要，不要图方便而简单地把问题用一句话描述出来，应该把错误信息及自己所做的尝试方式都完整地写出来，越详细越好。

7.7 小　　结

- 软件包是对应用程序、配置文件和管理数据的打包。使用软件包管理系统可以方便地安装和卸载软件。
- Linux 有两类软件包管理工具。RPM 最初由 Red Hat 公司开发，是目前大部分 Linux 发行版本使用的软件包格式；Debian 和 Ubuntu 使用.deb 格式的软件包。
- 高级软件包管理工具如 APT 和 YUM，可以有效地解决依赖性问题。
- rpm 命令用于操作.rpm 格式的软件包。dpkg 命令用于操作.deb 格式的软件包。
- 应该避免强行安装一个软件包。
- APT 工具可以处理.rpm 和.deb 格式的软件包，这是目前最成熟的软件包管理系统。
- apt-get 用于下载、安装和卸载软件包，还可以自动解决依赖性问题。
- apt-cache 用于查找一个特定的软件包。
- /etc/apt/sources.list 中列出了 APT 下载软件包的地址（安装源）。这是一个文本文件，应该以 root 权限编辑。
- 在每次更新和安装软件之前应该使用 apt-get update 命令更新软件包信息。
- "新立得包管理器"工具是 Ubuntu 中的图形化 APT 工具。

- 有时候为了得到更准确的定制，需要从源代码编译和安装软件。
- 从源代码编译软件时首先应该仔细阅读随源代码发布的文档。
- configure 脚本用于生成编译必须的 makefile 文件。
- make 命令用于执行编译工作。
- make install 命令用于执行编译后的安装工作。
- 如果出现问题，应该首先阅读安装文档，并在互联网上查找相关信息。如果需要到论坛提问，务必给出尽可能详细的信息。

7.8 习　　题

一、填空题

1．在 Linux 系统中，常用的软件包格式有两种，分别为_____和_____。

2．rpm 命令工具用于管理_____格式的软件包。apt 命令工具用于管理_____格式的软件包。

3．高级软件包工具 APT 的全称为_____。

二、选择题

1．使用 dpkg 命令的（　　）选项安装软件包。
A．-i　　　　　　B．-r　　　　　　C．-l　　　　　　D．-S

2．使用 rpm 命令的（　　）选项安装软件包。
A．-U　　　　　　B．-i　　　　　　C．-q　　　　　　D．-e

3．在 Linux 系统中，（　　）是发布源代码的标准压缩格式。
A．zip　　　　　　B．tar.gz　　　　　C．tar.bz2　　　　D．rar

三、判断题

1．APT 和 YUM 是 Linux 中的高级软件包管理工具。　　　　　　　　　（　　）

2．从源代码编译软件的基本步骤为解压软件包、配置软件包、编译源代码和安装软件包。　　　　　　　　　　　　　　　　　　　　　　　　　　　　　（　　）

四、操作题

1．在 Ubuntu 系统中安装 QQ 软件。

2．在 Ubuntu 系统中安装新立得包管理器。

第 8 章 硬盘管理

虽然在过去的几十年里计算机硬件技术得到了飞速的发展，但是硬盘这种存储介质仍然是几乎所有计算机的必备。本章介绍 Linux 的硬盘管理相关内容，包括 Linux 文件系统的概念及使用、硬盘分区及格式化、使用外部设备、文件归档及备份等。

8.1 关于硬盘

硬盘是计算机最重要的存储器之一。从硬盘结构来说，目前分为机械硬盘和固态硬盘。机械硬盘就是常用的硬盘，开机运行后可以听到盘片快速转动的声音。机械硬盘主要由盘片、磁头、盘片转轴及控制电机、磁头控制器、数据转换器、接口和缓存等几个部分组成。固态硬盘又称固态驱动器，是用固态电子存储芯片阵列制成的硬盘。机械硬盘最大的优势就是容量大，价格便宜。固态硬盘的优势主要是读写速度快，完全突破了机械硬盘的速度瓶颈。

从接口角度看，目前的硬盘的接口主要是 SATA 和 M.2。机械硬盘主要是 SATA 接口，而固态硬盘则两种都有。其中，SATA 和 M.2 的固态硬盘读写速度差别很大。现在主流的 SATA 3.0 固态硬盘的最大传输速度为 6GB/s，实际速度最大为 560MB/s。而采用了 NVMe 协议的 M.2 固态硬盘的最大读取速度可以达到 3.5GB/s。

8.2 Linux 文件系统

操作系统必须用一种特定的方式对硬盘进行操作。例如，怎样存储一个文件？怎样表示一个目录？怎样知道某个特定的文件存储在硬盘的哪个位置？这些问题都可以通过文件系统来解决。简单来说，文件系统是一种对物理空间的组织方式，通常在格式化硬盘时创建。在 Windows 中有 NTFS 和 FAT 两种文件系统。同样，Linux 也有自己的文件系统并一直在快速演变，下面简要介绍 Linux 常用的几种文件系统。

8.2.1 Ext3FS 和 Ext4FS 文件系统

在过去很长一段时间内，Ext3FS（Third Extended File System）一直是 Linux 主流的文件系统。随着 Ext4FS（Fourth Extended File System）的出现，Ext3FS 逐渐被替代。正如名字中所体现出来的那样，Ext4FS 是对 Ext3FS 的扩展和改善。通过增加日志功能，Ext4FS 大大增加了文件系统的可靠性。

日志功能是基于灾难恢复的需求而诞生的。Ext4FS 文件系统预留了一块专门的区域来保存日志文件，当对文件进行写操作时，所做的修改首先将写入日志文件，随后写入一条日志记录，以标记日志项的结束。完成这些操作后，才会对文件系统进行实际修改。这样，如果系统崩溃，就可以利用日志恢复文件系统，在最大程度上避免了数据的丢失。

值得一提的是，以上操作都是自动完成的。日志机制检查每个文件系统所需的时间约为 1s，这意味着灾难恢复几乎不占用任何时间。

8.2.2 ReiserFS 文件系统

ReiserFS 是另一种在 Linux 中广泛使用的文件系统。相比 Ext3FS 和 Ext4FS 来说，这是一个非常"年轻"的文件系统，其作者 Hans Reiser 于 1997 年 7 月 23 日将 ReiserFS 在互联网上公布。Linux 内核从 2.4.1 版本开始支持 ReiserFS。ReiserFS 曾经是 SUSE Linux 的默认文件系统。

和 Ext3FS 一样，ReiserFS 也是一种日志文件系统，从而免去了对系统崩溃、意外断电等特殊事件的担忧。除此之外，ReiserFS 第 4 版还加入了模块化的文件系统接口，这个功能对于开发人员和系统管理员而言比较有用，它可以在特殊环境里增强文件的安全性。

在算法空间效率上，ReiserFS 第 4 版无疑比以前更好。ReiserFS 第 4 版的新算法可以同时兼顾速度和硬盘利用率，而其他文件系统往往需要系统管理员在这两项中进行选择。

8.2.3 关于 swap

swap 是什么文件系统？几乎所有的 Linux 初学者都会问这样的问题。事实上，swap 并不是一种文件系统。出现这样的误解基本上是在安装时，Linux 把 swap 和 Ext4FS 这些文件系统放在一起的缘故。那么，swap 究竟是什么？

swap 被称为交换分区。这是一块特殊的硬盘空间，当实际内存不够用的时候，操作系统会从内存中取出一部分暂时不用的数据放在交换分区中，从而为当前运行的程序腾出足够的内存空间。这种"拆东墙，补西墙"的方式被应用于几乎所有的操作系统，其显著的优点在于，通过操作系统的调度，应用程序实际可以使用的内存空间将远远超过系统的物理内存。由于硬盘空间的价格比 RAM 低得多，因此这种方式是非常经济和实惠的。当然，频繁地读写硬盘会显著降低系统的运行速度，这是使用交换分区最大的限制。

相比而言，Windows 不会为 swap 单独划分一个分区，而是使用分页文件实现相同的功能，Windows 称其为"虚拟内存"（这个称呼似乎更容易理解）。因此，如果读者对 Windows 熟悉的话，把交换分区理解为虚拟内存也是完全可行的。

具体使用多大的 swap 分区取决于物理内存的大小和硬盘的容量。一般来说，swap 分区容量应该大于物理内存，但不能超过 16TB。

8.3 挂载文件系统

本节主要介绍 Linux 中的文件系统的使用。尽管在安装的时候 Linux 已经自动为用户配置了整个文件系统，但有些时候仍然需要手动挂载一些设备——在服务器上尤其如此。

在详细介绍文件系统挂载之前,首先来看一个具体的例子。

8.3.1 快速上手:使用 U 盘

软驱这个"鸡肋"终于彻底从计算机上消失了,取而代之的是容量更大、携带更方便、传输速度更快的 USB 设备。这些 USB 设备包括 U 盘、MP3、iPod、移动硬盘、数码相机等。对于这些新潮的设备,Linux 内核都提供了很好的支持。一般来说,Linux 会自动挂载接入 USB 接口的设备,如图 8.1 所示。

要卸载该 USB 设备,只需要右击桌面上相应的图标,在弹出的快捷菜单中选择"卸载"命令即可,如图 8.2 所示。

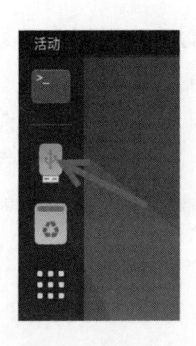

图 8.1　自动加载 U 盘　　　　图 8.2　卸载 U 盘

如果由于某些原因,系统没有识别到 USB 设备,那么可以手动挂载。USB 设备在 Linux 中被认为是 SCSI 设备,因此可以从/dev/sd[a-z][1-…]上挂载。如果系统中的硬盘是 IDE 接口,那么 USB 设备被识别为第 1 块 SCSI 设备,即 sda;如果系统中有一块 SCSI 硬盘,那么 USB 设备被识别为第 2 块 SCSI 设备,即 sdb,以此类推。简而言之,Linux 会将 USB 设备识别为第一个没有被硬盘占用的 SCSI 设备。

下面讲解挂载 U 盘的方法。

```
$ sudo mkdir /mnt/usb                        ##新建一个目录用于挂载U盘
$ sudo mount /dev/sdb1 /mnt/usb/             ##挂载U盘
$ cd /mnt/usb/
$ ls                                         ##列出U盘中的内容
desktop.dll  java  linux_book  photo  vmware-serial-numbers
$ cd /                                       ##离开所挂载的目录
$ sudo umount /dev/sdb1                      ##卸载U盘
```

另外,使用 lsusb 命令可以列出当前内核已经发现的 USB 设备。

```
$ lsusb
…
Bus 005 Device 001: ID 0000:0000
Bus 004 Device 002: ID 08ff:2810 AuthenTec, Inc.
Bus 002 Device 005: ID 08ec:0016 M-Systems Flash Disk Pioneers
Bus 002 Device 001: ID 0000:0000
```

> **注意**：卸载 U 盘前必须先退出 U 盘所挂载的目录（这里是/mnt/usb），否则系统会提示设备忙并拒绝卸载。

8.3.2 Linux 中设备的表示方法

Linux 中所有的设备都被当作文件来操作，这个做法让很多 Windows 用户感到疑惑。现在大部分 Linux 发行版都利用图形界面有意掩盖了这个事实，目的只是使其更易于理解和操作。几年前，对于那些刚从 Windows 转来的用户而言，使用 U 盘、光驱、打印机这些外部设备简直就是一场噩梦。因为这个系统看来根本没有设备管理器这样的设备，也没有资源管理器可以让用户定位到代表软驱和光驱的盘符。

在 Linux 中，每个设备都被映射为一个特殊文件，这个文件称作"设备文件"。对于上层应用程序而言，所有对这个设备的操作都是通过读写这个文件实现的。通过文件来操作硬件，在程序员听来这绝对是一个天才的创意。Linux 把所有的设备文件都放在/dev 目录下。

```
$ cd /dev/
$ ls
audio    ptyd4    ptysd    ptyy6    tty25    ttycb    ttys2    ttyx9
bus      ptyd5    ptyse    ptyy7    tty26    ttycc    ttyS2    ttyxa
cdrom    ptyd6    ptysf    ptyy8    tty27    ttycd    ttys3    ttyxb
cdrw     ptyd7    ptyt0    ptyy9    tty28    ttyce    ttyS3    ttyxc
console  ptyd8    ptyt1    ptya     tty29    ttycf    ttys4    ttyxd
core     ptyd9    ptyt2    ptyb     tty3     ttyd0    ttys5    ttyxe
disk     ptyda    ptyt3    ptyyc    tty30    ttyd1    ttys6    ttyxf
```

上面的文件中大部分是块设备文件和字符设备文件。块设备（如硬盘）可以随机读写，如/dev/hda1、/dev/sda2 等就是典型的块设备文件；而字符设备只能按顺序接收"字符流"，常见的有打印机等。

硬盘在 Linux 中遵循一种特定的命名规则，如 sda1 表示第 1 块硬盘上的第 1 个主分区，sdb6 表示第 2 块硬盘上的第 2 个逻辑分区（关于硬盘在 Linux 中的命名规则，参见 2.2.2 节）。用户不能直接通过设备文件访问存储设备，所有的存储设备在使用之前必须首先被挂载到一个目录下，然后就可以像操作目录一样使用这个存储设备了。回忆一下 8.3.1 节，U 盘被挂载到/mnt/usb 目录下，在/mnt/usb 下使用 ls 命令列出的就是 U 盘中的文件。

8.3.3 挂载文件系统：mount 命令

通过 mount 命令可以挂载文件系统。这个命令非常有用，几乎在使用所有的存储设备前都要用到它。在大部分情况下，需要以 root 身份执行这个命令。

```
$ sudo mkdir /mnt/vista                      ##新建一个目录
$ sudo mount /dev/sda3 /mnt/vista/           ##将 Windows 所在的分区挂载到这个目录下
$ cd /mnt/vista/
$ ls
autoexec.bat     DELL                        IO.SYS           ProgramData
Boot             dell.sdr                    MSDOS.SYS        Program Files
bootfont.bin     doctemp                     MSOCache         $Recycle.Bin
boot.ini         Documents and Settings      NTDETECT.COM     System Volume
```

```
Information
bootmgr          Drivers                         ntldr            Users
config.sys       hiberfil.sys                    pagefile.sys     Windows
```

> 注意：在这台计算机上，Windows Vista 被安装在第 1 块硬盘的第 3 个主分区上，即 sda3。对于读者而言，实际情况可能有所不同。

也可以使用-t 选项明确指明设备使用的文件系统类型。表 8.1 是常用的文件系统的表示方法。

表 8.1　常用的文件系统的表示方法

表 示 方 法	描　　述
ext2	Linux的Ext2文件系统
ext3	Linux的Ext3文件系统
ext4	Linux的Ext4文件系统
vfat	Windows的FAT16/FAT32文件系统
ntfs	Windows的NTFS文件系统
iso9660	CD-ROM光盘的标准文件系统

如果不指明类型，mount 会自动检测设备上的文件系统，并以相应的类型进行挂载。因此在大多数情况下，-t 选项不是必要的。

mount 命令的另外两个常用的选项是-r 和-w，分别指定以只读模式和可读写模式挂载设备。其中，-w 选项是默认值。当用户出于安全性考虑不希望改写被挂载设备上的数据时，那么-r 选项是非常有用的。

```
$ sudo mount -r /dev/sda3 /mnt/vista/        ##以只读方式挂载硬盘分区
$ cd /mnt/vista/
$ touch new_file                              ##试图建立一个新文件
touch: 无法 touch "new_file": 只读文件系统
```

8.3.4　在启动时挂载文件系统：/etc/fstab 文件

了解了 mount 命令后，读者可能会问：系统如何在开机时挂载硬盘？系统又是怎样知道哪些分区是需要挂载的？Linux 通过配置文件/etc/fstab 来确定这些信息，这个配置文件对于所有用户可读，但只有 root 用户有权修改该文件。首先来看一下/etc/fstab 文件的内容。

```
$ cd /etc/                                    ##进入/etc 目录
$ cat fstab                                   ##显示 fstab 文件的内容
# /etc/fstab: static file system information.
#
# <file system> <mount point>   <type>  <options>       <dump>  <pass>
proc            /proc           proc    defaults        0       0
# /dev/sda5
UUID=23656c06-e5a7-4349-9a6a-176a8389b2e3 /    ext4    relatime,errors=
remount-ro 0     1
# /dev/sda11
UUID=5497c538-d9a2-49d9-a844-af8172d59b1a /fishbox   ext4   relatime 0   2
# /dev/sda6
```

```
UUID=da9367d2-dabb-4817-8e6a-21c782911ee1 /home      ext4   relatime   0   2
…
# /dev/sda12
UUID=b96e0446-d61d-4bf9-95ce-01c9e2b85aff none       swap   sw         0   0
/dev/scd0         /media/cdrom0             udf,iso9660 user,noauto,
exec,utf8 0        0
```

上面显示的 fstab 文件的各个列依次表示如下含义：

- 用来挂载每个文件系统的 UUID（Universally Unique Identifier，通用唯一标识符），用于指代设备名，如/dev/scd0。
- 挂载点，如/media/cdrom0。
- 文件系统的类型，如 udf,iso9600。
- 各种挂载参数，如 user,noauto,exe,utf8。
- 备份频度（将在"进阶"部分具体介绍）。
- 在重启动过程中文件系统的检查顺序。

另外，"#"表示这是一个注释行。顾名思义，注释行用来解释文件内容，不会被系统解读。值得注意的是，Ubuntu 使用 UUID 来标识文件系统，而 openSUSE 等发行版本则直接使用设备文件的路径作为每一行的第 1 个字段。例如：

```
/dev/sda2         /              ext4     acl,user_xattr    1 1
```

> 提示：什么是 UUID？UUID 是一个 128 位的数字。这个标识符用于唯一确定互联网上的"一件东西"，由于其唯一性而被广泛使用。在本例中，UUID 由系统自动生成和管理。

从上面的文件中可以看到，根目录实际挂载的是第 1 块硬盘的第 1 个逻辑分区，即 sda5（笔者以此作为系统分区），而用户主目录被单独划分给了一个分区，即 sda6。另外，笔者将额外划分的一个数据分区挂载到了/fishbox 目录下。注意，这些分区都是 Ext4 格式。根据分区方式，读者的 fstab 文件会有很大不同。

注意最后一行的 exec 参数。这个参数允许任何人运行该设备上的程序。这对于 CD-ROM 设备和加载的镜像文件非常重要，否则用户将不得不一次次地求助于管理员，原因可能只是无法启动光盘上的程序。

表 8.2 列出了几个常用选项的含义。这些选项也可以紧跟在 mount 的-o 参数后面使用。

表 8.2 挂载设备的常用参数

参 数	含 义
auto	开机自动挂载
default, noauto	开机不自动挂载
nouser	只有root可挂载
ro	只读挂载
rw	可读可写挂载
user	任何用户都可以挂载

联想到 Linux 自动识别并挂载插入的 U 盘特性，就能理解最后一行使用 user 选项的必要性了。

8.3.5 为什么无法弹出 U 盘：卸载文件系统

umount 命令用于卸载文件系统。这个命令非常简单，只需要在后面跟上一个设备名即可。可能会用到的参数是-r，这个参数指定 umount 在无法卸载文件系统的情况下尝试以只读方式重新载入。

```
$ sudo umount -r /dev/sda1
umount: /dev/sda1 正忙 - 已用只读方式重新挂载
```

文件系统只有在没有被使用的情况下才可以被卸载（这一点非常容易理解，考虑一下 Windows 中卸载 U 盘的情况）。如果当前目录是被挂载设备所在的目录，即使没有对该设备进行任何读写，也是不允许卸载的。这也是为什么在 8.3.1 节中使用 umount 之前要切换到根目录的原因。当然也可以选择切换到其他目录。

8.4 查看硬盘的使用情况：df 命令

df 命令会收集和整理当前已经挂载的全部文件系统的一些重要的统计数据。这个命令使用起来非常简单。例如：

```
$ df
文件系统           1K-块          已用          可用        已用%      挂载点
/dev/sda5        4845056       1728024      2872848       38%       /
varrun           1030836          264       1030572        1%       /var/run
varlock          1030836            0       1030836        0%       /var/lock
udev             1030836           88       1030748        1%       /dev
devshm           1030836          172       1030664        1%       /dev/shm
/dev/sda11      24218368      11019608     11978224       48%       /fishbox
/dev/sda6        4845056       544180       4056692       12%       /home
...
/dev/sda8       19380676      16900332      1503596       92%       /virtualM
```

df 命令显示的信息非常完整。除了挂载的设备名及挂载点，df 命令还会显示当前硬盘的使用情况。以上面列表显示的信息为例，/dev/sda5 被挂载到根目录下，其容量为 4.8GB，其中 1.7GB 已用，占总容量的 38%，剩余空间为 2.8GB。

细心的读者会发现，df 命令的输出中包含很多"无用"的信息。像 varrun 这样的文件系统，是系统出于特殊用途而挂载的，而这些信息对普通用户而言往往没有太大价值（用户比较关心的一般是硬盘空间的使用量）。df 命令提供的-t 参数用于显示特定的文件系统。

```
$ df -t ext4                                      ##显示所有已挂载的 ext4 文件系统
文件系统           1K-块          已用          可用        已用%      挂载点
/dev/sda5        4845056       1728024      2872848       38%       /
/dev/sda11      24218368      11019608     11978224       48%       /fishbox
/dev/sda6        4845056       544188       4056684       12%       /home
...
/dev/sda8       19380676      16900332      1503596       92%       /virtualM
```

上面的命令表示只显示已经挂载的 Ext4 文件系统的信息。这样的信息显然更具有针对性。关于文件系统的类别，参见 8.2 节。

8.5 检查和修复文件系统：fsck 命令

正如在介绍 Ext4FS 和 ReiserFS 时所提到的，文件系统在系统发生异常（如电源失效、内核崩溃）时会产生不一致。对于小的损坏，fsck 命令可以很好地解决问题。特别是对于 Ext4FS 和 ReiserFS 这样的日志文件系统，fsck 命令可以用惊人的速度执行检查，并将日志回滚到上一次正常的状态。fsck 命令通过分区编号（如/dev/sda5）来指定需要检查的文件系统。

```
sudo fsck /dev/sda1
fsck from util-linux 2.37.2
e2fsck 1.46.5 (30-Dec-2021)
/dev/sda1 已挂载.


WARNING!!!  The filesystem is mounted.   If you continue you ***WILL***
cause ***SEVERE*** filesystem damage.


你真的想要要继续<n>? 是

/dev/sda1: 正在修复日志
正在清除   inode 249039 (uid=1000, gid=1000, mode=0100600, size=704)
正在清除   inode 249025 (uid=1000, gid=1000, mode=0100600, size=512)
正在清除   inode 249020 (uid=1000, gid=1000, mode=0100600, size=3347)
正在清除   inode 135212 (uid=0, gid=0, mode=0100640, size=2970)
/dev/sda1: clean, 179240/305216 files, 1030281/1220352 blocks
```

带有-p 选项的 fsck 命令会读取 fstab 文件以确定检查哪些文件系统，并通过每条记录的最后一个字段所指定的顺序，对文件系统按照数字的升序进行检查。如果两个文件系统的序号相同，那么 fsck 命令会同时检查它们。通常情况下，fsck -p 命令会在硬盘启动时自动运行。

```
$ sudo fsck -p                              ##根据 fstab 文件来检查文件系统
fsck 来自 util-linux 2.37.2
/dev/sda5 is mounted.

WARNING!!! Running e2fsck on a mounted filesystem may cause
SEVERE filesystem damage.
你真的想要要继续<n>? 否
检查被中止
```

> 注意：使用 fsck 命令检查并修复文件系统是存在风险的，尤其是当硬盘错误非常严重的时候。因此当一个受损文件系统中包含非常有价值的数据时，务必首先进行备份（参见 8.11 节）。

8.6 在硬盘上建立文件系统：mkfs 命令

所有的硬盘在使用前都必须格式化。相信 Windows 用户对此并不会陌生。格式化就是在目标盘上建立文件系统的过程。在 Linux 中，mkfs 命令用于完成这项操作。

mkfs 命令本身并不执行建立文件系统的工作，而是调用相关的程序，这些程序包括 mkdosfs、mke2fs 和 mkfs.minix 等。通过使用-t 参数指定文件系统，mkfs 命令会调用特定的程序对硬盘进行格式化。表 8.3 列出了常用的文件系统。

表 8.3 常用的文件系统

文 件 系 统	描 述
Minix	Linux最早期使用的文件系统
Ext3	Ext3文件系统
Ext4	Ext4文件系统（默认值）
MS-DOS	FAT文件系统

下面的命令将第 2 块硬盘的第 1 个分区（sdb1）格式化为 Ext4 格式。

```
$ sudo mkfs -t ext4 /dev/sdb1                              ##格式化/dev/sdb1
mke2fs 1.40.8 (13-Mar-2008)
Warning: 256-byte inodes not usable on older systems
Filesystem label=
OS type: Linux
Block size=4096 (log=2)
Fragment size=4096 (log=2)
122640 inodes, 489974 blocks
24498 blocks (5.00%) reserved for the super user
First data block=0
Maximum filesystem blocks=503316480
15 block groups
32768 blocks per group, 32768 fragments per group
8176 inodes per group
Superblock backups stored on blocks:
        32768, 98304, 163840, 229376, 294912

Writing inode tables: done
Creating journal (8192 blocks): done
Writing superblocks and filesystem accounting information: done

This filesystem will be automatically checked every 21 mounts or
180 days, whichever comes first.  Use tune2fs -c or -i to override.
```

另外，可以使用-c 选项检查指定设备上损坏的块。

```
$ sudo mkfs -t ext4 -c /dev/sdb1                            ##检查/dev/sdb1
mke2fs 1.40.8 (13-Mar-2008)
Warning: 256-byte inodes not usable on older systems
Filesystem label=
OS type: Linux
Block size=4096 (log=2)
Fragment size=4096 (log=2)
122640 inodes, 489974 blocks
24498 blocks (5.00%) reserved for the super user
First data block=0
Maximum filesystem blocks=503316480
15 block groups
32768 blocks per group, 32768 fragments per group
8176 inodes per group
Superblock backups stored on blocks:
        32768, 98304, 163840, 229376, 294912

Checking for bad blocks (read-only test): done
```

```
Writing inode tables: done
Creating journal (8192 blocks): done
Writing superblocks and filesystem accounting information: done

This filesystem will be automatically checked every 36 mounts or
180 days, whichever comes first. Use tune2fs -c or -i to override.
```

> **注意**：如果硬盘分区已经挂载到文件系统中，那么在格式化之前必须用 umount 命令卸载该分区。

8.7　压缩工具

经过压缩后的文件能够占用更少的硬盘空间。因此，几乎所有的计算机用户都会使用压缩工具（尽管在大部分情况下是为了"打包"而不是"压缩"）。在 Linux 的世界里，有太多的源代码需要压缩，这些压缩工具的确非常有用。

8.7.1　压缩文件：gzip 命令

gzip 是目前在 Linux 中使用最广泛的压缩命令工具，尽管它的地位正受到 bzip2 的威胁。gzip 的使用非常方便，只要简单地在 gzip 命令后跟上一个想要压缩的文件作为参数就可以了。

```
$ gzip linux_book_bak.tar
```

在默认情况下，gzip 命令会给被压缩的文件加上一个 gz 扩展名。经过这番处理后，文件 linux_book_bak.tar 就变成了 linux_book_bak.tar.gz。

> **提示**：".tar.gz" 有可能是 Linux 世界中最流行的压缩文件格式。这种格式的文件是先经过 tar 打包程序的处理，然后用 gzip 压缩的成果。8.9 节将具体介绍 tar 命令的使用。

要解压缩 .gz 文件，可以使用 gunzip 命令或者带 "-d" 选项的 gzip 命令。

```
$ gunzip linux_book_bak.tar.gz
```

或者：

```
$ gzip -d linux_book_bak.tar.gz
```

应该保证需要解压的文件有合适的扩展名。gzip（或者 gunzip）命令支持的扩展名有 .gz、.Z、-gz、.z、-z 和 z。

gzip 命令提供了 -l 选项用于查看压缩效果，文件的大小以字节为单位。

```
$ gzip -l linux_book_bak.tar.gz
         compressed        uncompressed  ratio uncompressed_name
           21511412            27504640  21.8% linux_book_bak.tar
```

可以看到，文件 linux_book_bak.tar 在压缩前后的大小分别为 27504640 字节（约 27 MB）和 21511412 字节（约 21 MB），压缩率为 21.8%。

最后，gzip 命令的 -t 选项可以用来测试压缩文件的完整性。如果文件正常，gzip 命令不会给出任何显示信息。如果一定要让 gzip 反馈测试的结果,可以使用-tv 选项。

```
$ gzip -tv linux_book_bak.tar.gz
linux_book_bak.tar.gz:   OK
```

8.7.2 更高的压缩率:bzip2 命令

bzip2 命令可以提供比 gzip 命令更高的压缩率,当然这是以压缩速度为代价的。伴随着摩尔定律惊人的持续性,这种速度上的劣势将变得越来越难以察觉,bzip2 以及类似的压缩算法也因此流行起来。

bzip2 命令的使用方法同 gzip 命令基本一致。下面的命令是压缩文件 linux_book_bak.tar 并以文件 linux_book_bak.tar.bz2 替代。

```
$ bzip2 linux_book_bak.tar
```

解压缩.bz2 文件可以使用 bunzip2 命令或者带-d 选项的 bzip2 命令:

```
$ bunzip2 linux_book_bak.tar.bz2
```

或者:

```
$ bzip2 -d linux_book_bak.tar.bz2
```

bzip2 命令可以识别的压缩文件格式包括.bz2、.bz、.tbz2、.tbz 和 bzip2。如果使用 bzip2 命令压缩的文件不幸被改成了其他名字,那么经过解压缩的文件名后面会多出一个".out"作为扩展名。

同样,还可以使用-tv 选项检查压缩文件的完整性。

```
$ bzip2 -tv linux_book_bak.tar.bz2
  linux_book_bak.tar.bz2: ok
```

8.7.3 支持 rar 格式

rar 显然已经取代 zip 成为 Windows 的标准压缩格式。rar 相比 zip 最大的优势在于其更好的压缩效果,但 Windows 用户通常只是简单地把它作为打包工具。在 Linux 中处理 rar 文件可以使用 RAR for linux。这是一个命令行工具,可以从 www.rarlab.com/download.htm 上下载。

要解压一个文件,只要使用 rar 命令和选项 x。下面这条命令是解压缩 music.rar。

```
$ rar x music.rar                                        ##解压缩music.rar
RAR 5.50   Copyright (c) 1993-2017 Alexander Roshal   11 Aug 2017
Trial version            Type 'rar -?' for help




Extracting from music.rar

Extracting  conn.php                                                OK
Extracting  fineweather.php                                         OK
Extracting  flower.php                                              OK
Extracting  fire.php                                                OK
Creating    errorpage                                               OK
Extracting  errorpage/error03.htm                                   OK
Extracting  errorpage/error04.htm                                   OK
```

```
Extracting  logout.php                                         OK
All OK
```

RAR for linux 的完整使用方法可以参考其用户手册。需要提醒的是，这是一个共享软件，为了长期使用，建议用户进行注册。

8.8 存档工具

本节介绍 Linux 的两个存档工具：tar 和 dd（相对而言，tar 的使用更为广泛）。通常来说，存档总是同备份联系在一起，本节暂时不会涉及这部分内容，和备份有关的内容将在 8.11 节具体介绍。

8.8.1 文件打包：tar 命令

人们已经发明了各种各样的包，无论背在肩上的、提在手里的还是装在口袋里的，都是为了让"文件"的携带和保存更为便捷。Linux 最著名的文件打包工具是 tar，它可以读取多个文件和目录，并将它们打包成一个文件。下面这个命令是将 Shell 目录连同其下的文件一同打包成文件 shell.tar。

```
$ tar -cvf shell.tar shell/
shell/
shell/display_para
shell/trap_INT
shell/badpro
shell/quote
shell/pause
shell/export_varible
…
```

上面用到了 tar 命令的 3 个选项。其中，c 指导 tar 创建归档文件，v 用于显示命令的执行过程（如果觉得 tar 的输出太冗长，可以省略这个选项），f 则用于指定归档文件的文件名，在这里把它设置为 shell.tar，最后一个（或者几个）参数指定了需要打包的文件和目录（在这里是 shell 目录）。和 gzip 不同的是，tar 不会删除原来的文件。

要解压.tar 文件，只要把-c 选项改成-x（表示解开归档文件）就可以了。

```
$ tar -xvf shell.tar
shell/
shell/display_para
shell/trap_INT
shell/badpro
shell/quote
shell/pause
shell/export_varible
…
```

tar 命令提供了-w 选项，用于每次将单个文件加入（或者抽出）归档文件时征求用户的意见。回答 y 表示同意，n 表示拒绝。例如：

```
$ tar -cvwf shell.tar shell/
add "shell"? y                                                 ##同意
```

```
shell/
add "shell/display_para"? n                    ##拒绝
add "shell/trap_INT"? n                        ##拒绝
add "shell/badpro"? y                          ##同意
shell/badpro
…
```

解压.tar文件时也可以遵循相同的方法使用-w选项。

```
$ tar -xvwf shell.tar
extract "shell"? y                             ##同意
shell/
extract "shell/display_para"? y                ##同意
shell/display_para
extract "shell/trap_INT"? n                    ##拒绝
extract "shell/badpro"? y                      ##同意
shell/badpro
extract "shell/quote"? n                       ##拒绝
…
```

tar命令另一个非常有用的选项是-z，使用这个选项的tar命令会自动调用gzip程序完成相关的操作。创建归档文件时，tar命令会在最后调用gzip压缩归档文件；解开归档文件时，tar命令先调用gzip解压缩，然后解开被gzip处理过的.tar文件。在下面的例子中，tar命令将Shell目录打包，并调用gzip程序处理打包后的文件。

```
$ tar -czvf shell.tar.gz shell/
shell/
shell/display_para
shell/trap_INT
shell/badpro
shell/quote
shell/pause
shell/export_varible
…
```

上面的命令相当于下面两条命令的组合。

```
$ tar -cvf shell.tar shell/
$ gzip shell.tar
```

类似地，下面的命令首先调用gunzip解压shell.tar.gz，然后解开shell.tar（注意这里省略了-v选项，这样tar只是默默地完成工作，不会有任何输出）。

```
$ tar -xzf shell.tar.gz
```

上面的这条命令相当于下面两条命令的组合。

```
$ gunzip shell.tar.gz
$ tar -xf shell.tar
```

tar命令的-j参数用于调用bzip2程序，这个参数的用法同-z完全一致。下面这个命令用于解开shell.tar.bz2。

```
$ tar -xjf shell.tar.bz2
```

> 提示：tar命令选项前的短横线"-"是可以省略的。因此如tar -xvf shell.tar和tar xvf shell.tar这样的写法都是可以接受的。

8.8.2 转移文件：dd 命令

dd 命令曾经广泛地用于复制文件系统，但有了更好的 dump 和 restore 命令（将在 8.11 节介绍），dd 现在已经很少使用了。在一些追求简便的场景中，dd 仍然发挥着作用。

dd 命令的 if 选项用于指定输入端的文件系统，而 of 选项则指定其输出端。下面这条命令将一张 CD 完整地转储为 ISO 镜像文件。

```
$ dd if=/dev/cdrom of=CD.iso
```

dd 命令也可以在两个大小完全相同的分区或磁带之间复制文件系统。如果使用不正确，dd 可能会破坏分区信息，因此一般不推荐这样做。不过，当需要在非 Linux 系统中写入数据时，dd 命令很可能是唯一的选择。

8.9 进阶 1：安装硬盘并分区——fdisk

存储空间的增长总是赶不上信息增加的速度。普通用户需要为下载的电影增加硬盘容量，网站管理员则要时刻关注用户上传的数据是否又把服务器的硬盘占满了。本节的目的不是教会读者如何把一块硬盘安装到计算机中，而是在连上电源线和数据线后怎样设置系统，并对新硬盘执行初始化。对于 Web 站点的管理员而言，这些操作会越来越频繁。

8.9.1 使用 fdisk 工具建立分区表

同大部分操作系统一样，Linux 用于建立分区表的工具也叫 fdisk。这个工具目前能够支持市面上几乎所有的分区类型，从主流的到几乎从没见过的。千万不要在当前的硬盘上试验 fdisk，这会完整删除整个系统。应该再找一块硬盘装在自己的计算机上，或者使用虚拟机。

假定当前系统上已经安装了一块 SCSI 硬盘，再增加一块 SCSI 硬盘后，这块硬盘应该被识别为"第 2 块 SCSI 硬盘"。第 1 块 SCSI 硬盘在 Linux 中被表示为 sda，而第 2 块 SCSI 硬盘则叫作 sdb。如果读者的系统正确识别到了这块新增的硬盘，那么应该可以在/dev 目录下看到下面的内容。

```
$ ls /dev/ | grep sd          ##查看 /dev 目录中以 sd 开头的文件
sda
sda1
sda2
sdb
```

可以看到，原来的 SCSI 硬盘 sda 下已经有了 2 个主分区 sda1 和 sda2，而增加的那块硬盘还是"一整块"，并没有建立分区表。下面将在 sdb 上建立 3 个分区，并在第 1 个和第 3 个分区上建立 Ext4FS 文件系统，把第 2 个分区留作 swap 交换分区。

为了简便起见，约定下面所有的命令都以 root 身份执行。要切换成 root 用户，可以输入 su 命令（Ubuntu 用户需要使用 sudo -s 命令）并提供正确的 root 用户口令。

```
lewis@linux-dqw4:~> su
口令：
```

现在启动 fdisk 程序并以目标设备（这里是/dev/sdb）作为参数。

```
# fdisk /dev/sdb
Device contains neither a valid DOS partition table, nor Sun, SGI or OSF
disklabel
Building a new DOS disklabel with disk identifier 0x04e762ac.
Changes will remain in memory only, until you decide to write them.
After that, of course, the previous content won't be recoverable.

Warning: invalid flag 0x0000 of partition table 4 will be corrected by w(rite)

Command (m for help):
```

fdisk 是一个交互式的应用程序。在执行完一项操作后，fdisk 会显示一行提示信息，并给出一个冒号":"等待用户输入命令，就像 Shell 一样。使用命令 m 可以显示 fdisk 的所有可用的命令及其简要介绍。

```
Command (m for help): m
Command action
   a   toggle a bootable flag
   b   edit bsd disklabel
   c   toggle the dos compatibility flag
   d   delete a partition
   l   list known partition types
   m   print this menu
   n   add a new partition
   o   create a new empty DOS partition table
   p   print the partition table
   q   quit without saving changes
   s   create a new empty Sun disklabel
   t   change a partition's system id
   u   change display/entry units
   v   verify the partition table
   w   write table to disk and exit
   x   extra functionality (experts only)
```

fdisk 命令的帮助信息显示的是命令的缩写形式。表 8.4 为本例会用到的 4 个命令。

表 8.4　本例用到的缩写命令

命 令 全 称	缩 写 形 式	含　　义
new	n	创建一个新分区
print	p	显示当前分区设置
type	t	设置分区类型
write	w	把分区表写入硬盘

📞提示：只有在使用 write 命令之后，硬盘上的分区信息才会真正被改变。

下面为 SCSI 硬盘创建第 1 个分区。为了简便起见，这里所有的分区都被设置为主分区。

```
Command (m for help): new                    ##新建一个分区
Command action
   e   extended
   p   primary partition (1-4)
```

```
p                                                     ##设置为主分区
Partition number (1-4): 1                             ##设置为第 1 个主分区
First cylinder (1-652, default 1): 1                  ##分区从硬盘的第 1 个柱面开始
##设置分区容量（2GB）
Last cylinder or +size or +sizeM or +sizeK (1-652, default 652): +2G
```

现在查看分区表的设置，以保证设置正确。

```
Command (m for help): print

Disk /dev/sdb: 5368 MB, 5368709120 bytes
255 heads, 63 sectors/track, 652 cylinders
Units = cylinders of 16065 * 512 = 8225280 bytes
Disk identifier: 0x04e762ac

   Device Boot      Start         End      Blocks   Id  System
/dev/sdb1               1         244     1959898+  83  Linux
```

下面设置第 2 个硬盘分区。这个分区用作 swap 交换，这里给它划分 1GB 的容量。

```
Command (m for help): new                             ##新建一个分区
Command action
   e   extended
   p   primary partition (1-4)
p                                                     ##设置为主分区
Partition number (1-4): 2                             ##设置为第 2 个主分区
##紧接着上一个分区结束的位置开始
First cylinder (245-652, default 245): 245
##设置分区容量（1GB）
Last cylinder or +size or +sizeM or +sizeK (245-652, default 652): +1G
```

现在需要改变这个分区的类型，使其成为 swap 分区，而不是默认的 Linux 分区。

```
Command (m for help): type                            ##修改分区类型
Partition number (1-4): 2                             ##设置需要修改的对象（2 号分区）
Hex code (type L to list codes): 82                   ##设置为 82 号（swap）分区类型
Changed system type of partition 2 to 82 (Linux swap / Solaris)
```

分区类型号 82 是 swap 分区类型。如果读者记不住这些数字，那么可以按照提示使用命令 L 查看分区类型及其编号。

```
Hex code (type L to list codes): L

 0  Empty           1e  Hidden W95 FAT1 80  Old Minix       be  Solaris boot
 1  FAT12           24  NEC DOS         81  Minix / old Lin bf  Solaris
 2  XENIX root      39  Plan 9          82  Linux swap / So c1  DRDOS/sec (FAT-
 3  XENIX usr       3c  PartitionMagic  83  Linux           c4  DRDOS/sec (FAT-
 4  FAT16 <32M      40  Venix 80286     84  OS/2 hidden C:  c6  DRDOS/sec (FAT-
 5  Extended        41  PPC PReP Boot   85  Linux extended  c7  Syrinx
 6  FAT16           42  SFS             86  NTFS volume set da  Non-FS data
…
```

最后设置第 3 个分区，这个分区使用剩余的所有硬盘空间。

```
Command (m for help): new
Command action
   e   extended
   p   primary partition (1-4)
p
Partition number (1-4): 3
```

```
First cylinder (368-652, default 368):        ##直接按 Enter 键使用默认值
Using default value 368
##直接按 Enter 键使用默认值（用尽剩余空间）
Last cylinder or +size or +sizeM or +sizeK (368-652, default 652):
Using default value 652
```

完成 3 个分区的设置之后，再次调用 print 命令查看当前的分区信息。

```
Command (m for help): print

Disk /dev/sdb: 5368 MB, 5368709120 bytes
255 heads, 63 sectors/track, 652 cylinders
Units = cylinders of 16065 * 512 = 8225280 bytes
Disk identifier: 0x04e762ac

   Device Boot      Start         End      Blocks   Id  System
/dev/sdb1               1         244     1959898+  83  Linux
/dev/sdb2             245         367      987997+  82  Linux swap / Solaris
/dev/sdb3             368         652     2289262+  83  Linux
```

提示：尽管 fdisk "煞有介事" 地列出了硬盘的分区表信息，但这些设置目前还没有被写入分区表。现在后悔还来得及，删除分区可以使用 delete 命令。

看起来一切都很好。使用 write 命令可以把分区信息写入硬盘。

```
Command (m for help): write
The partition table has been altered!

Calling ioctl() to re-read partition table.
Syncing disks.
```

如果一切顺利，查看/dev 目录可以看到，现在硬盘 sdb 上已经有 3 个分区了。

```
# ls /dev/ | grep sd                         ##查看 /dev 目录下以 sd 开头的文件
sda
sda1
sda2
sdb
sdb1
sdb2
sdb3
```

8.9.2　使用 mkfs 命令建立 Ext4FS 文件系统

创建完分区后，就需要在各个分区上建立文件系统，这要用到 8.6 节介绍的 mkfs 命令。

```
# mkfs -t ext4 /dev/sdb1                     ##在新硬盘的第 1 个分区上建立 Ext4FS 文件系统
mke2fs 1.40.8 (13-Mar-2008)
Warning: 256-byte inodes not usable on older systems
Filesystem label=
OS type: Linux
Block size=4096 (log=2)
Fragment size=4096 (log=2)
122640 inodes, 489974 blocks
24498 blocks (5.00%) reserved for the super user
First data block=0
Maximum filesystem blocks=503316480
15 block groups
…
```

8.9.3 使用 fsck 命令检查文件系统

运行 fsck 命令检查刚刚建立的文件系统。这一步并不是必要的，但让问题在一开始就暴露出来比发现问题后再亡羊补牢要好。使用-f 选项强制 fsck 检查新的文件系统。

```
# fsck -f /dev/sdb1                    ##使用 fsck 命令检查新建立的文件系统
fsck 1.40.8 (13-Mar-2008)
e2fsck 1.40.8 (13-Mar-2008)
Pass 1: Checking inodes, blocks, and sizes
Pass 2: Checking directory structure
Pass 3: Checking directory connectivity
Pass 4: Checking reference counts
Pass 5: Checking group summary information
/dev/sdb1: 11/122640 files (9.1% non-contiguous), 16629/489974 blocks
```

8.9.4 测试分区

现在将新建立的文件系统挂载到相应的目录下，看看其是否能够正常工作。

```
# mkdir /web                           ##新建/web 目录用于挂载文件系统
# mount /dev/sdb1 /web/                ##挂载 sdb1 至 /web 目录下
# df /web                              ##查看该文件系统的使用情况
文件系统            1K-块       已用      可用      已用%    挂载点
/dev/sdb1         1929068    35688    1795388    2%      /web
```

一切都很好！接下来可以使用同样的方法在硬盘的第 3 个分区上建立 Ext4FS 文件系统。

8.9.5 创建并激活交换分区

交换分区需要使用 mkswap 命令来初始化，该命令以分区的设备名作为参数。

```
# mkswap /dev/sdb2                     ##用 mkswap 初始化第 2 个分区
Setting up swapspace version 1, size = 1011703 kB
no label, UUID=0669cb4e-303d-445e-a2c0-e45c846040ee
```

最后使用 swapon 命令检查并激活交换分区。

```
# swapon /dev/sdb2
```

使用带-s 选项的 swapon 命令查看当前系统上已经存在的交换分区。

```
# swapon -s                            ##列出系统上的交换分区及其使用情况
Filename          Type         Size      Used     Priority
/dev/sda1         partition    449780    100      -1
/dev/sdb2         partition    987988    0        -2
```

8.9.6 配置 fstab 文件

编辑 fstab 文件，让系统在启动的时候就加载这些文件系统。在/etc/fstab 文件中加入下面几个命令：

/dev/sdb1	/web	ext4	defaults	0	2
/dev/sdb3	/store	ext4	defaults	0	2
/dev/sdb2	swap	swap	defaults	0	0

以/dev/sdb1 的配置为例，这一行提供的信息如下：
- 指定将/dev/sdb1 安装在目录 /web 下。
- 文件系统类型是 Ext4。
- 按照默认选项安装。
- 按备份频度 0 执行备份（完整备份）。
- fsck 检查次序为 2（序号为 0 的最先检查）。

☎ 提示：关于 fstab 文件的详细介绍，可以参考 8.3.4 节。

8.9.7 重新启动系统

如果一切顺利，那么重新启动系统之后，文件系统和交换分区都应该根据 fstab 文件的设置被正确地挂载。在前面的设置中，新硬盘的第 1 个主分区被挂载到/web 目录下，第 3 个主分区被挂载到/store 目录下，而第 2 个主分区则被用作 swap 交换分区。

如果某个文件系统出了问题，系统将不能正常启动，而是引导进入救援模式。这里故意让/dev/sdb3 出现问题，系统引导进入救援模式的情况如图 8.3 所示。

图 8.3　系统引导进入救援模式

在这种情况下，用户应该依次按照下面的步骤来手动解决问题。
（1）提供 root 口令，以 root 身份登录系统。
（2）使用 fsck 检查并试图修复受损的文件系统。
（3）如果问题依然存在，使用 mkfs 命令重新在分区上建立文件系统。
（4）如果问题仍未解决，可能需要使用 fdisk 命令重新建立分区表。

无论如何，还可以通过删除 fstab 文件中对应的配置行（或者给它打上注释符号），临时解决系统无法正常启动的问题。

8.10 进阶 2：高级硬盘管理

本节介绍 Linux 的两个高级硬盘管理工具 RAID 和 LVM。这两个工具对于服务器而言尤其有用，普通用户则很少有机会用到。有兴趣的读者可以查阅资料并自己动手实践。

8.10.1 独立硬盘冗余阵列 RAID

RAID 用于在多个硬盘上分散存储数据，并且能够"恰当"地重复存储数据，从而保证其中的某块硬盘发生故障后不至于影响整个系统的运转。使用 RAID 还能够在一定程度上提高读写硬盘的性能。在实际使用中，RAID 将几块独立的硬盘组合在一起，形成一个逻辑上的 RAID 硬盘，这块"硬盘"在外界（如用户、LVM 等）看来和真实的硬盘没有任何区别。

RAID 的功能已经内置在 Linux 2.0 版及以后的内核中。为了使用这项功能，还需要特定的工具来管理 RAID。在绝大多数 Linux 发行版本上，这个工具是 mdadm，用户可以需要从安装源下载并安装这个工具。

8.10.2 逻辑卷管理器 LVM

逻辑卷管理器 LVM 可以将几块独立的硬盘组成一个"卷组"。一个"卷组"可以分成几个"逻辑卷"。这些逻辑卷在外界看起来就是一个个独立的硬盘分区。这种做法的好处在于，如果管理员某天意识到当初给某个分区划分的空间太小了，那么可以再往卷组里增加一块硬盘，接着把这些富余的空间交给这个逻辑卷，这样就把"分区"扩大了。或者也可以动态地从另一个逻辑卷中"搜索"一些存储空间，前提是这两个逻辑卷位于同一个卷组中。

在很多情况下，LVM 被设置为和 RAID 一起使用。管理员可以按照下面的顺序建立一个 RAID+LVM 的管理模式。

（1）把多块硬盘组合成一个 RAID 硬盘。
（2）建立一个 LVM 卷组。
（3）将这个 RAID 硬盘加入 LVM 卷组。
（4）在 LVM 卷组上划分逻辑卷。

8.11 进阶 3：工作备份

本节内容主要是针对系统管理员的，当然对普通用户也有所帮助。Linux 有很多工具可以用来备份系统，包括前面介绍的 tar 和 dd。这里介绍两款相对专业的工具 dump 和 restore。在有些情况下，它们比 tar 更有效。在具体介绍备份工具的使用之前，首先了解一下和备份有关的一些知识。

8.11.1　为什么要进行备份

对于大多数企业而言，存储在计算机中的数据远比计算机本身重要。硬件可以花钱买，而有些数据如果丢失了，就有可能再也找不回来。人们在丢失数据之前往往不会意识到数据备份有多么重要，失去之后才追悔莫及。

丢失数据的方式多种多样，被攻击、病毒、程序错误等都有可能使劳动成果功亏一篑；用户也可能在不经意间删除重要的数据；自然灾害则会从物理上彻底毁灭数据……不要想当然地认为这些倒霉的事情绝不会被自己遇见，心理学家们已经无数次地对这种"过度自信"的心理提出了警告。

因为缺乏备份机制而导致灾难性的后果，所以数据备份是除了管理员之外的普通用户也应该做的工作。

8.11.2　选择备份机制

在进行备份之前，管理员应该拟定一份有效的计划。备份机制随具体环境的不同而不同，但应该认真考虑下面两个问题：

- ❑ 多长时间备份一次。
- ❑ 是完整备份还是选择增量备份。

备份间隔取决于数据写入的频繁程度。毫无疑问，备份频率越高，丢失的数据也就越少。但对于一些并不经常更新的系统，可能一周做两到三次备份就足够了。而对于那些繁忙的 Web 站点，每天做一次备份就显得很有必要。很难确定多长时间备份一次是最合适的，管理员不得不在资源、硬件、时间的消耗和数据的完整性之间做出权衡，这的确需要经验。

究竟是每次备份时复制所有的数据，还是只备份自上次备份以来有修改和增加的文件（增量备份）？通常人们会选择后者。因为每次重复地复制文件费时费力，而且这对备份介质的消耗也是显而易见的。但绝大多数的增量备份工具（如 dump）并不会注意到硬盘上已经删除的文件，当恢复数据时，一些已经被删除的文件会再次出现在系统中。要找到并再次清除这些文件同样非常麻烦。因此，如果存储容量允许，不妨首先考虑完整备份。

8.11.3　选择备份介质

容量和稳定性是选择备份介质时首要考虑的问题，当然还要兼顾成本。对于一些小型设备（如台式计算机、个人站点）的备份，刻录光盘或者移动硬盘是比较合理的选择。这些介质价格低廉，并且能够提供足够大的备份空间。在稳定性方面，这两种介质通常能有 5 年左右的寿命。

大型系统的备份需要使用磁带机。磁带具有容量大、保存时间长的特点，适合用于数据量大、更新频率高的环境。市面上有大量磁带产品，有低端的，也有高端的，和存储相关的硬件厂商通常都不会放弃这个大市场。

最后一种解决方案是使用磁带库。这是一种带有多卷磁带机的大型设备，它们还配有一些机械臂在各个架子之间对存储介质进行检索和归类。毫无疑问，这样的设备是非常昂贵的，当然，它能够提供最大的存储容量：以 TB（1TB=1024GB）为单位。

对于大型企业而言，有必要为重要数据的备份寻找一个妥善的保管地点。把备份磁带放在机房不是一个好习惯，要始终考虑到诸如火灾的影响。银行保险柜或是一些专营数据保护业务的公司都是可以选择的对象，但对方必须有良好的信誉。对备份数据进行加密可以在一定程度上让人放心。

8.11.4 备份文件系统：dump 命令

dump 工具（还有配套的 restore）默认并没有安装在本书列举的两个 Linux 发行版本中（Ubuntu 和 openSUSE），用户不得不自己去下载和安装。但从 Ubuntu 的安装源中可以找到这个工具，使用 openSUSE 的用户也可以找到相应的 RPM 软件包来安装。相对而言，RedHat 和 Fedora 的用户则幸运得多，这两套系统在安装的时候就提供了这个备份工具。

dump 命令使用"备份级别"来实现增量备份，每次级别为 N 的备份会对从上次级别小于 N 的备份中修改过的文件执行备份。这句话听上去点绕口，先来看下面的命令（为简便起见，约定下面所有的命令都以 root 身份执行）。

```
# dump -0u -f /dev/nst0 /web              ##执行从/web 到/dev/nst0 的 0 级备份
  DUMP: Date of this level 0 dump: Wed Sep 21 17:26:49 2022
  DUMP: Dumping /dev/sdb1 (/web) to /dev/nst0
  DUMP: Label: none
  DUMP: Writing 10 Kilobyte records
  DUMP: mapping (Pass I) [regular files]
  DUMP: mapping (Pass II) [directories]
  DUMP: estimated 208244 blocks.
  DUMP: Volume 1 started with block 1 at: Wed Sep 21 17:26:49 2022
  DUMP: dumping (Pass III) [directories]
  DUMP: dumping (Pass IV) [regular files]
  DUMP: Closing /dev/nst0
  DUMP: Volume 1 completed at: Wed Sep 21 17:26:49 2022
  DUMP: Volume 1 207100 blocks (202.25MB)
  DUMP: Volume 1 took 0:00:21
  DUMP: Volume 1 transfer rate: 9861 kB/s
  DUMP: 207100 blocks (202.25MB) on 1 volume(s)
  DUMP: finished in 20 seconds, throughput 10355 kBytes/sec
  DUMP: Date of this level 0 dump: Sun Dec 14 18:43:30 2008
  DUMP: Date this dump completed:  Sun Dec 14 18:43:51 2008
  DUMP: Average transfer rate: 9861 kB/s
  DUMP: DUMP IS DONE
```

选项-0 指定 dump 执行级别为 0 的备份。备份级别共有 10 个（0～9），级别 0 表示完整备份，也就是把文件系统上的所有内容全部备份下来，包括那些平时看不到的内容（如分区表）。

选项-u 指定 dump 更新/etc/dumpdates 文件。这个文件中记录了历次备份的时间、备份级别和实施备份的文件系统，dump 命令在实施增量备份的时候需要依据这个文件决定哪些文件应该备份。现在，这个文件看起来是下面这个样：

```
# cat /etc/dumpdates                      ##查看 /etc/dumpdates 文件内容
/dev/sdb1 0 Wed Sep 21 17:30:40 2022 +0800
```

选项-f 指定用于存放备份的设备，在这里是/dev/nst0，表示磁带设备。最后一个参数是需要备份的文件系统。

> **注意**：-u 选项要求备份的必须是一个完整的文件系统，这里指定了 8.9 节中安装的/web，对应于/dev/sdb1。如果备份的是文件系统中的一个目录，则带有-u 选项的 dump 会报错，并拒绝执行备份操作。

下面在/web 下增加一个文件，这个文件的内容是根目录下的文件列表。

```
# ls / > /web/ls_out
```

对/web 执行一次 3 级备份。

```
# dump -3u -f /dev/nst0 /web         ##执行一次从/web 到/dev/nst0 的 3 级备份
  DUMP: Date of this level 3 dump: Wed Sep 21 18:26:49 2022
  DUMP: Date of last level 0 dump: Wed Sep 21 18:30:25 2022
  DUMP: Dumping /dev/sdb1 (/web) to /dev/nst0
  DUMP: Label: none
  DUMP: Writing 10 Kilobyte records
  DUMP: mapping (Pass I) [regular files]
  DUMP: mapping (Pass II) [directories]
  DUMP: estimated 51 blocks.
  DUMP: Volume 1 started with block 1 at: Wed Sep 21 18:30:26
  DUMP: dumping (Pass III) [directories]
  DUMP: dumping (Pass IV) [regular files]
  DUMP: Closing /dev/nst0
  DUMP: Volume 1 completed at: Wed Sep 21 18:30:26
  DUMP: Volume 1 50 blocks (0.05MB)
  DUMP: 50 blocks (0.05MB) on 1 volume(s)
  DUMP: finished in less than a second
  DUMP: Date of this level 3 dump: Wed Sep 21 18:30:25
  DUMP: Date this dump completed:  Wed Sep 21 18:30:26
  DUMP: Average transfer rate: 0 kB/s
  DUMP: DUMP IS DONE
```

从 dump 命令的输出中可以看到，这次备份用了不到 1s 的时间（而上一次是 20s！）。这是因为 dump 通过查看/etc/dumpdates 文件得知，只需要备份上回 0 级备份以来修改过的文件就可以了——而"修改"过的文件只有一个 ls_out 文件。查看/etc/dumpdates 可以看到多了一条 3 级备份的记录。

```
# cat /etc/dumpdates                        ##查看 /etc/dumpdates 文件内容
/dev/sdb1 0 Wed Sep 21 18:30:25 +0800
/dev/sdb1 3 Wed Sep 21 18:30:25 +0800
```

根据实际情况，管理员可以拟定不同的备份策略。例如，每周安排 3 次增量备份，备份级别分别为 0、3、9（或者 0、1、3，0、4、8 等都是一样的）；也可以每天安排 9 次增量备份等，视具体情况而定，参考 8.11.2 节。

> **注意**：使用 dump 进行增量备份时，只能在如磁带这样的字符设备（顺序访问设备）上进行，参考下文的内容。

dump 命令只是简单地把需要备份的内容直接输出到目标设备上，而不会询问这个设备上已有的文件该如何处理。如果是磁带，那么必须确保当前磁头所在位置没有数据（或者本来就打算销毁这些数据），否则 dump 命令将会毫不客气地把这些数据覆盖掉。这也是不能选择块设备（如硬盘）作为增量备份的目标设备的原因。在上面这个例子中，如果试图在另一块硬盘上储存备份文件，那么在第二次执行 3 级备份的时候，dump 会把 ls_out

文件直接输出到这个硬盘上，而 0 级备份中储存的所有数据则会被覆盖了。

如果一定要使用硬盘做备份，那么只能进行 0 级（完整）备份。下面的命令是选择 /dev/sdb3 作为备份的目标设备（注意此时也就没有必要使用-u 选项了）。

```
# dump -0 -f /dev/sdb3 /web                ##在块设备上执行0级备份
  DUMP: Date of this level 0 dump: Wed Sep 21 19:20:40 2022
  DUMP: Dumping /dev/sdb1 (/web) to /dev/sdb3
  DUMP: Label: none
  DUMP: Writing 10 Kilobyte records
  DUMP: mapping (Pass I) [regular files]
  DUMP: mapping (Pass II) [directories]
  DUMP: estimated 39442 blocks.
  DUMP: Volume 1 started with block 1 at: Wed Sep 21 19:20:42 2022
  DUMP: dumping (Pass III) [directories]
  DUMP: dumping (Pass IV) [regular files]
  DUMP: Closing /dev/sdb3
  DUMP: Volume 1 completed at: Wed Sep 21 19:20:40 2022
  DUMP: Volume 1 39190 blocks (38.27MB)
  DUMP: Volume 1 took 0:00:07
  DUMP: Volume 1 transfer rate: 5598 kB/s
  DUMP: 39190 blocks (38.27MB) on 1 volume(s)
  DUMP: finished in 7 seconds, throughput 5598 kBytes/sec
  DUMP: Date of this level 0 dump: Wed Sep 21 19:20:40 2022
  DUMP: Date this dump completed:  Wed Sep 21 19:20:51 2022
  DUMP: Average transfer rate: 5598 kB/s
  DUMP: DUMP IS DONE
```

dump 还有一个配套的 rdump 命令用于将备份转储到远程主机上，因此需要指定远程主机的主机名或者 IP 地址。

```
# rdump -0u -f backup:/dev/nst0 /web
```

☎提示：rdump 备份通过 SSH 通道进行传输，关于 SSH 的详细介绍参见第 14 章。

8.11.5 恢复备份：restore 命令

restore 是 dump 的配套工具，用于从备份设备中提取数据。在使用 restore 恢复数据之前，首先需要建立一个临时目录，这个目录用于存放备份设备中的目录层次，用 restore 恢复的文件也会存放在这个目录下。

```
# mkdir /var/restore                       ##建立用于恢复文件的目录/var/restore
# cd /var/restore/                         ##进入这个目录
```

restore 的-i 选项用于交互式地恢复单个文件和目录，-f 选项用于指定存放备份的设备。下面从/dev/sdb3 恢复文件 ls_out 和 login.defs。

```
# restore -i -f /dev/sdb3
```

执行完上面的命令后，restore 将用户带至一个交互式的命令行界面。用户可以使用 ls 和 cd 命令在备份的文件系统中随意浏览，碰到需要恢复的文件，就用 add 命令标记它。最后使用 extract 命令提取所有做过标记的文件和目录。

```
/usr/local/sbin/restore > ls               ##显示备份设备上的文件列表
...
```

```
   etc/         home/        lost+found/ ls_out

/usr/local/sbin/restore > add ls_out            ##标记 ls_out 文件
/usr/local/sbin/restore > ls                    ##ls_out 已经被打上星号
…
   etc/         home/        lost+found/  *ls_out

/usr/local/sbin/restore > cd etc/               ##切换目录
/usr/local/sbin/restore > ls
./etc:
.pwd.lock                    libaudit.conf
ConsoleKit/                  localtime
DIR_COLORS                   login.defs
HOSTNAME                     logrotate.conf
…
/usr/local/sbin/restore > add login.defs        ##标记 login.defs 文件
/usr/local/sbin/restore > extract               ##提取做过标记的所有文件
You have not read any volumes yet.
Unless you know which volume your file(s) are on you should start
with the last volume and work towards the first.
##指定下一卷,对于单一设备指定 1 即可
Specify next volume # (none if no more volumes): 1
##不需要设置当前目录(这里是/var/restore)的属主和模式
set owner/mode for '.'? [yn] n
```

文件提取完毕后,就可以使用 quit 命令退出 restore。

```
/usr/local/sbin/restore > quit
```

现在查看当前目录(/var/restore)下的文件列表,可以看到恢复的文件。之前并没有恢复 etc 目录,这里 restore 只是为了还原完整的目录结构,事实上现在的 etc 目录下只有一个 login.defs 文件。

```
# ls -F
etc/ ls_out
```

如果用户不幸把整个文件系统都丢失了,那么可以使用带-r 选项的 restore 命令恢复整个文件系统。

```
# cd /web/                                      ##进入需要要恢复的目录

# restore -r -f /dev/sdb3                       ##从 /dev/sdb3 恢复文件系统
```

同样,rrestore 命令可以从远程主机提取备份信息。下面的命令以交互的方式从主机 backup 上恢复由 rdump 转储的文件系统。

```
# rrestore -i -f backup:/dev/nst0
```

8.11.6　让备份按时自动完成:cron 命令

通常来说,服务器在白天总是处于繁忙状态,如果选择在白天备份系统,则是非常不明智的。在夜间备份是一个不错的想法——为此应该使用一个能够定时执行命令的软件,否则管理员将不得不半夜三更起来手动解决这个问题。并且像备份这样重复性的工作,让人而不是计算机来完成显然不是一个好主意。

cron 就是这样一个能够定时执行命令的工具，应该多使用 cron 来完成那些需要定期重复的工作。关于 cron 的具体介绍，参见第 25 章。

8.12 小　　结

❑ 硬盘是计算机中最重要的存储器之一。从硬盘结构来说，主要分为机械硬盘和固态硬盘。
❑ Linux 中主流的文件系统有 Ext3FS、Ext4FS 和 ReiserFS。其中 Ext3FS 已经被 Ext4FS 和 ReiserFS 取代，后两者通过日志功能大大增强了文件系统的可靠性。
❑ 交换（swap）分区用于临时存储从内存中转移出来的数据。通过操作系统的调度解决内存空间不足的问题。
❑ 在 Linux 中使用存储设备时首先需要用 mount 命令挂载。
❑ 设备文件存放在/dev 目录下。
❑ 通过在/etc/fstab 文件中添加条目，可以在系统启动的时候自动挂载文件系统。
❑ umount 命令用于卸载文件系统。
❑ df 命令用于查看硬盘的使用情况。
❑ fsck 命令用于检查文件系统的异常，但是这种"检查"是存在风险的，应该谨慎使用。
❑ mkfs 命令用于在硬盘上建立文件系统。
❑ Linux 可以自动识别连接到计算机上的 USB 设备，用户也可以使用 mount（umount）命令手动挂载（卸载）。
❑ gzip 工具可以压缩一个文件。bzip2 可以提供更高的压缩率。
❑ rar 格式的压缩文件可以使用 rar 工具解压。
❑ tar 工具可以将多个文件打包成一个.tar 格式的文件。Linux 中的源代码通常保存成.tar.gz（或.tar.bz2）格式的文件，这是打包工具 tar 和压缩工具 gzip（或 bzip2）配合使用的结果。
❑ dd 命令用于复制文件系统，通常在一些不正式的场合（如将 CD 做成.iso 格式的文件）被使用。
❑ fdisk 工具可以在一块硬盘上建立分区表。注意，fdisk 会删除硬盘上原有的数据。
❑ mkswap 命令用于创建交换分区，swapon 命令用于激活交换分区。
❑ RAID 和 LVM 是两款高级硬盘管理工具。
❑ 定期对重要数据进行备份非常必要。应该根据实际情况选择合适的备份机制和存储介质。
❑ dump 命令用于将文件系统转储到另一台存储介质（通常是磁带）上；rdump 命令用于远程转储。
❑ restore 命令用于从备份设备中恢复数据；rrestore 命令用于远程恢复。
❑ 应该使用诸如 cron 这样的工具定期完成备份工作。

8.13 习　　题

一、填空题

1. 在 Linux 中，每个设备都被映射为一个特殊文件，这个文件称作_____。Linux 把所有的设备文件都放在_____目录下。
2. 使用 gzip 命令压缩文件后，压缩文件的扩展名为_____。
3. Linux 常用的两个存档工具是_____和_____。

二、选择题

1. 下面的（　）命令用来检查和修复文件系统。
   A．fsck　　　　　　B．mount　　　　　　C．umount　　　　　　D．mkfs
2. 使用 dump 命令备份的文件系统，必须使用（　）命令恢复。
   A．dd　　　　　　　B．dump　　　　　　　C．restore　　　　　　D．tar
3. 下面的（　）命令可以建立分区表。
   A．fsck　　　　　　B．fdisk　　　　　　　C．df　　　　　　　　D．dd

三、判断题

1. 文件系统在任何情况下都可以被卸载。　　　　　　　　　　　　　　（　）
2. 如果管理员在安装系统时给某个分区划分的空间太小了，可以通过创建逻辑卷来扩大分区。　　　　　　　　　　　　　　　　　　　　　　　　　　　（　）

四、操作题

1. 使用 mount 命令挂载 U 盘到/mnt/usb 目录下。
2. 使用 df 命令查看硬盘的使用情况。

第 9 章　用户与用户组管理

本章介绍 Linux 中用户和用户组的管理。作为一种多用户的操作系统，Linux 允许多个用户同时登录到系统上，并响应每一个用户的请求。对于系统管理员而言，一项非常重要的工作就是对用户账户进行管理，包括添加和删除用户、分配用户主目录、限制用户的权限等。

9.1　用户与用户组的基础知识

计算机科学还没有进展到让每一台计算机都能通过生物学特征识别人的程度。在绝大多数情况下，用户名是身份的唯一标志，计算机通过用户提供的口令来验证这一标志。这种简单而实用的方式被广泛应用于几乎所有的计算机系统中。遗憾的是，正是由于这种"简单"的验证方式，使得在世界各地，每一天都有无数的账号被盗取。因此，选择一个合适的用户名和一个不易被破解的密码非常重要。

Linux 也运用同样的方法来识别用户：用户提供用户名和密码，经过验证后登录到系统。Linux 会为每个用户启动一个进程，然后由这个进程接收用户的各种请求。在创建用户的时候，需要限定其权限，如不能修改系统配置文件、不能查看其他用户的目录等。就像在一个银行安全系统中，每个人只能处理其职权范围内的事情。另外，系统中有一个特殊的 root 用户，这个用户有权对系统进行任何操作而不受限制。关于 root 用户的详细介绍，可参见 3.1 节。

所谓"人以群分"，可以把几个用户归在一起，这样的组称为用户组。可以设定一个用户组的权限，这样这个组里的用户就自动拥有了这些权限。对于一个多人协作的项目而言，定义一个包含项目成员的组是非常有用的。

在安装某些服务器程序时，会生成一些特定的用户和用户组，用于对服务器进行管理。例如，可以使用 mysql 用户启动和停止 MySQL 服务器。之所以不使用 root 用户启动某些服务，主要是出于安全性的考虑。当某个运行中的进程的 UID 属于一个受限用户时，即使这个进程出现问题，也不会对系统安全产生毁灭性打击（关于进程的相关知识，可以参考第 10 章）。

9.2　快速上手：为朋友添加一个账户

笔者的朋友的笔记本电脑送去维修了，希望借台计算机用几天。但是笔者的计算机上有一些私人文件，不想让朋友看到。因此应该为朋友单独添加一个账户，而不是使用当前系统上已有的账户。

打开终端，输入如下：

```
$ sudo useradd -m john          ##添加一个用户名为 john 的用户并自动建立主目录
```

注意，在输入口令的时候，出于安全考虑，屏幕上并不会有任何显示（包括"*"号）。然后让朋友输入一个密码。

```
$ sudo passwd john              ##更改 john 的登录密码
新的 密码：
重新输入新的 密码：
passwd: 已成功更新密码
```

现在，朋友可以使用自己的账号登录系统了。只要将私人文件设置为他人不可读，那么就不用担心朋友会看到这些文件。关于如何设置文件权限，请参考 6.5 节。

☎提示：Ubuntu 系统要求用户的密码至少 8 位。如果设置的密码少于 8 位，则会出现如下提示：

无效的密码： 密码少于 8 个字符 9.3 添 加 用 户

添加用户是系统管理的例行工作，前面已经演示了添加用户的基本步骤。接下来详细介绍 useradd 和 groupadd 命令的各个常用选项，以及如何使用图形化的用户管理工具，最后介绍如何追踪用户状态。

9.2.1 使用命令行工具：useradd 和 groupadd

在默认情况下，不带-m 参数的 useradd 命令不会为新用户建立主目录。在这种情况下，用户可以登录系统的 Shell，但不能登录图形界面。这是因为桌面环境无论 KDE 还是 GNOME，需要用到用户主目录中的一些配置文件。例如，以下面的方式使用 useradd 命令添加一个用户 nox。

```
$ sudo useradd nox
$ sudo passwd nox                              ##设置 nox 用户的口令
新的 密码：
重新输入新的 密码：
passwd: 已成功更新密码
```

当使用 nox 用户账号登录 GNOME 时，系统会提示无法找到用户主目录并拒绝登录。如果在字符界面的 3 号控制台（可以使用快捷键 Ctrl+Alt+F3 进入）使用 nox 账号登录，系统会引导 nox 用户进入根目录。此后，用户可以继续操作，如图 9.1 所示。

useradd 命令中另一个比较常用的参数是-g，该参数用于指定用户所属的组。下面的命令建立名为 mike 的用户账号，并指定其属于 users 组。

```
$ sudo useradd -g users mike
```

在建立用户的时候为其指定一个组似乎是一个很不错的想法。但遗憾的是，这样的设置增加了用户由于不经意地设置权限而能够彼此读取文件的可能性，尽管这通常不是用户的本意。因此一个好的建议是，在新建用户的时候单独创建一个同名的用户组，然后把用户归入这个组中。这正是不带-g 参数的 useradd 命令的默认行为。

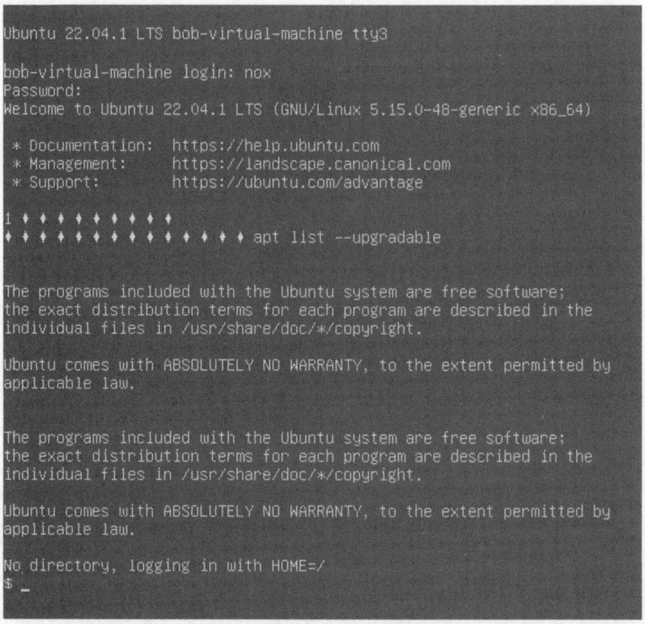

图 9.1 登录 3 号控制台

useradd 的-s 参数用于指定用户登录后所使用的 Shell。下面的命令建立名为 mike 的用户账号，并指定其登录后使用 BASH 作为 Shell。

```
$ sudo useradd -s /bin/bash mike
```

可以在/bin 目录下找到特定的 Shell。常用的有 BASH、TCSH、ZSH（Z-Shell）、SH（Bourne Shell）等。如果不指定-s 参数，那么默认将使用 sh（在大部分系统中，这是指向 BASH 的符号链接）登录系统。

添加组可以使用 groupadd 命令，下面这个命令是在系统中添加一个名为 newgroup 的组。

```
$ sudo groupadd newgroup
```

9.2.2 使用图形化管理工具

除了传统的命令行方式，Linux 还提供了图形化工具对用户和用户组进行管理。相比 useradd 等命令而言，图形化工具提供了更为友好的用户接口。当然，这是以牺牲一定的灵活性为代价的。下面以 Ubuntu 下的 "用户和组" 管理工具为例介绍如何添加用户。其他的发行版工具可以遵循类似的步骤操作。

（1）在应用程序列表中启动 "设置" 程序，弹出 "设置" 对话框。在该对话框的列表中选择 "用户" 选项，如图 9.2 所示。初始状态下，所有的功能都被禁用。单击 "解锁" 按钮，此时系统要求输入管理员口令并对此进行验证。

（2）解锁成功后，即可管理用户，如图 9.3 所示。

（3）单击 "添加用户" 按钮，弹出 "添加用户" 对话框，如图 9.4 所示。

（4）在 "全名" 文本框中输入用户名，在 "密码" 部分单击 "现在设置密码" 单选按钮，输入密码并确认。单击 "添加" 按钮，用户创建成功，如图 9.5 所示。

图 9.2　用户管理界面

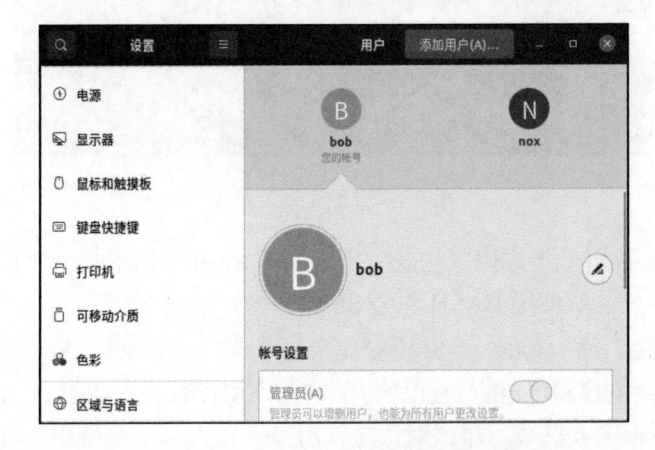

图 9.3　成功解锁的用户管理界面

图 9.4　添加用户

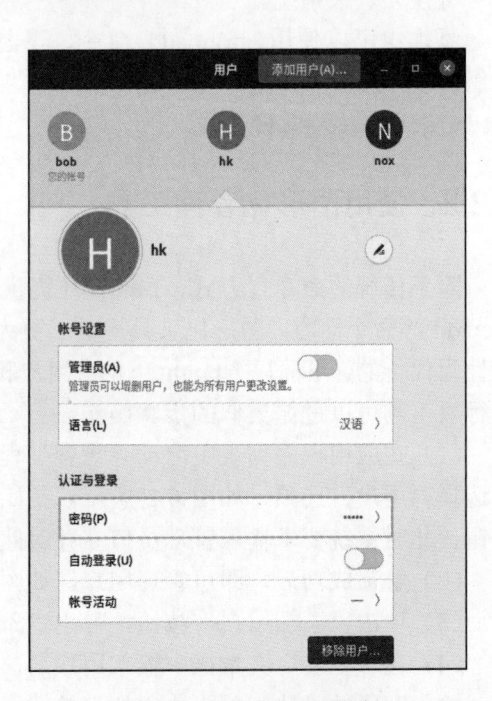

图 9.5　成功添加 hk 用户

（5）完成用户的添加后，在用户管理界面可以看到新用户（在本例中是 hk）。单击 hk 用户，先给用户解锁，然后可以对账号类型、语言和密码等选项进行设置。完成这些工作后，单击"关闭"按钮退出程序。

9.2.3 记录用户操作：history 命令

Linux，准确地说是 Shell，会记录用户的每一个命令。通过 history 命令，用户可以看到自己曾经执行的操作。

```
$ history
   16  cd /media/fishbox/software/
   17  ls
   18  sudo tar zxvf ies4linux-latest.tar.gz
   19  cd ies4linux-2.99.0.1/
   20  ls
   21  vi README
   22  ./ies4linux
…
```

注意：history 命令仅在 BASH 中适用。

history 命令会列出用户使用过的所有命令并加以编号。这些信息被存储在用户主目录的.bash_history 文件中，这个文件默认情况下可以存储 1000 条命令记录。当然，一次列出这么多命令除了让人迷茫外，没有其他用途。为此，可以指定让 history 列出最近几次输入的命令。

```
$ history 10                            ##列出最近使用的10条命令
  508  cd /home/john/
  509  vi .bash_history
  510  sudo vi .bash_history
  511  cd
  512  ls -al
  513  ls -al | grep bash_history
  514  history
  515  history | more
  516  vi .bash_history
  517  history 10
```

history 只能列出当前用户的操作记录。对于管理员而言，有时候需要查看其他用户的操作记录，此时可以读取该用户主目录下的.bash_history 文件。现在看看 John 都干了些什么。

```
$ cd /home/john/                        ##进入用户john的主目录
$ sudo cat .bash_history                ##查看.bash_history文件
cd /home/lewis/
ls
cd c_class/
ls
cd ..
ls
cd c_class/
./a.out
exit
```

⚠注意：.bash_history 这个文件对于其他受限用户是不可读的，这也是要使用 sudo 的原因。

9.2.4 直接编辑 passwd 和 shadow 文件

在 Linux 中所做的所有基本配置最终都将反映到配置文件中，用户管理也不例外。所有的用户信息都保存在/etc/passwd 文件中，而/etc/shadow 文件保存的是用户的登录密码。

诸如 useradd 这样的工具实际上对用户隐藏了用户管理的细节。可以通过手动编辑 passwd 和 shadow 这两个文件实现 useradd 等工具的所有功能。其中，passwd 文件对所有用户可读，而 shadow 文件只能用 root 账号查看。这为了保证口令的安全性，这一点很容易理解。当然，修改这两个文件都需要 root 权限。

不推荐初学者直接编辑这两个文件实现用户管理，尽管这种做法比较灵活。如果读者想了解如何编辑 passwd 和 shadow，可以参考本章的"进阶"部分。

9.3 删除用户：userdel 命令

userdel 命令用于删除用户账号。下面的命令是删除 mike 这个账号。

```
$ sudo userdel mike
```

在默认情况下，userdel 并不会删除用户的主目录。除非使用了-r 选项。下面这个命令将 john 的账号删除，同时删除其主目录。

```
$ sudo userdel -r john
```

在删除用户的同时删除其主目录，释放硬盘空间，这看起来无可厚非。但是，在输入-r 选项之前，需要问问自己：需要这么着急吗？如果被删除的用户又要恢复，或者用户的某些文件还需要使用（这样的情况在服务器上经常出现），那么就有必要暂时保留这些文件。比较妥当的做法是，将被删用户的主目录保留几周，然后手动删除。在实际的工作中，这样做非常有必要。

9.4 管理用户账号：usermod 命令

可以使用 usermod 命令修改已有的用户账号。这个命令有多个不同的选项，对应于账号的各个属性。如表 9.1 列举了 usermod 命令的常用选项及其含义。

表 9.1 usermod 命令的常用选项

选 项	含 义
-d	修改用户主目录
-e	修改账号的有效期限。以公元月/日/年的形式表示（MM/DD/YY）
-g	修改用户所属的组
-l	修改用户账号名称
-s	修改用户登录后所使用的Shell

下面的命令将 john 改名为 mike，主目录改为/home/mike，并设置账号有效期至 2023 年 12 月 31 日。

```
$ sudo usermod -l mike -d /home/mike -e 12/31/23 john
```

和 useradd 的原理一样，usermod 也通过修改/etc/passwd、/etc/shadow 和/etc/group 这 3 个文件来实现用户属性的设置。usermod 的完整选项可以查看其用户手册。

9.5 查看用户信息：id 命令

id 命令用于查看用户的 UID、GID 及其所属的组。这个命令以用户名作为参数。下面的命令显示了 nobody 用户的 UID、GID 及其所属的组信息。

```
$ id nobody
uid=65534(nobody) gid=65534(nogroup) 组=65534(nogroup)
```

☎提示：关于用户的 UID 和 GID，请参考 9.8 节。

使用不带任何参数的 id 命令显示当前登录用户的信息。

```
$ id
uid=1000(lewis) gid=1000(lewis) 组
=4(adm),20(dialout),24(cdrom),25(floppy),29(audio),30(dip),44(video),
46(plugdev),107(fuse),109(lpadmin),115(admin),125(vboxusers),
127(sambas-hare),1000(lewis)
```

9.6 用户间的切换：su 命令

在第 3 章中曾经介绍过，使用 root 账号一个比较好的做法是使用 su 命令。不带任何参数的 su 命令会将用户提升至 root 权限，当然首先需要提供 root 口令。通过 su 命令获得的特权将一直持续到使用 exit 命令退出为止。

⚠注意：Ubuntu Linux 对用户操作的限制非常严格。在默认情况下，系统没有合法的 root 口令。这意味着不能使用 su 命令提升至 root 权限，而必须用 sudo 来获得 root 访问权。

也可以使用 su 命令切换到其他用户。下面的命令将当前身份转变为 john。

```
$ su john
```

系统要求输入 john 口令。通过验证后，就可以访问 john 账号了。通过 exit 命令可以回到之前的账号。

```
$ exit
```

🔒安全性提示：尽量通过绝对路径使用 su 命令，这个命令通常保存在/bin 目录下。这样可以在一定程度上防止溜入到搜索路径下的名为 su 的程序窃取用户口令。关于搜索路径的内容，参见 20.3 节。

9.7 受限的特权：sudo 命令

使用 su 命令提升权限已经让系统安全得多了，但 root 权限的不可分割让事情变得有些棘手。如果用户 john 想要运行某个特权命令，那么他除了向管理员索取 root 口令外别无他法。仅仅为了一个特权操作而赋予用户控制系统的完整权限，这种做法听起来有点可笑，但这确实存在于某些不规范的管理环境中。

最常见的解决方法是使用 sudo 程序。这个程序以命令行作为参数，并以 root 身份（也可以是其他用户）执行。在执行命令之前，sudo 首先要求用户输入自己的口令，口令只需要输入一次。出于安全性的考虑，如果用户在一段时间内（默认是 5min）没有再次使用 sudo，那么此后必须再次输入口令。这样的设置可以避免特权用户不经意间将自己的终端留给那些并不受欢迎的人。

管理员通过配置/etc/sudoers 指定用户可以执行的特权命令，下面是在 Ubuntu 中 sudoers 文件的默认设置。

```
# User privilege specification
root    ALL=(ALL) ALL

# Members of the admin group may gain root privileges
%admin ALL=(ALL) ALL
```

按照惯例，以 "#" 开头的行是注释行。以 "root ALL=(ALL) ALL" 这句话为例，这段配置指定 root 用户可以使用 sudo 在任何机器上（第 1 个 ALL）以任何用户身份（第 2 个 ALL）执行任何命令（第 3 个 ALL）。最后一行用 "%admin" 替代了所有属于 admin 组的用户。在 Ubuntu 中，安装时创建的那个用户会自动被加入 admin 组。

总体来说，sudoer 中的每一行权限说明包含了以面内容：
- 该权限适用的用户。
- 这一行配置在哪些主机上适用。
- 该用户可以运行的命令。
- 该命令应该以哪个用户身份执行。

下面来看一段稍微复杂一些的配置。这段配置涉及 3 个用户，并为他们设置了不同的权限。

```
Host_Alias    STATION = web1, web2, databank

Cmnd_Alias    DUMP = /sbin/dump, /sbin/restore

lewis         STATION = ALL
mike          ALL = (ALL) ALL
john          ALL = (operator) DUMP
```

上面这段配置的开头两行使用关键字 Host_Alias 和 Cmnd_Alias 分别定义主机组和命令组。后面就可以用 STATION 替代主机 web1、web2 和 databank；用 DUMP 替代命令 /sbin/dump 和/sbin/restore。这种设置可以让配置文件更清晰，同时也更容易维护。

⚠ 注意：sudoers 中的命令应该使用绝对路径来指定，这样可以防止一些人以 root 身份执行自己的脚本程序。

接下来的 3 行是配置用户的权限。第 1 行是关于用户 lewis 的。lewis 可以在 STATION 组的计算机上（web1、web2 和 databank）执行任何命令。由于在代表命令的 ALL 之前没有使用小括号"()"指定用户，所以 lewis 将以 root 身份执行这些命令。

第 2 行是关于用户 mike 的。mike 可以在所有的计算机上运行任何命令。由于小括号中的用户列表使用了关键字 ALL，所以 mike 可以用 sudo 以任何用户身份执行命令。可以使用带-u 选项的 sudo 命令改变用户身份。例如，mike 可以以用户 peter 的身份建立文件。

```
$ sudo -u peter touch new_file
```

最后一行是关于用户 john 的。john 可以在所有主机上执行/sbin/dump 和/sbin/restore 这两个命令，但必须以 operator 的身份。为此，john 必须像这样使用 dump 命令：

```
$ sudo -u operator /sbin/dump backup /dev/sdb1
```

修改 sudoers 文件应该使用 visudo 命令。这个命令依次执行下面的操作：
（1）检查以确保没有其他人正在编辑这个文件。
（2）调用一个编辑器编辑该文件。
（3）验证并确保编辑后的文件没有语法错误。
（4）保存 sudoers 文件，并使其生效。

现在看起来 sudo 的确要比 su 灵活和有效得多。但没有什么解决方案是十全十美的。使用 sudo 实际上增加了系统中特权用户的数量，如果其中一个用户的口令被人破解了，那么整个系统将面临威胁。保证每个拥有特权的用户保管好自己的口令显然比自己保管一个 root 口令困难得多——尽管除此之外并没有什么好办法。

9.8 进阶 1：/etc/passwd 文件

本节简要介绍/etc/passwd 文件。它是 Linux 中用于存储用户信息的文件。在早期的 Linux 中，/etc/passwd 是管理用户的唯一场所，包括用户口令在内的所有信息都记录在这个文件中。出于安全性考虑，用户口令目前已经保存在/etc/shadow 中了，这个文件将在 9.9 节介绍。

9.8.1 /etc/passwd 文件概览

用户的基本信息储存在/etc/passwd 文件中。这个文件的每行信息代表一个用户，使用 cat 命令查看到的文件内容大致如下：

```
root:x:0:0:root:/root:/bin/bash
daemon:x:1:1:daemon:/usr/sbin:/bin/sh
bin:x:2:2:bin:/bin:/bin/sh
sys:x:3:3:sys:/dev:/bin/sh
…
```

每行信息由 7 个字段组成，字段间使用冒号分隔，各字段的含义如下：
❑ 登录名。
❑ 口令占位符。

- 用户 ID 号（UID）。
- 默认组 ID 号（GID）。
- 用户的私人信息：包括全名、办公室、工作电话和家庭电话等。
- 用户主目录。
- 登录 Shell。

大部分字段的作用非常好理解，在前面的章节中也做过相应介绍。下面针对加密字段、UID 和 GID 进行详细介绍。

9.8.2 加密的口令

把加密口令放在这里讲解似乎有点不合时宜。正如读者看到的，在 passwd 的口令字段中，只有一个 x。难道用户的口令就是 x 吗？这显然不可能，由于 passwd 文件需要对所有用户可读，因此另找一个地方存放口令显得很有必要。如今绝大多数系统都将用户口令经过加密后存放在/etc/shadow 文件中（这个文件只对 root 用户可读），然后在 passwd 文件的口令字段放入一个 x 作为占位符。

无论加密口令存放在哪里，其原理总是相同的。大部分 Linux 发行版可以识别多种不同的加密算法。通过分析加密后的数据，系统可以知道使用的是哪一种算法。因此，可以在一套系统上使用多种不同的加密方式。

目前在 Linux 中使用最广泛的加密算法是 MD5。MD5 可以对任意长度的口令进行加密并且不会产生损失。因此一般来说，口令越长越安全。无论加密前的口令多长，经过 MD5 加密之后的长度是一个固定值（34 个字符）。在加密过程中，MD5 算法会随机加入一些被称作"盐（salt）"的数据，从而使一个口令可以对应多个不同的加密后的形式。因此，检查加密后的口令并不会发现两个用户使用相同的口令这样的情况。

常用的加密算法总能够通过前缀来识别。MD5 算法总是以"1"开头，另一种常用的加密算法 Blowfish 以"$2a$"开头。不管使用哪一种算法，都应该使用 passwd 工具设置相应字段——没有人会选择纸和笔来完成这项工作。

9.8.3 UID 号

UID 号用于唯一标识系统中的用户，它是一个 32 位无符号整数。Linux 规定 root 用户的 UID 为 0。其他虚拟用户如 bin、daemon 等被分配到一些比较小的 UID 号，这些用户通常被安排在 passwd 文件的开头部分。从一个比较大的数开始分配真实用户（如这里的 john）的 UID 号是一个好习惯，这样能为虚拟用户提供足够多的 UID 号。在笔者的系统上，真实用户的 UID 是从 1000 开始分配的。

应该保证每个用户的 UID 号的唯一性。如果多个用户共有一个 UID 号，那么在如 NFS 这样的系统中将会产生安全隐患。可以有多个用户的 UID 号均为 0，这些用户将同时拥有 root 权限。但通常不推荐这样做，同样是出于安全方面的考虑。如果有这样的需求，应该使用类似于 sudo 这样的工具。

9.8.4 GID 号

GID 号用于在用户登录时指定其默认所在的组。和 UID 号一样，它也是一个 32 位整数。组在/etc/group 文件中定义，其中，root 组的 GID 号为 0。

在确定一个用户对某个文件是否具有访问权限时，系统会考察这个用户所在的所有组（在/etc/group 文件中定义）。默认组 ID 只是在用户创建文件和目录时才有用。举例来说，john 同时属于 john、students 和 workmates 这 3 个组，默认组是 john。那么对于所有属于这 3 个组的文件和目录，john 都有权访问。当 john 新建了一个文件时，这个文件所属的组就是 john。关于文件权限的详细介绍可参见 6.5 节。

9.9 进阶 2：/etc/shadow 文件

/etc/shadow 文件用于保存用户的口令，当然是使用加密后的形式。shadow 文件仅对 root 用户可读，这是为了保证用户口令的安全性。虽然所有的口令都经过加密，但是让任何人都有机会接触这些口令是非常危险的，如果口令不够复杂，那么完全可以通过暴力破解获取其加密前的形式。关于如何合理地选择和保管口令，可参见 3.1 节。

和/etc/passwd 文件类似，/etc/shadow 文件的每一行信息代表一个用户，每个字段以冒号分隔。其中，只有用户名和口令字段要求是非空的。一条典型的记录如下：

```
mike:$y$j9T$X2ElF.bU9JEFx3.0u0zP1.$s5tMWZYDUD5iho5eYe1L702U/49yfOwQVvYK
iKpDawC:19257:0:180:7:::
```

各个字段的含义如下：
- 登录名。
- 加密后的口令。
- 上次修改口令的日期。
- 两次修改口令间隔的天数（最少）。
- 两次修改口令间隔的天数（最多）。
- 提前多少天提醒用户修改口令。
- 在口令过期多少天后禁用该账号。
- 账号过期的日期。
- 保留，目前为空。

以 mike 这个账号为例，mike 用户上次修改其口令是在 2022 年 9 月 22 日，口令必须在 180 天内再次修改。在口令失效前的 7 天，mike 会接到必须修改口令的警告。该账号将在 2023 年 3 月 21 日过期。

注意，在 shadow 文件中，绝对日期是从 1970 年 1 月 1 日至今的天数，这个时间很难计算，但是可以使用 usermod 命令来设置过期字段（以 MM/DD/YY 的格式）。下面的命令设置 mike 用户的过期日期为 2023 年 3 月 21 日。

```
$ sudo usermod -e 3/21/2023
```

9.10 进阶 3：/etc/group 文件

/etc/group 文件保存的是系统中所有组的名称及每个组的成员列表。文件中的每一行信息表示一个组，由 4 个以冒号分隔的字段组成。一条典型的记录如下：

```
admin:x:115:lewis,rescuer
```

这 4 个字段的含义如下：
- 组名。
- 组口令占位符。
- 组 ID（GID）号。
- 成员列表，用逗号分开（不能加空格）。

和 passwd 文件一样，如果口令字段为一个 x，就表示还有一个/etc/gshadow 文件用于存放组口令。但一般来说，组口令很少会用到，因此不必太在意这个字段。即使这个字段为空，也不需要担心安全问题。

GID 用于标识一个组。和 UID 一样，应该保证 GID 的唯一性。如果一个用户属于/etc/passwd 中所指定的某个组，但没有出现在/etc/group 文件相应的组中，那么应该以/etc/passwd 文件中的设置为准。实际上，用户所属的组是 passwd 文件和 group 文件中相应组的并集。但为了管理上的有序性，应该保持两个文件一致。

9.11 小　　结

- Linux 通过用户名和口令来验证用户的身份。
- 几个用户可以组成一个"用户组"。
- useradd 工具用于添加用户；groupadd 命令用于添加用户组。也可以使用图形化工具完成这些任务。
- history 命令用于查看用户在 Shell 中执行的命令的历史记录。
- userdel 命令用于删除用户账号。
- usermod 命令用于修改已有的用户信息。
- id 命令用于查看特定用户的 UID、GID 及其所属的组。
- su 命令用于临时切换用户身份。不带任何参数的 su 命令切换到 root 身份，这是一种比较安全的使用 root 权限的方式。
- sudo 程序以更细的粒度分解系统特权。Ubuntu 只允许使用 sudo，而不能使用 su。
- UID 用于唯一标识系统中的用户，root 用户的 UID 为 0；类似地，GID 用于唯一标识系统中的用户组。
- 系统中的用户信息保存在/etc/passwd 文件中，口令保存在/etc/shadow 文件中。这两个文件应该妥善保管。
- /etc/group 文件用于保存系统中的组信息。

9.12 习　　题

一、填空题

1. 在 Linux 中，所有的用户信息都登记在_____文件中，用户的登录密码保存在_____。
2. /etc/passwd 文件中的每一行内容由 7 个字段组成，分别为_____、_____、_____、_____、_____、_____和_____。
3. UID 号用于_____，GID 号用于_____。

二、选择题

1. history 命令默认可以存储（　　）条命令记录。
   A．100　　　　　　B．1000　　　　　　C．10　　　　　　D．50
2. 在/etc/passwd 和/etc/shadow 文件中，每行包括多个字段，字段之间使用（　　）分隔。
   A．逗号　　　　　　B．句号　　　　　　C．冒号　　　　　　D．感叹号
3. 使用 usermod 命令的（　　）选项可以修改账号的有效期限。
   A．-d　　　　　　　B．-e　　　　　　　C．-l　　　　　　　D．-g

三、判断题

1. Linux 可以允许多个用户同时登录到系统上，并响应每一个用户的请求。（　　）
2. 在/etc/passwd 文件中，密码字段通过占位符 X 代替。（　　）
3. root 用户的 UID 和 GID 都为 0。（　　）

四、操作题

1. 使用 useradd 命令创建一个用户 alice 并设置密码为 123456。
2. 使用 id 命令查看用户信息。
3. 使用 userdel 命令删除用户 alice。

第10章 进程管理

无论系统管理员还是普通用户，监视系统进程的运行情况，并适时终止一些失控的进程是每天的例行事务（读者或许对 Windows 的任务管理器非常熟悉）。系统管理员可能还要兼顾任务的重要程度，并相应调整进程的优先级策略。无论哪一种情况，本章都会对你有所帮助。本章的任务将完全在 Shell 中完成。

10.1 快速上手：结束一个失控的程序

终止一个失控的应用程序或许是用户常用的进程管理方法，尽管没有人愿意经常执行这样的管理方法。为了模拟这个情况，本节手动构建了一个程序。这个"恶作剧"程序在 Shell 中不停地创建目录和文件。如果不赶快终止，它将在系统中创建一棵很深的目录树。

（1）在主目录中用文本编辑器创建一个名为 badpro 的文本文件，其包含以下内容：

```
#! /bin/bash
while echo "I'm making files!!"
do
    mkdir adir
    cd adir
    touch afile

    sleep 2s
done
```

这是一个 Shell 脚本，读者此时没有必要清楚每一行代码的含义，第 20 章会详细介绍 Shell 编程。如果读者曾经接触过编程语言，应该能够大致看出这个程序要做什么。为了让这个恶作剧表现得尽可能"温和"，这里让它在每次建完目录和文件后休息 2s。

（2）将 badpro 文件加上可执行权限并从后台执行。

☎注意：运行这个程序存在一些风险，千万不要漏了 sleep 2s 这一行，否则创建的目录树的深度会很快超出系统允许的范围。在这种情况下，必须使用 rm -fr adir 来删除这些"垃圾"目录。

```
$ chmod +x badpro
$ ./badpro &
```

☎提示：为什么要从后台运行？原因只有一个，即迫使自己使用 kill 命令杀死这个进程。在前台运行的程序可以简单地使用 Ctrl+C 快捷键终止（具体可参见 10.7 节）。

（3）现在程序已经运行起来了，可以看到它在终端不停地输出 I'm making files!!。打开另一个终端，运行 ps 命令查看这个程序的 PID 号（PID 号用于唯一表示一个进程）。

```
$ ps aux | grep badpro
lewis     12974   0.0   0.0   10916   1616   pts/0   S    10:37   0:00 /bin/bash ./badpro
lewis     13027   0.0   0.0    5380    852   pts/2   R+   10:37   0:00 grep badpro
```

> 注意：这里为了方便寻找，使用管道配合 grep 命令（可以参考 6.7.3 节）。在 ps 命令的输出中，第 2 个字段就是进程的 PID 号。通过最后一个字段可以判断 12974 属于这个失控进程。每个人在自己的计算机上获取的值都有可能不同。

（4）使用 kill 命令杀死这个进程。

```
$ kill 12974
```

（5）回到刚才那个运行 badpro 文件的终端，可以看到这个程序已经被终止了。最后不要忘记把这个程序建立的目录和文件一样删除（读者如果非常好奇，可以到这个目录中看一看）。

```
$ rm -fr adir
```

10.2 什么是进程

看似简单的概念往往很难给出定义，一个比较标准的说法是：进程是操作系统的一个抽象概念，用来表示正在运行的程序。其实，读者可以简单地把进程理解为正在运行的程序。Linux 是一种多用户、多进程的操作系统。在 Linux 的内核中维护着一张表。这张表记录了当前系统中运行的所有进程的各种信息。Linux 内核会自动完成对进程的控制和调度——当然，这是所有操作系统都必须具备的基本功能。内核中一些重要的进程信息如下：

- 进程的内存地址。
- 进程当前的状态。
- 进程正在使用的资源。
- 进程的优先级（谦让度）。
- 进程的属主。

Linux 提供了让用户可以对进程进行监视和控制的工具。在这个方面，Linux 对系统进程和用户进程一视同仁，使用户能够用一套工具控制这两种进程。

10.3 进程的属性

一个进程包含多个属性参数。这些参数决定了进程被处理的先后顺序和能够访问的资源等。这些信息对于系统管理员和程序员都非常重要。下面介绍几个常用的参数，其中的一些参数已经有所接触了。

10.3.1 PID：进程的 ID 号

在第 9 章中曾经提到，系统为每个用户都分配了用于标识其身份的 ID 号（UID）。同样，进程也有这样一个 ID 号，称作 PID（Process Identifier）。用 ID 确定进程的方法是非常有好处的——对于计算机而言，认识数字永远比认识一串字符方便得多，Linux 没有必要去理解那些对人类非常"有意义"的进程名。

Linux 不但自己使用 PID 来确定进程，而且要求用户在管理进程时也提供相应的 PID 号。几乎所有的进程管理工具都接受 PID 号而不是进程名。这也是在"快速上手"环节中必须使用 ps 命令获得 PID 号的原因。

10.3.2　PPID：父进程的 PID

在 Linux 中，所有的进程都必须由另一个进程创建——除了在系统引导时，由内核自主创建并安装的那几个进程。当一个进程被创建时，创建它的那个进程称作父进程，而这个进程则相应地称作子进程。子进程使用 PPID（Parent Process Identifier）指出谁是其"父亲"，很容易可以理解，PPID 就等于其父进程的 PID。

在刚才的叙述中，多次用到了"创建"这个词，这是出于表述和理解上的方便。事实上，在 Linux 中，进程是不能被"凭空"创建的。也就是说，Linux 并没有提供一种系统调用让应用程序"创建"一个进程。应用程序只能通过复制自己来产生新进程。因此，子进程应该是其父进程的复制体。这种说法听起来的确有点让人困惑，不过不要紧，这些概念只是对 Linux 程序员非常重要。读者如果感兴趣，可以参考 Linux 编程方面的书籍。

10.3.3　UID 和 EUID：真实和有效的用户 ID

只有进程的创建者和 root 用户才有权利对该进程进行操作。于是，记录一个进程的创建者（也就是属主）就显得非常必要。进程的 UID 就是其创建者的用户 ID 号，用于标识进程的属主。

Linux 还为进程保存了一个"有效用户 ID 号"，称作 EUID（Effective User Identifier）。这个特殊的 UID 号用来确定进程对某些资源和文件的访问权限。在绝大部分情况下，进程的 UID 和 EUID 是一样的——除了著名的 setuid 程序。

什么是 setuid 程序？回忆 9.2 节中的 passwd 命令，这个命令允许用户修改自己的登录口令。但读者是否考虑过这个问题：密码保存在/etc/shadow 文件中，这个文件对普通用户是不可读的，那么用户怎么能够通过修改 shadow 文件来修改自己的口令呢？这就是 setuid 的妙处了，通过使 passwd 在执行阶段具有文件所有者（也就是 root）的权限，让用户临时具有修改 shadow 文件的能力（当然这种能力是受到限制的）。因此，passwd 就是一个典型的 setuid 程序，其 UID 是当前执行这个命令的用户 ID，而 EUID 则是 root 用户的 ID（也就是 0）。

除此之外，Linux 还给进程分配了其他几个 UID，例如 saved UID 和 FSUID。这种多 UID 体系的设置非常耐人寻味，对它的解释超出了本书的范围，有兴趣的读者可以自己查阅相关资料。

10.3.4　GID 和 EGID：真实和有效的组 ID

进程的 GID（Group Identifier）是其创建者所属组的 ID 号。对应于 EUID，进程同样拥有一个 EGID（Effective Group Identifier）号，可以通过 setgid 程序来设置。坦率地讲，进程的 GID 号确实没有什么用处。一个进程可以同时属于多个组，如果要考虑权限，那么 UID 就足够了。相较而言，EGID 在确定访问权限方面还发挥了一定的作用。当然，进程的 GID 号也不是一无是处。当进程需要创建一个新文件的时候，这个文件将采用该进程的 GID。

10.3.5 谦让度和优先级

顾名思义，进程的优先级决定了其受到 CPU "优待"的程度。优先级高的进程能够更早地被处理，并获得更多的处理器时间，即被 CPU 处理的时间。Linux 内核会综合考虑一个进程的各种因素来决定其优先级。这些因素包括进程已经消耗的 CPU 时间和进程已经等待的时间等。在绝大多数情况下，决定进程何时被处理是内核的事情，不需要用户插手。

用户可以通过设置进程的 "谦让度"来影响内核的想法。"谦让度"和"优先级"刚好是一对相反的概念，高"谦让度"意味着低"优先级"，反之亦然。需要注意的是，进程管理工具让用户设置的总是"谦让度"，而不是"优先级"。如果希望让一个进程更早地被处理，那么应该把它的谦让度设置得低一些，使其变得不那么"谦让"。关于如何设置谦让度，参见 10.8 节。

10.4 监视进程：ps 命令

ps 是常用的监视进程的命令，这个命令给出了关于进程的所有有用信息。在 10.1 节的例子中就使用了这个命令，本节将给出这个命令的详细解释。

ps 命令有多种不同的使用方法，这常常给初学者带来困惑。在各种 Linux 论坛上，询问 ps 命令语法的帖子屡见不鲜。之所以会出现这样的情况，只能归咎于 UNIX "悠久"的历史和庞杂的派系。在不同的 UNIX 变体中，ps 命令的语法各不相同。Linux 为此采取了一个折中的处理方式，即融合不同的风格，目的是兼顾那些已经习惯其他系统上 ps 命令的用户（尽管这种兼顾措施现在看起来似乎越来越没有必要了）。

幸运的是，普通用户根本不需要理会这些，这是内核开发人员应该考虑的事情。在绝大多数情况下，只需要用一种方式使用 ps 命令就可以了。

```
$ ps aux
USER       PID %CPU %MEM    VSZ   RSS TTY      STAT START   TIME COMMAND
root         1  0.0  0.0   4020   884 ?        Ss   18:41   0:00 /sbin/init
root         2  0.0  0.0      0     0 ?        S<   18:41   0:00 [kthreadd]
root         3  0.0  0.0      0     0 ?        S<   18:41   0:00 [migration/0]
root         4  0.0  0.0      0     0 ?        S<   18:41   0:00 [ksoftirqd/0]
root         5  0.0  0.0      0     0 ?        S<   18:41   0:00 [watchdog/0]
root         6  0.0  0.0      0     0 ?        S<   18:41   0:00 [migration/1]
root         7  0.0  0.0      0     0 ?        S<   18:41   0:00 [ksoftirqd/1]
root         8  0.0  0.0      0     0 ?        S<   18:41   0:00 [watchdog/1]
...
lewis     7194  3.0  2.7 693656 57480 ?        Sl   18:43   0:43 rhythmbox
lewis     7999  0.3  1.0 259340 20872 ?        Sl   19:06   0:00 gnome-terminal
```

```
lewis 8001  0.0  0.0  19348   856   ?      S    19:06 0:00 gnome-pty-helper
lewis 8002  0.0  0.1  20884  3576  pts/0  Ss    19:06 0:00 bash
...
```

> **助记**：在上面的命令中，选项aux中的a表示显示当前终端下的所有进程信息，包括其他用户的进程。当选项a与选项x结合使用时，将显示系统中所有的进程信息。u表示使用以用户为主的格式输出进程信息，x表示显示当前用户在所有终端下的进程信息。

ps aux 命令用于显示当前系统上运行的所有进程的信息。出于篇幅考虑，这里只选取了部分行，表 10.1 给出了这些字段的具体含义。

表 10.1 ps aux命令产生进程信息的各字段的含义

字段	含义
USER	进程创建者的用户名
PID	进程的ID号
%CPU	进程占用的CPU百分比
%MEM	进程占用的内存百分比
VSZ	进程占用的虚拟内存大小
RSS	内存中页的数量（页是管理内存的单位，在PC上通常为4KB）
TTY	进程所在终端的ID号
STAT	进程状态，常用的字母代表的含义如下： R：正在运行/可运行　　　D：深度睡眠中（不可被唤醒，通常是在等待I/O设备） S：睡眠中（可以被唤醒）　T：停止（由于收到信号或被跟踪） Z：僵进程（已经结束而没有释放系统资源的进程） 常用的附加标志有： <：进程拥有比普通优先级高的优先级 N：进程拥有比普通优先级低的优先级 L：有些页面被锁在内存中 s：会话的先导进程
START	进程启动的时间
TIME	进程已经占用的CPU时间
COMMAND	命令和参数

ps 的另一组选项 lax 可以提供父进程 ID（PPID）和谦让度（NI，Nice 的简写）。ps lax 命令不会显示进程属主的用户名，因此可以提供更快的运行速度（ps aux 需要把 UID 转换为用户名后才输出）。ps lax 命令的输出信息如下：

```
$ ps lax
F UID PID PPID PRI  NI VSZ  RSS  WCHAN   STAT TTY TIME COMMAND
4  0   1    0   20   0 4020 884  -       Ss   ?   0:00 /sbin/init
1  0   2    0   15  -5 0    0    kthrea  S<   ?   0:00 [kthreadd]
1  0   3    2  -100  - 0    0    migrat  S    ?   0:00 [migration/0]
1  0   4    2   15  -5 0    0    ksofti  S<   ?   0:01 [ksoftirqd/0]
...
1  0   9    2   15  -5 0    0    worker  S<   ?   0:00 [events/0]
1  0  10    2   15  -5 0    0    worker  S<   ?   0:00 [events/1]
1  0  45    2   15  -5 0    0    worker  S<   ?   0:00 [kblockd/1]
```

```
1   0     48 2  15 -5 0          0 worker   S<  ?   0:00 [kacpid]
1   0   5021 2  15 -5 0          0 worker   S<  ?   0:00 [kondemand/0]
1   0   5022 2  15 -5 0          0 worker   S<  ?   0:00 [kondemand/1]
5 102   5078 1  20  0 12296    760 -        Ss  ?   0:00 /sbin/syslogd
                                                          -u syslog
```

📖助记：在上面的命令中，lax 选项中的 l 表示使用长格式显示进程信息，a 表示显示当前终端下的所有进程信息，x 表示显示当前用户在所有终端下的进程信息。

10.5 即时跟踪进程信息：top 命令

ps 命令可以一次性给出当前系统中进程信息的快照，但这样的信息往往缺乏时效性。当管理员需要实时监视进程运行情况时，就必须不停地执行 ps 命令——这显然是低效率的。为此，Linux 提供了 top 命令用于即时跟踪当前系统中进程的情况。

```
$ top

top - 20:02:26 up 1:21, 2 users, load average: 0.42, 0.43, 0.37
Tasks: 159 total,  1 running, 157 sleeping,  0 stopped,  1 zombie
Cpu(s):  5.1%us, 3.0%sy, 0.0%ni, 91.4%id, 0.2%wa, 0.3%hi, 0.0%si,
0.0%st
Mem:   2061672k total,  1971368k used,    90304k free,  21688k buffers
Swap:  1855468k total,       56k used,  1855412k free, 822884k cached

  PID USER      PR  NI  VIRT  RES  SHR S %CPU %MEM   TIME+  COMMAND
 7202 lewis     20   0  496m 277m  17m S    7 13.8 11:42.03 VirtualBox
 7194 lewis     20   0  751m  63m  25m S    4  3.2  2:22.71 rhythmbox
 5865 root      20   0  561m 117m  28m S    2  5.8  5:06.62 Xorg
 6914 lewis     20   0  145m 5156 3784 S    1  0.3  1:03.08 pulseaudio
 9179 lewis     20   0  531m  89m  27m S    1  4.5  1:05.51 firefox
 9914 lewis     20   0 18992 1304  936 R    1  0.1  0:00.02 top
    1 root      20   0  4020  884  600 S    0  0.0  0:00.84 init
    2 root      15  -5     0    0    0 S    0  0.0  0:00.00 kthreadd
    3 root      RT  -5     0    0    0 S    0  0.0  0:00.02 migration/0
    4 root      15  -5     0    0    0 S    0  0.0  0:01.82 ksoftirqd/0
...
```

📖助记：top 是一个完整的英文单词，中文意思为顶部。

top 命令显示的信息会占满一页，并且在默认情况下每 3s 更新一次。那些使用 CPU 最多的程序会排在最前面。用户还可以即时观察到当前系统 CPU 使用率、内存占有率等各种信息。最后，使用命令 q 退出这个监视程序。

10.6 查看占用文件的进程：lsof 命令

管理员有时候想要知道某个特定的文件正在被哪些进程使用。lsof 命令能够提供包括 PID 在内的各种进程信息。不带任何参数的 lsof 命令会列出当前系统中所有打开文件的进程信息，要找出占用某个特定文件的进程，需要提供文件名作为参数。下面这个命令列出正在使用 database.doc 进程的相关信息。

```
$ lsof database.doc
COMMAND      PID     USER    FD    TYPE  DEVICE  SIZE    NODE     NAME
soffice.b    8009    lewis   32u   REG   8,9     134144  1598449  database.doc
```

📖 助记：lsof命令是英文单词List open files的缩写形式。

10.7　向进程发送信号：kill 命令

看起来，kill 命令总是用来"杀死"一个进程。但事实上，这个名字或多或少带有一定的误导性。从本质上讲，kill 命令只是用来向进程发送一个信号，至于这个信号是什么，则是由用户指定的。kill 命令的标准语法如下：

```
kill [-signal] pid
```

📖 助记：kill是一个完整的英文单词，中文意思为杀死。

Linux 定义了几十种不同类型的信号。可以使用 kill -l 命令显示所有信号及其编号。根据硬件体系结构的不同，下面这张列表会有所不同。

```
$ kill -l
 1) SIGHUP        2) SIGINT        3) SIGQUIT       4) SIGILL
 5) SIGTRAP      6) SIGABRT       7) SIGBUS        8) SIGFPE
 9) SIGKILL     10) SIGUSR1      11) SIGSEGV      12) SIGUSR2
13) SIGPIPE     14) SIGALRM      15) SIGTERM      16) SIGSTKFLT
17) SIGCHLD     18) SIGCONT      19) SIGSTOP      20) SIGTSTP
21) SIGTTIN     22) SIGTTOU      23) SIGURG       24) SIGXCPU
25) SIGXFSZ     26) SIGVTALRM    27) SIGPROF      28) SIGWINCH
29) SIGIO       30) SIGPWR       31) SIGSYS       34) SIGRTMIN
35) SIGRTMIN+1  36) SIGRTMIN+2   37) SIGRTMIN+3   38) SIGRTMIN+4
39) SIGRTMIN+5  40) SIGRTMIN+6   41) SIGRTMIN+7   42) SIGRTMIN+8
43) SIGRTMIN+9  44) SIGRTMIN+10  45) SIGRTMIN+11  46) SIGRTMIN+12
47) SIGRTMIN+13 48) SIGRTMIN+14  49) SIGRTMIN+15  50) SIGRTMAX-14
51) SIGRTMAX-13 52) SIGRTMAX-12  53) SIGRTMAX-11  54) SIGRTMAX-10
55) SIGRTMAX-9  56) SIGRTMAX-8   57) SIGRTMAX-7   58) SIGRTMAX-6
59) SIGRTMAX-5  60) SIGRTMAX-4   61) SIGRTMAX-3   62) SIGRTMAX-2
63) SIGRTMAX-1  64) SIGRTMAX
```

千万不要被这一堆字符吓住，在绝大多数情况下，这些信号中的大多数信号不会被使用。表 10.2 列出了经常用到的信号名称及其含义。

表 10.2　常用的信号

信号编号	信号名	描述	默认情况下执行的操作
0	EXIT	程序退出时收到该信号	终止
1	HUP	挂起	终止
2	INT	中断	终止
3	QUIT	退出	终止
9	KILL	杀死	终止
11	SEGV	段错误	终止

续表

信号编号	信号名	描述	默认情况下执行的操作
15	TERM	软件终止	终止
取决于硬件体系	USR1	用户定义	终止
取决于硬件体系	USR1	用户定义	终止

☏ 提示：信号名的前缀 SIG 是可以省略的。也就是说，SIGTERM 和 TERM 这两种写法 kill 命令都可以理解。

在默认情况下，kill 命令向进程发送 TERM 信号，这个信号表示请求终止某项操作。请回忆在 10.1 节中使用的命令 kill 12974，它实际上等同于下面这个命令：

```
kill -TERM 12974
```

或者：

```
kill -SIGTERM 12974
```

但是，使用 kill 命令是否一定可以终止一个进程呢？答案是否定的。既然 kill 命令向程序发送一个信号，那么这个信号就应该能够被程序捕捉。程序可以封锁或者干脆忽略捕捉到的信号。只有在信号没有被程序捕捉的情况下，系统才会执行默认操作。作为例子，来看一下 bc 程序（一个基于命令行的计算器程序）。

```
$ bc
bc 1.07.1
Copyright 1991-1994, 1997, 1998, 2000, 2004, 2006 Free Software Foundation,
Inc.
This is free software with ABSOLUTELY NO WARRANTY.
For details type 'warranty'.
##这里按下快捷键Ctrl+C
(interrupt) use quit to exit.
```

在 Linux 中，快捷键 Ctrl+C 对应于信号 INT。在这个例子中，bc 程序捕捉到却忽略了这个信号，并告诉用户应该使用 quit 命令退出应用程序。这就意味着，只要 badpro 程序能够忽略 TERM 信号，那么 kill -TERM 命令将对它不起作用。加入这个"功能"非常容易，只要把程序修改如下就可以了。

```
#! /bin/bash

trap "" TERM

while echo "I'm making files!!"
do
    mkdir adir
    cd adir
    touch afile

    sleep 2s
done
```

读者应该已经猜到了，这里新加入的命令"trap "" TERM"用于忽略 TERM 信号。建议读者在阅读完下面的内容之前先不要运行这个程序，否则将可能陷入无法终止的尴尬境地。

幸运的是，有一个信号永远不能被程序所捕捉，这就是 KILL 信号。KILL 可以在内核级别"杀死"一个进程，在绝大多数情况下，下面的命令可以确保结束进程号为 pid 的进程。

```
$ sudo kill -KILL pid
```

或者：

```
$ sudo kill -SIGKILL pid
```

或者：

```
$ sudo kill -9 pid
```

但是，有一些进程的生命力是很顽强的，以至于 KILL 信号都不受影响。出现这种情况常常是由一些退化的 I/O（输入/输出）虚假锁定造成的。此时，重新启动系统是解决问题的唯一方法。

10.8 调整进程的谦让度：nice 和 renice 命令

nice 命令可以在启动程序时设置其谦让度。高谦让度意味着低优先级，因为程序会表现得很"谦让"；反过来，低谦让度（特别是那些谦让度为负值）的程序能够占用更多的 CPU 时间，拥有更高的优先级。谦让度的值应该在–20～+19 浮动。

nice 命令通过一个-n 参数来增加程序的谦让度的值。下面以不同的谦让度启动 bc 程序，并使用 ps lax 命令观察其谦让度（NI）的值（注意这里 ps lax 命令的输出只选取了有用的行）。

```
##设置 bc 以谦让度增量 2 启动
$ nice -n 2 bc
$ ps lax
F   UID   PID  PPID PRI  NI    VSZ   RSS WCHAN  STAT TTY      TIME COMMAND
0  1000  8233  7645  22   2  10984  1228 -      SN+  pts/0    0:00 bc

##设置 bc 以谦让度增量-3 启动（读者可能需要用 root 权限启动，稍后会解释原因）
$ sudo nice -n -3 bc
$ ps lax
F   UID   PID  PPID PRI  NI    VSZ   RSS WCHAN  STAT TTY      TIME COMMAND
0  1000  8233  7645  22  -3  10984  1228 -      SN+  pts/0    0:00 bc

##不带-n 参数的 nice 命令会将程序的谦让度增量设置为 10
$ nice bc
$ ps lax
F   UID   PID  PPID PRI  NI    VSZ   RSS WCHAN  STAT TTY      TIME COMMAND
0  1000  8233  7645  22  10  10984  1228 -      SN+  pts/0    0:00 bc
```

> 助记：nice 是一个英文单词，中文意思是美好的。renice 是 re 和 nice 的组合。其中，re 是英文单词 repeat 的缩写，表示重复、重做。

与 nice 命令相对的，renice 命令可以在进程运行时调整其谦让度的值。下面的命令将 bc 程序的谦让度调整为 12。

```
$ ps lax                                                    ##获得进程的 PID
```

```
F   UID   PID   PPID  PRI  NI   VSZ    RSS  WCHAN  STAT TTY      TIME COMMAND
0   1000  8567  7645  32   10   10984  1228 -      SN+  pts/0    0:00 bc

$ renice +12 -p 8567                                      ##-p 选项指定进程的 PID
8567: old priority 10, new priority 12

$ ps lax                                                  ##观察效果
F   UID   PID   PPID  PRI  NI   VSZ    RSS  WCHAN  STAT TTY      TIME COMMAND
0   1000  8567  7645  32   12   10984  1228 -      SN+  pts/0    0:00 bc
```

读者应该注意到了以上在讲解 nice 和 renice 命令时的不同用语。所谓"谦让度增量"指 nice 命令将-n 参数后面的数值加上默认的谦让度的值作为程序的谦让度的值。也就是说，nice 命令调整的是"相对"谦让度的值。这一点的确让人困惑，因为 renice 是调整的是"绝对"谦让度的值！通常来说，程序的默认谦让度的值总是 0，在这种情况下，就不必考虑"相对""绝对"的问题了。为了保险起见，应该使用不带任何参数的 nice 命令查看这个默认的谦让度的值。

```
$ nice
0                                                         ##默认的谦让度的值
```

如果用户不采取任何行动，那么新进程将从其父进程那里继承谦让度。进程的属主可以提高其谦让度（降低优先级），但不能降低其谦让度（提高优先级）。这种限制保证了低优先级的进程不会派生出高优先级的子进程。但是 root 用户可以任意设置进程的优先级。这也是在刚才的例子中需要以 root 身份才能将 bc 程序的进程设置为–3 的原因。

如何合理地设置谦让度（或者说优先级），曾经是一件让系统管理员非常烦恼的事情，但这个问题现在已经不存在了。如今的 CPU 足够强大，能够合理地对进程进行调度。I/O（输入/输出）设备永远跟不上 CPU 的脚步，在大部分情况下，CPU 总是等待那些缓慢的 I/O 设备（如硬盘）完成数据的读写和传输任务。然而，手动设置进程的谦让度并不足以影响 CPU 对 I/O 设备的处理。这就意味着那些高谦让度（低优先级）的进程还是会以不合理地占据本就低效的 I/O 资源。

10.9 /PROC 文件系统

/PROC 是一个非常特殊的文件系统，也可以说它根本不是文件系统。/PROC 目录下存放着内核关于系统状态的各种有意义的信息。在系统运行的时候，内核会随时向这个目录写入数据。ps 和 top 命令就是从/PROC 目录下读取数据的。事实上，这是操作系统向用户提供的一条通往内核的通道，用户甚至可以通过向/PROC 目录下的文件写入数据来修改操作系统参数。先来看一看/PROC 目录的内容。

```
$ ls /proc/
1       3143  5022  5705  6418  7002  7218  driver        scsi
10      3997  5078  5734  6570  7003  7223  execdomains   self
10656   3998  5134  5754  6687  7005  7230  fb            slabinfo
11      3999  5136  5764  6794  7015  7235  filesystems   stat
146     4     5158  5765  6797  7038  7270  fs            swaps
1474    44    5174  5785  6798  7055  7642  interrupts    sys
1477    4476  5188  5814  6799  7076  7644  iomem         sysrq-trigger
```

1578	4478	5201	5824	6800	7077	7645	ioports	sysvipc
1600	4479	5230	5862	6801	7080	7711	irq	timer_list
…								

其中，以数字命名的目录存放着以该数字为 PID 的进程的信息。例如，/proc/1 包含进程 init 的信息，这个进程是由内核在系统启动时创建的，是除了当时同时创建的几个内核进程之外的所有进程的父进程。另一些文件则代表不同的含义。例如，stat 文件包含进程的状态信息，ps 命令通过读取这个文件向用户提供输出信息。/PROC 文件系统在系统开发中有更多的应用，关于这个文件系统的详细信息，可以参考相关的专业书籍。

10.10 小　　结

- 进程是操作系统中的一种抽象概念，用来表示正在运行的程序。
- 进程有多个属性参数，包括 PID、PPID、UID 和 GID 等。
- setuid 程序是能够在运行时临时以其他用户身份（通常是 root）执行操作的程序。
- 优先级高（谦让度低）的进程更早被 CPU 处理，反之亦然。
- ps 命令用于查看当前正在运行的进程的情况。
- top 命令用于即时跟踪系统中的进程信息。
- lsof 命令用于查看正在使用的文件的进程。
- kill 命令用于向进程发送信号，以控制进程的行为。
- nice 和 renice 命令用于设置进程的谦让度。低谦让度意味着高优先级，反之亦然。
- /PROC 文件系统中记录着与系统状态有关的各种信息。

10.11 习　　题

一、填空题

1. 进程是_____。
2. 默认情况下，kill 命令向进程发送_____信号，表示请求终止某些操作。
3. /PROC 目录中存放着_____的信息。

二、选择题

1. 下面的（　　）工具可以实时监控进程信息。
A. ps　　　　　　B. top　　　　　　C. kill　　　　　　D. lsof
2. 下面的（　　）工具可以快速结束一个进程。
A. killl　　　　　B. ls　　　　　　C. lsof　　　　　　D. top
3. 下面（　　）是进程的属性参数。
A. PID　　　　　B. PPID　　　　　C. UID　　　　　　D. GID

三、判断题

1. 进程有一个 ID 号，称作 PID。PPID 表示父进程的 PID。　　　　　　（　　）
2. 所有用户都可以对某个进程进行操作。　　　　　　　　　　　　　　（　　）

四、操作题

1. 使用 ps 命令查看当前运行的进程信息。
2. 使用 top 命令实时监控进程信息。

第 3 篇
网络应用

- 第 11 章　网络配置
- 第 12 章　浏览网页
- 第 13 章　传输文件
- 第 14 章　远程登录

第 11 章 网 络 配 置

Internet 的发展使人类进入了一个全新的时代。本章不会就网络原理进行详细介绍，而是着重介绍如何连接到 Internet。在本章的进阶部分将会介绍和网络配置有关的内容。

11.1 几种常见的连接网络的方式

究竟有哪些连接网络的方式？根据不同的分类，可以给出不同的回答。要给出一个明确的分类非常困难，但这对于普通用户而言并不重要。桌面用户更关心的是如何接入网络，而不是这种接入具体是如何实现的。本节将从桌面用户的角度介绍接入互联网的方式。关于计算机网络的原理介绍，可以参考其他专业书籍。

11.1.1 通过办公室局域网连接

在一座或一群建筑物间存在的网络通常称为局域网。常见的英文缩写 LAN（Local Area Network）表达的是同一个意思。这是在写字楼（或者其他布置有网络的建筑物）内实现计算机互联的最常见的方法。事实上，Internet 正是由世界各地的各类连网终端和网络互联而成的。因此，通过局域网接入 Internet 非常方便——前提是这个局域网提供了这样的出口。

目前，几乎所有的局域网都使用了以太网技术。以太网这个词对于读者而言应该并不陌生。例如，PC 中安装的网卡大部分为以太网网卡。以太网是一种基于载波侦听、多路访问和冲突检测的连网协议。尽管存在有多种形式的以太网，但其基本原理是一致的。普通用户不需要了解其原理——这是网络管理员的事情，直接使用就可以了。对于普通的有线局域网接入而言，只需要一台带有网卡的计算机和一根网线就足够了。

11.1.2 无线连接

如果正在使用笔记本电脑，那么使用无线接入方式是一个不错的选择。无线连网正在经历一个快速发展的阶段，并且已经有很多不同的标准。其中，IEEE 的 802.11n 和 802.11ac 无线局域网标准是目前使用最广泛的无线连网标准。几乎所有的笔记本电脑都配有支持这两种标准的无线网卡。只要在无线网络能够覆盖的区域（如展区、咖啡厅、机场等场所），就可以接入无线网络。这使得移动办公越来越贴近普通人的生活。

在安全协议上，WPA 已经取代 WEP 成为无线网络的主流安全技术。这个协议的发布大大增强了人们对于无线网络安全性的信心，因为曾经的 WEP 实在太糟糕了。为了保证通信的安全，建议不要使用未经加密的无线网络，并尽量使用 WPA 取代 WEP。

11.1.3 Modem 连接

调制解调器（Modem）俗称光猫或宽带猫。它的作用是通过电话线或者光纤，把进入的信号还原为数据，以及将网线产生的数据转换成模拟信号。目前，在家上网的用户都使用 Modem 来上网。将光纤连入户后连接到光猫，即可通过 Modem 的光纤线路上网。Modem 使用路由器来扩展分配内网 IP 地址，因此 Modem 还需要连接路由器才能上网。如今，新的 Modem 直接把路由器也集成在里面。如果端口不够，可以在路由器后面连接交换机来扩展端口。

按照使用的 Modem 不同，连接分为两种情况。

- 由 Modem 出来的网线直接连接计算机，需要在电脑上按照 ADSL 模式进行设置，将路由器的 WAN 参数设置为 PPPOE 拨号模式，并输入宽带账户和密码。其他的设置按照路由器说明书或者路由器设置向导即可。设置完成后，其他计算机就可以通过路由器上网了。
- 如果光纤接的设备是 Modem 和路由器一体的路由 Modem 设备，计算机直接连接这个设备，无须进行 ADSL 设置，只要设置计算机自动获取 IP 就可以上网。

11.2 连接 PC 至局域网和 Internet

讲解 Linux 的上网配置是一件比较为难的事情，并不是因为这种配置本身有多复杂，而是对于这样一本书而言，实在有太多的东西需要考虑。各个发行版提供了不尽相同的用户界面，甚至不同的命令和配置文件——这一点的确值得商榷。兼顾各种主流发行版将会大大增加篇幅，同时对讲解技巧也提出了巨大的挑战。本节以图形化工具的讲解为主，对于读者而言，只需要了解和自己所在环境有关的内容就可以了。

11.2.1 连接办公室局域网

如果要连接办公室局域网，一张以太网卡和一根网线是必不可少的。Linux 应该认识主机上的网卡，这对于现在的网卡和 Linux 而言已经不是困难的事情了。市场上几乎所有的以太网卡都不需要特定的驱动程序就可以运行，Linux 内核也可以非常自如地操作这些网卡。如果读者碰巧购买了不能被 Linux 识别的网卡，那么最好的办法是去换一张。台式 PC 的网卡非常便宜——寻找网卡驱动程序所耗费的时间和精力远远超过了这个价格。

首先应该询问网络管理员，所在局域网使用的是动态主机配置协议（DHCP）还是静态 IP。DHCP 让用户几乎是彻底摆脱了网络配置的困扰，只需要将网线插上计算机，Linux 就会自动向 DHCP 服务器租用各种网络和管理参数，包括 IP 地址、网络掩码、默认网关和域名服务器等。要配置当前网卡使用 DHCP 方式，可以遵循下面的步骤。

（1）在应用程序列表中启动设置程序，打开"设置"对话框。在"设置"对话框中选择"网络"选项，弹出"网络"对话框，如图 11.1 所示。

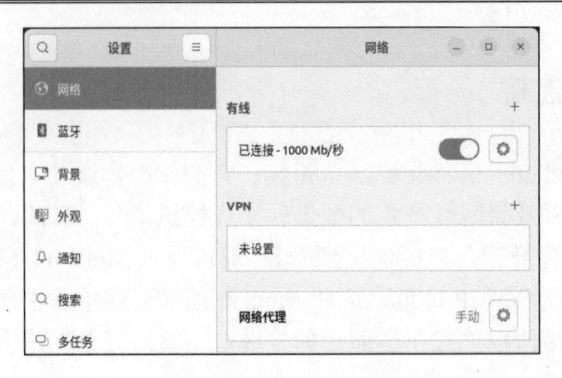

图 11.1 "网络"对话框

（2）单击"有线"部分的设置按钮，弹出"有线"对话框，在其中选择"IPv4"选项卡，如图 11.2 所示。

（3）在"IPv4 方式"部分选择"自动（DHCP）选项"，单击"应用"按钮。

（4）静态 IP 的配置方式略微复杂一些。在"IPv4 方式"部分选择"手动"单选按钮，在"地址"部分依次输入"地址""子网掩码""网关地址"字段，输入完毕后单击"应用"按钮，如图 11.3 所示。这些信息都可以从网络管理员那里得到。

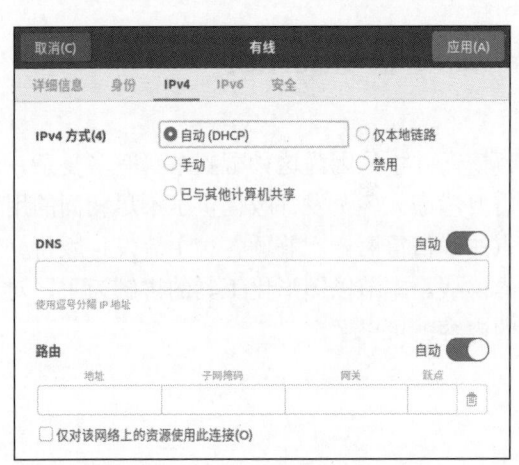

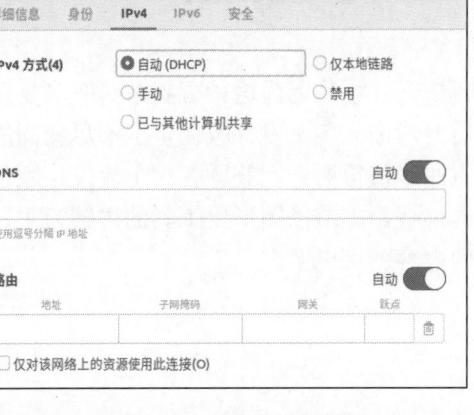

图 11.2 "有线"对话框　　　　　图 11.3 设置静态 IP 地址

连接到局域网后，下一个问题是怎样进一步连接到 Internet。不同的企业使用的方法不同。有些企业直接提供了 Internet 出口，另一些企业则使用了诸如 VPN 这样的技术。在论坛上经常看到有人抱怨，网络设计要求客户端下载并安装相应的软件才能够连接到 Internet，而这种设计显然没有兼顾 Linux 用户的需求——所有的客户端程序都被设计运行在 Windows 下。抱怨和投诉都没有太大用处，自己编写一个客户端或者寻求其他 Linux 用户的帮助是一种比较可行的方法。

11.2.2　使用 ADSL

ADSL 是当前家庭用户使用最多的互联网接入方式，俗称宽带。使用 ADSL 接入，应该到电信公司申请并安装相应的设备，不必询问那里的工作人员这种设备是否能够在 Linux 下使用。

1．Ubuntu中的设置

ADSL 使用以太网 PPPoE 调制解调器设置实现连接。这是一种被称作"点对点"的拨号方式。要配置 Ubuntu 使用 ADSL 上网，可以简单地遵循下面的步骤。

（1）在终端执行 nm-connection-editor 命令，启动 NetworkManager 的图形化方式。执行命令如下：

```
$ sudo nm-connection-editor
```

执行以上命令后，弹出"网络连接"对话框。单击添加按钮+，弹出"选择连接类型"对话框。在下拉列表中选择"DSL/PPPoE"选项，单击"创建"按钮，弹出"编辑 家庭网"对话框，如图 11.4 所示。在该对话框中设置连接名称（这里设置为家庭网）、上级接口（选择有线网卡）、用户名（宽带账户名）和密码（账号密码）。

（2）单击"保存"按钮，返回"网络连接"对话框，即可看到创建的网络连接，如图 11.5 所示。从该对话框中可以看到，创建了一个名为"家庭网"的 DSL/PPPoE 网络。

图 11.4　"编辑 家庭网"对话框　　　　图 11.5　"网络连接"对话框

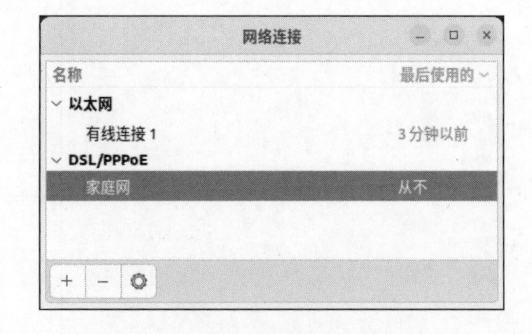

2．openSUSE中的设置

下面介绍在 openSUSE 中如何配置 ADSL 连接。

（1）选择桌面左下角的"K 菜单"，在搜索框中搜索"连接"程序。然后启动"连接"程序，弹出"连接—系统设置"对话框，如图 11.6 所示。

（2）单击新增连接按钮+，弹出"选择连接类型—系统设置"对话框，如图 11.7 所示。

（3）选择"DSL"连接类型，单击"创建"按钮，弹出"新建连接（pppoe）—系统设置"对话框，如图 11.8 所示。

（4）在"新建连接（pppoe）—系统设置"对话框的 DSL 选项卡中，输入拨号连接的服务名、用户名和密码，其他都使用默认设置，单击"保存"按钮，即可成功连接到网络。

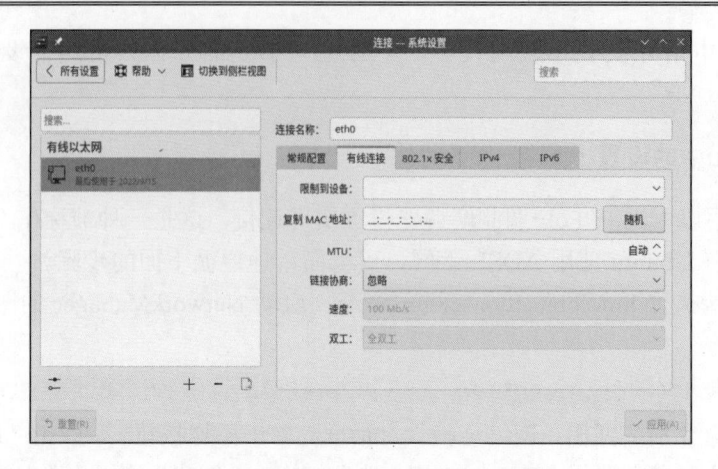

图 11.6 "连接—系统设置"对话框

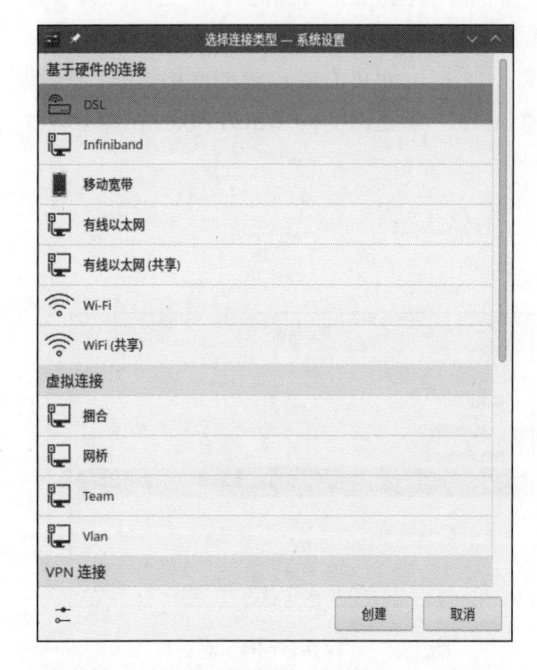

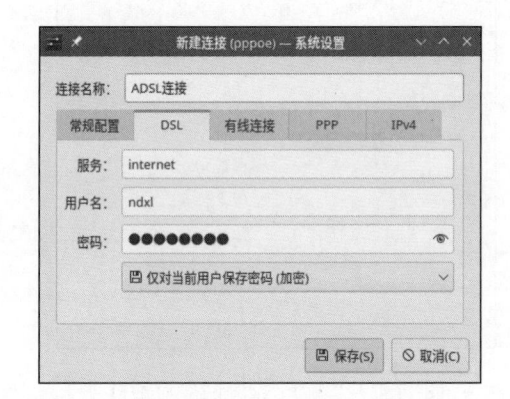

图 11.7 "选择连接类型—系统设置"对话框　　图 11.8 "新建连接（pppoe）—系统设置"对话框

11.2.3 无线网络

几乎所有的笔记本电脑都内置了无线网卡，随着无线热点覆盖范围越来越广，移动办公已经越来越普遍。要在 Linux 中使用无线网络，首先应该安装无线网卡的驱动程序。无线网卡是少有的几种对 Linux 支持不太好的硬件设备，各大无线网卡制造商似乎对提供 Linux 的驱动并不积极。然而，许多类型的网卡已经有解决方案了。一种被称为 Ndiswrapper 的程序能够利用 Windows 上的网卡驱动程序配置 Linux 内核。这样，只要能够获得 Windows 上的无线网卡驱动，Linux 就可以使用这张网卡了——即使该无线网卡并没有供 Linux 使用的驱动程序。

Ubuntu 在其官方源中提供了 Ndiswrapper 工具，Ubuntu 用户可以直接使用 apt-get 安装。关于如何安装软件，可以参考第 7 章。

安装无线网卡的具体步骤如下：

（1）从网卡生产厂家的网站上下载驱动文件。

（2）从驱动文件中找到可执行文件手动运行安装程序。

（3）安装完成后，启动"设置"程序，在"设置"对话框中选择"Wi-Fi"命令（在该对话框中有无线选项进行设置），如图 11.9 所示。

安装完成后，应该可以看到主机面板上的 Wi-Fi 灯亮起，表示无线网卡工作正常。通常来说，无线网络只要使用默认配置就可以了。Linux 会自动捕捉当前所在区域的无线接口。如果无线接口不止一个，那么用户可以从"可见网络"列表中选择一个，如图 11.9 所示。

加密的无线网络还需要用户提供用户名和密码。如果不知道，那么应该向网络管理员咨询。建立连接后，无线网络名称右侧将会显示"已连接"字样，而且在右侧会出现一个设置按钮，如图 11.10 所示。

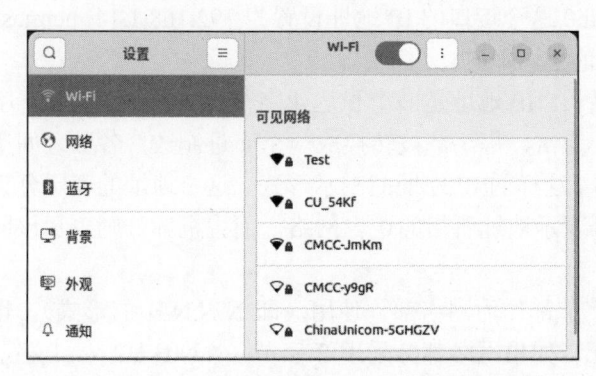

图 11.9　在下拉列表框中选择无线网络连接　　　图 11.10　完成无线网络的连接

以上只是建立了到无线接口所在局域网的连接。最后一个问题是：怎样连接到 Internet？这个问题的回答可参考 11.2.1 节的最后一段内容。另外，电信公司还有面向家庭用户的无线接入方案，读者也可以选择这种方式在家中实现移动办公。

11.3　进阶：在命令行下配置网络

在 Linux 图形界面能完成的系统设置都可以在命令行实现——这一点对网络配置同样适用。虽然图形化的网络配置工具给用户带来了莫大的方便，但是对于系统管理员而言，掌握命令行工具的使用非常重要。本节主要介绍 ifconfig 和 route 这两个命令。对于配置一台拥有静态 IP 的服务器，本节的内容非常有用。本节仍然不涉及高级的网络原理，只讲述最基本的网络配置方法，更多的细节和高级应用请参考其他专业书籍。

11.3.1 使用 ifconfig 配置网络接口

ifconfig 命令用于启动或禁用一个网络接口，同时设置其 IP 地址、子网掩码及其他网络选项。通常，ifconfig 命令在系统启动时通过相关配置文件中的参数来完成网络设置。用户也可以随时使用这个命令改变当前网络接口的设置。

> 📞提示：在 Ubuntu 系统中，默认没有安装 ifconfig 命令，用户需要使用 apt 命令安装 net-tools 软件包。

首先来看一个例子。下面的命令将网络接口 eth0 的 IP 地址设置为 192.168.1.14，子网掩码为 255.255.255.0，同时启动这个网络接口。

```
$ sudo ifconfig eth0 192.168.1.14 netmask 255.255.255.0 up
```

eth0 这个名字标识了一个网络硬件接口。其中，eth 代表 Ethernet，即以太网。第 1 个以太网接口为 eth0；第 2 个以太网接口为 eth1；以此类推。无线网络接口往往以 wlan 开头，遵循和以太网接口相同的命名法则。

eth0 后面紧跟着 IP 地址。这里将 eth0 这个接口的 IP 地址设置为 192.168.1.14。netmask 选项指定 ifconfig 命令设置的网络接口的子网掩码。

什么是子网掩码？这个问题说来话长。IP 地址是一个长达 4 字节的二进制数，用于唯一标识网络上的主机。在日常使用中，通常，每字节被转换成一个十进制数，各数之间用点号隔开，这样就形成了如 192.168.1.14 这样的 IP 地址的表示形式。这个地址的表示分为网络部分和主机部分，其中，网络部分表示地址所指的逻辑网络，而主机部分则表示该网络中的一台计算机。

这样问题就产生了：即使将前 3 字节都作为网络部分使用（即 N.N.N.H 的形式），也有多达 254 个主机号可供这个网络分配。如果网络部分采用 2 字节（N.N.H.H）和 1 字节（N.H.H.H），那么这个数将分别达到 65534 和 16777214。对于一个逻辑网络而言，主机数通常不会超过 100 台，预留这么多主机号显然是一种浪费。这样，子网掩码就应运而生了。通过对 IP 地址和子网掩码实施"与"运算，可以将网络号分离出来，从而实现利用有限的 IP 地址划分更多的逻辑网络的目的。

最后的关键字 up 用于启动网络接口。与之相反的是关键字 down，用于关闭该网络接口。例如：

```
$ sudo ifconfig eth0 down
```

> 📞提示：在 Ubuntu 22.04 中，有线网络接口名称不再以 eth*开头，而是以 ens*开头。无线网络接口名称以 wlx*开头。

可以使用不带任何参数的 ifconfig 命令显示当前系统上所有网络接口的配置。

```
$ ifconfig
ens33: flags=4163<UP,BROADCAST,RUNNING,MULTICAST>  mtu 1500
        inet 192.168.164.128  netmask 255.255.255.0  broadcast 192.168.164.255
        inet6 fe80::fefb:bb70:d9cd:62fb  prefixlen 64  scopeid 0x20<link>
        ether 00:0c:29:43:c0:b5  txqueuelen 1000  (以太网)
        RX packets 6230  bytes 7881763 (7.8 MB)
```

```
        RX errors 0  dropped 0  overruns 0  frame 0
        TX packets 3358  bytes 272722 (272.7 KB)
        TX errors 0  dropped 0  overruns 0  carrier 0  collisions 0

lo: flags=73<UP,LOOPBACK,RUNNING>  mtu 65536
        inet 127.0.0.1  netmask 255.0.0.0
        inet6 ::1  prefixlen 128  scopeid 0x10<host>
        loop  txqueuelen 1000   (本地环回)
        RX packets 66775  bytes 4759605 (4.7 MB)
        RX errors 0  dropped 0  overruns 0  frame 0
        TX packets 66775  bytes 4759605 (4.7 MB)
        TX errors 0  dropped 0  overruns 0  carrier 0  collisions 0

wlx000f008da6e2: flags=4163<UP,BROADCAST,RUNNING,MULTICAST>  mtu 1500
        inet 192.168.0.100  netmask 255.255.255.0  broadcast 192.168.0.255
        inet6 fe80::3dc8:cdd9:1445:31ee  prefixlen 64  scopeid 0x20<link>
        ether 00:0f:00:8d:a6:e2  txqueuelen 1000   (以太网)
        RX packets 126  bytes 23215 (23.2 KB)
        RX errors 0  dropped 40  overruns 0  frame 0
        TX packets 78  bytes 11607 (11.6 KB)
        TX errors 0  dropped 0  overruns 0  carrier 0  collisions 0
```

> **注意**：其中，lo 表示"环回网络"，这是一个没有实际硬件接口的虚拟网络。127.0.0.1 这个环回地址始终指向当前主机，也可以使用 localhost 表示当前主机。

值得注意的是，如果正在远程服务器上使用 ifconfig 命令，那么应该随时提防因为操作不慎而使本机断开网络。

11.3.2 使用 route 配置静态路由

路由是定义网络上两台主机间如何通信的一种机制。为了实现与目的主机的通信，需要告诉本地主机应遵循什么线路才能够到达目的地。Linux 内核中维护着一张路由表，每当需要发送一个数据包时，Linux 会把这个包的目标 IP 地址和路由表中的路由信息进行比较。如果找到了匹配的表项，那么这个包就会被发送到这条路由对应的网关上，网关会负责把这个包转发给目的地。

使用 netstat -r 命令可以看到当前系统中的路由信息。

```
$ netstat -r
内核 IP 路由表
Destination     Gateway         Genmask         Flags  MSS Window  irtt Iface
10.71.84.0      *               255.255.255.0   U        0 0          0 eth0
10.250.20.0     *               255.255.255.0   U        0 0          0 wlan0
link-local      *               255.255.0.0     U        0 0          0 eth0
default         10.250.20.254   0.0.0.0         UG       0 0          0 wlan0
default         10.71.84.254    0.0.0.0         UG       0 0          0 eth0
```

在上面这张路由表中，地址 10.71.84.0 和 10.250.20.0 不需要网关即可到达，这意味着这两个地址和本地主机同处一个网络（事实上，最后一个字节为 0 的 IP 地址就是该网络的网络地址）。default 表示一条默认路由，当所有的表项都不能被匹配的时候，Linux 就会把包发送到默认路由指定的网关上。在这个例子中，默认路由的网关被设置为 10.250.20.254（对应于 wlan，即无线网络接口）和 10.71.84.254（对应于 eth0，即以太网接口）。

route 命令用于增加或者删除一条路由。下面这个命令增加了一条默认路由。

```
$ sudo route add default gw 10.71.84.2
```

其中，关键字 add 表示增加路由表项，关键字 default 指定这是一条默认路由，关键字 gw 告诉 Linux 后面紧跟的参数 10.71.84.2 是包应该被转发到的那台主机（也就是网关）。注意，网关必须处在当前可以直接连接的网络上。

可以手动配置路由信息，使主机能够访问某个网络。例如，现在希望连接一个网络地址 10.62.74.0/24 的网络，在本地网络中有一台 IP 地址为 10.71.84.51 的主机可作为网关。可以运行下面的命令增加一条路由。

```
$ sudo route add -net 10.62.74.0/24 gw 10.71.84.51
```

上面这个命令看起来跟前面的命令有一些不同。首先，-net 取代了关键字 default，表示后面紧跟的是一个网络地址，也就是目的网络。关键字 gw 指示 Linux 把所有发送到 10.62.74.0 这个网络中的主机的包，全部转发到 10.71.84.51 上，这个网关主机知道怎样连接到目的网络。

其次，10.62.74.0/24 这个 IP 地址看上去有一点奇怪。前面讲过，通过子网掩码可以提取一个 IP 地址的网络部分，因此 route 命令应该知道某个特定网络的子网掩码是什么。/XX 是一种简便的表示子网掩码的方式，这里的 24 表示 IP 地址的网络部分占据 24 位，对应的子网掩码为 255.255.255.0。

也可以使用-host 关键字指定紧跟的 IP 地址是一个主机地址。下面这个命令指定将所有发送到主机 10.62.74.4 的包，转发到网关 10.71.84.51 上。

```
$ sudo route add -host 10.62.74.4 gw 10.71.84.51
```

☎ **提示**：一个 IP 地址一般表示一台主机。但有两个地址是例外的。全 0 和全 1 的主机地址被保留作为网络地址和广播地址。网络地址代表整个网络，而发送到广播地址的包会被转发到这个网络的所有主机上。

可以指定对某个特定的网络接口配置路由表。

```
$ sudo route add -host 10.62.74.4 gw 10.71.84.51 dev eth0
```

其中，关键字 dev 是可有可无的。route 命令也可以理解下面这种写法。

```
$ sudo route add -host 10.62.74.4 gw 10.71.84.51 eth0
```

最后，使用 del 关键字可以删除一条路由。下面这个命令删除了当前的默认路由。

```
$ sudo route del default
```

和使用 ifconfig 命令一样，在远程登录情况下删除路由表项应该格外小心，把自己关在外面可不是什么好玩的事情。

11.3.3 主机名和 IP 地址间的映射

IP 地址太长了，以至于有些时候看起来像一串随机数字。没有人愿意在浏览器中输入一串数字来访问某个网站。于是使用主机名来标识一台计算机就显得自然而然了。主机名是为了方便人们记忆而使用的一个有意义的字符串，如 localhost、www.google.com 等。计算机并不能通过主机名确定主机的位置。就像写有"乡下爷爷收"的信封永远不可能到达目的地一样，IP 地址如同大楼的门牌号，计算机必须通过 IP 地址才能找到主机。因此，就需要有一种方式来确定主机名和 IP 地址间的映射关系。

有多种不同的方法,最流行的是 DNS。为此,网络中必须有一台 DNS 服务器,客户机通过发起查询获得某台主机的 IP 地址。另一种较为"原始"的方式是使用 hosts 文件。虽然 hosts 文件在网络中很少使用,但是在 hosts 文件中指定本地映射关系在系统引导时非常必要,因为这个时候还没有网络支持。

Linux 中的 hosts 文件保存在/etc 目录下。一个典型的 hosts 文件至少应该包含两行内容,分别指定 localhost 和本地主机名对应的 IP 地址(这里都是 127.0.0.1,表示本机)。例如:

```
$ cat /etc/hosts
127.0.0.1    localhost
127.0.1.1    bob-virtual-machine
```

可以编辑这个 hosts 文件,向其中加入新的映射关系。例如,下面这一行代码指明了一台名为 data-keeper 的主机 IP 地址为 10.10.10.31。

```
10.10.10.31 data-keeper
```

11.4 小　　结

- 根据分类方式不同,有多种联网方式。对于普通用户而言,可以通过办公室局域网、无线连接、有线宽带连接等方式接入互联网。
- 连接办公室局域网只需要一张以太网卡和一根网线即可,可以配置为使用 DHCP 或静态 IP 地址,视具体网络环境而定。
- ADSL 设备一般都能被 Linux 支持。在 Ubuntu 和 openSUSE 中配置 ADSL 上网的方式略有不同。
- 在 Linux 中可以通过 Ndiswrapper 加载 Windows 的网卡驱动程序。
- 拨号上网最大的障碍来源于 Modem 的驱动程序。不过拨号上网方式正在逐步退出历史舞台。
- ifconfig 命令用于配置网路接口。
- 子网掩码用于分离 IP 地址中的网络部分和主机部分。
- route 命令用于配置静态路由。
- 有多种方式在主机名和 IP 地址之间进行映射。/etc/hosts 文件中保存了系统启动时需要用到的映射关系。

11.5 习　　题

一、填空题

1. 常见的网络连接方式包括_____、_____和_____。
2. 在无线连接中,目前使用最广泛的安全技术为_____。
3. 配置 IP 地址的方式有两种,分别为_____和_____。

二、选择题

1. 在 Linux 系统中，使用（　　）命令可以查看及配置网络接口。
   A．netstat　　　　B．ifconfig　　　　C．route　　　　D．ip
2. route 命令的（　　）选项用来添加路由。
   A．add　　　　　B．del　　　　　　C．-net　　　　　D．-host

三、判断题

1. LAN 的英文全称为 Local Area Network，表示本地局域网。　　　　（　　）
2. 目前使用最广泛的无线网络标准为 802.11b/g/n 和 802.11ac。　　　　（　　）

四、操作题

1. 使用 ifconfig 命令查看当前网络的接口信息。
2. 使用 route 命令查看当前系统的路由信息。

第 12 章 浏 览 网 页

在个人用户眼里，网页浏览器或许已经变得和操作系统一样重要。这个世界的工作重心正朝着互联网这朵"云"转移。当办公文档都可以在 Web 浏览器中查看和编辑时，让人不得不猜想，桌面操作系统在不久的将来是否会退化为一个浏览器？

无论如何，没有网页浏览器的 PC 是不完整的。本章介绍在 Linux 中经常使用的几款浏览器软件。限于篇幅，这里只能进行简要介绍，更高级的功能读者可以自己摸索。

12.1 使用 Mozilla Firefox

根据相关数据统计，2022 年，全世界桌面浏览器排行榜排名前几位的分别是谷歌推出的 Chrome、苹果推出的 Safari 浏览器、微软推出的 Edge 浏览器。Firefox 作为非盈利组织 Mozilla 开发的浏览器占据第 4 位。Firefox 同时支持 Windows、Linux 和 macOS 这 3 个操作系统平台，并且是几乎所有 Linux 发行版的默认 Web 浏览器。

12.1.1 启动 Firefox

Firefox 是目前几乎所有 Linux 发行版都自带的 Web 浏览器，因此并不需要刻意去安装。如果读者使用的 Linux 碰巧没有安装这个软件，那么可以从 www.firefox.com.cn 上下载其 Linux 版本并安装。安装方法非常简单，此处不再赘述。

不同的发行版有不同的应用程序目录结构。通常来说，Firefox 会出现在"互联网"子目录中。例如，在 Ubuntu 中，在左侧栏中选择"Firefox 网络浏览器"命令可以打开 Firefox，openSUSE 用户可以选择"应用程序"|"Firefox"命令打开 Firefox。在地址栏中输入网站地址并回车后即可访问相应的 Web 网页，如图 12.1 所示。

图 12.1 Firefox 浏览器默认页面

Firefox 的特色之一在于标签式的浏览方式。页面间的切换可以通过选择标签来完成。双击标签栏的空白部分，或者使用 Ctrl+T 快捷键可以打开一个空白标签，如图 12.2 所示。这个人性化的设计大大提升了用户体验。

图 12.2　新建一个空白标签

12.1.2　设置 Firefox

选择"编辑"|"设置"命令，可以对 Firefox 的各种选项进行设置。打开后的对话框如图 12.3 所示。其中常用到的功能就是"常规"和"主页"选项卡。在"常规"选项卡中，可以设置 Firefox 启动打开的页面、语言外观及下载路径等；在"主页"选项卡中，可以设置 Firefox 启动时显示的页面。根据自己的喜好，可以设置为显示主页（需要在"主页"文本框中输入）、显示空白页、显示上次关闭时的网页。

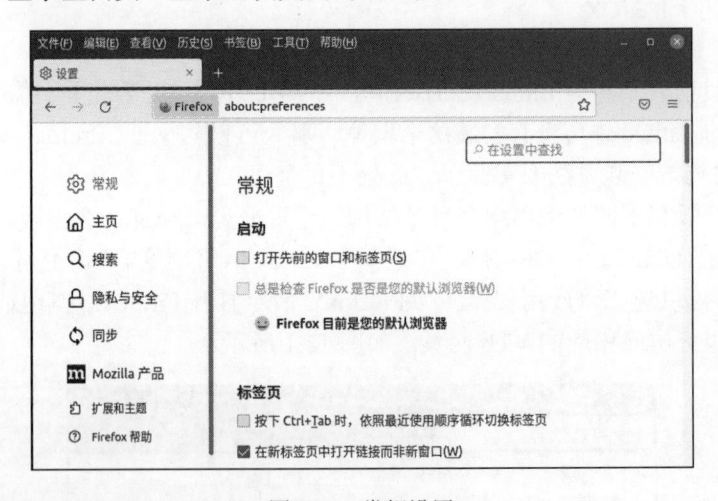

图 12.3　常规设置

Firefox 在默认情况下将所有下载的文件保存在"下载"文件夹下，用户可以自由改变这个默认的存储目录。单击"浏览"按钮，弹出"选择下载文件夹"对话框，选择想要作为默认存储位置的目录。也可以选择"总是询问保存文件的位置"复选框，让 Firefox 在每次下载文件的时候都询问保存路径。

如果需要设置代理服务器，在"常规"选项卡的"网络设置"部分，单击"设置"按钮，弹出"连接设置"对话框，如图 12.4 所示。此时，可以配置使用系统代理、手动配置代理或自动代理配置的 URL。设置完成后，单击"确定"按钮。

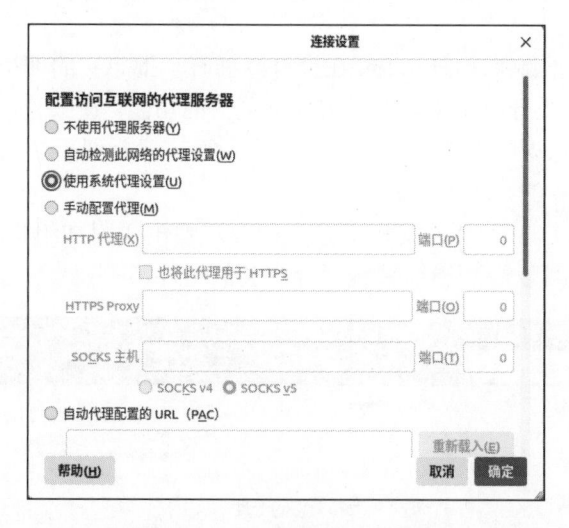

图 12.4 "连接设置"对话框

其他选项设置读者可以逐一尝试。一般，在更改安全选项的时候，只要使用 Firefox 的默认设置就足够了。

12.1.3 清除最新的历史记录

Firefox 提供了一个功能用于清除保存在浏览器中的历史记录。选择"历史"|"清除最近的历史记录"命令，弹出"清除全部历史"对话框。在"要清除的时间范围"下拉列表框中可以设置清除的时间范围，在"历史记录"部分可以选择清除的历史记录，如图 12.5 所示。单击"确定"按钮执行清除操作。

这里有必要解释的是 Cookie。当用户浏览网页的时候，一些服务器会在用户机器的特定目录（由浏览器指定）下储存一些信息。这些信息往往用于确定用户的身份（例如，在淘宝网上购物的时候，用户可以在不同的页面之间切换，但并不需要每次都输入验证信息），这些信息非常短，因此被形象地称为 Cookie（小甜饼）。Cookie 由浏览器管理，可以设置失效期限（也有一些网站设置了 Cookie 却没有设置其何时失效）。一些恶意程序会窃取保存在 Cookie 中的个人信息，因此定期清理 Cookie 是一个比较好的习惯。

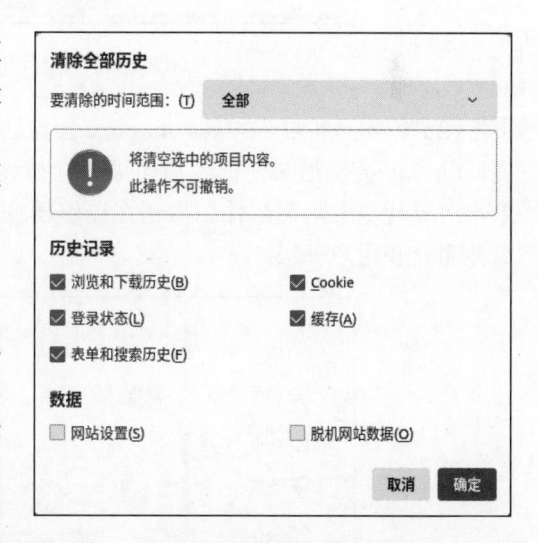

图 12.5 清除全部历史记录

12.1.4 安装扩展组件

作为一款优秀的开源软件，Firefox 在全世界拥有一批忠实的拥护者。每天都有大量针对 Firefox 的扩展组件被开发出来，用于增强浏览器的功能。在改善用户体验方面，一些扩展组件表现出了令人惊讶的创造性。对于开发人员而言，类似于 Firebug 这样的网页调试组件已经成为页面设计的必备工具。

（1）依次选择"工具"|"扩展和主题"命令，弹出"附加组件管理器"对话框，如图 12.6 所示，在其中可以看到当前系统已经安装的组件。

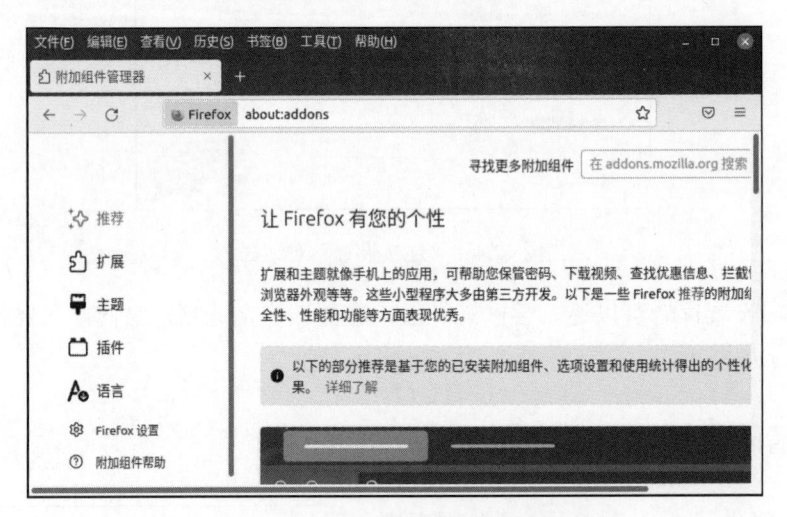

图 12.6 "附加组件管理器"对话框

（2）单击"扩展"按钮，Firefox 会自动连接网络，获取当前可用的组件信息。通常来说，Firefox 会根据热门程度和评级来选择显示"最好的"5 个组件，如图 12.7 所示。可以单击"寻找更多附加组件"按钮在浏览器窗口中查看所有可用的组件，每个组件下方都有组件简介和用户评级。

图 12.7 附加组件

（3）单击"添加至 Firefox"按钮即可安装该组件，如图 12.8 所示。

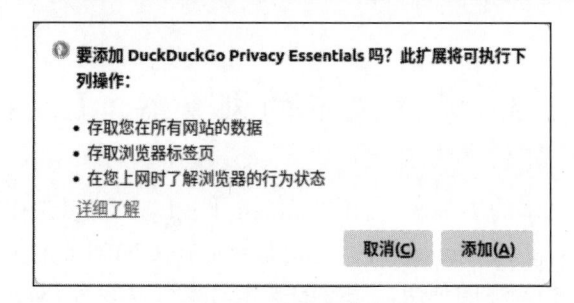

图 12.8　安装附加组件

> 注意：完成组件的安装后需要重启 Firefox。

已经安装的附加组件可以随时在"扩展"选项卡中删除，具体方法是，单击已安装的附加组件的管理按钮…，然后单击"移除"按钮。出于安全考虑，建议不要安装来自不可信站点的组件工具。

12.2　使用 Google Chrome

Google Chrome 又称谷歌浏览器，是一个由 Google（谷歌）公司开发的网页浏览器。目前，谷歌浏览器是全球市场份额最高的浏览器，它的特点是简洁、快速，不会轻易崩溃是它的最大优点，用户体验感非常好。

在 Ubuntu 的软件源中已经提供了谷歌浏览器安装包 chromium-browser，用户使用 apt-get 命令可以快速安装。

```
$ sudo apt install chromium-browser
```

成功执行以上命令后，谷歌浏览器即安装成功。然后启动谷歌浏览器，显示界面如图 12.9 所示。

图 12.9　谷歌浏览器的启动界面

12.3 基于文本的浏览器：Lynx

Lynx 是一款基于文本的浏览器，工作在 Shell 上。Lynx 可以工作在多个操作系统平台上，包括 Linux、DOS 和 Macintosh 等，它也是目前在 GNU/Linux 中最受欢迎的 Console 浏览器。本节简要介绍 Lynx 的使用，完整的操作命令可以参考 Lynx 手册。

12.3.1 为什么要使用字符界面

在图形界面非常普及的背景下，为什么还要使用基于字符界面的浏览器呢？答案是：的确没有必要。Firefox、Opera 这些浏览器软件非常美观，也非常高效，Lynx 似乎早已失去了用武之地——很多发行版默认并不安装这个小工具。然而，即便如此，对于系统管理员而言，Lynx 有时候仍然是有用的，特别是当图形界面崩溃，而又希望上网查看或下载资料的时候，Lynx 是一个很好的选择。

12.3.2 启动和浏览

尽管 Lynx 并不在各大发行版的默认安装组件中，但在大部分 Linux 发行版的安装光盘中都包含有这个软件。可以使用包管理工具直接安装，也可以从 https://lynx.invisible-island.net/current/ 上下载安装。

启动 Lynx 非常方便，打开终端，输入 Lynx 即可。也可以将网址作为参数直接打开网页。输入 lynx www.csdn.net，启动后的界面如图 12.10 所示。

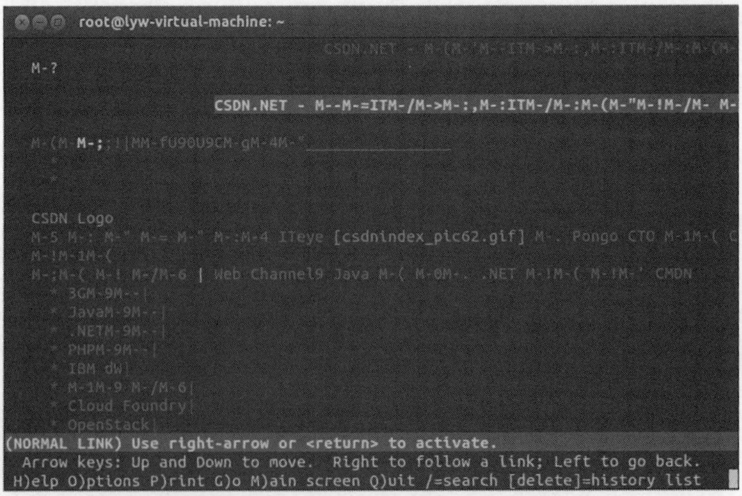

图 12.10　使用 Lynx 显示 CSDN 主页

通过使用方向键可以控制光标的移动方向。Lynx 会逐个加亮超链接文本，在文本高亮显示时按 Enter 键可以转到相应的网页。在文本框中可以直接输入文本，然后使用方向键结束输入，如图 12.11 所示。对于使用了 Cookie 的网站，Lynx 会询问用户是否接受来自该网站的 Cookie，通常回答 y 即可，如图 12.12 所示。

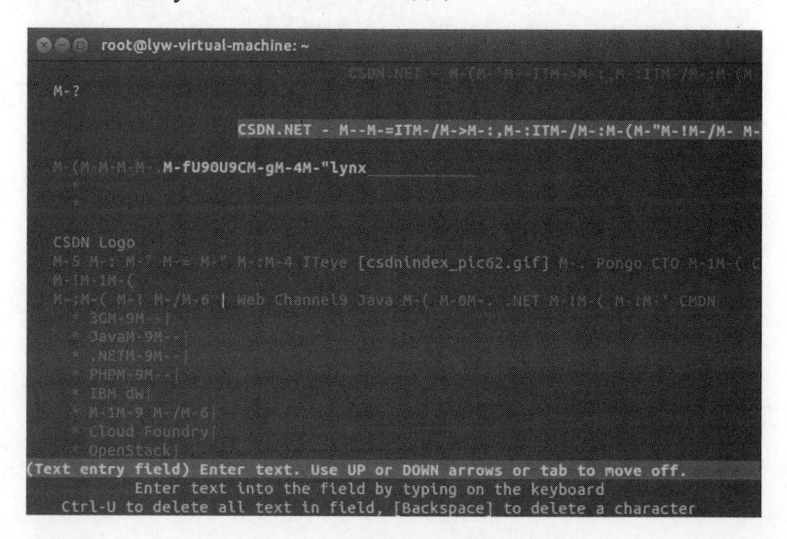

图 12.11　在文本框中输入文本

图 12.12　确认接受 Cookie

在浏览网页的过程中，Lynx 会随时给出操作提示，使用空格键可以快速向下滚动屏幕。由于这是一个基于文本的浏览器，所以不要指望显示图片了，所有的图片都被显示为一个个文件名。使用"/"命令可以打开命令行查找网页中的字符串。Lynx 会自动定位到查找到的字符串并高亮显示，如图 12.13 所示。

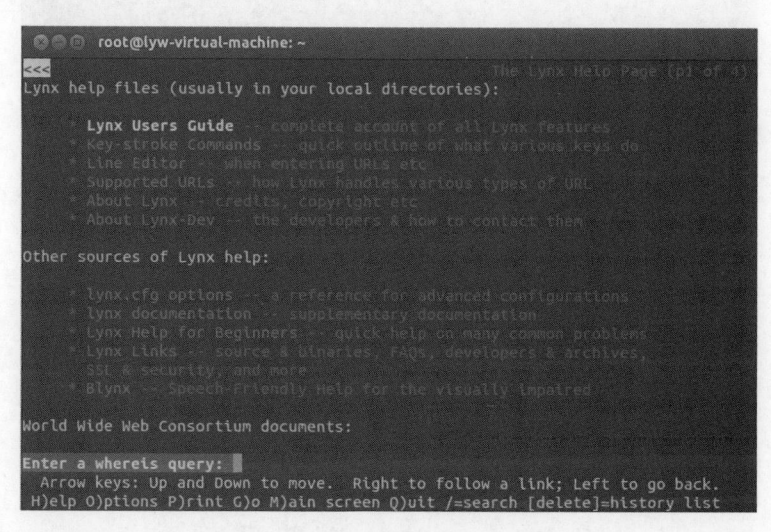

图 12.13　在网页中查找字符串

如果用户没有输入任何命令就按 Enter 键，那么 Lynx 将回到当前页面。使用命令 q 可以退出 Lynx。依照惯例，Lynx 会询问是否真的想退出，回答 y 即可，如图 12.14 所示。

图 12.14　退出界面

12.3.3　下载和保存文件

在 Lynx 中下载文件非常方便。移动光标，使链接处高亮显示，按 d 键指示 Lynx 下载该链接所对应的文件。Lynx 会询问是保存文件还是显示临时目录，如图 12.15 所示。移动光标使 Save to disk 命令高亮显示，按 Enter 键并输入文件名即可完成文件的保存。在默认情况下，下载的文件被保存在用户的主目录下。

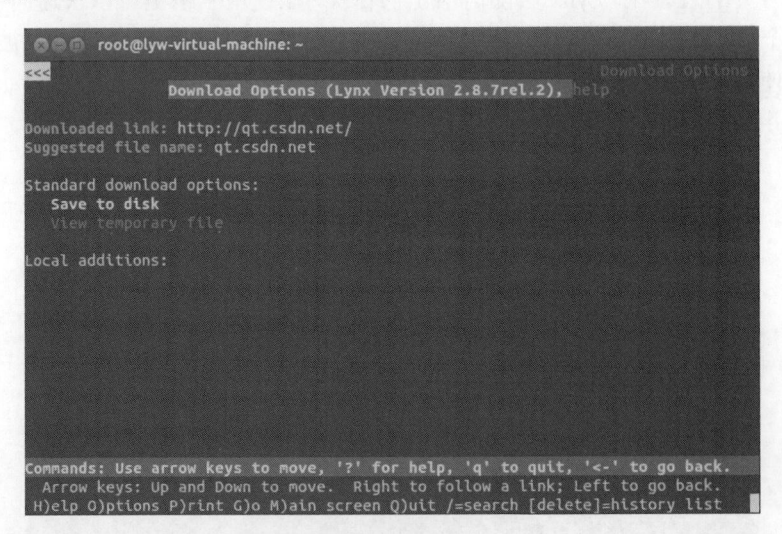

图 12.15　下载并保存文件

12.4　其他浏览器

除了前面提到的几款浏览器，还有一些浏览器可以在 Linux 平台上运行，包括

Konqueror、Galeon、Epiphany 和 Songbird 等。其中，Konqueror 是 KDE 集成的一款著名的浏览器，可以完成几乎所有的浏览功能，但在大多数情况下其是作为目录浏览器的角色出现的。在功能上，这几款浏览器可能稍逊于 Firefox 和 Opera。另外还有 Linux 版本的 Chrome 浏览器也是不错的选择。

12.5 小　　结

- Mozilla Firefox 是目前在 Linux 中使用最广泛的网页浏览器，也是整个桌面市场份额第四的浏览器。
- 定期清除浏览器中保存的隐私信息（如 Cookie）有助于保护个人信息安全。
- 用户可以通过安装"扩展组件"增强 Firefox 的功能。
- Lynx 是一款基于文本的浏览器。

12.6 习　　题

一、填空题

1. _____是目前最炙手可热的开源 Web 浏览器。
2. _____是一款基于文本的浏览器。

二、判断题

1. Firefox 和 Opera 浏览器都支持打开多个标签页。　　　　　　　　（　　）
2. 当图形界面崩溃时，使用 Lynx 浏览器是一个很好的选择。　　　　（　　）

三、操作题

1. 使用 Firefox 浏览器访问百度网站。
2. 使用 Lynx 工具访问百度网站。

第 13 章 传输文件

随着计算机技术的发展，需要用软盘共享文件的时期早已过去，远隔千里的两台主机可以方便地通过网络传输数据。使用 Linux 可以方便地通过网络共享文件，这种共享不仅发生在两台 Linux 主机之间，也可以是 Linux 和 Windows 或者其他任何操作系统。本章只涉及如何使用已有的共享资源，至于配置服务器的相关信息，可以参考第 6 篇。

13.1 Linux 间的网络硬盘：NFS

NFS 目前只用于在 Linux 和 UNIX 主机间共享文件系统。通过 NFS 可以方便地将一台 Linux（或者 UNIX）主机上的文件系统挂载到本地。当然，这首先要求对方主机开启了 NFS 服务器，并对这个共享的文件系统做了相关的设置。NFS 服务器的设置可以参考第 24 章。

13.1.1 安装 NFS 文件系统

使用 mount 命令可以安装 NFS 文件系统。从某种程度上讲，这和安装本地文件系统是一样的，区别仅在于需要给 mount 命令指定一个远程主机名（或者 IP 地址）。安装 NFS 最简单的命令如下：

```
$ sudo mount 10.171.37.1:/srv/nfs_share share/
```

上面这个命令将主机 10.171.37.1 上导出的/srv/nfs_share 安装到 share 目录下。接下来就可以像使用本地文件系统那样使用它了。

```
$ cd share/
$ ls                                                    ##查看目录下的内容
a                   dump-0.4b41-1.src_2.rpm  dump-0.4b41.tar.gz
Blue-1.7.tar.bz2    dump-0.4b41-1.src.rpm    mplayer
```

如果安装失败，那么很有可能是服务器端的 NFS 服务器没有正确导出这个目录，使用带-e 选项的 showmount 命令可以查看服务器端导出的目录。

```
$ showmount -e 10.171.37.1                     ##查看主机10.171.37.1导出的目录
Export list for 10.171.37.1:
/srv/nfs_share *
```

注意：openSUSE 用户需要切换到 root 身份才能执行 showmount 命令。

13.1.2 卸载 NFS 文件系统

和卸载本地文件系统一样，卸载 NFS 文件系统也使用 umount 命令。下面的命令是卸载前面安装的 NFS 文件系统。

```
$ sudo umount share/
```

应该确保卸载的时候没有其他进程正在使用这个文件系统，在很多情况下，只是因为用户进入了这个目录，umount 命令就会拒绝卸载文件系统。

```
$ sudo umount share/
umount.nfs4: /home/bob/share: device is busy
```

如果找不到哪些进程正在使用的这个文件系统，可以使用 lsof 命令查询，然后关闭这些进程。

```
$ lsof /home/bob/share                    ##查看哪些进程正在使用 share 目录
COMMAND  PID   USER FD   TYPE DEVICE SIZE/OFF NODE    NAME
bash     3218  bob  cwd  DIR  0,71   4096     2101411 /home/bob/share
                                                      (192.168.164.128:
                                                      /srv/nfs_share)
lsof     8563  bob  cwd  DIR  0,71   4096     2101411 /home/bob/share
                                                      (192.168.164.128:
                                                      /srv/nfs_share)
lsof     8564  bob  cwd  DIR  0,71   4096     2101411 /home/bob/share
                                                      (192.168.164.128:
                                                      /srv/nfs_share)
```

如果所有办法都不奏效，那么可能是 NFS 服务器出现了问题，使用 umount -f 命令可以强行卸载这个文件系统。

13.1.3 选择合适的安装选项

默认情况下，mount 命令会根据 NFS 服务器上的设置，选择合适的安装选项。在上面的例子中，mount 命令以只读方式挂载这个文件系统，试图在 share 目录下创建文件是非法的。

```
$ cd share/                               ##进入 share 目录
$ touch b                                 ##创建一个空文件
touch: 无法创建 'b': 权限不够
```

如果确定 NFS 服务器以可写方式导出了这个文件系统，那么可以使用-o 选项配合 rw 标志，明确指定以可读写方式安装这个文件系统。

```
$ sudo mount -o rw 10.171.37.1:/srv/nfs_share share/
```

☎ 提示：rw 标志实际上是"推荐"mount 命令用可读写方式安装文件系统的。如果 NFS 服务器上的设置不允许外部可写，那么 mount 会自动选择以只读方式安装。

NFS 还有一些安装标志，表 13.1 列出了常用的一些安装标志。

"硬安装"是 mount 命令的默认安装方式，使用这种安装方式有助于 NFS 传输的稳定。如果是网络原因使某个程序的传输暂时被阻塞，那么客户机还会继续等待，直到传输恢复正常。与此相对，"软安装"则显得太过"草率"，一次短暂的故障就可能毁掉几个小时的劳动成果。如果用户正在访问一台不重要的 NFS 服务器，那么 soft 标志可以帮助用户避免把时间浪费在无谓的等待上。

表 13.1　常用的NFS安装标志

标　志	含　义
rw	以可读写方式安装文件系统
ro	以只读方式安装文件系统
bg	如果安装失败，那么在后台继续发送安装请求
hard	"硬安装"方式。如果服务器没有响应，那么暂时挂起对服务器的访问，直到服务器恢复
soft	"软安装"方式。如果服务器没有响应，那么返回一条出错信息，并中断正在执行的操作
intr	允许用户中断某项操作，并返回一条错误信息
nointr	不允许用户中断
timeo=n	请求的超时时间。n 以十分之一秒为单位
tcp	使用TCP传输文件（默认选择UDP）
async	要求服务器在实际写硬盘之前就回应客户机的写请求

intr 允许用户在发现某项操作没有回应的时候就将其中断。通常来说，给"硬安装"方式配合 intr 标志是一种比"软安装"更好的方式，这样既可以保证重要操作不会被意外中断，又能让用户在适当的时候手动中断某项操作。

使用逗号分隔多个不同的选项。下面的命令以可读写、硬安装、可中断、后台重试安装请求的方式安装远程 NFS 文件系统。

```
$ sudo mount -o rw,hard,intr,bg 10.171.37.1:/srv/nfs_share share/
```

13.1.4　启动时自动安装远程文件系统

和本地文件系统一样，可以配置/etc/fstab 文件让系统启动时自动安装 NFS 文件系统。以 root 身份在/etc/fstab 文件中添加一行信息如下：

```
10.171.37.1:/srv/nfs_share    /home/bob/share    nfs    rw,hard,intr,bg    0 0
```

添加的这一行信息依次指定了以下配置信息：
- 指定将主机 10.171.37.1 上导出的/srv/nfs_share 目录安装到目录/home/bob/share 下。
- 文件系统类型是 NFS。
- 设置安装标志 rw、hard、intr 和 bg。
- 按备份频度 0 执行备份（完整备份）。
- fsck 检查次序为 0（最先检查）。

提示：关于 fstab 文件的详细介绍请参考 8.3.4 节。

这样在每次启动系统时就能自动安装 NFS 文件系统了。作为测试，可以使用下面的命令让 fstab 文件中对 NFS 的配置立即生效。

```
$ sudo mount -a -t nfs
```

13.2 与 Windows 协作：Samba

NFS 可以让另一台 Linux 主机上的文件系统看起来就像是在本地一样，但在实际的办公环境中，用户可能不得不访问大量的 Windows 主机。让两台近在咫尺的 Linux 和 Windows 主机就这样装作不认识显然不是一个好主意。幸运的是，Samba 可以帮助管理员摆脱这样的困扰。

13.2.1 什么是 Samba

Windows 不支持 NFS，而是使用一种叫作 CIFS（Common Internet File System，公共的 Internet 文件系统）的协议机制来"共享"文件。后者来自于 Microsoft 和 Intel 公司共同开发的 SMB（Server Message Block，服务器消息块）协议。CIFS 本质上是 SMB 的升级版本，在 SMB 之前，这个协议被称为 The Core Protocol（核心协议）。

1991 年澳大利亚人 Andrew Tridgell 用逆向工程实现了 SMB 协议（也就是现在的 CIFS 协议），并将这个软件包取名为 Samba。Samba 原本是源自巴西的一种拉丁舞蹈，Tridgell 选择这个名字可能是欣赏桑巴舞的激情，还有这个单词中包含 S、M 和 B 这 3 个字母。1992 年，Tridgell 公布了 Samba 的完整代码，从此这个项目得到了来自开源社区的大力支持。如今，Samba 的功能还在不断增强和完善。

Samba 能够毫无障碍地在 Linux 网络中包含 Windows。Samba 包括一个服务器端和几个客户端程序。安装在 Linux 主机上的 Samba 的服务器端程序向 Windows 主机提供 Linux 共享，Windows 主机不需要为此安装其他特殊的工具（这一点特别方便）；Samba 的客户端程序用于获取 Windows 主机的共享内容。下面介绍如何使用 Samba 客户端程序实现文件传输。Samba 服务器的配置将在第 23 章介绍。

13.2.2 快速上手：访问 Windows 的共享文件夹

在 Linux 的图形界面（KDE 或者 Gnome）可以使用文件系统浏览器（Konqueror 或者 Nautilus）访问局域网内的 Samba 资源。这里以 Ubuntu 的 Nautilus 为例，介绍浏览工作组 Samba 共享的方法。

在终端输入 nautilus 命令或者在收藏夹中启动"文件"程序，弹出"文件浏览器"窗口。切换到"其他位置"，在"连接到服务器"文本框中输入"smb://目标 IP 地址"。这里的目标 IP 地址就是 Windows 主机的地址，如图 13.1 所示。然后，单击"连接"按钮，弹出密码验证对话框，如图 13.2 所示。

这里输入 Windows 主机中可访问共享文件夹的用户名和密码，单击"连接"按钮，即可查看当前工作组计算机中的共享资源，如图 13.3 所示。其中，带有$符号的为 Windows 的默认共享资源，没带$符号的为后来设置的共享资源。为了方便以后查看，在认证密码对话框中选择"永远记住"单选按钮。在 Ubuntu 中，Samba 默认是没有安装的，可以通过"新立得软件包管理器"来安装。安装完毕后，在文件浏览器的其他位置，同样可以看到当前主机的共享资源。如图 13.4 列出了主机 bob-virtual-machine 上的共享资源，包括一个共享文件夹 share 和共享打印机。

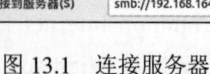

图 13.1　连接服务器

图 13.2　密码验证对话框

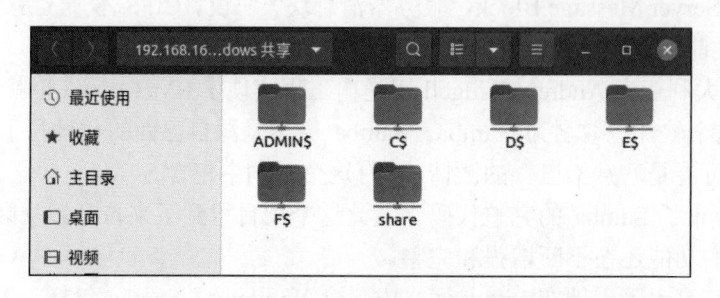

图 13.3　使用 Nautilus 浏览 Windows 共享资源

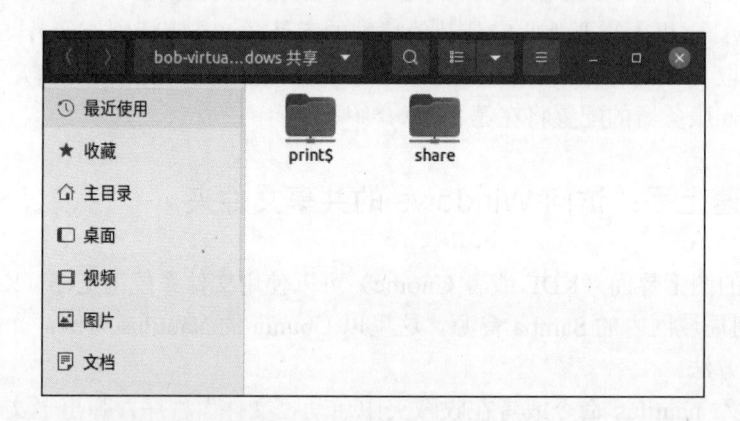

图 13.4　主机 bob-virtual-machine 上的共享资源

如果 share 共享文件夹被设置为需要口令，那么可以看到如图 13.5 所示的对话框。注意，这里应该填写共享主机上的用户信息，如果用户名和口令通过了服务器（共享主机）的审核，那么就可以在 Nautilus 中看到共享文件夹中的内容了。

可以看到，通过文件系统浏览器使用 Samba 资源非常容易。总体来说，这和 Windows 中的操作并没有什么不同。如果不介绍命令行工具，那么 13.2 节的内容到这里就可以结束了，但是 Linux 系统管理员从来不用文件浏览器，对他们而言，访问一个目录要单击 7 次鼠标（2×2 次双击+3 次单击）简直是太不方便了，因此 Shell 命令仍然是访问 Samba 资源的首选途径。

图 13.5　输入用户名和口令

13.2.3　查看当前可用的 Samba 资源：smbtree 和 nmblookup

smbtree 命令用于查看当前网络上的共享资源，类似于在"网络"中浏览。smbtree 命令常用的是-S 选项，其能简单地列出当前网络上的共享主机列表。当 smbtree 询问用户口令时，直接按 Enter 键（表示不需要口令）即可。

```
$ smbtree -S
Password for [WORKGROUP\bob]::                        ##密码为空
WYY
WORKGROUP
    \\ZYQ-PC
    \\ZJU-65F6D374489
    \\ZJU-5043C1696D2
    \\ZJU-2E9716590
    \\ZHUWEI-PC
    \\YUNER
    \\YULINYAN-PC
    \\YANGXIAO
    \\XINER-LAPTOP          DingXin's laptop
    \\XHS-E3BACCEC8A6
    \\WWW-DD0298D7CE0
…
MSHOME
```

☎提示：smbtree 命令默认没有安装，用户需要安装 smbclient 软件包。

如果不指定-S 选项，那么 smbtree 命令会试图和搜索到的共享主机建立连接。使用-U 选项可以指定与哪个用户名建立连接，并且提供其对应的口令。

```
$ smbtree -U smbuser
Password for [WORKGROUP\smbuser]:                     ##输入用户 smbuser 的口令
WYY
WORKGROUP
```

```
…
\\LEWIS-LAPTOP                      lewis-laptop server
    \\LEWIS-LAPTOP\IPC$                    IPC Service (lewis-laptop server)
…
```

注意，smbtree 命令除了提供了共享主机的主机名以外，还列出了这台主机上的共享资源。

有时，用户可能希望直接使用 IP 地址来访问 Samba 资源，使用 nmblookup 命令可以查询某台主机对应的 IP 地址。下面的命令可以显示主机 lewis-laptop 的 IP 地址（169.254.84.141）。

```
$ nmblookup lewis-laptop                        ##查询lewis-laptop的IP地址
169.254.84.141 lewis-laptop<00>
```

13.2.4　Linux 中的 Samba 客户端程序 smbclient

获取 Samba 共享资源最简单的方法是调用 smbclient 程序。这个程序采用 FTP 风格的命令来完成上传和下载任务。smbclient 命令的基本语法如下：

```
smbclient //servername/sharename [-U username]
```

下面的命令以匿名身份连接主机 172.16.25.128 上的共享资源 share。默认情况下，smbclient 程序以当前登录到 Shell 的用户身份连接共享服务器，由于这台主机允许匿名用户登录，因此只要简单地使用空口令就可以了。

```
$ smbclient //172.16.25.128/share
Password for [WORKGROUP\bob]:                   ##直接回车，表示口令为空
Try "help" to get a list of possible commands.
smb: \>
```

登录成功后，smbclient 会显示"smb:\>"提示用户输入命令。下面将共享文件夹中的 snagit.exe 下载到本地的/home/lewis 目录下。

```
smb: \> ls                                      ##查看共享文件夹中的文件列表
  .                          D        0  Tue Dec  27 14:09:57 2022
  ..                         D        0  Tue Dec  27 14:09:57 2022
  fgcn_336.exe               A  7060560  Thu Nov  10 10:27:03 2022
  samba                      D        0  Tue Dec  20 13:15:23 2022
  snagit.exe                 A 22448944  Tue Dec  20 10:49:54 2022
  Thumbs.db                AHS     8704  Tue Dec  27 14:08:25 2022
  vnc-3.3.7-x86_win32        D        0  Thu Nov  10 10:29:36 2022
  vnc-3.3.7-x86_win32.zip    A   578351  Thu Nov  10 10:28:52 2022

    53152 blocks of size 131072. 30240 blocks available

smb: \> lcd /home/lewis/                        ##修改当前本地目录
smb: \> get snagit.exe                          ##下载snagit.exe
getting file \snagit.exe of size 22448944 as snagit.exe (16025.4 kb/s)
(average 16025.4 kb/s)
```

然后使用命令 quit 退出 smbclient 程序。

```
smb: \> quit
```

如果共享服务器不允许匿名用户登录，那么应该使用-U 选项指定用户名，并提供用户口令。

```
$ smbclient //lewis-laptop/share -U smbuser
Password for [WORKGROUP\smbuser]:            ##输入用户 smbuser 的口令
Try "help" to get a list of possible commands.
smb: \>
```

13.2.5　挂载共享目录：mount.cifs

在 Linux 中同样可以像使用 NFS 文件系统一样将 Windows 共享目录挂载到本地的某个目录下。在 SMB 改名之前，挂载共享目录的客户端程序叫作 smbmount，后来改为 mount.cifs。Ubuntu Linux 在提供 mount.cifs 的同时仍然保留了 smbmount，但 openSUSE 已经完全摒弃了 smbmount。

为了使用 mount.cifs，需要安装相应的软件包。在 Ubuntu 中，这个软件包叫作 cifs-utils。mount.cifs 的语法如下：

```
mount.cifs service mount-point [-o options]
```

其中，service 表示服务器端的共享目录，和 smbclient 一样，应该使用//servername/sharename 这样的写法。mount-point 表示用于挂载共享目录的本地目录。下面的命令将主机 10.171.20.225 上名为 share 的共享目录挂载到本地的/srv/share 目录下。

```
$ sudo mount.cifs //192.168.164.1/share /srv/share/ -o user=Administrator
Password for Administrator@//192.168.164.1/share:
```

在上面的命令中，-o 选项后的 user 参数用于指定以哪个用户登录服务器。输入用户 Administrator 的密码，将会获取到共享目录。

事实上，也可以直接使用 mount 命令挂载 Samba 共享，但应该指定文件系统类型为 cifs。上面的命令等同于：

```
$ sudo mount -t cifs //192.168.164.1/share /srv/share -o user=Administrator
```

13.3　基于 SSH 的文件传输工具：sftp 和 scp

在 Linux 中，SSH 无疑是首选的数据传输协议。本节主要介绍 SSH 家族的两款文件传输工具 sftp 和 scp。SSH 的相关内容将在第 14 章详细介绍。

13.3.1　安全的 FTP：sftp

sftp 这个名称有点误导性，人们有时候会以为这是某个 FTP 客户端软件。但实际上，sftp 和传统意义上的 FTP 没有关系。sftp 是基于 SSH 的文件传输，这使其从一开始就拥有足够安全的"血统"。

传统的 FTP 由于采用的是不加密的传输方式，所以存在严重的安全隐患。SSH 则是目前最安全可靠的传输协议。使用 sftp 进行文件传输，有助于保护用户账户和传输安全。首先要确保远程主机开启了 SSH 守护进程，使用下面这个命令建立连接。

```
$ sftp lewis@10.171.32.73
The authenticity of host '10.171.32.73 (10.171.32.73)' can't be established.
RSA key fingerprint is c9:58:fd:e4:dc:4b:4a:bb:03:d7:9b:87:a3:bc:6a:b0.
```

```
##回答 yes 接受密钥
Are you sure you want to continue connecting (yes/no)? yes
Warning: Permanently added '10.171.32.73' (RSA) to the list of known hosts.
lewis@10.171.32.73's Password:
```

上面的命令以 lewis 用户的身份登录远程 sftp 服务器 10.171.32.73。首次登录会要求用户确认接受密钥，回答 yes，继续连接。输入 lewis 用户在远程主机上的口令后，就建立了一条到远程主机的 SSH 连接。sftp 提供一个命令提示符等待用户输入。

```
sftp>
```

sftp 的使用方法同 ftp 基本相同，如表 13.2 列出了 sftp 的常用命令。可以看到，大部分命令和 ftp 程序是一样的，只在某些地方作了增删（例如去掉了 mget 和 mput 命令）。

表 13.2 sftp的常用命令

命 令	说 明
cd	切换远程所在的目录
ls或dir	显示当前目录下的文件列表
mkdir	建立目录
rmdir	删除目录
pwd	显示当前所在的远程目录
chgrp	修改文件（目录）的属组
chown	修改文件（目录）的属主
chmod	修改文件（目录）权限
rm	删除文件和目录
rename	修改文件名
exit、bye或quit	关闭sftp客户端程序
lcd	切换本地所在目录
lls	显示本地所在目录下的文件列表
lmkdir	在本地所在目录下建立目录
lpwd	显示当前所在的本地目录
put	上传文件
get	下载文件

13.3.2 利用 SSH 通道复制文件：scp

有时用户只是希望从服务器上复制一些文件，使用 sftp 就显得有些大材小用了。scp 使用起来就像 cp 一样。下面的命令从 10.171.33.221 上的 /home/lewis 中复制文件 dump-0.4b41.tar.gz 到本地的 /srv/nfs_share 中。

```
$ scp lewis@10.171.33.221:/home/lewis/dump-0.4b41.tar.gz /srv/nfs_share/
```

和 sftp 一样，为了建立 SSH 连接，必须提供用户名和口令。使用 lewis@10.171.33.221 这样的写法指定以 lewis 用户的身份登录服务器 10.171.33.221。服务器名和源文件路径之间使用冒号"：" 分隔。如果是第一次连接这台服务器，scp 会询问是否接受来自该服务器的密钥，回答 yes，继续连接。

```
The authenticity of host '10.171.33.221 (10.171.33.221)' can't be
established.
RSA key fingerprint is c9:58:fd:e4:dc:4b:4a:bb:03:d7:9b:87:a3:bc:6a:b0.
##输入 yes 继续连接
Are you sure you want to continue connecting (yes/no)? yes
Warning: Permanently added '10.171.33.221' (RSA) to the list of known hosts.
Password:                                      ##输入服务器上 lewis 用户的口令
dump-0.4b41.tar.gz                    100%  277KB  276.6KB/s  00:00
```

13.4 小　　结

- NFS 用于在 Linux 和 UNIX 主机之间共享文件系统。
- mount 和 umount 命令用于安装和卸载 NFS 文件系统，为此应该指定远程主机的主机名或 IP 地址。
- 使用不同的安装标志可以让客户机和 NFS 服务器表现出不同的行为。
- 通过在/etc/fstab 文件中添加相应的选项可以让系统在启动时自动安装远程 NFS 文件系统。
- CIFS 是 Windows 的文件共享协议。
- Samba 提供了对 CIFS 的实现，用于 Linux 和 Windows 主机之间的文件共享。
- 可以使用文件浏览器（如 Nautilus 和 Konqueror）访问 CIFS 共享资源。
- smbtree 命令用于查看网络上的 CIFS 共享资源。
- smbclient 命令用于访问 CIFS 共享资源。该命令使用和 FTP 客户端基本相同的协议命令。
- mount.cifs 命令用于挂载 CIFS 共享资源至本地目录。
- sftp 和 scp 是基于 SSH 的文件传输，采用了加密的数据传输协议。在安全性要求较高的场景，应该尽可能使用 sftp 代替传统的 ftp。

13.5 习　　题

一、填空题

1. _____只用于在 Linux 和 UNIX 主机之间共享文件系统。
2. _____用于 Linux 和 Windows 主机之间共享文件系统。
3. _____是目前最安全可靠的传输协议。

二、选择题

1. NFS 的（　　）安装标志表示以可读写方式安装文件系统。
   A．ro   B．rw   C．bg   D．intr
2. 下面的（　　）命令可以快速、安全地复制文件。
   A．cp   B．scp   C．mount   D．umount

三、判断题

1. NFS 服务只能用于 Linux 和 UNIX 主机之间共享文件系统。（   ）
2. 用户在任意位置都可以卸载文件系统。（   ）

四、操作题

1. 配置 NFS 服务访问共享目录/srv/nfs_share。
2. 在 Ubuntu 中访问 Windows 共享目录。

第 14 章 远程登录

不论传统的服务器机房，还是现在的云服务器及各种微型计算机，远程登录都是绕不开的问题。作为服务器维护人员，服务器机房一般离自己的办公室较远，而云服务器属于自己可以用但永远看不到的那一种。对于树莓派、香蕉派和香橙派等各种硬件，一般也不会配套对应的显示器。这些问题都需要远程登录进行解决。

14.1 快速上手：搭建实验环境

本节主要介绍如何使用客户端程序登录远程服务器，当然，首先需要有一台"远程服务器"。本节首先介绍如何搭建一个实验环境，这意味着现在就要开始配置服务器了。不必紧张，考虑到读者的实际情况，本节介绍的服务器配置不会比安装软件复杂。当然，读者也可以选择先跳过本节内容，需要的时候再回来学习。

14.1.1 物理网络还是虚拟机

如果读者所在的办公环境中有一台现成的 Linux 服务器，并且管理员又愿意开放相应的权限，那么相信没有比这更好的事情了。但是又有多少人会这样幸运呢？大部分读者还是要自己搭建实验环境。不过这看起来并不糟糕，不能总是希望别人来帮助自己完成所有的工作，Linux 用户也一样。

如果读者恰巧有两台（或者更多）联网的 PC，那么可以将一台作为服务器，另一台作为客户机。最好的选择还是虚拟机。读者可以在 PC 上安装 Linux，然后在这个系统上安装 VMware Workstation（或者其他虚拟机产品），并在虚拟机中安装另一个 Linux，也可以同时开启两个安装了 Linux 的虚拟机。如果是第一种情况，那么可以将网络接口设置为 NAT 方式（使用宿主机的网络）；如果是后者，则应该将网络接口设置为 Bridged 方式（直接使用物理网络），如图 14.1 所示。

关于 VMware Workstation 的下载和安装，请参考 2.1 节。在虚拟机中安装 Linux 和在真实的计算机上的安装方法完全相同。本章所有的示例就是在同一台主机上通过 VMware Workstation 实现的。

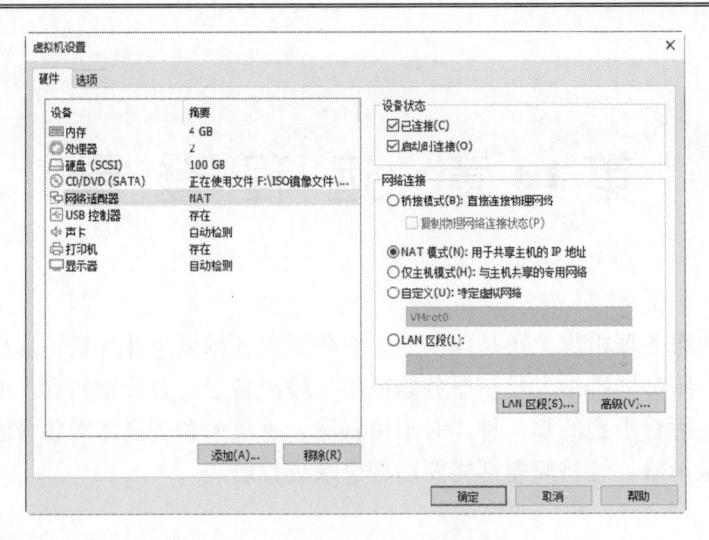

图 14.1 设置虚拟机的网络接口

14.1.2 安装 OpenSSH

OpenSSH 是 Linux 常用的 SSH 服务器/客户端软件,在 14.2.1 节中会用到它。所有的 Linux 发行版都附带了这个软件,可以简单地通过发行版的安装源(无论光盘还是网络服务器)来安装。Ubuntu 用户可以通过下面的命令安装 OpenSSH。

```
$ sudo apt-get install openssh-server              ##获取并安装 OpenSSH
正在读取软件包列表... 完成
正在分析软件包的依赖关系树... 完成
正在读取状态信息... 完成
将会同时安装下列软件:
  ncurses-term openssh-server openssh-sftp-server ssh-import-id
建议安装:
  molly-guard monkeysphere ssh-askpass
下列【新】软件包将被安装:
  ncurses-term openssh-server openssh-sftp-server ssh ssh-import-id
升级了 0 个软件包,新安装了 5 个软件包,要卸载 0 个软件包,有 75 个软件包未被升级。
需要下载 756 KB 的归档。
解压缩后会消耗 6,179 KB 的额外空间。
您希望继续执行吗? [Y/n] y
…
rescue-ssh.target is a disabled or a static unit, not starting it.
ssh.socket is a disabled or a static unit, not starting it.
正在设置 ssh-import-id (5.11-0ubuntu1) …
正在设置 ncurses-term (6.3-2) …
正在设置 ssh (1:8.9p1-3) …
正在处理用于 man-db (2.10.2-1) 的触发器 …
正在处理用于 ufw (0.36.1-4build1) 的触发器 …
```

安装完成后,系统会自动启动 SSH 服务器。如果发现服务器没有运行,那么可以手工执行带有 start 参数的 SSH 脚本启动 SSH 服务器程序。

```
$ sudo systemctl start ssh
```

14.1.3　安装图形化远程桌面软件 Tightvnc

VNC 用于图形化的远程登录，将在 14.2.2 节中详细介绍。绝大部分 Linux 发行版都附带了这个软件的服务器端 TightVNCServer（包括本书列举的 Ubuntu 和 openSUSE）。如果读者正在使用 Ubuntu，那么可以通过下面的命令安装这个软件。

```
$ sudo apt-get install tightvncserver   ##获取并安装VNC的服务器端程序
正在读取软件包列表... 完成
正在分析软件包的依赖关系树... 完成
正在读取状态信息... 完成
将会同时安装下列软件：
  tightvncpasswd
建议安装：
  tightvnc-java
下列【新】软件包将被安装：
  tightvncpasswd tightvncserver
升级了 0 个软件包，新安装了 2 个软件包，要卸载 0 个软件包，有 75 个软件包未被升级。
需要下载 690 kB 的归档。
解压缩后会消耗 1,827 kB 的额外空间。
您希望继续执行吗？ [Y/n] y
...
正在设置 tightvncpasswd (1:1.3.10-5) ...
正在设置 tightvncserver (1:1.3.10-5) ...
update-alternatives: 使用 /usr/bin/tightvncserver 来在自动模式中提供 /usr/bin/vncserver (vncserver)
update-alternatives: 使用 /usr/bin/Xtightvnc 来在自动模式中提供 /usr/bin/Xvnc (Xvnc)
update-alternatives: 使用 /usr/bin/tightvncpasswd 来在自动模式中提供 /usr/bin/vncpasswd (vncpasswd)
正在处理用于 man-db (2.10.2-1) 的触发器 ...
```

完成安装后，需要使用 vncserver 命令配置并启动 VNC 服务器。

14.1.4　SUSE 的防火墙设置

如果读者正在使用 Ubuntu Linux 的桌面版本，那么防火墙暂时不是一件需要考虑的事情，因为 Ubuntu Desktop 默认情况下是关闭防火墙的。然而，openSUSE 用户就要费些心思来设置防火墙规则了。这里介绍如何在 openSUSE 的 YaST2 管理员工具中开启相应的端口。防火墙的命令行工具将在第 27 章详细介绍。

（1）选择桌面左下角的"K 菜单"，搜索 YaST 启动 YaST 控制中心。YaST 控制中心按功能划分为几个模块，选择"安全和用户"选项卡，如图 14.2 所示。

（2）单击"防火墙"图标，弹出防火墙配置工具对话框，如图 14.3 所示。可以看到，当前防火墙处于启用状态（激活）。默认情况下，openSUSE 配置为拒绝一切服务请求。

（3）在左侧的下拉列表框中选择 external（外部），然后选择相应的服务（如 http），再单击"添加"按钮，如图 14.4 所示。

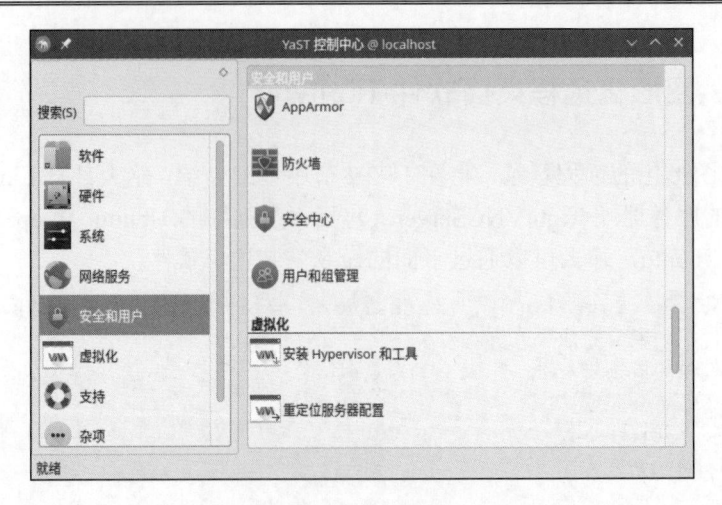

图 14.2 "安全和用户"选项卡

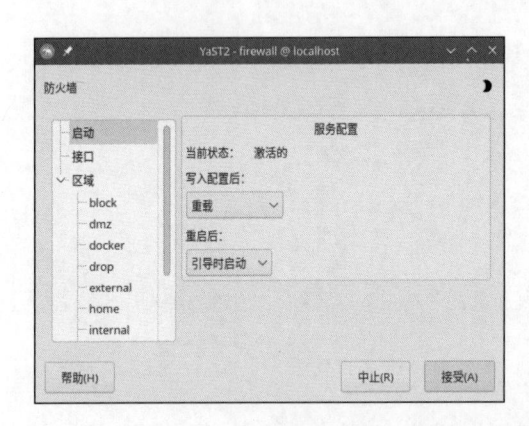

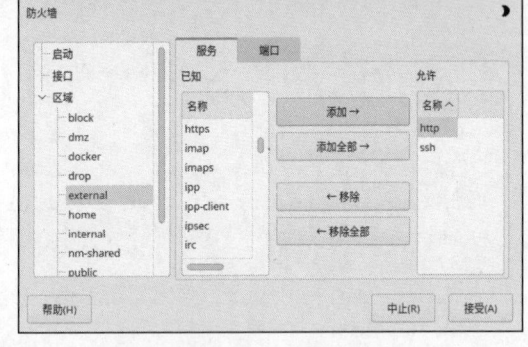

图 14.3 YaST2 的防火墙配置

图 14.4 设置允许访问的服务器

（4）选择"端口"选项卡，在其中设置允许访问的端口，包括 TCP、UDP、SCTP 和 DCCP 端口。这里可以指定单个端口也可以指定端口范围。多个端口之间使用逗号分隔，如图 14.5 所示。

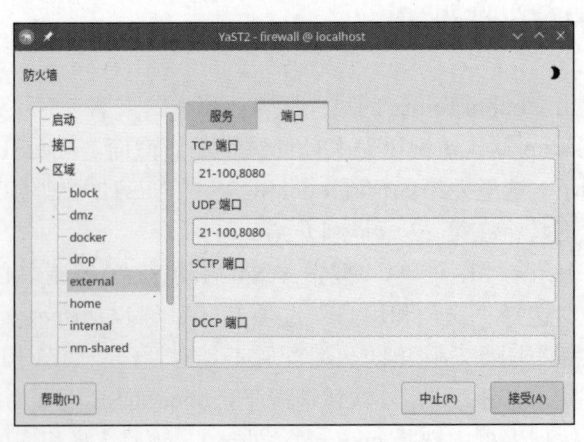

图 14.5 设置允许访问的端口

（5）单击"接受"按钮，使配置生效。

14.2 登录另一台 Linux 服务器

作为一款服务器操作系统，Linux 充分考虑到了远程登录的问题。无论从 Linux、Windows 还是其他一些操作系统登录到 Linux 都非常方便。支持多个用户同时登录对于服务器而言非常重要——这正是 Linux 擅长的。

有多种不同的协议可供选择，但 SSH 是其中最好的，这种协议提供了安全可靠的远程连接方式。

14.2.1 安全的 Shell：SSH

SSH 是 Secure Shell 的简写，意为安全的 Shell。作为 Rlogin、RPC、TELNET 这些"古老"的远程登录工具的替代品，SSH 会对用户的身份进行验证，并加密两台主机之间的通信。SSH 在设计时充分考虑到各种潜在的攻击，给出了有效的保护措施。虽然 SSH 现在已经转变为一款商业产品 SSH2，但开放源代码社区已经发布了 OpenSSH 软件作为回应。这款免费的开源软件由 FreeBSD 负责维护，并且实现了 SSH 协议的所有规范。

要从 Linux 中通过 SSH 登录另一台 Linux 服务器非常容易——前提是在远程服务器上拥有一个用户账号。打开 Shell 终端，执行 ssh -l login_name hostname 命令（把 login_name 替换成真实的用户账号，把 hostname 替换成服务器主机名或 IP 地址）。下面的命令以 liu 用户的身份登录到 IP 地址为 192.168.150.139 的 Linux 服务器上。

```
$ ssh -l liu 192.168.150.139
```

如果是初次登录，SSH 可能会提示无法验证密钥的真实性，并询问是否继续建立连接，回答 yes 继续。如果是第二次登录，直接提示输入用户口令。用户口令验证通过后，SSH 会反馈上次的登录情况并以一句 Last login: Fri Sep 7 09:33:05 2022 from 192.168.150.139 作为问候。

```
The authenticity of host '192.168.150.139 (192.168.150.139)' can't be established.
ECDSA key fingerprint is 00:4a:e7:58:da:92:df:b3:63:f9:30:a0:ad:1d:6a:82.
This key is not known by any other names
Are you sure you want to continue connecting (yes/no/[fingerprint])? yes
Warning: Permanently added '192.168.150.139' (ECDSA) to the list of known hosts.
liu@192.168.150.139's password:
Welcome to Ubuntu 22.04.1 LTS (GNU/Linux 5.15.0-48-generic x86_64)
 * Documentation:  https://help.ubuntu.com/
 * Management:     https://landscape.canonical.com
 * Support:        https://ubuntu.com/advantage
58 更新可以立即应用。
这些更新中有 7 个是标准安全更新。
要查看这些附加更新，请运行: apt list --upgradable
The programs included with the Ubuntu system are free software;
the exact distribution terms for each program are described in the
individual files in /usr/share/doc/*/copyright.
Ubuntu comes with ABSOLUTELY NO WARRANTY, to the extent permitted by
applicable law.
```

```
liu@bob-virtual-machine:~$
```

注意，Shell 提示符前的用户和主机名改变了，表示当前已经登录到这台 IP 为 192.168.150.139 的服务器上。接下来的操作读者应该很熟悉了，例如，用 ls 命令查看当前目录下的文件信息。

```
$ ls
examples.desktop
```

时刻记住当前做的所有操作都发生在远程服务器上。当连接几台不同的服务器时，管理员常常会在来回切换 Shell 的过程中混淆。因此，尽量不要同时开启 3 个以上的远程 Shell。时刻注意 Shell 提示符前的主机名，并且在执行重要操作时保持警惕是避免发生灾难的重要方法。

> **注意**：在任何时候直接使用 root 账号登录远程主机都不是一个好习惯。正确的做法应该是使用受限账号登录，然后在需要的时候通过 su 或者 sudo 命令临时取得 root 权限。

完成工作后，使用 exit 命令可以结束同远程主机的 SSH 连接，这将把用户带回到建立连接前的 Shell 中。

```
$ exit
注销
Connection to 192.168.150.139 closed.
root@lyw-virtual-machine:~#
```

SSH 服务默认开启在 22 号端口，服务器的守护进程在 22 号端口监听来自客户端的请求。如果服务器端的 SSH 服务没有开启在 22 端口（这通常是为了防范居心不良端口扫描程序），那么可以通过 SSH 的-p 选项指定要连接到的端口。下面的命令指导 SSH 连接到远程服务器的 202 端口。

```
$ ssh -l liu -p 202 192.168.150.139
```

如果用户需要在远程主机上运行 X 应用程序，那么首先应该保证对方服务器开启了 X 窗口系统，然后使用带-X 参数的 SSH 命令显式启动 X 转发功能。

```
root@lyw-virtual-machine:~# ssh -X -l liu 192.168.150.139
liu@192.168.150.139's password:
Welcome to Ubuntu 22.04.1 LTS (GNU/Linux 5.15.0-47-generic x86_64)

 * Documentation:  https://help.ubuntu.com/
 * Management:     https://landscape.canonical.com
 * Support:        https://ubuntu.com/advantage
145 更新可以立即应用。
这些更新中有 36 个是标准安全更新。
要查看这些附加更新，请运行: apt list --upgradable
Last login: Fri Sep  7 09:43:40 2022 from 192.168.150.139
/usr/bin/xauth:  file /home/liu/.Xauthority does not exist
```

下面的命令是在登录的服务器上运行 Firefox 浏览器。注意，服务器会反馈一系列信息告诉用户此刻发生了什么事情。

```
$firefox
Launching a SCIM daemon with Socket FrontEnd…
Loading simple Config module …
Creating backend …
Reading pinyin phrase lib failed
```

```
Loading socket FrontEnd module …
Starting SCIM as daemon …
GTK Panel of SCIM 1.4.7
…
```

SSH 会把对方服务器上的 Firefox 界面完整地传输到本地，这样用户就可以在当前 PC 上使用远程服务器中的 Firefox 了。如果两台主机距离比较远，或者网络状况不太理想，那么传输一个 X 应用程序界面会比较慢，但最终还是可以出现在本机的屏幕上。

14.2.2　登录 X 窗口系统：图形化的 VNC

读者已经看到，通过启用 SSH 的 X 转发功能可以在本地运行远程主机上的 X 应用程序，但有些时候用户可能希望直接从 X 窗口登录服务器，就像操作本地的桌面一样。VNC 可以满足这个需求。

要使用 VNC 登录，首先要求服务器端正在运行 X 窗口系统并且开启了相关的服务和端口。在连接之前，需要先在远程主机的用户目录下生成 VNC 的配置文件。使用 SSH 连接远程主机，命令如下：

```
lyw@lyw-virtual-machine:~$ ssh -l liu 192.168.150.139
liu@192.168.150.139's Password:
Last login: Fri Sep  7 09:52:32 2022 from 192.168.150.139
$
```

运行 vncserver 脚本生成配置文件，配置过程中会要求用户输入远程访问密码。

```
$ vncserver
You will require a password to access your desktops.

Password:                                               ##设置远程访问密码
Password must be at least 6 characters - try again
Verify:                                                 ##再次输入密码
Would you like to enter a view-only password (y/n)? n
Warning: lyw-virtual-machine:1 is taken because of /tmp/.X1-lock
Remove this file if there is no X server lyw-virtual-machine:1
xauth:   file /home/lyw/.Xauthority does not exist
New 'X' desktop is lyw-virtual-machine:1
Creating default startup script /home/liu/.vnc/xstartup
Starting applications specified in /home/liu/.vnc/xstartup
Log file is /home/liu/.vnc/lyw-virtual-machine:1.log
```

服务器端的用户配置结束后，就可以从客户端登录了。有很多 VNC 的客户端工具可供使用，VNC Viewer 是一款跨平台的 VNC 客户端工具。在 Google 中使用关键字 vncviewer download 搜索，可以得到大量的下载地址。在 Ubuntu 系统中，安装 gvncviewer 软件包即可。

完成安装后，就已经做好了登录远程主机的所有准备。下面在终端执行 gvncviewer ip-address：1（桌面号）命令：

```
$ gvncviewer 127.0.0.1:1
```

此时，将会弹出 VNC 认证对话框，如图 14.6 所示。

输入密码，单击 OK 按钮即可登录到远程桌面，在其中可以进行相应的操作，如图 14.7 所示。

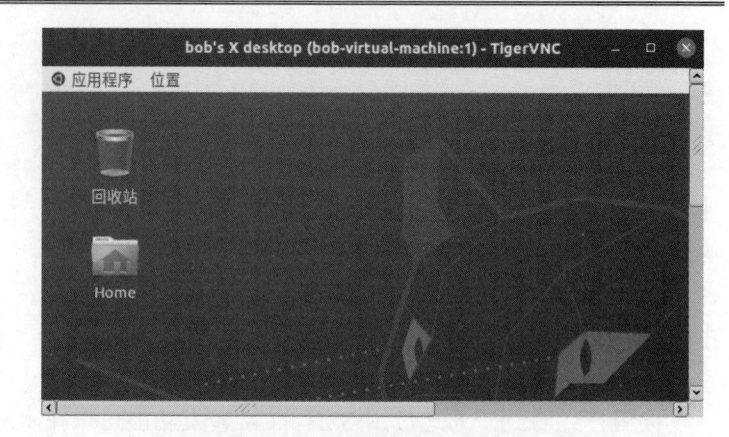

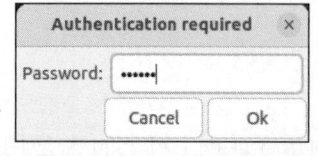

图 14.6　VNC 认证对话框　　　　　图 14.7　远程主机的登录界面

> **提示**：在 Ubuntu 22.04 中，使用默认设置连接 VNC 服务后，桌面打开后是灰色的，没有图标，可以通过以下步骤来解决。

（1）安装 gnome-panel 软件包。执行命令如下：

```
$ sudo apt-get install gnome-panel
```

（2）打开并编辑 xstartup 文件，将如下代码复制到 xstartup 文件中。

```
$ vi .vnc/xstartup
#!/bin/sh

unset SESSION_MANAGER
unset DBUS_SESSION_BUS_ADDRESS
export XKL_XMODMAP_DISABLE=1
export XDG_CURRENT_DESKTOP="GNOME-Flashback:GNOME"
export XDG_MENU_PREFIX="gnome-flashback-"
[ -x /etc/vnc/xstartup ] && exec /etc/vnc/xstartup
[ -r $HOME/.Xresources ] && xrdb $HOME/.Xresources
xsetroot -solid grey
vncconfig -iconic &
#gnome-terminal &
#nautilus &
gnome-session --session=gnome-flashback-metacity --disable-acceleration-check &
```

（3）重新启动 VNC 服务即可正常访问。执行命令如下：

```
$ vncserver -kill :1                          #停止服务
Killing Xtightvnc process ID 5376
$ vncserver                                   #启动服务
New 'X' desktop is liu-virtual-machine:1
Starting applications specified in /home/liu/.vnc/xstartup
Log file is /home/bob/.vnc/liu-virtual-machine:1.log
```

14.2.3　从 Windows 登录 Linux

管理员常常陷入这样的尴尬：公司的一些任务不得不在 Windows 中完成，而 Linux 作为一款优秀的服务器操作系统又被部署在机房中。在这种情况下，要么安装双系统，并且为了短暂的应用而不停地重启计算机，要么干脆从 Windows 登录 Linux 服务器。幸运的是，经过开放源代码界编程者的长期努力，现在已经不是什么困难的事情了。

Windows 中有几种不同的 SSH 客户端，其中，开放源代码的 PuTTY 使用最为广泛，也是最受好评的一个。它是一个绿色软件，不需要安装。下载并运行其主程序 putty.exe，填写远程主机的主机名（或者 IP 地址）和登录端口，如图 14.8 所示。

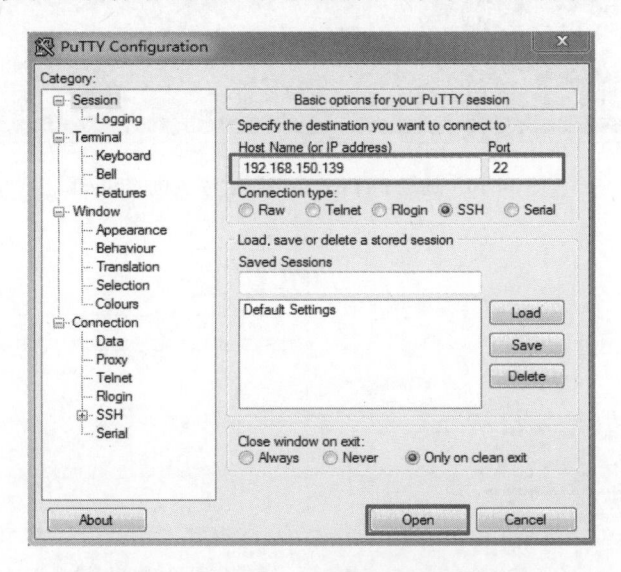

图 14.8　PuTTY 客户端的设置和登录对话框

单击 Open 按钮，即可建立连接。如果是初次登录，会弹出如图 14.9 所示的提示框，单击"是"按钮继续登录。

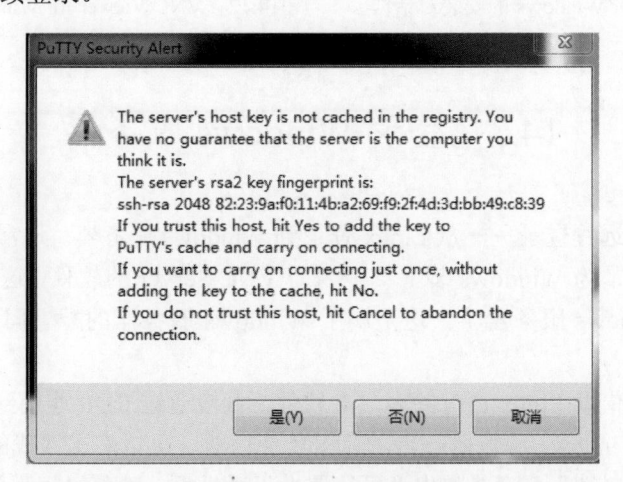

图 14.9　询问是否接受远程主机的密钥

PuTTY 将打开一个类似于 Shell 终端的命令行窗口，输入用户名和口令即可完成登录。接下来的操作就跟在 Linux 中一样了，如图 14.10 所示。

如果希望通过 VNC 从 Windows 登录到 Linux，那么 VNC Viewer 同样有 Windows 的版本，读者可以从 https://www.realvnc.com/en/connect/download/viewer/ 上免费下载这款软件。VNC Viewer 的安装和登录界面如图 14.11 和图 14.12 所示，其基本操作和 Linux 中的 VNC Viewer 基本一致。

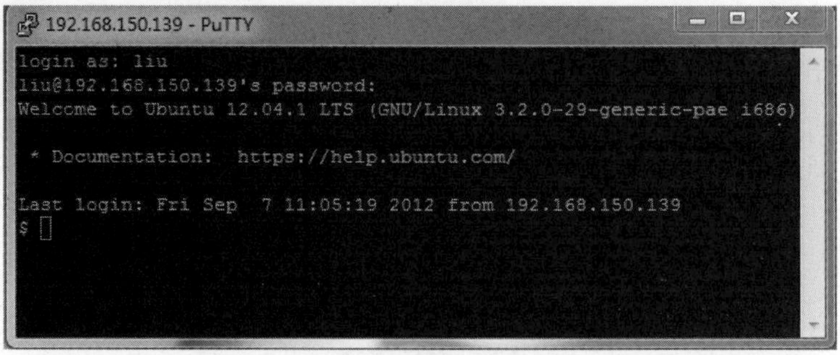

图 14.10　通过 PuTTY 连接到远程主机的 Shell

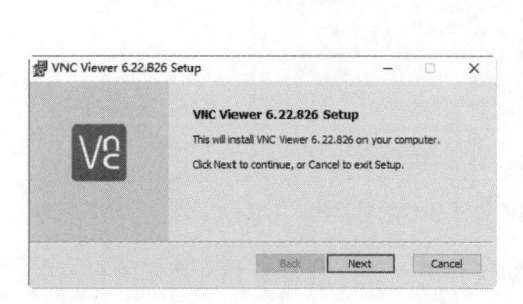

图 14.11　VNC for Windows 的安装对话框 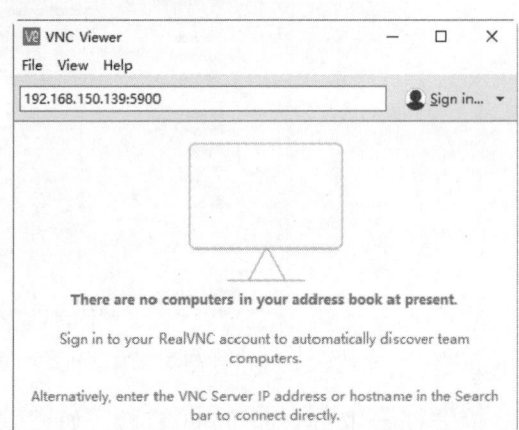　　图 14.12　VNC Viewer for Windows 的登录对话框

14.3　登录 Windows 服务器

　　本节主要介绍远程登录——从 Linux 登录到 Windows 服务器。通常来说，有两种比较常用的方法，一种是为 Windows 装上一个名为 VNC Server 的软件，这样 Linux 就可以通过 VNC 登录 Windows 服务器了。这是属于 Windows 服务器的配置问题，此处就不再赘述了。

　　另一种方法是借助 Linux 已有的客户端软件，直接通过 RDP 连接到 Windows 服务器。当然，首先要求 Windows 服务器开启了远程登录功能。可以右击"我的电脑"，在弹出的快捷菜单中选择"属性"命令，弹出"系统属性"对话框，选择"远程"标签进入"远程"选项卡，在其中选中"允许用户远程连接到此计算机"复选框，开启这一功能。

　　下载命令行登录工具 rdesktop 并安装，开启 Shell 终端，通过下面的命令即可连接到 Windows 服务器。

```
rdesktop -u username ip-address
```

例如，这里以用户 liu 的身份登录到一台 IP 地址为 192.168.150.1 的 Windows 服务器上。

```
$ rdesktop -u liu 192.168.150.1
```

　　同 Windows 服务器建立连接后，rdesktop 会打开一个窗口，显示我们非常熟悉的

Windows 登录界面，如图 14.13 所示。通过用户密码验证后，即可登录到远程的 Windows 服务器。

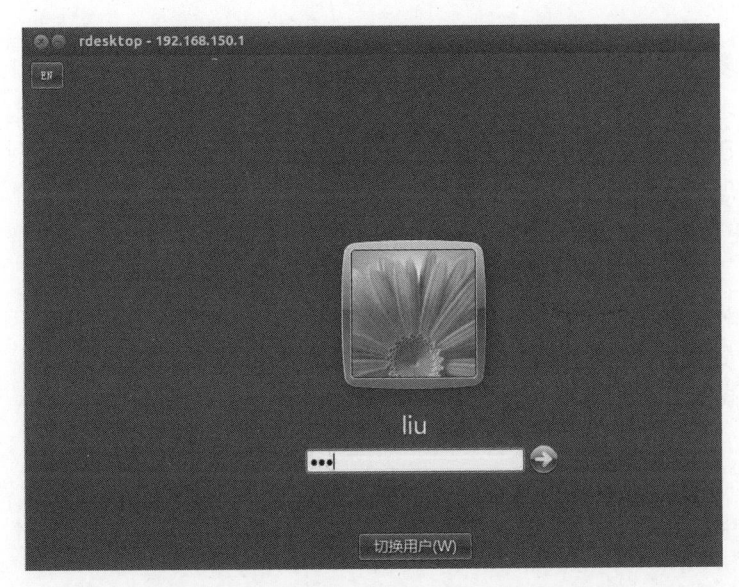

图 14.13　rdesktop 显示的 Windows 登录界面

如果 Windows 服务器被配置为使用其他端口，而不是 RDP 默认的 3389 端口，那么在使用 rdesktop 连接的时候应该在 IP 地址后加上冒号"："和端口号。例如，前面的连接命令应该写成下面这种形式，其中，6666 应该被改成 Windows 远程桌面实际使用的端口号。

```
$ rdesktop -u liu 10.71.84.129:6666
```

14.4　为什么不使用 TELNET

为什么不使用 TELNET？答案很简单：为了安全。TELNET 曾经是使用最广泛的远程登录工具，但是 TELNET 协议有一个致命的缺陷，即使用明文口令。这意味着用户口令将以明文的形式在网络上传输，任何人都可以通过"网络嗅探"工具直接获取该口令。Linux 现在已经不再包含 TELNET 服务器程序，并且也不推荐用户使用。类似的还有 Rlogin、RSH 等远程登录工具，它们也因为存在安全问题成为众矢之的。

14.5　进阶：使用 SSH 密钥

读者已经通过前面的学习了解到如何使用 SSH 连接远程主机。SSH 利用加密算法来保证信息传输的安全性，通过前面的例子知道，用户必须在远程主机上拥有一个账号并提供相关的口令。SSH 也提供了另外一些验证用户身份的方式，密钥对是其中的一种，也是最安全的一种。

14.5.1　为什么要使用密钥

对于管理多台服务器的管理员而言，快速登录到某几台机器的 Shell 上是很重要的。每次都输入登录口令费时费力（很多口令长达 15 位甚至更多），并且很容易出错。管理员的思维不得不在"找出问题"和"到达出问题的地方"之间来回切换，这种"思维体操"让绝大多数管理员不堪重负。

使用 SSH 密钥对可以有效地解决这个问题，而且也足够安全。这个解决方案的思路如下：

（1）有一对互相匹配的密钥文件（公钥和私钥）。
（2）管理员的 PC 上保存有私钥文件的副本。
（3）与私钥文件匹配的公钥文件存放在服务器上。
（4）建立 SSH 连接时检查密钥对的匹配性。

这样，管理员就不需要手动输入口令了，一切都是自动完成的。这个方案听上去很好，下面就来实践配置 SSH 密钥对的过程。而对于管理员最关心的另一个安全性问题，将在后面讨论。

14.5.2　生成密钥对

SSH 提供了 ssh-keygen 命令工具来生成密钥对，使用-t 选项可以指定密钥类型。通常采用 SSH 的 rsa 密钥。

```
$ ssh-keygen -t rsa                              ##生成SSH密钥对
Generating public/private rsa key pair.
Enter file in which to save the key (/root/.ssh/id_rsa):
Enter passphrase (empty for no passphrase):
Enter same passphrase again:
Your identification has been saved in /root/.ssh/id_rsa.
Your public key has been saved in /root/.ssh/id_rsa.pub.
The key fingerprint is:
04:97:e2:a8:62:0a:e5:b5:28:3f:e4:ec:10:f5:b1:88 root@lyw-virtual-machine
The key's randomart image is:
+--[ RSA 2048]----+
|     . . .       |
|      .o.        |
|   . .o ..       |
| o.ooo..         |
|Eo.+o.  S        |
|+o= .            |
|=B               |
|..=              |
| ...             |
+-----------------+
```

上面的命令会在用户主目录下的.ssh 目录下生成两个文件。其中，id_rsa 是私钥文件，对应的 id_rsa_pub 是公钥文件。

```
$ ls /home/lyw/.ssh/
id_rsa  id_rsa.pub  known_hosts
```

14.5.3 复制公钥至远程主机

下面只需要将公钥文件复制到远程主机上。假设远程主机的 IP 地址是 192.168.150.139，登录用户名为 liu，下面建立 SSH 连接。

```
lewis@lewis-laptop:~/.ssh$ ssh 192.168.150.139 -l liu
liu@192.168.150.139's password:
Welcome to Ubuntu 12.04.1 LTS (GNU/Linux 3.2.0-29-generic-pae i686)

 * Documentation:  https://help.ubuntu.com/

Last login: Fri Sep  7 09:58:45 2012 from 192.168.150.139
```

在远程主机用户 liu 的主目录下建立.ssh 目录，并解除其他人对该文件的所有权限。

```
$ mkdir .ssh
$ chmod 700 .ssh
$ exit
Connection to 192.168.150.139 closed.
```

然后使用 scp 命令将公钥复制到远程主机的/home/liu/.ssh 目录下，并重命名为 authorized_keys。

```
$ scp /home/lewis/.ssh/id_rsa.pub liu@192.168.150.139:/home/liu/.ssh/authorized_keys
Password:
id_rsa.pub                                      100%  400    0.4KB/s   00:00
```

14.5.4 测试配置

至此完成了 SSH 密钥对的配置。下面尝试以用户 liu 的身份登录该远程主机，可以看到，SSH 不再询问口令，而是直接允许用户登录到系统中。

```
$ ssh 192.168.150.139 -l liu
Last login: Tue Jan 13 00:57:18 2012 from 192.168.150.139
Have a lot of fun…
$
```

14.5.5 密钥的安全性

有些人认为使用公钥会显著增加潜在的安全风险，这种想法的确是有道理的。获取 SSH 密钥文件比获得/etc/shadow 容易得多，并且公钥通常会被管理员大量分发，为了快速登录多台服务器，这就增加了其他人得到公钥的可能性。

但是仔细想一想，攻击者必须同时窃取到两份文件（一份公钥，一份私钥）才能顺利登录到远程主机，和 SSH 密钥带来的方便性相比，管理员是否应该降低一些安全性要求？对于这个问题，不同的人在不同的环境下会给出不同的回答。但无论如何，没有完全安全的"安全"措施。如果决定使用 SSH 密钥，就应该注意保管好自己的私钥文件，并且只在需要的地方存放公钥；如果使用 SSH 口令，就应该保管好口令。管理员的警惕性是保证系统安全的重要因素。

14.6 小　　结

- 读者可以使用虚拟机实现远程登录的实验环境，应该设置虚拟机使用合适的网络接口（NAT 或 Bridged）。
- SSH 的服务器程序是 OpenSSH；图形化登录的 VNC 应该使用 Tightvncserver。
- 在必要的时候配置防火墙。openSUSE 可以使用 YaST2 管理工具。
- SSH 提供了加密的远程通信通道，为此应该在远程主机上拥有一个用户账号。
- 使用 ssh -X 命令可以开启 SSH 的 X 图形系统转发功能。
- 使用 VNC 可以直接登录到远程主机的 X 窗口系统。
- 在 Windows 中可以使用 PuTTY 通过 SSH 远程登录到 Linux 主机。
- 在 Linux 中可以使用 rdesktop 通过 RDP 登录到 Windows 主机。
- TELNET 和 Rlogin 等远程登录工具使用明文口令，在安全性方面存在很大隐患，应该避免使用。
- 使用 SSH 密钥对可以让管理员无须提供口令即可登录远程主机。

14.7 习　　题

一、填空题

1. Linux 中常用的 SSH 服务器/客户端软件是_____。
2. Linux 中常用的图形化远程登录软件是_____。
3. SSH 的全称为_____，意思是_____。

二、选择题

1. 使用 ssh 命令远程登录服务器时，使用（　　）选项指定登录的用户名。
   A. -l　　　　　　　B. -p　　　　　　　C. -X　　　　　　　D. 前面三项均不正确
2. ssh 命令的（　　）选项用来开启 SSH 的 X 图形系统转发功能。
   A. -l　　　　　　　B. -p　　　　　　　C. -X　　　　　　　D. 前面三项均不正确

三、判断题

1. 由于 TELNET 服务使用明文方式传输数据，所以非常不安全。　　　　　　（　　）
2. SSH 利用加密算法来保证信息传输的安全。　　　　　　　　　　　　　　（　　）

四、操作题

1. 安装及启动 OpenSSH 服务，然后使用 ssh 命令远程登录该服务。
2. 安装及启动 VNC 服务，然后使用 VNC Viewer 远程登录服务。

第 4 篇
娱乐与办公

- ▶▶ 第 15 章　多媒体应用
- ▶▶ 第 16 章　图像查看和处理
- ▶▶ 第 17 章　打印机配置
- ▶▶ 第 18 章　办公软件的使用

第 15 章 多媒体应用

多媒体应用是计算机领域最活跃的分支，其丰富的人机交互方式吸引了大量眼球。如今，多媒体设备已经成为人们生活中不可或缺的一部分，随着各类音频、视频等多媒体内容在互联网上的流行，可以预见，多媒体技术仍将是计算机发展中长盛不衰的热点。本章将介绍 Linux 中的多媒体应用，包括音频和视频的播放，以及 Linux 中一些游戏的安装和使用。本章的讲解将以 Gnome 上的工具为主，出于完整性考虑，KDE 上的多媒体工具也会有所涉及。

15.1 关于声卡

如果读者正在使用的是标准声卡，那么就不存在什么问题。Linux 对声卡的支持已经做得非常好，基本不需要额外安装声卡驱动程序。如果 Linux 不能识别当前系统中的声卡，那么就需要寻找对应的声卡设备驱动程序，但是这样的情况的确很少碰到。

用户可以使用 Linux 自带的配置程序对当前系统中的声卡设备进行配置。在 Ubuntu Linux 中，可以选择"设置"|"声音"命令，弹出的对话框如图 15.1 所示。在其中可以设置声卡设备的各个常用选项和功能。通常情况下只需要使用系统的默认配置就可以了。

图 15.1 声音设置

15.2　播放器软件简介

Xine 是 Linux 中最著名的播放软件，准确地说，这并不是某个播放器的名字，而是负责解码的后端。很多播放器通过调用这个后台播放引擎实现音频的输出，这些播放器相应地被称作前端。另一款具有相同功能的播放引擎叫作 Gstreamer，它大多在 Gnome 环境中使用。这两款引擎在功能上基本相同，不存在大的差异。一般来说，所有的桌面 Linux 发行版都已经预装了至少一种这样的解码器，并且提供了相应的前端播放器。

有些播放器软件使用的是自己的解码器，比较流行的有 Xmms、VLC Media Player 和 RealPlayer 等。如果读者对"古老"的 Winamp 比较熟悉，可以尝试 Xmms。这款播放器无论在界面还是功能上都跟 Winamp 非常类似；VLC Media Player 是一款跨平台的播放器，对于多媒体文件的格式支持非常全面；RealPlayer 同样有工作在 Linux 上的版本，但相对于它的 Windows 版而言，Linux 上的 RealPlayer 显得有些"单薄"，如果仅作为播放器使用，还是可以考虑的。

应该说，Linux 环境中的播放器软件在数目上并不输于 Windows 平台，用户由此获得了更多的选择。下面主要围绕 Rhythmbox 和 VLC Media Player 这两款软件展开介绍，读者也可以尝试其他的播放器。

15.3　播放音频和视频

在 Linux 中播放音乐文件已经有很多工具，绝大多数都使用 Xine 和 Gstreamer 作为后台播放引擎。Totem、Amarok 和 Kaffeine 等使用 Xine；而 Rhythmbox 等 Gnome 上的播放器通常选择 Gstreamer。本节将分别介绍播放音频和视频的工具。

15.3.1　播放数字音乐文件

用户一般是把音乐下载之后放在硬盘上慢慢"享用"。本节介绍使用播放器软件播放音乐文件的方法，在此之前介绍一些和音频格式有关的内容。

1．关于音频文件格式

音频文件格式比较流行的有 MP3、WMA 和 MIDI 等。读者最熟悉的恐怕就是 MP3 了。它是一种有损压缩的音乐文件格式，在播放音质和文件大小之间做到了较好的均衡，目前在众多音频格式中处于绝对的优势。

然而，MP3 并不是一种开源格式。围绕 MP3 的商业版权之争从来没有休止过。为了避免版权问题，大部分开源软件都不对 MP3 格式的文件提供支持，包括 Xine 和 Gstreamer。Linux 中使用更多的是一种被称为 Ogg 的音乐文件压缩格式。Ogg 完全开源和免费，相比 20 世纪 90 年代开发的 MP3 更先进，同为有损压缩格式，Ogg 可以提供比 MP3 更好的音质。本节主要以使用 Ogg 格式的音频文件为例进行介绍。

播放 MP3 等格式的音乐文件仍然是用户无法回避的问题。幸运的是，虽然开源播放器默认情况下不支持这些商业格式，但是可以通过安装非开源解码器的方式使播放器获得对这些音乐格式的支持。这方面的解码器读者可以到互联网上搜索。另外，Rhythmbox 等播放器在试图播放 MP3 等文件格式时会提示用户下载相应的解码器插件，此时根据提示安装即可。

另一种解决方案是使用 VLC Media Player 播放器。这款播放器支持当前几乎所有的音频和视频格式，并且在 Linux 上运行得非常好。关于 VLC Media Player 的使用，可以参考 15.3.2 节。

2．使用Rhythmbox

有两种方式可以使用 Rhythmbox 播放一个音乐文件：在文件浏览器中选择一个音乐文件后右击，在弹出的快捷菜单中选择"Rhythmbox 打开"命令；也可以在 Rhythmbox 主界面上单击添加按钮+，在弹出的菜单中选择"从文件载入"命令，弹出"载入播放列表"对话框。然后定位到想要播放的音乐文件并单击"打开"按钮，可以将该文件导入音乐库。在音乐库中找到刚才导入的文件，双击（或者单击"播放"按钮）即可播放音乐，如图 15.2 所示。

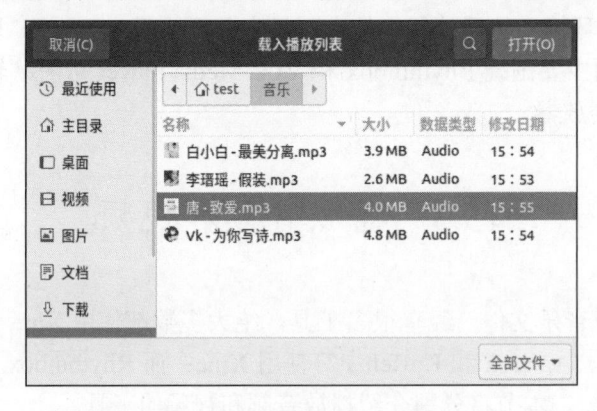

图 15.2　导入音乐文件至 Rhythmbox

Rhythmbox 支持一次性导入整个目录。Rhythmbox 默认的库目录为当前用户主目录下的"音乐"目录，用户将所有音乐文件放在该目录下，Rhythmbox 会将其自动添加到音乐库，如图 15.3 所示。

图 15.3　音乐库中的所有音乐文件

和几乎所有的播放软件一样，Rhythmbox 也使用播放列表。单击添加按钮+，选择"新建播放列表"命令，在左侧栏中的播放列表中可以看到"新建播放列表"选项，双击该选项可以给其重命名，如命名为"我喜欢"，只是现在该播放列表还是空的，如图 15.4 所示。

图 15.4　在 Rhythmbox 中新建播放列表

有多种方式可以把音乐文件加入播放列表中，最方便的无疑是从音乐库中直接添加。单击左侧栏中的"音乐"图标打开音乐库，找到刚才导入的音乐文件。注意，可以使用上方的搜索栏快速查找和定位音乐文件，如图 15.5 所示。

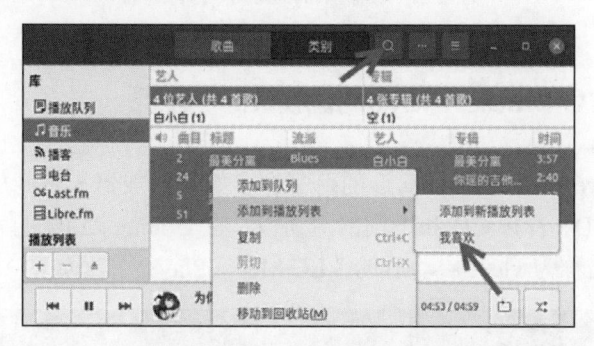

图 15.5　使用 Rhythmbox 的搜索栏快速定位音乐文件

可以使用 Ctrl 或 Shift 键配合鼠标选择多个音频文件，然后添加到刚才新建的播放列表"我喜欢"中，如图 15.6 所示。至此，一个播放列表就创建完成了。

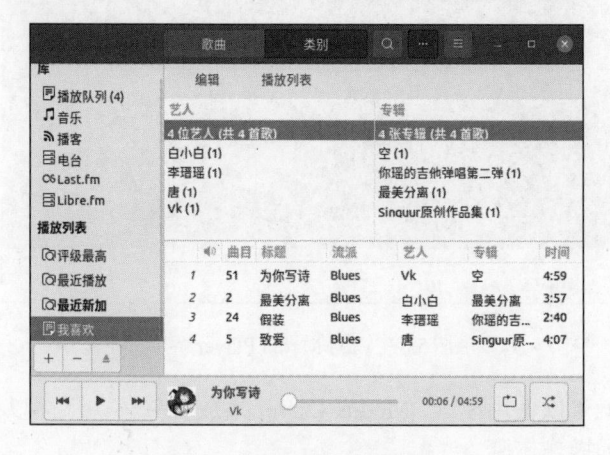

图 15.6　添加文件至播放列表

Rhythmbox 还有很多功能。单击底部的 ⟲ 或 ⤨ 按钮，可以设置循环或乱序播放。Rhythmbox 还支持连接互联网广播站和播客订阅，读者可以自己尝试。单击右上角的三个横杠按钮☰，在弹出的菜单中选择"首选项"命令，弹出"首选项"对话框，用户可以在其中对播放器的基本选项进行设置，如图 15.7 所示。

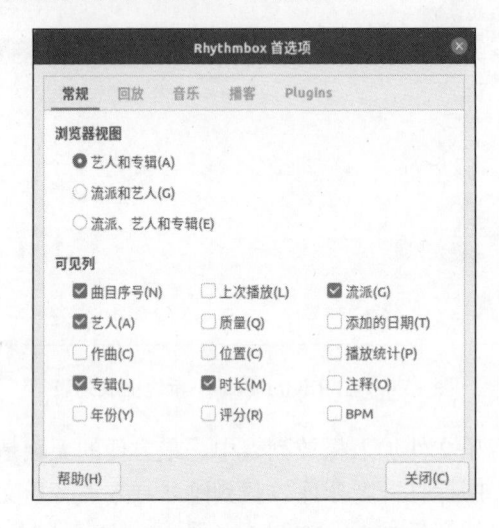

图 15.7　编辑 Rhythmbox 的首选项

15.3.2　使用 VLC Media Player 播放 MP4 视频

VLC Media Player 是一款很受欢迎的跨平台多媒体播放器，它开放源代码并能播放大多数媒体文件及 DVD、音频 CD 和不同的流协议。在 Ubuntu 22.04 的软件源中已经提供了其安装包，安装包名称为 vlc。启动后的 VLC Media Player 界面如图 15.8 所示。

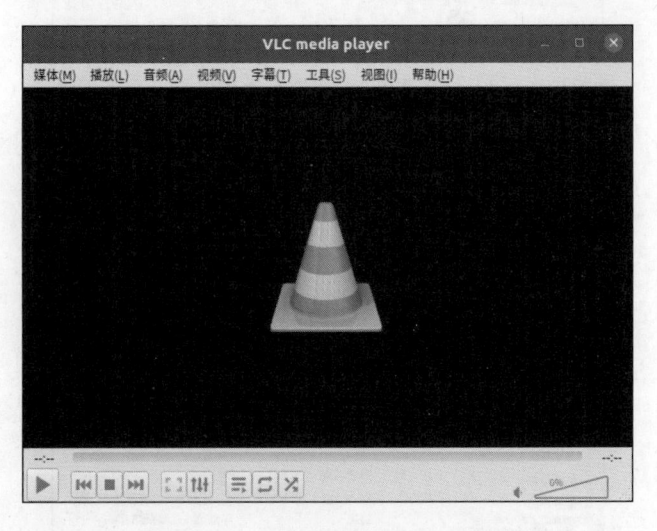

图 15.8　VLC Media Player 界面

接下来，用户就可以使用 VLC Media Player 播放视频了。下面以播放 MP4 视频文件为例，介绍该工具的操作步骤。

（1）在菜单栏中依次选择"媒体"|"打开文件"命令，弹出"选择一个或多个要打开的文件"对话框，如图 15.9 所示。

图 15.9　选择视频文件

（2）通过鼠标选择文件或者直接在地址栏中输入路径，定位到希望播放的视频文件，单击 Open 按钮开始播放视频。

（3）在视频播放的过程中，可以随时使用控制面板中的按钮控制播放器的行为。这些按钮的作用相信读者已经非常熟悉了，如果仍有疑惑，可以把鼠标光标悬停在按钮上，VLC Media Player 会给出提示。

VLC Media Player 同样可以设置播放列表——尽管看上去似乎简陋了一些。建立一个播放列表的操作步骤如下：

（1）在菜单栏中依次选择"视图"|"播放列表"命令，打开播放列表。在播放列表显示框中右击，弹出快捷菜单，如图 15.10 所示。

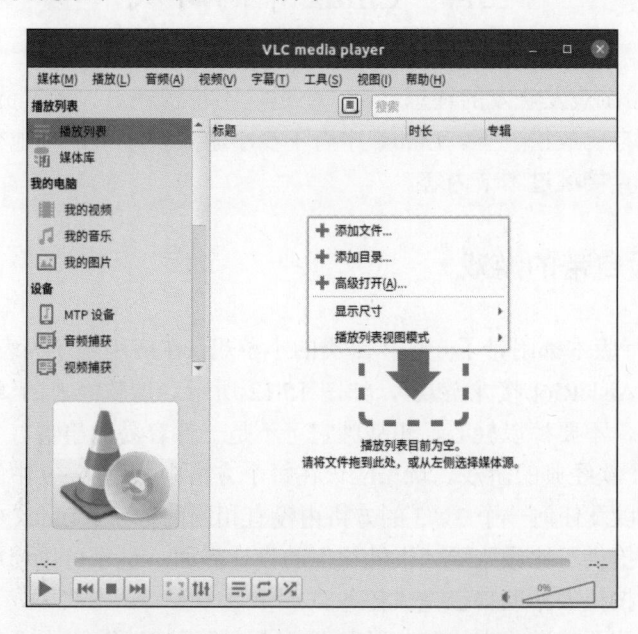

图 15.10　右击 VLC Media Player 播放列表

（2）选择"添加目录"（或"添加文件"）命令，可以将指定目录下的视频文件（或指定的视频文件）添加到播放列表中。添加后的效果如图 15.11 所示。

图 15.11 把文件或目录添加到 VLC Media Player 播放列表中

（3）如果希望从播放列表中删除某个文件，右击要删除的文件，在弹出的快捷菜单中选择"移除所选"命令即可。

值得一提的是，VLC Media Player 不仅是一款优秀的视频播放软件，在音频播放方面也堪称一流。在 Linux 中只要有这款软件，就可以完成绝大多数的多媒体播放任务。用户可以在图 15.9 所示对话框的文件类型（Files of type）下拉列表框中看到 VLC Media Player 支持的所有多媒体文件格式。

15.4 Linux 中的游戏

Linux 的确不是游戏发烧友的理想平台。不过，不论程序员、管理员，还是普通用户，总要在工作之余让自己放松一下。Linux 中有不少小游戏，本节简单地介绍几个。不喜欢玩游戏的读者可以直接跳过本节内容。

15.4.1 发行版自带的游戏

Linux 的各发行版本都附带了一些休闲类的小游戏，在应用程序列表中可以找到它们。我们可以来试试"AisleRiot 接龙游戏"，如图 15.12 所示。这款经典的 AisleRiot 接龙游戏由玩家对阵计算机，不要掉以轻心，想战胜它可不是一件容易的事情。

"数独"也是一款经典的游戏。玩家应该在每个方格中填写 1～9 中的一个数字，并且保证每行、每列，以及任何一个 3×3 的方格内没有相同的数字。Linux 中的这款数独游戏如图 15.13 所示，提供了比纸张更"人性化"的设计界面。玩家可以使用提示、填充、高亮显示和跟踪条件按钮来帮助自己完成任务。

如果觉得上面这两款游戏太烧脑，那么可以试试"纸牌王""扫雷""贪吃蛇"等游戏。"对对碰"游戏如图 15.14 所示，需要玩家将不同区域的牌都移到收牌区。一局之后记得向远处眺望片刻，放松一下眼睛。

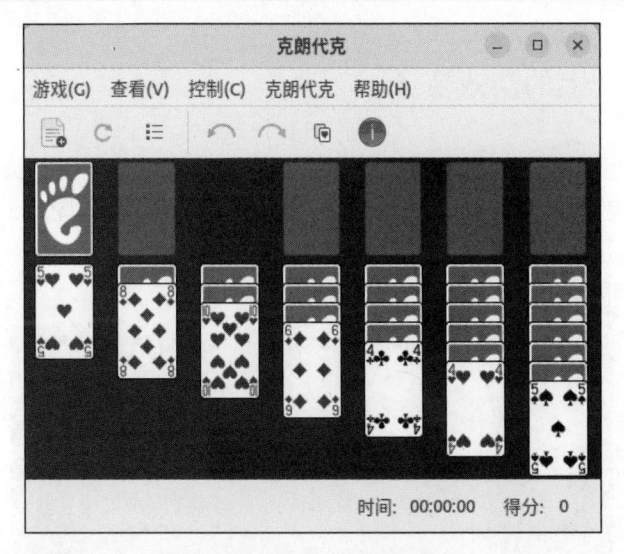

图 15.12　AisleRiot 接龙游戏

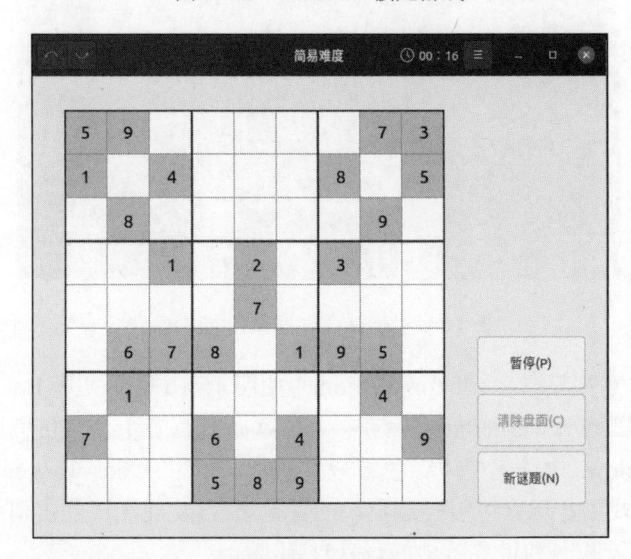

图 15.13　数独游戏

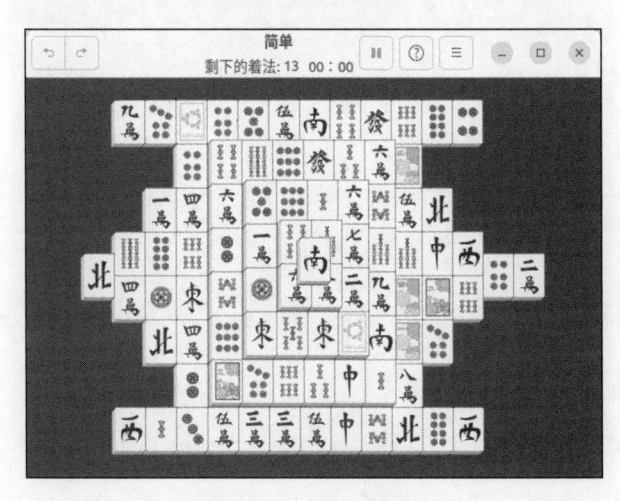

图 15.14　对对碰游戏

15.4.2 Internet 上的游戏资源

在 Internet 上可以找到一些可玩性更强的 Linux 游戏。喜爱飞行类游戏的读者可以尝试 FlightGear 游戏，这是一款非常逼真的飞行模拟游戏，如图 15.15 所示，可以从 www.flightgear.org 上免费获得或者从"新立得软件包管理器"中安装。初次玩时需要耐心一些，让飞机起飞很容易，但要控制不让它坠毁就不那么简单了。

图 15.15　模拟飞行游戏 FlightGear

战略类的游戏可以考虑 Battle for Wesnoth（如图 15.16 所示）和 Bos Wars（如图 15.17 所示）。前者可以从 www.wesnoth.org 上获得，该款游戏有多个任务可供选择。Bos Wars 游戏有点类似于 Windows 中著名的"红色警戒"游戏，可以从 bos-wars.en.softonic.com 上免费获得。在这款游戏中，玩家可以控制自己的"国家"，发展经济并击退敌人。可以选择同计算机对战，也可以联网和世界各地的玩家过招。

图 15.16　Battle for Wesnoth 游戏

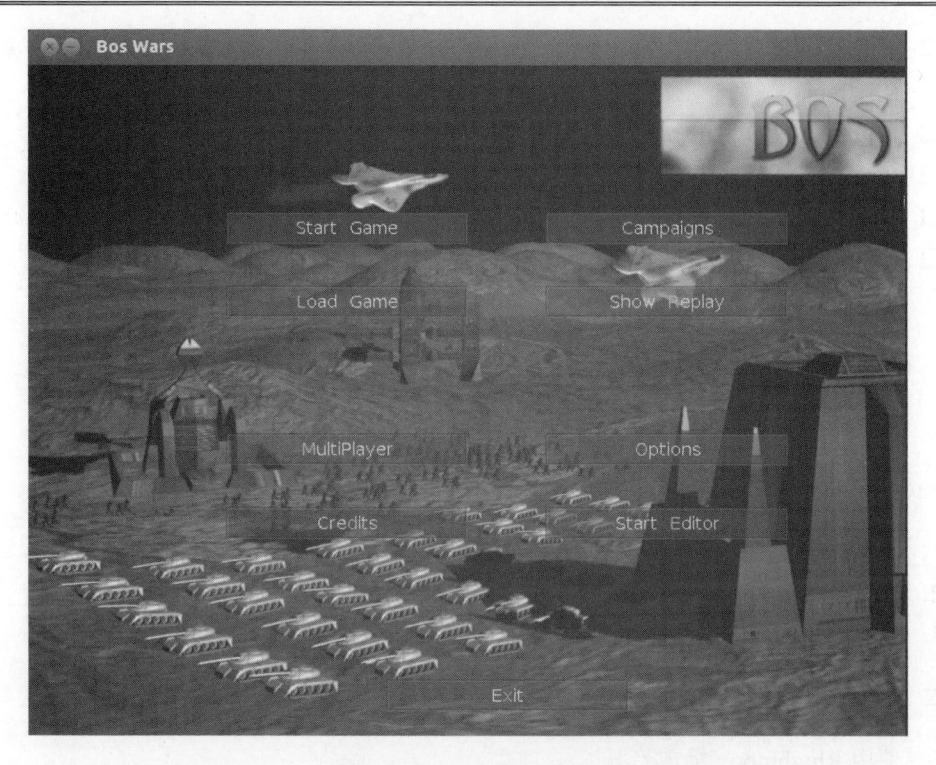

图 15.17 Bos Wars 游戏

喜欢台球的读者不妨尝试 Foobillard，这是一款 3D 的台球游戏，包含斯诺克、九球和美式等多种打法，如图 15.18 所示。可以从 foobillardplus.sourceforge.net 上下载这款游戏。

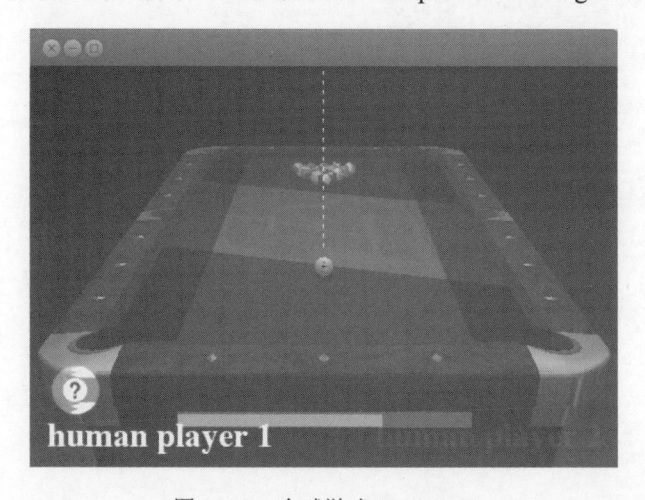

图 15.18 台球游戏 Foobillard

15.5 小　　结

- 标准声卡在 Linux 中都能获得很好的支持。Linux 包含专门的声卡配置程序。
- Xine 和 Gstreamer 是 Linux 中著名的两款播放引擎。

- 一些播放器（如 Xmms、VLC Media Player 等）使用自己的解码器，另一些（如 Rhythmbox 等）则使用专门的播放引擎（如 Xine 和 Gstreamer）。
- Rhythmbox 和 Amarok 都支持对 CD 和音乐文件的播放。
- Ogg 提供了比 MP3 更好的音乐文件压缩算法。
- VLC Media Player 支持所有流行的视频（和音频）格式，是一款跨平台的开源软件。
- Linux 发行版自带了很多休闲类的游戏，也可以从互联网下载更具可玩性的游戏。

15.6 习　　题

一、填空题

1. _____是 Linux 中最著名的播放软件。
2. 有些播放器软件使用了自己的解码器，比较流行的有_____、_____、_____等。
3. _____是一款跨平台的播放器。

二、操作题

1. 使用 Rhythmbox 播放音乐。
2. 使用 VLC Media Player 播放视频。

第 16 章 图像查看和处理

本章介绍 Linux 中的图像浏览和处理方法。对于桌面用户而言,图像和音频、视频同等重要。无论相片管理还是专业图像设计,Linux 都提供了相应软件支持。很多时候,这些开源软件完全可以取代 Windows 中的相关工具。

学习完本章内容后,读者可以熟练使用工具管理图片,并掌握一定的图片处理方法。如果希望更深入地学习图像处理方法,则需要参考其他相关专业书籍,本章只是做一些简单介绍。

16.1 查看图片

在 Linux 中可以使用多种方式打开图片。例如,可以直接在文件浏览器中打开图片,也可以使用特定的相片管理工具。相片管理工具非常多,大部分提供的功能相似,具体使用哪一种取决于个人喜好,以及用户所使用的桌面系统(Gnome 或是 KDE)。限于篇幅,下面只介绍几个经典的软件,其他软件的操作步骤基本相似。

16.1.1 使用 Konqueror 和 Nautilus 查看图片

Konqueror 是 KDE 中的文件浏览器。虽然在很多时候 Konqueror 只是用来浏览文件系统,但是事实上 Konqueror 是一个功能非常强大的浏览器,它可以识别很多常用的文件格式(仔细阅读了前面几章内容的读者可能已经有所体会),包括文本文件、PDF(Portable Document Format)格式及各种图片文件格式。

使用 Konqueror 定位到图片所在的目录,选择希望查看的图片,如图 16.1 所示,Konqueror 会在当前窗口中打开图片,如图 16.2 所示。

图 16.1　Konqueror 中的图像缩略图

图 16.2　在 Konqueror 中查看图像

Gnome 用户可以使用 Nautilus 文件浏览器来完成相同的操作。和 Konqueror 略有不同的是，Nautilus 并不是直接显示图像，而是通过调用一个叫作"Gnome 之眼"的图像查看工具来显示图片。用户可以在 Nautilus 中查看图片的缩略图，如图 16.3 所示，然后双击图片显示它，如图 16.4 所示。

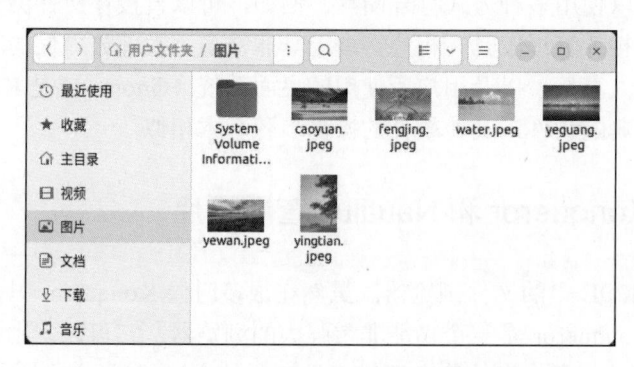

图 16.3　Nautilus 中的图像缩略图

图 16.4　使用"Gnome 之眼"查看图像

无论使用 Konqueror 还是 Nautilus，都可以通过"放大""缩小"按钮对图像进行调整。也可以单击"左""右"旋转按钮使图像旋转 90°。

16.1.2 使用 GIMP 查看图片

GIMP 是 Linux 中专业级的图像处理软件，甚至可以说 GIMP 并不逊色于大家所熟悉的 Photoshop。因此，用 GIMP 查看图片显然有些"宰鸡用牛刀"了。Ubuntu 用户可以在"应用程序"列表中启动"GNU 图像处理程序"来打开这个软件。打开后的软件界面如图 16.5 所示。

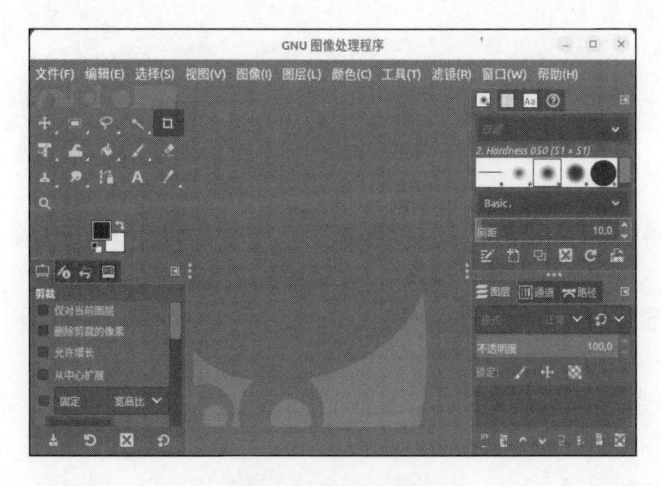

图 16.5　启动 GIMP

> **提示**：在 Ubuntu 22.04 中，默认没有安装 GIMP 图像查看器。在使用 GNU 图像处理程序前，需要先安装 GIMP 软件包。

选择"文件"|"打开"命令，在弹出的"打开图像"对话框中定位到想要装载的图像，如图 16.6 所示，单击"打开"按钮即可打开图像。注意，在"打开图像"对话框的左侧会即时显示选定图像的预览效果。打开后的图像如图 16.7 所示。

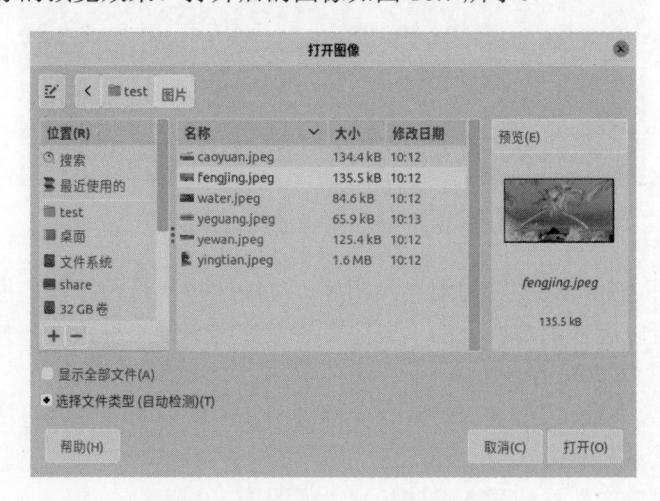

图 16.6　GIMP 的"打开图像"对话框

图 16.7　在 GIMP 中查看图像

在 16.2 节中将介绍如何使用 GIMP 编辑图像。这里读者可以先体验一下 GIMP。

16.1.3　使用 Shotwell 管理相册

Shotwell 是一款相片管理软件。其界面简单、实用，操作简便，非常适合作为日常相片的管理工具。Shotwell 支持主流的图片格式，对于少数厂商定制的各类 RAW 格式也有很好的支持。Ubuntu 用户可以在应用程序列表中启动"Shotwell 程序"来打开这个软件，启动后的软件界面如图 16.8 所示。

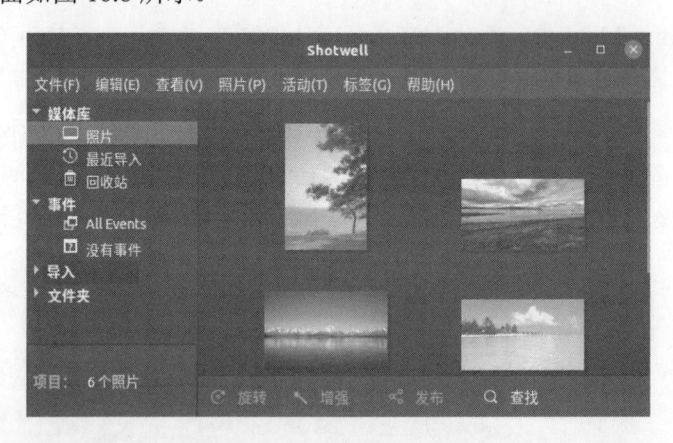

图 16.8　相片管理器 Shotwell

第一次启动时，Shotwell 会提示导入相片。可以选择从目录导入，也可以从数码相机导入。然后用户可以选择工具栏上的"文件"|"从文件夹导入"命令，弹出"从文件夹导入"对话框，如图 16.9 所示。

选定文件夹后，Shotwell 会自动从该文件夹中获取所有的图片，包括这个文件夹所有的下级子目录（默认设置）。

完成后单击"确定"按钮导入这些相片，如图 16.10 所示。

图 16.9 选择导入的图片

图 16.10 导入相片至 Shotwell

可以在"查看"菜单中选择使用幻灯片或全屏方式浏览图像，放大或缩小图像。也可以单击工具栏上的"相片"，再选择"向左旋转"（或"右旋转"）按钮，将图像水平（或竖直）翻转 90°。

单击"相片"可以对图片进行编辑。Shotwell 提供了相片处理的基本工具，包括剪裁、校正和红眼等。这些工具在最下面的工具栏中，如图 16.11 所示。

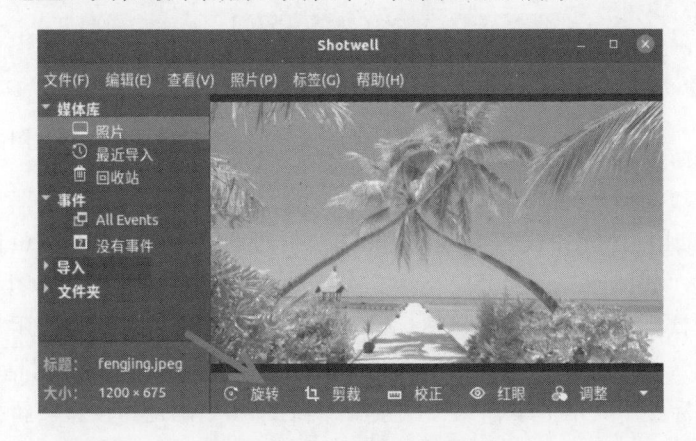

图 16.11 编辑工具栏

如图 16.12 是图像裁剪后的效果。注意，此时也可以右击，在弹出的快捷菜单中选择

"恢复到原始"命令,随时将相片回滚到修改前的状态。

图 16.12 裁减后的图像

事实上,此时计算机中的原始文件并没有被改变。如果需要保存所做的修改,可以使用"文件"|"导出"命令,如图 16.13 所示。可以看到,除了普通目录,用户还可以选择将相片直接导出至网上相册,如 Google 的 Picasa,但是需要用户提供相关的账号和密码。如图 16.14 所示为"导出相片"对话框,在其中可以选择图片导出的目标文件夹,更改导出方式和图像大小。

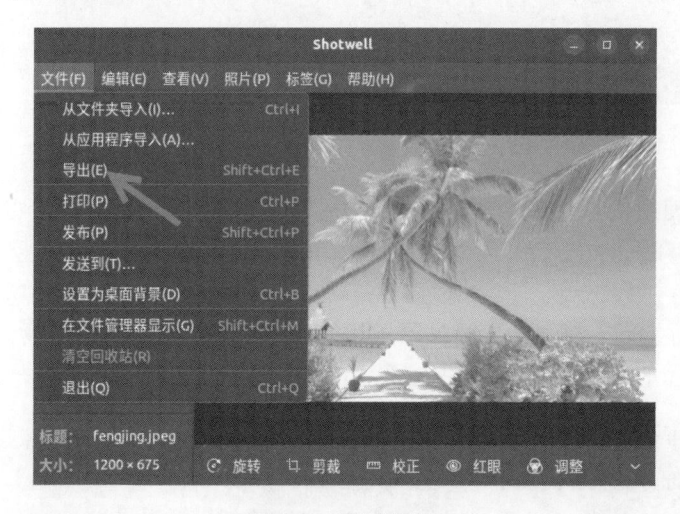

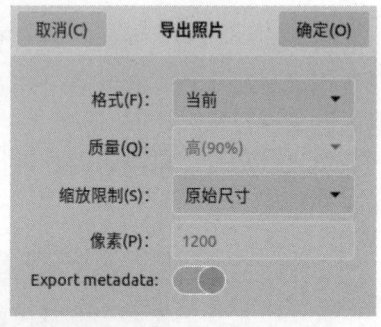

图 16.13 导出图像　　　　图 16.14 图像导出选项

Shotwell 可以为相片设置特定的标注。这里的"标注"和网页浏览器里的"书签"有些相似,可以帮助用户快速地定位到某些相片。选择要标注的相片,在菜单栏中选择 Toggle Flag 命令,将在"媒体库"下的"已标注"分类中看到标注的图片,如图 16.15 所示。

Shotwell 默认提供的几个标签显然远远不能满足用户的需求,因此用户还可以创建自己的标签。依次选择"标签"|"添加标签"命令,弹出"添加标签"对话框,如图 16.16 所示。这里在"标签"文本框中输入"风景",然后单击"确定"按钮。新标签创建后的界面如图 16.17 所示。

图 16.15　浏览所有标注的图像

图 16.16　添加标签

图 16.17　完成新标签的创建

16.2　使用 GIMP 处理图像

千呼万唤，终于到了介绍 GIMP 的时候。一直以来，GIMP 作为一款优秀的开源图像处理软件而倍受追捧。这款软件使普通用户专业地处理图像成为可能。例如，把埃及金字塔"搬到"北京，让天空放晴，或者制作一个让人惊叹的 Web 图像……这些都可以使用 GIMP 来实现。限于篇幅，本节只能简单地介绍一些 GIMP 的特性，想深入学习的读者可以参考相关书籍。

16.2.1　GIMP 基础

GIMP 最初是作为一个学生项目而创建的，这一点和 Linux 一样。它是 1995 年由 Peter Mattis 和 Spencer Kimball 在加利福尼亚伯克利大学开发的。正如在 16.1.2 节中介绍的那样，GIMP 的操作界面和传统的图像处理软件的操作界面有明显的区别。两个长条形的"工具栏"组成了这个软件的操作界面。事实上，这正是 GIMP 的设计哲学：把复杂的东西藏起来。在 GIMP 朴实无华的操作界面下，隐藏着许多强大的功能。同时由于 GIMP 特色的工具栏设计，使操作变得非常灵活快捷。

在 16.1.2 节中已经介绍了打开图片的方法。保存修改后的图片的操作基本相同。选择"文件"|"保存"命令，弹出"保存图像"对话框，如图 16.18 所示。GIMP 支持几乎所有的图片格式，这些格式不仅可以被读取，GIMP 还能以这些格式输出图像。单击"保存"按钮即可将图像输出。

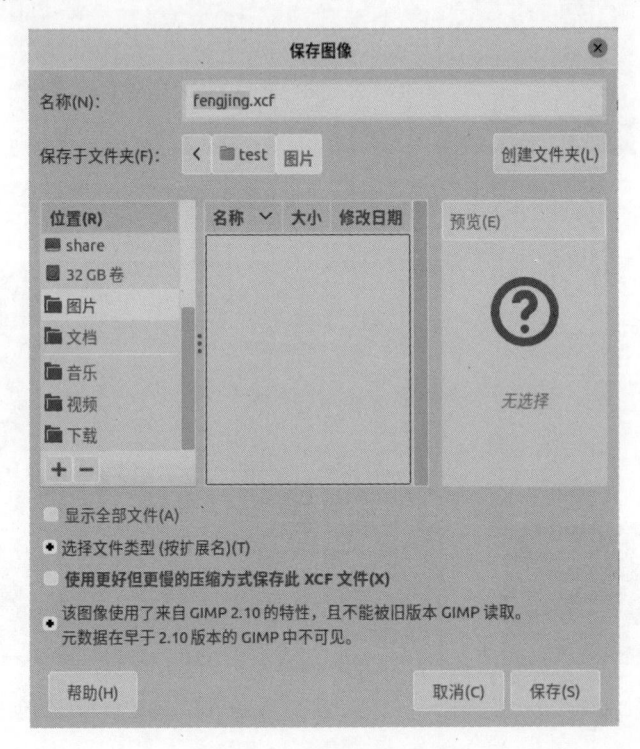

图 16.18 "保存图像"对话框

16.2.2 漫步工具栏

GIMP 的大部分常用功能都能够通过工具栏中的按钮来完成。要逐一介绍这些工具不太现实。对于大部分读者而言，只要掌握其中的基本功能就足够了。表 16.1 列出了比较常用的 GIMP 工具（不是全部）。

表 16.1　GIMP的常用工具

按钮	名　　称	功　　能
	选择矩形	在图像上选择一个矩形或者正方形区域，在移动鼠标的同时按住Ctrl键即可创建一个矩形或者正方形
	选择椭圆	在图像上选择一个椭圆或圆形区域，当移动鼠标的同时按住Ctrl键，则创建一个圆；否则创建一个椭圆
	自由选择	在图像上选择一个非规则形状
	模糊选择（魔术棒）	选择与所单击的像素非常接近的颜色和亮度。可以为这个工具设置一个容差，包含若干个像素

续表

按钮	名 称	功 能
	颜色选择	选择一个区域内相近的颜色
	智能剪刀	裁减所选择对象的边缘
	移动	在屏幕上移动所选择的对象
	放大	放大图像的尺寸。可以按连字符（-）缩小图像
	修剪	按所指定的边缘修剪图像的大小
	翻转	对图像进行水平和垂直翻转
	文本	在图像上添加文本
	吸管	为前景和背景从图像上拾取颜色
	颜料桶	在选择的区域浇灌颜色
	混合（梯度）填充	使用混合梯度颜色填充图像或者所选择的区域
	画笔	画一条实边缘线
	刷子	使用各种边缘刷子画线
	橡皮	去掉图像的某些部分
	喷雾器	创建虚的、散开的一个笔画
	复制	复制图像的某一部分
	缠绕	通过降低或者增加组成边缘的像素之间的对比度来平滑或者锐化一幅图像
	墨水	使用墨水笔绘图
	涂抹	涂抹像素
	度量	显示图像上像素之间的距离

仅通过一张表并不能让读者掌握这些工具的使用方法。和 Photoshop 一样，如果详细介绍如何使用 GIMP，则可以写成厚厚的一本书。在很多工具的操作上，GIMP 和 Photoshop 是彼此相通的，精通 Photoshop 的读者会发现，自己并不需要花费太多的时间也可以在 GIMP 中很好地完成工作。

16.2.3 实例：移花接木

现代的图像处理技术是如此的先进。使用图像处理工具可以对任何不满意的图片进行处理，使其满足自己的需求。例如一些专业摄影公司所呈现的高质量相片，就是大量使用了数字图像处理技术。当然，任何技术都是一把双刃剑，网络上出现的一些"假相片"，使用的也是图像处理技术。现在，有专门的软件可以检测相片中的这种拼凑现象，也有一些专业团队也可以承接鉴定相片真伪的任务。

本节将带领读者亲自实践如何将两张图片进行"移花接木"。这里并不是指导读者制作假相片，而是希望通过一个实例呈现图片拼凑的基本原理，更重要的是演示 GIMP 的应用。

（1）打开两张图片，如图 16.19 所示。在这个例子中我们将把一张图片中的石头放到另一张图片中。

图 16.19 需要修改的两张图片

（2）单击工具栏中的"放大"按钮 适当放大图像，再单击"魔术棒"按钮 ，在图中的石头上单击，可以看到在单击的部分出现了一条虚线，如图 16.20 所示。

（3）按 Shift 键，可以看到在魔术棒的右上方出现了一个+号。此时不要松开 Shift 键，在石头上继续单击，逐步向外扩展选择区域，直至选择区域的虚线如图 16.21 所示。

图 16.20 使用"模糊选择"工具选取像素　　图 16.21 使用 Shift 键增加选取的区域

（4）按 Ctrl+C 快捷键复制被选中的区域。激活另一张图片的窗口，在其中按 Ctrl+V 快捷键，可以看到石头已经被复制进去了，如图 16.22 所示。

图 16.22 复制石头至另一张图片

（5）单击工具栏中的"移动"按钮，将石头移动到合适的位置，在空白处单击，如图 16.23 所示。

图 16.23　移动石头至合适的位置

（6）至此，石头已经被复制到新的图片中了。如果觉得这张图片的效果不理想，可以选择"颜色"|"亮度-对比度"命令，弹出"亮度-对比度"对话框，在其中，调整亮度至合适的数值，单击"确定"按钮，如图 16.24 所示。

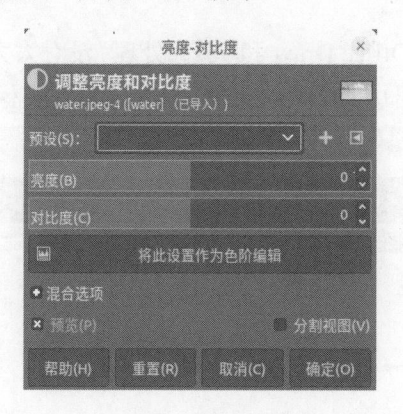

图 16.24　调整亮度

调整之后的效果看上去就比较逼真了。

16.2.4　使用插件

GIMP 有一个人数众多的开发团队，因此针对 GIMP 的插件频繁产生。一般来说，GIMP 的插件都会提供 INSTALL 和 README 这两个文件，其中包含操作指令。根据插件的不同，安装方法也会略有出入。关于这方面的内容，读者可以自己尝试解决，或者参考互联网上的相关资料。

16.3 LibreOffice 的绘图工具

Linux 系统下的办公软件 LibreOffice 也提供了绘图工具——LibreOffice Draw，如果读者正在使用 Ubuntu，在应用程序列表中选择"LibreOffice Draw 程序"可以打开这个软件，启动后的软件界面如图 16.25 所示。

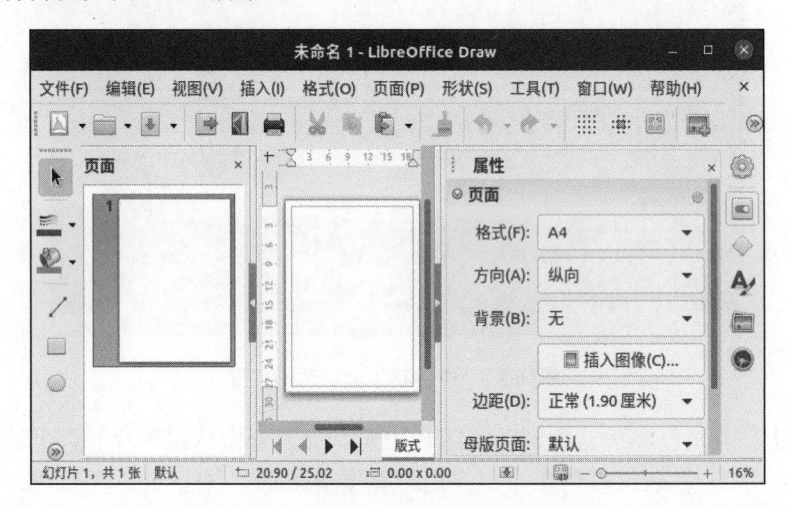

图 16.25　LibreOffice Draw 的用户界面

相比 GIMP 而言，LibreOffice Draw 和"图像处理"没有太大关系——正如 GIMP 和"画画"没什么关系一样。LibreOffice Draw 主要用来设计 Logo 和流程图。例如，可以在画纸的正中间画一个太阳，如图 16.26 所示。

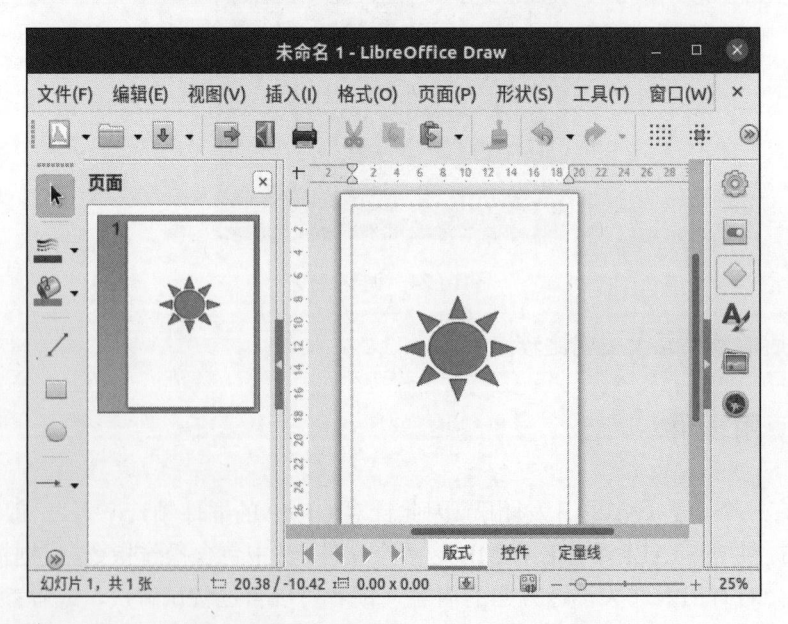

图 16.26　用 LibreOffice Draw 画一张图

16.4 小　　结

- Linux 中的文件浏览器 Konqueror 和 Nautilus 都可以用来查看图像。
- Shotwell 相片管理软件提供对相片的查看、搜索和修改等功能。
- GIMP 是 Linux 中开源源代码的图像处理软件，提供和 Photoshop 类似的功能。
- 使用插件可以增强 GIMP 的功能。
- LibreOffice 提供的绘图工具 LibreOffice Draw 用于设计流程图和 Logo 等。

16.5 习　　题

一、填空题

1．KDE 中最强大的文件浏览器是_____。
2．Gnome 用户常用的文件浏览器是_____。
3．Ubuntu 下用来处理图像的工具是_____。
4．Ubuntu 中的相片管理软件是_____。

二、操作题

1．使用 GIMP 处理图片，实现移花接木的效果。
2．使用 LibreOffice Draw 绘制一个简单的圆。

第 17 章 打印机配置

本章介绍在 Linux 中如何配置和使用打印机。Linux 的打印系统已经非常灵活和高效，基本上只要简单地把数据线连接到计算机上就可以了。尽管如此，在实际工作中可能还会遇到各种问题，本章将会对实际使用中碰到的问题进行详细介绍。

17.1 打印机简介

人们一般把打印机同显示器、鼠标和音箱这些外部设备归为一类，这种归类方法当然没有错，但从复杂程度上来说，打印机显然没有得到足够的重视。打印机有自己的 CPU、内存、操作系统和硬盘。如果是一台网络打印机，那么它还有 Web 服务器，用户可以通过访问其"网站"进行配置和管理。

很多人或许从来没有考虑过这些问题。打印机越复杂，意味着需要花费更多的精力去管理，这一点和计算机一样。但这并不是最麻烦的，打印机的硬件厂商开发了很多不同的页面语言，使用了多种操作系统。这对于打印系统（如本章要介绍的 CUPS）的开发是一大挑战，而用户只要坐享开发成果就可以了。鉴于在选择打印机的过程中，读者可能会对一些名词并不了解，下面对常见的一些术语进行解释。

17.1.1 打印机的语言：PDL

当用户在应用软件（如 LibreOffice）中单击"打印"按钮时，就给打印机发送了一个打印作业。这个"布置作业"的过程需要使用一种特定的语言，这种语言称作页面描述语言（Page Description Language，PDL）。

经过 PDL 编码的页面可以提供比原始图像更小的数据量和更快的传输速度。更关键的是，PDL 可以实现与设备和分辨率无关的页面描述。

前面提到，不同的厂商开发了很多截然不同的 PDL，但主流的只有那么几种。PostScript、PCL 5、PCL 6 和 PDF 是目前知名的 PDL，并且得到了广泛的支持。其中，PostScript 是 Linux 系统上最常见的 PDL，几乎所有的页面布局程序都可以生成 PostScript。

毫无疑问，PostScript 打印机可以在 Linux 中得到最好的支持。如果读者的打印机"不懂" PostScript 也没有关系，Linux 的打印系统能够为所有的 PDL 做转换。

打印机接收到用 PDL 描述的作业后，会调用自己的光栅图像处理器把这个文件转换成位图形式。这个过程就叫作"光栅图像处理"。有一些打印机可以理解几乎所有主流的 PDL，另一些则什么都理解不了，这种低"智商"的打印机称作 GDI 打印机，它们需要依赖计算机进行光栅处理，然后接收现成的位图图像。和 GDI 打印机通信所需的信息是使用专门针对 Windows 的专有代码编写的，因此这类打印机一般只能在 Windows 中使用。

17.1.2 驱动程序和 PDL 的关系

既然打印机实际上是一台"计算机"，那么用计算机"驱动"计算机这句话听上去有点可笑。的确，打印机的驱动程序并不能算真正意义上的"驱动程序"，因为它和硬件驱动没有太大关系。把文件转化为打印机能理解的 PDL——这就是打印机驱动程序所要做的全部事情。

不要指望打印机制造商会开发 Linux 中的驱动程序，幸运的是，Linux 的打印系统（如 CUPS）可以完成绝大部分这样的转换工作。当然，用户也可以使用 Linux 附带的软件手工完成 PDL 的转换工作，但没有必要多此一举。

17.1.3 Linux 如何打印：CUPS

Linux 中的打印系统非常灵活，这应该归功于 CUPS（Common UNIX Printing System，公共 UNIX 打印系统）的出现。这套打印系统目前已经在 Linux 和 macOS 等大部分 UNIX 类操作系统中，并且成为 UNIX 打印的标准。鉴于此，本小节只介绍这种打印系统，其他早期的打印系统如 Rlpr、GNUlpr 已经没有使用的必要了。

CUPS 基于服务器/客户机架构（Linux 总是习惯用服务器的思维考虑问题），因此非常适合企业级打印环境的部署。工作时，客户机（可能是某个应用程序或者另一台 CUPS 服务器）把文件副本传递给 CUPS 服务器，服务器把它们保存在打印队列中，并且等待打印机就绪。

为了给打印机传递合适的信息（如打印机使用何种 PDL），CUPS 服务器需要检查打印机的 PPD 文件。一旦确定了自己应该做什么，CUPS 服务器会通过"过滤器"把文件转换成合适的格式，并对打印机执行初始化。提交完打印作业后，CUPS 服务器回过来继续处理打印队列，打印机则开始执行实际的打印任务。

主流 Linux 发行版默认都安装了 CUPS，除非用户在安装时明确告诉 Linux 不要安装 CUPS。CUPS 使用 HTTP 来管理打印任务，通过浏览器访问主机的 631 端口（在地址栏中输入 http://localhost:631 并按 Enter 键）可以打开这个管理界面，如图 17.1 所示。如果读者的 Linux 还没有安装 CUPS，那么可以从安装文件中找到这个软件。

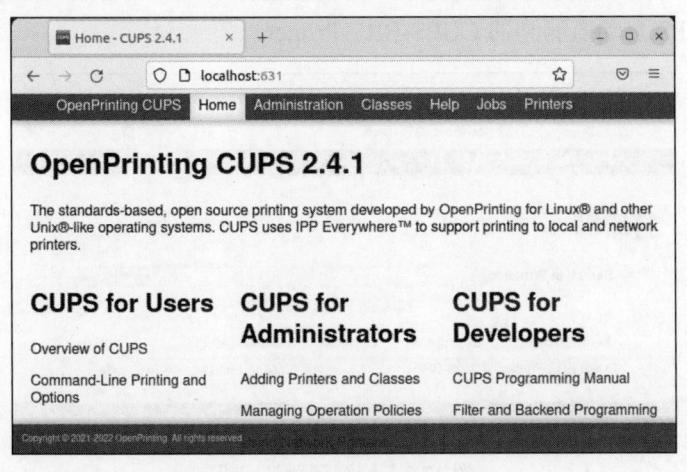

图 17.1　CUPS 的 Web 管理界面

17.2 添加打印机

在 CUPS 中添加一台打印机非常容易，前提是这台打印机能够被 Linux 支持。本节首先介绍如何选择一款合适的打印机。在添加打印机的过程中，使用 CUPS 的 Web 管理界面是一个不错的选择。对于普通用户而言，这个界面足够友好，也非常简洁、方便。此外，本节还会介绍打印机的操作命令，有时会用到它们。

17.2.1 打印机的选择

在选择一款打印机之前，应该了解一下这款产品可以在 Linux 中得到多大程度的支持。最直接的方法是访问 www.linuxprinting.org 的 Foomatic 数据库，这个数据库将打印机分成从 Paperweight 到 Perfectly 的 4 个等级。毫无疑问，Perfectly 类的打印机可以在 Linux 中获得最好的支持，因此应该选择这一类打印机。

PostScript 打印机可以在 CUPS 中非常好地工作，几乎不需要任何特殊设置就可以实现完美的打印效果。CUPS 也提供了对其他类型打印机的支持，虽然效果并不令人满意，但是聊胜于无。千万不要购买 17.1.2 节提到的 GDI 打印机，这些打印机因为"无知"而不得不寻求 Windows 的驱动程序。尽管借助逆向工程，很多 GDI 打印机也能够获得 CUPS 的支持，但这样的支持通常并不理想。

17.2.2 连接打印机

通常，连接打印机最难的是如何顺利地把数据线插入 USB 接口。如果需要把数据线连接到台式机上，那么一次就成功的概率通常是 50%。如今计算机里所有的插槽都做了防反插的设计，用户终于不必在研究正反插的事情上浪费时间了。

一旦将打印机连接到计算机上，接下来的事情只要交给 CUPS 去做就可以了。CUPS 能够识别大部分的打印机并自动安装，最坏的情况是在 CUPS 的管理界面中回答几个问题。如图 17.2 为 CUPS 自动监测到的 CUPS-BRF-Printer。

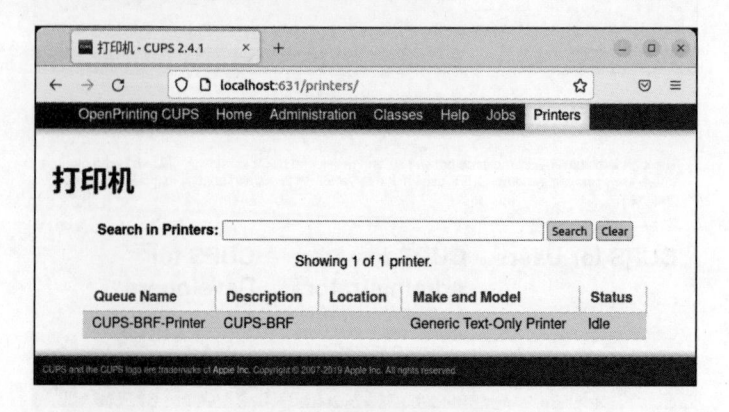

图 17.2 检测到新打印机

17.2.3 让 CUPS 认识打印机

虽然 CUPS 默认提供了对很多打印机的支持，但是一些打印机仍然需要经过特殊的配置才能够使用。下面首先来看一下 CUPS 是如何识别打印机的。

当用户给 CUPS 布置打印任务的时候，CUPS 应该知道当前连接的打印机所使用的 PDL 及打印机所能提供的各项功能。例如，是否支持彩色打印？是否能执行双面打印等。CUPS 不会玩推理游戏，这些信息需要打印机明白无误地告诉它，而这些信息都在打印机的 PPD（PostScript Printer Description，PostScript 打印机描述）文件中。

PPD 文件记录了打印机的各项参数和功能、CUPS 过滤器，以及其他平台上的打印机驱动程序，据此判断如何把打印作业发送给 PostScript 打印机。如今，每台 PostScript 打印机都提供有特定的 PPD 文件，通常可以在安装文件中找到。

对于 CUPS 而言，非 PostScript 打印机同样可以使用 PPD 文件来描述。这样看来，只要找到某台打印机的 PPD 文件，CUPS 就能够驱动它——至少从理论上讲是这样的。那么，剩下的问题就是寻找特定打印机的 PPD 文件。

linuxprinting.org 提供了大量这样的 PPD 文件。用户要做的只是把打印机对应的 PPD 文件下载下来，然后复制到 CUPS 的目录中即可。通常，这个目录是/usr/share/cups/model（Ubuntu 有点特殊，是/usr/share/ppd）。

有时找到的 PPD 文件可能是某类打印机的通用 PPD 文件，可能并不能发挥打印机的全部功能。可以试试多个通用的 PPD 文件，然后选择输出效果最好的那一个。

PPD 文件是普通的文本文件，有兴趣的读者可以打开该文件了解一下，还可以对比两个很接近的 PPD 文件，看一下两台打印机的区别。

17.2.4 配置打印机选项

打印机安装完成后，还需要对其进行一些设置，如打印使用的纸张大小、纸张类型和打印质量等。单击要配置的打印机，弹出打印机管理界面，在 Administration 菜单中选择 Set Default Options 命令，弹出打印机选项的配置界面，如图 17.3 所示。

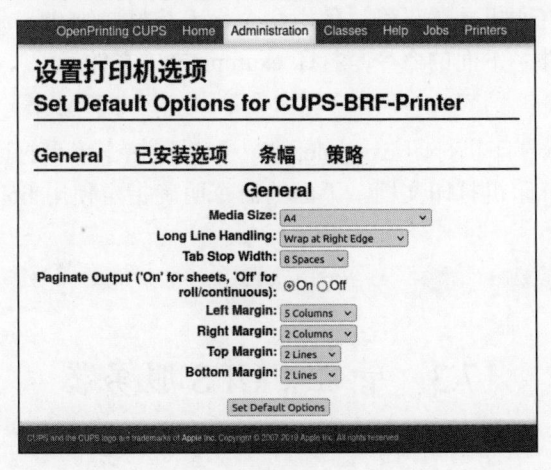

图 17.3 设置打印机

用户可以为每个选项选择合适的属性，完成相关修改后，单击 Set Default Options 按钮使配置生效。

在 CUPS Web 管理界面的 Printers 选项卡中，进入想要设置为默认打印机的打印机管理界面。然后，在 Administration 中单击 Set As Server Default 按钮，可以将该打印机设置为默认打印机。如果决定使用命令行工具，可以使用下面的命令将 CUPS-BRF-Printer 设置为当前用户的默认打印机。

```
$ lpoptions -d CUPS-BRF-Printer
```

CUPS 维护有一个全局的打印机配置文件/etc/cups/printers.conf，使用 root 权限打开并编辑这个文件即可完成相应的选项修改。如果没有特殊需求，不推荐用户手动修改这个配置文件，可以通过 CUPS 的 Web 管理界面进行修改。下面是这个文件的部分内容，每台打印机用一对尖括号（<>）包裹，默认打印机以 DefaultPrinter 表示。

```
<DefaultPrinter CUPS-BRF-Printer>
PrinterId 2
UUID urn:uuid:fbacd5d2-ad6c-3c50-40d4-ebf50144fdf8
Info CUPS-BRF
MakeModel Generic Text-Only Printer
DeviceURI cups-brf:/
State Idle
StateTime 1665565532
ConfigTime 1665565532
Type 12292
Accepting Yes
Shared Yes
…
<Printer PDF>
UUID urn:uuid:586fdc00-e0c5-3335-4c0b-030403ffb187
Info PDF
MakeModel Generic CUPS-PDF Printer
DeviceURI cups-pdf:/
…
```

17.2.5 测试当前的打印机

在打印机管理界面的 Maintenance 中单击 Print Test Page 按钮，可以让打印机打印一张测试页，前提是当前打印机配置正确。使用命令行工具只要给 lpr 命令传递一个文件名作为参数，即可打印文件。下面的命令是打印 example.pdf 文件。

```
$ lpr example.pdf
```

CUPS 会使用默认打印机打印 example.pdf。如果连接了多台打印机，那么可以使用-P 选项指定使用哪一台打印机打印文档。下面的命令明确指定使用 hp_LaserJet_1000 打印机打印文件 example.pdf。

```
$ lpr -P hp_LaserJet_1000 example.pdf
```

17.3 管理 CUPS 服务器

相比在打印机选择上需要考虑一些问题，CUPS 服务器的配置要让人省心得多。和 Linux

中的所有服务器一样，CUPS 也使用一个文本文件定义所有的配置选项，并且作为一个"另类"的 Web 服务器，CUPS 配置文件的语法和 Apache（将在第 22 章介绍）非常类似。

17.3.1 设置网络打印服务器

CUPS 的配置文件为 cupsd.conf，通常保存在/etc/cups 目录下。如果不能确定自己使用的发行版的配置文件在什么地方，那么不妨试试 locate 或 find 命令。cupsd.conf 是一个文本文件，可以使用 more 或者 less 命令查看其内容。

```
$ more /etc/cups/cupsd.conf
#
#
# Configuration file for the CUPS scheduler.  See "man cupsd.conf" for a
# complete description of this file.
#
# Log general information in error_log - change "warn" to "debug"
# for troubleshooting…
LogLevel warn
PageLogFormat
# Specifies the maximum size of the log files before they are rotated.  The
value "0" disables log
 rotation.
MaxLogSize 0
# Default error policy for printers
ErrorPolicy retry-job
# Only listen for connections from the local machine.
Listen localhost:631
Listen /run/cups/cups.sock
# Show shared printers on the local network.
Browsing No
BrowseLocalProtocols dnssd
# Default authentication type, when authentication is required…
DefaultAuthType Basic
# Web interface setting…
WebInterface Yes

--More--(22%)
```

可以看到，cupsd.conf 文件中的大部分行都以"#"开头，表示这是一个注释行。全面的注释是 Linux 配置文件的一大特点，用户可以方便地据此进行配置。这个配置文件定义了 CUPS 服务器的所有行为，例如，Listen localhost:631 表示 CUPS 在 631 端口提供服务。在实际使用时，只需要对其中的很少一部分内容进行修改就可以了。

CUPS 可以向网络上的其他主机提供打印服务，这样就不必为每台主机都配备一台打印机了。要让 CUPS 接受来自其他主机的打印命令，可以在 cupsd.conf 中找到以下代码：

```
<Location />
  Order allow,deny
</Location>
```

把它们替换为下面的代码。其中，netaddress 应该替换为网络的 IP 地址（如 10.71.84.0）。关于网络和 IP 地址的介绍，请参见第 11 章。

```
<Location />
  Order allow,deny
  Deny from all
```

```
    Allow from 127.0.0.1
    Allow from netaddress
</Location>
```

下面简单解释一下上面几行代码的含义。Deny from all 表示 CUPS 不接收任何主机发送的打印请求。但紧跟着在下面两行代码中定义了两种例外情况：Allow from 127.0.0.1 和 Allow from netaddress 允许来自本机（127.0.0.1）和 netaddress 的计算机使用打印服务。

为了让网络上的主机可以看到 CUPS 服务器正在提供的打印服务，还需要找到下面这一行代码：

```
BrowseAddress @LOCAL
```

然后将其修改成下面的代码。其中，BroadcastAddress 应该替换为网络的广播地址（如10.71.84.255）。

```
BrowseAddress broadcastAddress:631
```

> 注意：如果在 Listen 字段中修改了 CUPS 的监听端口，那么使用时应该把 631 修改为实际设置的端口号。

上面的这一行配置是让 CUPS 服务器向网络 broadcastAddress 广播对外提供服务的打印机的信息。这样运行在其他主机上的 CUPS 守护进程就可以知道有哪些打印机可供选择了。至此，一台网络打印服务器就设置完成了。

保存配置文件后，不要忘了重新启动 CUPS 服务器使修改生效。在绝大多数 Linux 发行版中，这个启动脚本是/etc/init.d/cups。下面的命令是重启 CUPS 服务器。

```
$ sudo systemctl start cups
```

17.3.2　设置打印机的类

如果 CUPS 服务器连接着多台打印机，可以把它们放在一个"类"中。这个类专门负责一条打印队列，CUPS 会自动把打印作业调配到当前空闲的打印机上，这样可以大大提升打印效率。

要创建一个打印机的类，可以在 CUPS 的 Web 管理界面中选择 Administration 标签进入 Administration 选项卡，单击 Add Class 按钮，弹出 Add Class 界面，如图 17.4 所示。

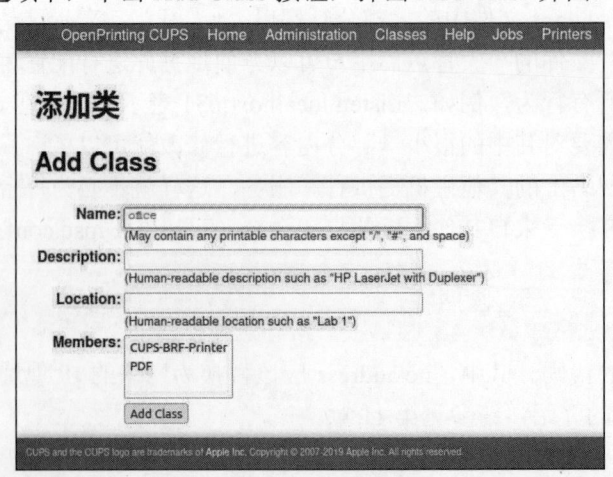

图 17.4　添加一个打印机的类

在 Name 文本框中输入类的名字,并在 Members 列表框中选择需要添加的打印机。使用 Ctrl 键可以同时选择多台打印机。最后单击 Add Class 按钮完成添加。如果此前没有提供过口令,CUPS 照例会要求进行身份验证,如图 17.5 所示。通过验证后,可以看到新的类已经添加到 CUPS 系统中了,如图 17.6 所示。

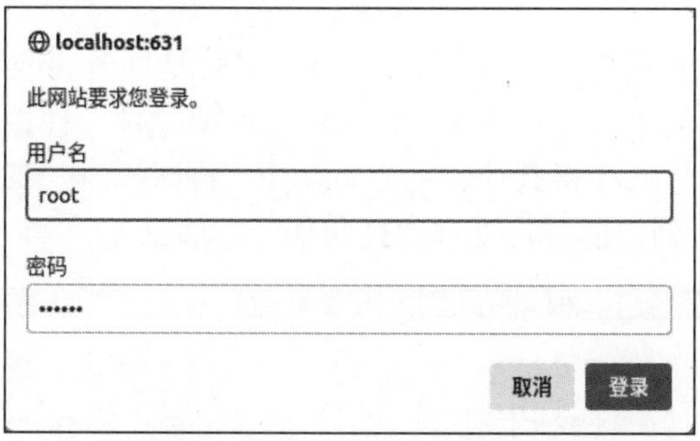

图 17.5　用户名和密码验证

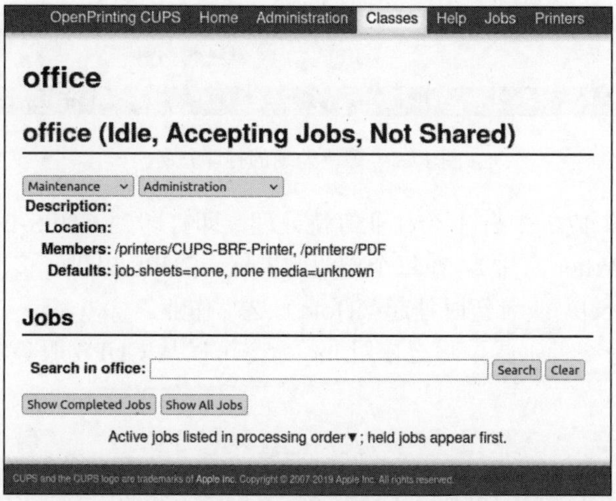

图 17.6　添加到 CUPS 系统中的 office 类

以后需要修改类所包含的打印机时,可以在相应的类中单击 Modify Class 按钮,弹出 Modify Class 页面,在这里可以重新选择需要添加的打印机。

如果使用命令行工具添加打印机的类,可以使用 lpadmin 命令。下面的两个命令用于创建打印机的类 office,并把打印机 N7400 和 zoe 加入这个类。

```
$ lpadmin -p N7400 -c office
$ lpadmin -p zoe -c office
```

如果要从类中删除一台打印机,只需要将-c 选项换成-r 选项。下面这条命令从 office 类中删除打印机 zoe。

```
$ lpadmin -p zoe -r office
```

通常,应该把几台功能相似的打印机配置成一个类。把一台黑白打印机和一台彩色打印机放在一个类里显然是不合适的,这样有可能使一张彩色相片被 CUPS 安排到空闲的黑白打印机来打印,而一份策划书则被彩色打印机接收了。CUPS 会自动把几台拥有相同名字的打印机作为一个隐含的类。这个功能非常好,但这也要求管理员不要给两台差别很大的打印机取相同的名字。

17.3.3　操纵打印队列

在一个繁忙的办公环境内(如文印店),打印机总是同时会收到很多作业。世界上最快的打印机也赶不上人们单击鼠标的速度,事情总是要一件一件地完成。CUPS 为打印机维护了一条打印队列,作业在得到处理之前必须先"排队"。在 CUPS Web 管理界面中选择 Jobs 标签后,可以看到当前等待处理的打印任务,如图 17.7 所示。

图 17.7　等待处理的打印任务

可以看到,在图 17.7 中有 1 个作业等待处理,即打印到 CUPS-BRF-Printer 的一份文档(由 LibreOffice Writer 产生)。在每个作业的末尾,CUPS 提供了多个控制选项,管理员可以随时取消(Cancel)或者暂时挂起(Hold)这个作业。

如果选择使用命令行工具,那么使用 lpq 命令可以从 CUPS 服务器那里查询到当前打印作业的状态信息。

```
$ lpq
CUPS-BRF-Printer 未准备就绪
顺序      所有者     任务     文件                       总大小
1st      lewis     4       第 2 章 Linux 安装(终稿)      4559872 字节
2nd      lewis     5       mountain.jpg               2612224 字节
```

lpq 报告的任务号(输出信息中的第 3 列)很有用。要删除一个打印作业,可以使用 lprm 命令并提供任务号作为参数。下面的命令删除任务号为 5 的打印作业(图像 mountain.jpg)。

```
$ lprm 5
```

17.3.4　删除打印机和类

通过删除打印机和类可以关闭打印服务。在 CUPS 的 Web 管理界面中,单击相应的 Delete Printer 按钮(删除打印机)或 Delete Class 选项(删除类)即可,如图 17.8 所示。此时 CUPS 会询问是否真的要删除打印机或类,如图 17.9 所示。不要浪费任何一次可以后悔的机会,想清楚之后再决定。

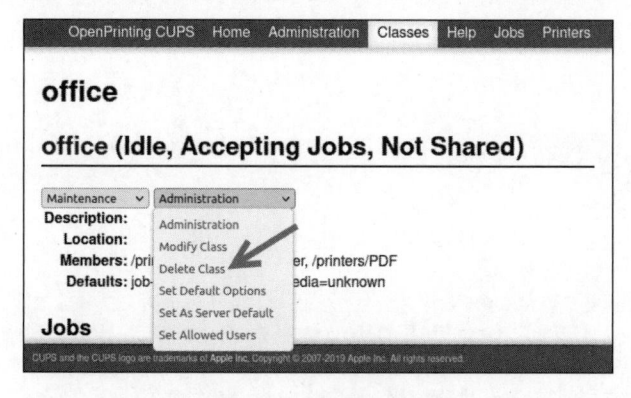

图 17.8　删除类选项

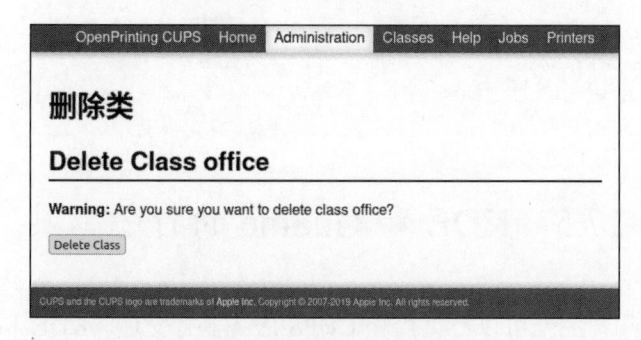

图 17.9　删除打印机的类

如果使用命令行工具来删除，可以使用 lpadmin 命令的 -x 选项。下面两个命令分别删除打印机 zoe 和类 office。

```
$ lpadmin -x zoe
$ lpadmin -x office_test
```

17.4　回顾：CUPS 的体系结构

现在简要回顾一下 Linux 的打印系统。如今，几乎所有的 Linux 发行版都使用 CUPS 来执行打印操作。CUPS 是一套服务器程序，接管所有连接到计算机上的打印机。CUPS 随系统一并启动并一直运行，以处理来自客户端的打印请求。当用户在 LibreOffice 中单击"打印"按钮时，这个文字处理软件就会把需要打印的内容提交给 CUPS 服务器，由 CUPS 负责和打印机交涉。

使用服务器/客户机的架构意味着可以使用共享打印机。如果运行 CUPS 服务器的主机 A 连接着打印机（并且配置为允许接收远程作业），那么同一网络上的主机 B 就可以使用该打印机资源。在这种情况下，主机 B 上的应用程序（如 LibreOffice）仍然同 B 主机的 CUPS 服务器交互，而 B 主机的 CUPS 服务器则成为 A 主机的客户机。

CUPS 服务器使用 HTTP 同客户机进行交互，用户可以使用浏览器来管理 CUPS 服务器。从这一点来讲，CUPS 服务器就是一个 Web 服务器，只是 CUPS 监听的是 631 端口而不是 80 端口。这种天才的设计把网络打印系统从众多的标准中解放出来。在这之前，人们不得不忙于应付不同公司制定的不同标准。

可以随时使用 lpstat -t 命令显示当前 CUPS 的状态信息。

```
$ lpstat -t                                    ##显示CUPS服务器的状态信息
调度程序正在运行
系统默认目的位置：CUPS-BRF-Printer
类 office 的成员：
        CUPS-BRF-Printer
用于 CUPS-BRF-Printer 的设备：cups-brf:/
用于 office 的设备：///dev/null
CUPS-BRF-Printer 自从 2022 年 10 月 12 日 星期三 17 时 05 分 32 秒 开始接收请求
office 自从 2022 年 10 月 14 日 星期五 16 时 47 分 22 秒 开始接收请求
PDF 自从 2022 年 10 月 14 日 星期五 16 时 41 分 51 秒 开始接收请求
打印机 CUPS-BRF-Printer 目前空闲。从 2022 年 10 月 12 日 星期三 17 时 05 分 32 秒 开始
    启用
打印机 office 目前空闲。从 2022 年 10 月 14 日 星期五 16 时 47 分 22 秒 开始启用
打印机 PDF 目前空闲。从 2022 年 10 月 14 日 星期五 16 时 41 分 51 秒 开始启用
CUPS-BRF-Printer-1        bob              0   2022年10月14日 星期五 16时42
分36秒
```

17.5　KDE 和 Gnome 的打印工具

事实上，普通用户完全可以不直接和 CUPS 服务器打交道。KDE 和 Gnome 的打印工具让桌面用户忘记了 CUPS 的存在，用户可以直接通过这两个桌面环境附带的打印配置工具来完成大部分的打印机管理操作。如图 17.10 显示 KDE 和 Gnome 的打印工具（这里 KDE 和 Gnome 的打印工具是一样的）。

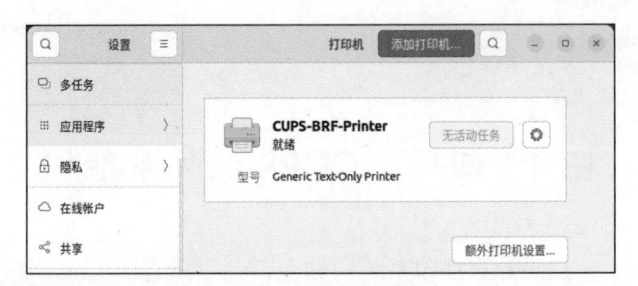

图 17.10　打印工具

尽管如此，KDE 和 Gnome 的打印工具仍然是 CUPS 服务器的客户端程序，最终的打印操作依旧是由 CUPS 完成的。但如果用户只是想打印一些文件，不需要像管理员那样要承担维护工作，那么应该知道 CUPS 服务器并不能提高打印质量，这是设计桌面环境的基本思想——桌面环境只是一个工具接口而已。

17.6　小　　结

❑ 打印机常常和计算机一样复杂，打印机有自己的 CPU、内存和操作系统，甚至运行着服务器守护进程。

- 页面描述语言 PDL 是打印机可以理解的语言。
- PostScript 是 Linux 上最常见的 PDL，PostScript 打印机可以在 Linux 上获得最好的支持。
- 打印机驱动程序将需要打印的文件转化为打印机可以理解的 PDL。
- Linux 使用公共 UNIX 打印系统（CUPS）管理打印机，并负责处理打印作业。
- 用户可以从 www.linuxprinting.org 了解特定型号的打印机在 Linux 中的支持情况。
- CUPS 可以自动识别连接到计算机的打印机。
- 打印机的 PPD 文件包含有关该打印机的详细信息。
- 用户可以通过手动添加 PPD 文件使 CUPS 认识一台特定的打印机。
- 通过 CUPS 的 Web 管理界面可以对打印机进行设置。
- 和打印机有关的设置都有相应的命令行工具可供使用。
- CUPS 的配置文件是 cupsd.conf，通常位于/etc/cups 目录下。
- 通过开启广播功能可以使 CUPS 服务器向网络上的其他主机提供打印服务。
- 可以在 CUPS 中将几台打印机配置成一个类。同一个类中的打印机共同负责处理一条打印队列。
- CUPS 为打印机维护一条打印队列，打印任务必须首先在这条队列中排队等候。
- 管理员可以选择禁用打印机的输入端和输出端。禁用输入端将会限制用户提交打印作业；禁用输出端后不限制用户提交打印作业，但打印作业不会被打印机处理。
- CUPS 基于服务器/客户机架构，服务器使用 HTTP 同客户机交互。
- KDE 和 Gnome 都提供了打印管理工具，并且向用户隐藏了 CUPS 的实现细节。

17.7 习 题

一、填空题

1. 打印机使用的语言称为_____。
2. CUPS 是_____的缩写形式。
3. CUPS 服务使用 HTTP 管理打印任务，默认监听的 Web 端口为_____。

二、选择题

1. 打印机安装完成后，可以对其进行（　　）基本设置。
   A. 纸张大小　　　　　B. 类型　　　　　　C. 打印质量　　　　　D. 边距 D
2. CUPS 维护有一个全局的打印机配置文件 printers.conf，在该文件中每台打印机用（　　）符号开头。
   A. #　　　　　　　　B. <>　　　　　　　C. !　　　　　　　　D. $

三、操作题

1. 通过 CUPS 的 Web 管理界面添加一个名为 HP 的打印机。
2. 添加一个名为 Office 的类，并将 HP 打印机添加到 Office 类。

第 18 章 办公软件的使用

对于把 Linux 作为桌面的用户而言，拥有一个舒适的办公环境显得尤为重要。Linux 提供了对 Microsoft Office 的无缝访问。用户可以方便地编辑和修改 Office 文件，也可以将办公文档直接输出为 PDF 格式。本章将介绍常见的办公软件的使用方法。

18.1 常用的办公套件：LibreOffice.org

LibreOffice.org 是一套跨平台的办公软件套件，可以在 Linux、Windows、macOS 和 Solaris 等操作系统上运行，这也是 Linux 中最流行的办公软件套件。LibreOffice.org 是 Sun 公司的一款免费、开源的产品。

LibreOffice.org 套件包括文字处理器（Writer）、电子表格（Calc）、演示文稿（Impress）、公式编辑器（Math）和绘图程序（Draw）。本节介绍前 3 个产品，这也是用户经常使用的办公工具。

18.1.1 文字处理器

LibreOffice 的文字处理器提供了和 Microsoft Word 类似的功能。Ubuntu 在 Gnome 桌面环境下的用户可以在应用程序列表中单击"LibreOffice Writer 程序"打开这个软件，在 KDE 桌面环境下的用户可以直接单击桌面左侧栏中的 LibreOffice Writer 命令打开这个软件，启动后的界面如图 18.1 所示。

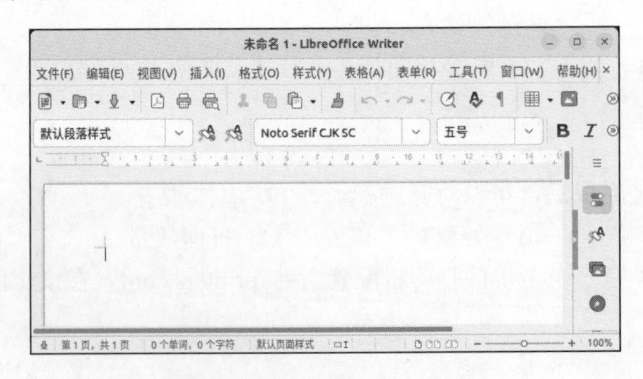

图 18.1 LibreOffice Writer 界面

LibreOffice 提供了对 Microsoft Office 非常好的支持。选择"文件"|"打开"命令，弹出"打开"对话框，定位到一个 DOC 文档并单击"打开"按钮，如图 18.2 所示。

图 18.2　打开一个 Microsoft Office 文档

从使用习惯上，LibreOffice Writer 基本做到了与 Microsoft Word 的兼容。用户几乎不需要学习就可以立即从 Word 转到这个平台上。下面是对字符（如图 18.3 所示）和段落（如图 18.4 所示）的设置。图 18.5 为处理后的效果。

图 18.3　设置字体效果

图 18.4　设置段落格式

图 18.5　文字处理效果

值得一提的是，LibreOffice Writer 可以把文档直接输出为 PDF 格式。通过"文件"|"导出为 PDF"命令可以打开"PDF 选项"对话框，如图 18.6 所示。调整相关设置后，单击"导出"按钮，弹出"导出"对话框。填写文件名并单击"保存"按钮即可完成 PDF 格式的输出。

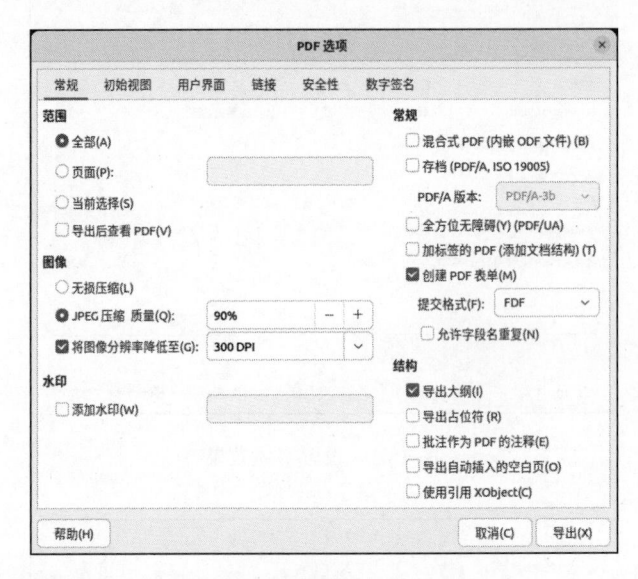

图 18.6　输出为 PDF 文档

LibreOffice Writer 有自己的格式，称作 odt。这个格式目前大部分的字处理软件都支持。在开源世界，这是一个比 DOC 使用更广泛的格式。

18.1.2　电子表格

LibreOffice 的电子表格软件类似于 Microsoft Excel。Ubuntu 用户在应用程序列表中，启动"LibreOffice Calc 程序"打开这个软件。启动后的软件界面如图 18.7 所示。作为对比，图 18.8 为 Microsoft Excel 的界面截图。

通过 LibreOffice Calc 和 MS Excel 界面截图的对比可以看到，二者提供了几乎相同的用户接口。在 LibreOffice Calc 中可以方便地对 XLS 文件进行读取和更改。如图 18.9 显示了一个打开的 XLS 电子表格文件。下面以这个表格为例介绍 LibreOffice Calc 的基本操作。

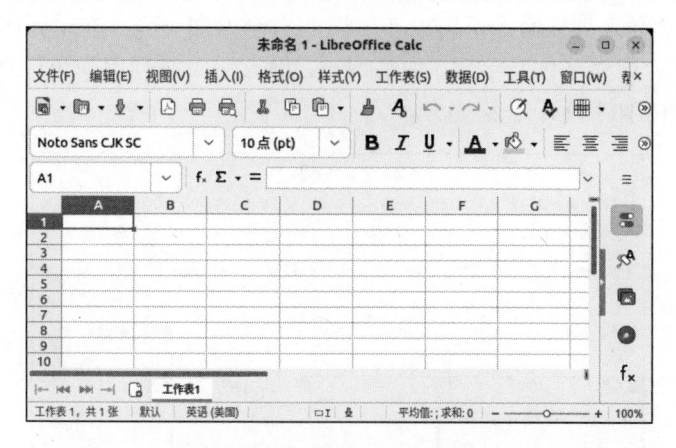

图 18.7　LibreOffice Calc 界面

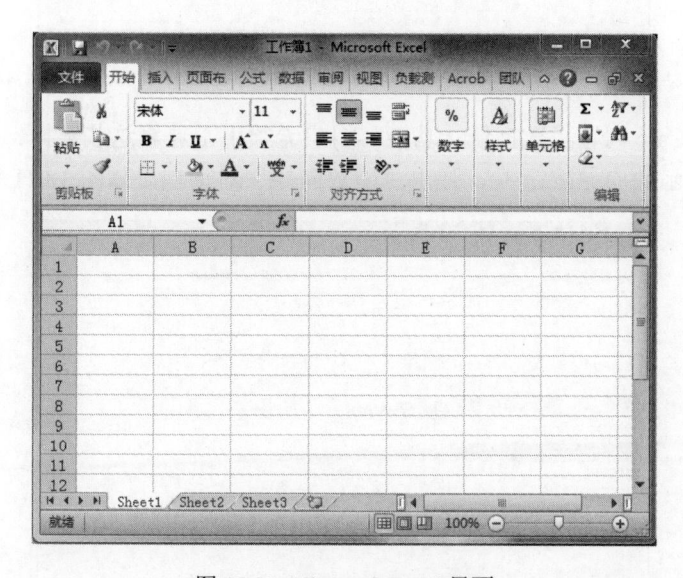

图 18.8　Microsoft Excel 界面

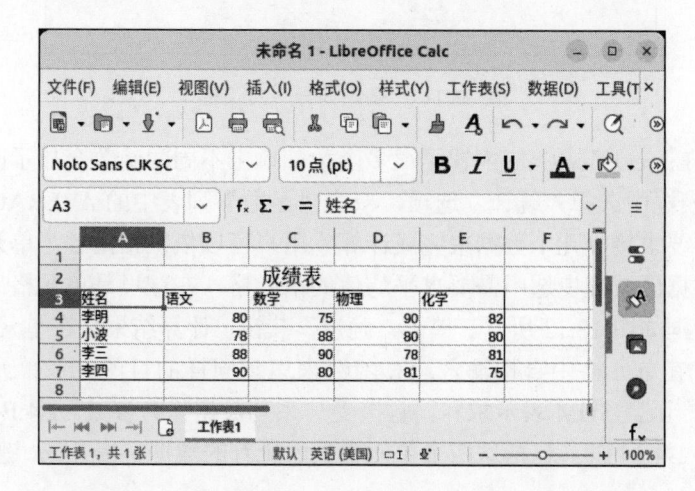

图 18.9　在 LibreOffice Calc 中打开一个 XLS 电子表格

为每一个大类添加"合计""平均"统计数据。在右侧的标记 F 列上右击，在弹出的快捷菜单中选择"插入列"命令，可以在该表的右侧添加一列。在单元格 F3 内输入"合计"，并通过工具栏调整字体及字号。如法炮制，插入一个空列用于统计平均数据。完成后的电子表格如图 18.10 所示。

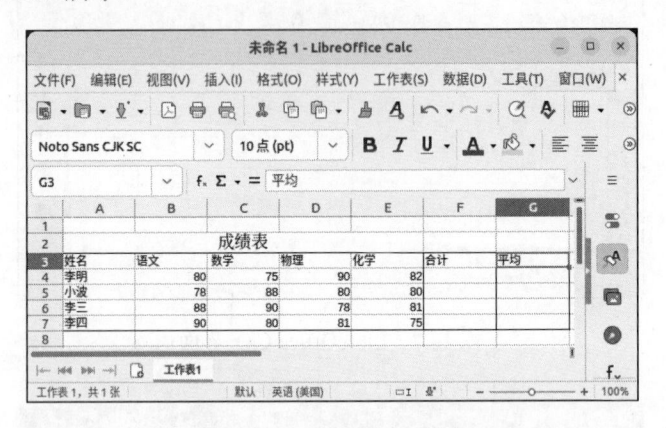

图 18.10 在表格中插入两列

LibreOffice Calc 内置了数据统计功能，用户无须手工计算这些数据。选中单元格 F4，单击工具栏上的函数向导按钮 f_x，弹出"函数向导"对话框，如图 18.11 所示。

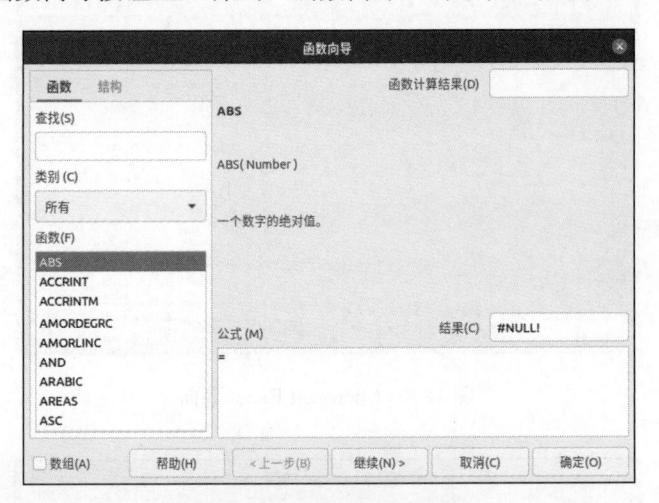

图 18.11 "函数向导"对话框

可以看到，LibreOffice Calc 内置了很多函数。单击不同的函数会显示简短的说明。在"类别"下拉列表框中选择"统计"选项，双击"函数"列表中的 AVERAGE（求平均值）函数，这个函数要求接收几个数据来完成计算。用户可以依次指定各个单元格，也可以使用鼠标直接在数据区域拖曳选中需要求平均值的单元格（在这里是单元格 B4 到 E4），完成选择后的对话框如图 18.12 所示。单击"确定"按钮，计算结果将在单元格中显示出来。

用户也可以在单元格中直接输入计算函数来达到同样的目的。在单元格 F4 中输入"=sum(B4: E4)"。函数 SUM 表示求和，它接受一系列数据作为参数。B4:E4 这样的写法表示计算从单元格 B4 到 E4（包括这两个单元格）内所有的数据。按 Enter 键即可完成计算，如图 18.13 所示。

图 18.12　选择适当的函数

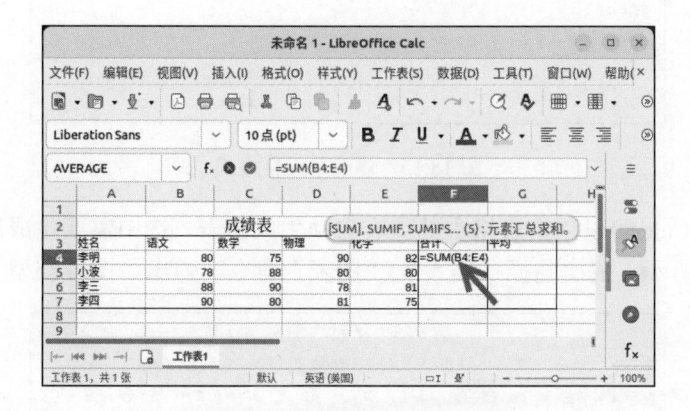

图 18.13　在单元格中输入函数

LibreOffice Calc 支持单元格自动填充。同时选中单元格 F4 至 F7，纵向拖动单元格右下方的黑点至单元格 F7，可以看到，F4 到 F7 之间所有的单元格都被正确地以各列数据的平均数或者总计填充了，如图 18.14 所示。

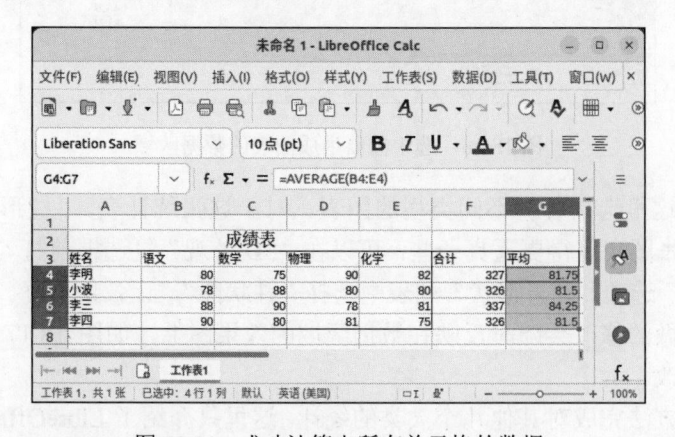

图 18.14　成功计算出所有单元格的数据

但是这样生成的数据还有一个问题：后面所有的单元格都依照 F4 至 F7 被设置为整数格式。如果计算单位是"元"，则要修改单元格的格式。选中这些单元格右击，在弹出的快捷菜单中选择"单元格格式"命令，弹出"单元格格式"对话框，调整小数位数为 2，如图 18.15 所示，单击"确定"按钮完成修改。

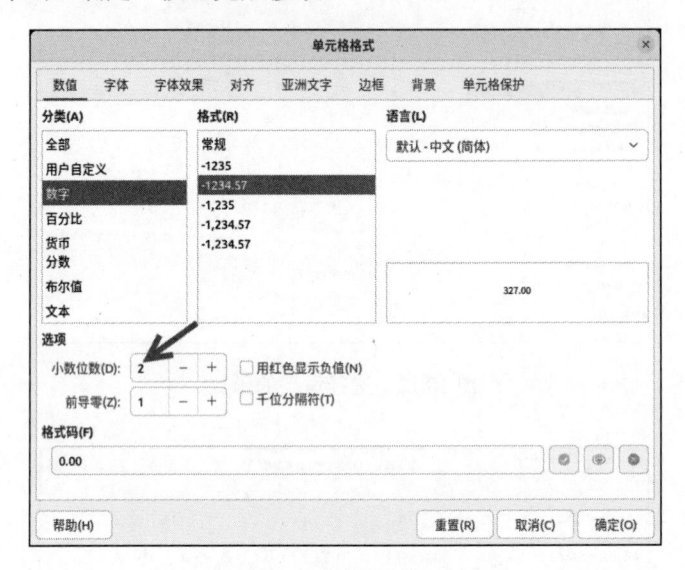

图 18.15　修改单元格格式

LibreOffice Calc 可以依据表格中的内容自动生成图表。选中需要生成图表的单元格区域，如图 18.16 所示。依次选择"插入"|"图表"命令，弹出"图表类型"对话框。

图 18.16　选中需要生成图表的数据区域

用户可以在这里选择各种不同类型的图表。对于这张统计表，"柱形图"显然是最合适的。为了让这张图表显得更逼真一些，可以在"3D 外观"复选框前打勾，并在下拉列表框中选择"逼真"选项。在"形状"列表中选择"柱状图"，让效果更好。在"选择图表类型"对话框中所做的修改会随时反映在数据区域的效果图上，如图 18.17 所示。单击"完成"按钮完成修改。

按照相同的方法完成对其他几个大类的统计。这里只介绍了 LibreOffice Calc 数据处理的一些基本操作。电子表格的功能非常强大，读者可以自己实践。在用到高级特性时，可以需要参考专门介绍这套办公软件的书籍。

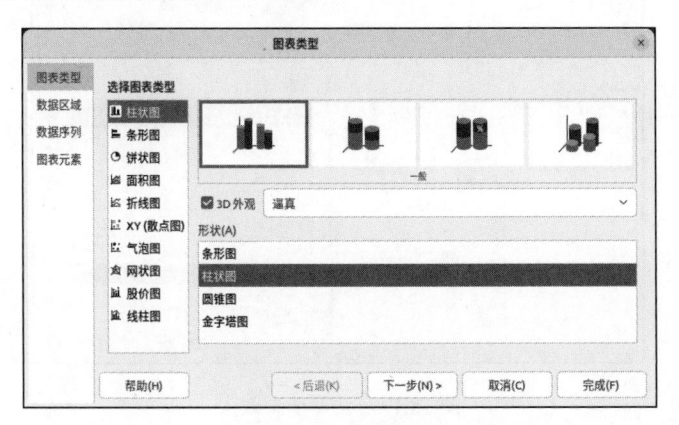

图 18.17　生成图表

18.1.3　演示文稿

LibreOffice 的演示文稿软件提供了和 Microsoft PowerPoint 类似的功能。Ubuntu 用户在应用程序列表中，启动"LibreOffice Impress 程序"可以打开这个软件。打开一个空白的演示文稿，如图 18.18 所示。

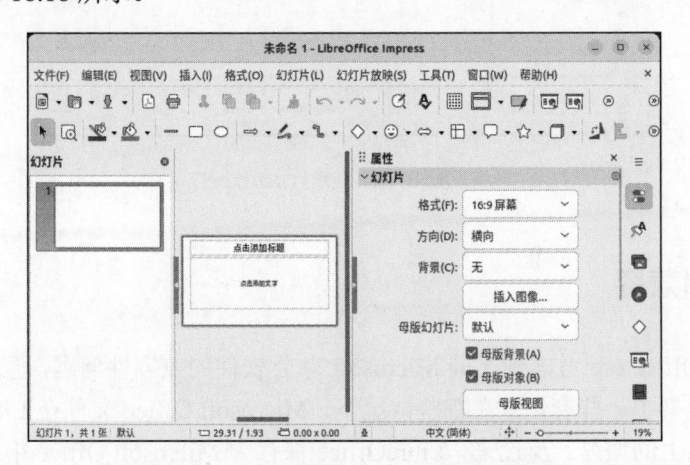

图 18.18　LibreOffice Impress 的用户界面

对幻灯片元素的动画设计非常简单。如图 18.19 所示，单击侧边栏的设置按钮 ≡，选择"动画"，打开"动画"设置面板。然后，选择文本框，在效果部分单击添加按钮 +添加(A)，在"效果"列表框中可以选择多种效果。用户能够从普通视图中看到该动画的即时效果。

选择"幻灯片"|"新建幻灯片"命令，可以在当前幻灯片后插入另一张幻灯片，如图 18.20 所示。

完成幻灯片制作后，选择"幻灯片放映"|"从首张幻灯片开始"命令，或者按 F5 键可以放映演示文稿。选择"文件"|"保存"命令保存演示文稿。LibreOffice Impress 默认以 ODP 格式保存。当然，也可以将演示文稿保存为 Microsoft PowerPoint 的 PPT 格式。

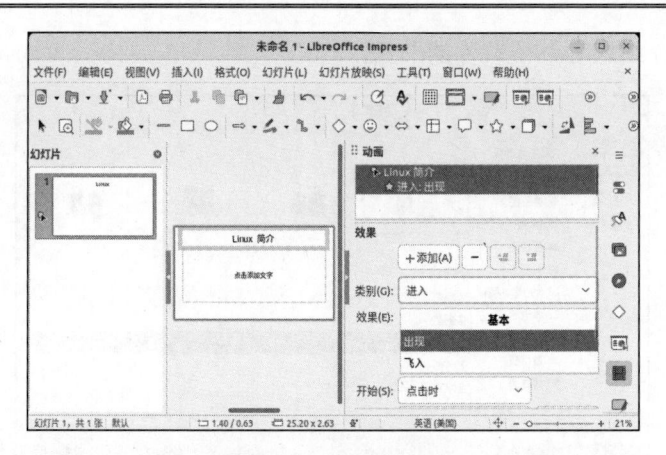

图 18.19　设置动画效果

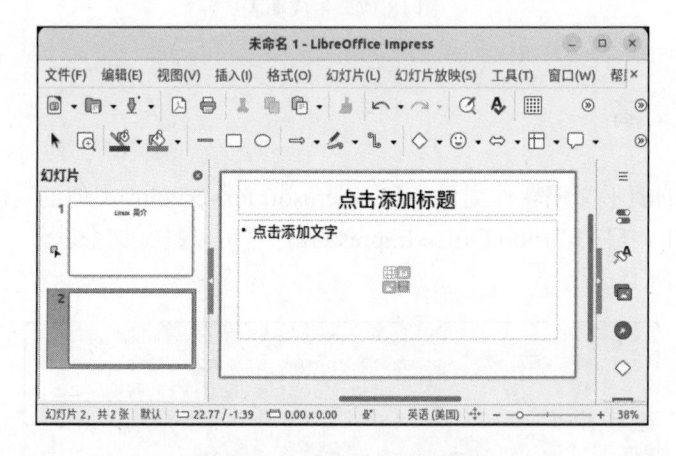

图 18.20　插入另一张幻灯片

18.1.4　文档兼容

虽然 LibreOffice.org 考虑到了同 Microsoft 办公软件的兼容性问题，但是文档格式标准的不统一仍然带来了一些麻烦。在有些情况下，Microsoft Office 文件在 LibreOffice 下显示可能会出现格式上的偏差。反过来，LibreOffice 保存为 Microsoft Office 格式的文件也会出现一些问题。这样的情况在演示文稿中尤其明显。对此能够给出的最好建议就是使用尽可能简单的格式，在一些不需要修改源文件的场景使用 PDF 也是不错的办法。

18.2　查看 PDF 文件

PDF 是一种跨平台的电子文件格式，由 Adobe 公司设计并实现。PDF 能够很好地处理文字（超链接）、图像和声音等信息。另外，在文件大小和安全性方面，PDF 都有上佳的表现。基于这些优点，使其成为电子出版物事实上的标准。本节将介绍 Linux 中的 PDF 阅读工具。

18.2.1 使用 Xpdf

Xpdf 是一个运行于 X11（X Windows 系统）环境的 PDF 阅读器。这个工具非常小巧，可以容易地工作在 KDE、Gnome 等桌面环境中。绝大多数 Linux 套件都有这个阅读器，可以直接在安装文件中找到并安装。

启动后的 Xpdf 界面如图 18.21 所示。

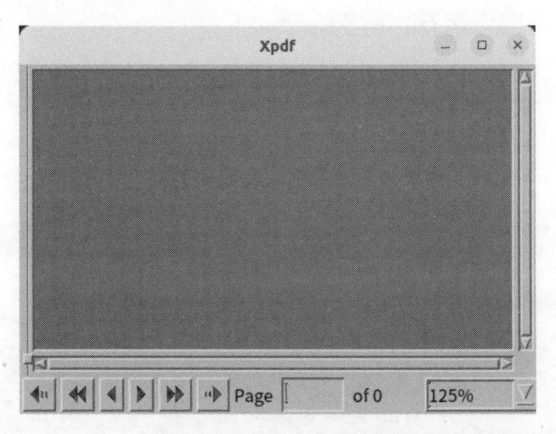

图 18.21 Xpdf 界面

在文档显示区域右击，可以在弹出的快捷菜单中选择相应的命令。通过下面的步骤可以打开一个 PDF 文件。

（1）在弹出的快捷菜单中选择 Open 命令，弹出 Xpdf: Open 对话框。

（2）在 Directories 列表框中选择目录，在 Files 列表框中选择文件。也可以直接在 Filter 文本框中输入路径名，如图 18.22 所示。

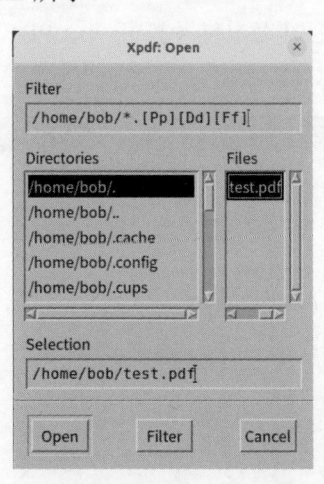

图 18.22 选择打开的文件

（3）单击 Open 按钮，打开选定的文件。

通过底部工具栏按钮，可以实现上下翻页。也可以在 Page 文本框中输入页码，直接定位到某一页。另外，单击 按钮可以打开 Xpaf:Find 对话框，单击 Find 可以连续查找。

(4)单击右下角的 Quit 按钮,退出 Xpdf。

18.2.2 使用 Foxit Reader

Foxit Reader(福昕阅读器)是一个小巧、迅速而安全的跨平台的 PDF 阅读器。这款 PDF 阅读器无论功能和界面都比较好,适合大多数人的使用习惯,在其官网直接下载安装即可使用。

Foxit Reader 解压后即可运行。解压命令如下:

```
$ tar zxvf FoxitReader.enu.setup.2.4.4.0911.x64.run.tar.gz
FoxitReader.enu.setup.2.4.4.0911(r057d814).x64.run
```

从输出信息中可以看到,解压出一个.run 文件。运行该.run 文件,根据提示安装 Foxit Reader 阅读器。然后在应用程序列表中启动 Foxit Reader 程序,如图 18.23 所示。

图 18.23　Foxit Reader 主界面

选择"文件"|"打开"命令可以定位并打开一个 PDF 文档。Foxit Reader 的优点在于提供了很多附加功能,用户可以在左侧栏中选择页面、书签等不同视图,如图 18.24 所示。

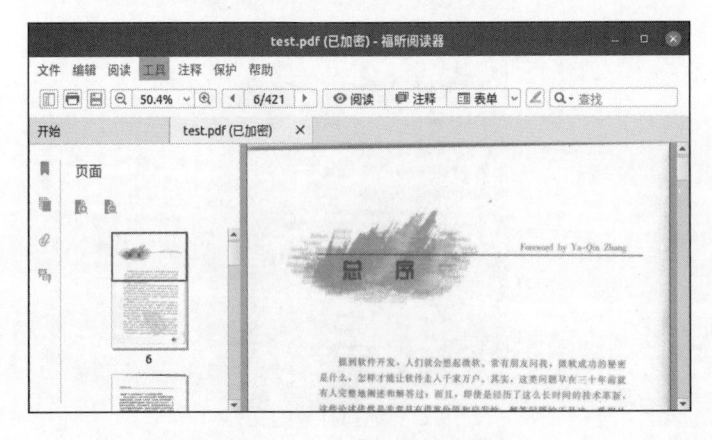

图 18.24　打开的 PDF 文档界面

对于视力不好的用户,Foxit Reader 可以调整页面的大小。在菜单栏中依次选择"阅读"|"缩放"命令下的子命令,可以对页面进行调整;选择"编辑"|"偏好设置"命令,在弹

出的"偏好设置"对话框中可以设置 Foxit Reader 的各个选项,如图 18.25 所示。

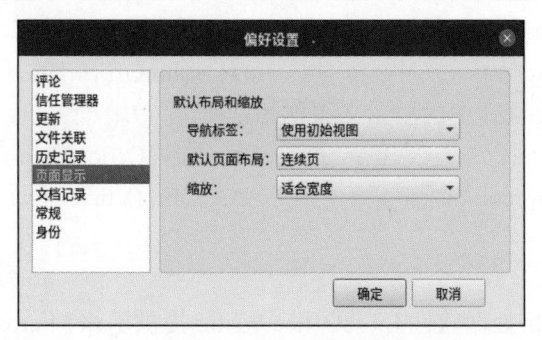

图 18.25　Foxit Reader 的偏好设置

18.3　小　　结

- LibreOffice.org 是 Linux 中最常用的开源办公套件。
- LibreOffice Writer 是套件中的字处理软件,对 Microsoft Word 的文件格式有较好的支持。
- LibreOffice Writer 可以将文档输出为 PDF 格式的文件。
- LibreOffice Calc 是套件中的电子表格软件。可以执行数据统计、图表生成等操作。
- LibreOffice Impress 是套件中的演示文稿软件。
- LibreOffice 和 Microsoft Office 仍然不能互相提供无缝兼容。
- PDF 是一种跨平台的电子文件格式,使用非常广泛。
- 在 Linux 中可以使用 Xpdf 和 Foxit Reader 等工具查看 PDF 文档。

18.4　习　　题

一、填空题

1. _____是一套跨平台的办公套件,可以在 Linux、Windows、macOS 和 Solaris 等操作系统中运行,也是 Linux 中最流行的办公软件套件。

2. LibreOffice.org 套件包括 5 个工具,分别为_____、_____、_____、_____和_____。

3. _____是一种跨平台的电子文件格式。

二、选择题

1. LibreOffice.org 套件中的字处理软件程序是（　　）。
A．LibreOffice Writer　　　　　　　　B．LibreOffice Calc
C．LibreOffice Impress　　　　　　　　D．LibreOffice Draw

2. LibreOffice.org 套件中的电子表格程序是（　　）。
   A. LibreOffice Writer　　　　　　B. LibreOffice Calc
   C. LibreOffice Impress　　　　　 D. LibreOffice Draw
3. LibreOffice.org 套件中的演示文稿程序是（　　）。
   A. LibreOffice Writer　　　　　　B. LibreOffice Calc
   C. LibreOffice Impress　　　　　 D. LibreOffice Draw

三、判断题

1. LibreOffice 的字处理软件 LibreOffice Writer 提供了和 Microsoft Word 类似的功能。
（　　）
2. LibreOffice Writer 保存文件的默认后缀是 odt。（　　）

四、操作题

1. 使用 LibreOffice Writer 程序打开一个 DOC 文档并修改字体格式和大小。
2. 使用 LibreOffice Calc 制作一个成绩表格并生成图表，更直观地显示其效果。

第 5 篇
程序开发

- 第 19 章 Linux 编程工具
- 第 20 章 Shell 编程

第 19 章　Linux 编程工具

C 语言是 Linux 中最常用的编程语言。Linux 本身就是用 C 语言编写的。C++语言在 Linux 中也经常使用，这是目前业界最重量级的语言。本章的目的并不是教会读者编写 C 和 C++程序，而是让读者了解 C 和 C++程序员是如何在 Linux 平台工作的。

本章主要介绍 Linux 的编辑器、编译器和调试器，最后以版本控制系统 Git 结束本章的内容。

19.1　编辑器的选择

虽然 Vim 和 Emacs 对于 Linux 初学者而言难度较大，但是仍然建议读者学会其中的一个工具。这两个工具的功能非常完善和强大，而且还可以方便地对其进行扩充以满足自己的需求。刚开始学的时候比较难，但在真正成为一个 Vim 或者 Emacs 的高级用户后，没有人会打算放弃它们。如果读者没有时间学习这两个工具，那么 Linux 的图形化编辑器也可以提供很好的功能。总之，不必担心在 Linux 中如何写程序，编辑器不会让用户为难。

19.1.1　Vim 编辑器

Vim 是 Vi 的增强版本，后者工作在大部分 UNIX 系统中。在日常使用中一般并不严格区分 Vim 和 Vi，这个编辑器是所有 UNIX 和 Linux 系统中的标准软件，因此对于系统管理员也有非常重要的意义。本节主要以实例介绍 Vim 的基本使用，包括编辑保存、搜索替换和针对程序员的配置 3 个部分，最后还会给出 Vim 的常用命令表。更详细的关于 Vim 使用的介绍，请参考 Vim 手册。

1．编辑和保存文件

要编辑一个文件，可以在命令行输入 vim file 命令。如果 file 不存在，那么 Vim 会自动新建一个名为 file 的文件。如果使用不带任何参数的 vim 命令，那么就需要在保存的时候指定文件名。同时，Vim 会认为这个用户应该是第一次使用软件，从而会给出一些版本和帮助信息，如图 19.1 所示。

Vim 分为插入和命令两种模式。在插入模式下可以输入字符，命令模式下则执行除了输入字符之外的所有操作，包括保存、搜索和移动光标等。不要对此感到奇怪，Vim 的设计哲学就是让程序员能够在主键盘区域完成所有的工作。

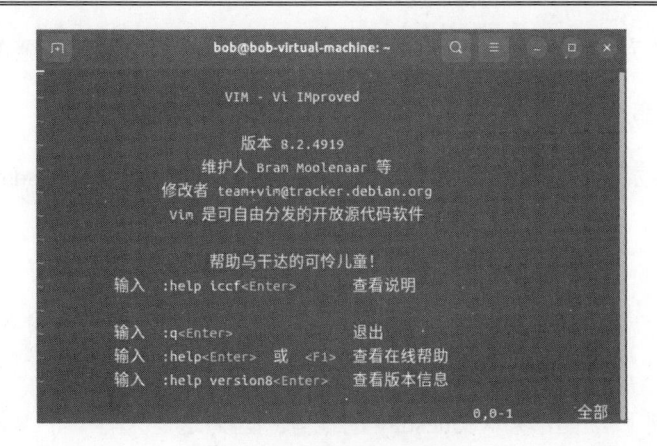

图 19.1 Vim 的帮助信息

启动 Vim 时自动处于命令模式。按字母 I 键可以进入插入模式，这个命令用于在当前光标所在处插入字符。Vim 会在左下角提示用户此时所处的模式。请确保没有开启键盘上的 Caps Lock（大写锁定）键，因为 Vim 的命令是严格区分大小写的！现在尝试输入以下一些字符，如果输错了，可以使用 Backspace 键删除。

```
Monday
Tuesday
Thursday
Friday
Saturday
Sunday
```

按 Esc 键回到命令模式，此时左下角的"--插入--"提示消失，告诉用户正处于命令模式下。使用 H、J、K、L 这 4 个键移动光标，分别代表向左、向上、向下、向右。

☎提示：也可以使用键盘上的方向键移动光标，但是它们不利于快速编辑，也不符合 Vim 的设计理念。

在刚才编辑的这个文件中，发现缺少了星期三（Wednesday），移动光标至 Tuesday 所在的行，按 O 键在下方插入一行，并且自动进入插入模式。输入 Wednesday 并按 Esc 键回到命令模式。

☎提示：也可以将光标定位到 Friday 这一行，然后按 O 键（注意是大写）在上方插入一行。

完成文本编辑后，需要保存这个文件。为此需要使用":"命令在底部打开一个命令行，此时光标闪烁，等待用户输入命令。

使用"w days"命令将该文件以文件名 days 保存在当前目录下。如果最初运行 Vim 时就指定了文件名，那么这里就只要使用 w 命令就可以了，按 Enter 键使命令生效。最后使用":q"命令退出 Vim。

☎提示：组合使用":wq"命令可以保存文件并同时退出 Vim。

如果用户在没有保存修改的情况下就使用命令":q"，那么 Vim 会拒绝退出，并在底部显示一行提示信息：

```
E37: 已修改但尚未保存 (可用 ! 强制执行)
```

如果确定要放弃修改，使用":q!"命令退出 Vim，所做的修改将全部失效。

2．搜索字符串

/string 用于搜索一个字符串。例如，要找到 days 文件中的 Wednesday，那么可以使用下面这个命令：

```
/Wednesday
```

☎提示：在输入"/"之后，Vim 的底部会出现一个命令行，与用户输入":"之后的效果一样。

使用 n 跳转到下一个出现 Wednesday 的地方。因为这里只有一个 Wednesday，Vim 会提示：

```
已查找到文件结尾，再从开头继续查找
```

这意味着 Vim 的搜索是可以循环进行的。尽管如此，为了不让 Vim "走得"太远，可以指定究竟是向前（Forward）还是向后（Backward）查找。向前查找的命令是"/"，与之相对的向后查找的命令则是"?"。

☎提示：把 Forward 和 Backward 这两个词译成中文后会产生歧义。在英语中，"向前"指的是"朝向文件尾"，而"向后"指的是"朝向文件头"。

有时候用户可能并不关心查找的字符串的大小写，可以使用下面的命令让 Vim 忽略大小写的区别。

```
:set ignorecase
```

这样搜索 Wednesday 或 wednesday 就没有任何区别了。要重新开启大小写敏感，只要使用下面这个命令即可。

```
:set noignorecase
```

3．替换字符串

替换命令略微复杂一些，下面是替换命令的完整语法：

```
:[range]s/pattern/string/[c,e,g,i]
```

上面的命令是将 pattern 所代表的字符串替换为 string。开头的 range 用于指定替换作用的范围，如"1,4"表示从第 1 行到第 4 行，"1,$"表示从第 1 行到最后一行，也就是全文。全文也可以使用"%"来表示。

最后的方括号内的字符是可选项，每个选项的含义如表 19.1 所示。用户可以组合使用各个选项。例如，cgi 表示整行替换，不区分大小写并且在每次替换前要求用户确认。

表 19.1 替换选项及其含义

标　志	含　义
c	每次替换前询问
e	不显示错误信息
g	替换一行中的所有匹配项（这个选项经常使用）
i	不区分大小写

和替换有关的一个小技巧是清除文本文件中的"^M"字符。Linux 程序员经常会碰到来自 Windows 环境的源代码文件。由于 Windows 环境中对换行符的表述和 Linux 环境不一样,所以每行的末尾常常会出现多余的"^M"符号——这些特殊符号对于程序编译器和解释器而言是没有影响的。但是在进行 Shell 编程(参考第 20 章)的时候却会出现问题。为此,可以使用下面的命令删除这些特殊字符。

```
:%s/^M$//g
```

☎ 提示:^M 应该使用 Ctrl-V Ctrl-M 输入。其中,"^M$"是正则表达式,表示"行末所有的^M 字符"。可参考 20.1 节了解正则表达式的详细信息。

4. 针对程序员的配置

语法高亮是所有程序编辑器必备的功能。这个功能可以让程序看起来赏心悦目。更重要的是,它可以提高效率,并且有效减少出错的几率。要在 Vim 中打开语法高亮功能,只需要使用下面这个命令。Vim 会通过文件的扩展名自动决定哪些是关键字。

```
:syntax on
```

另一个程序员经常使用的功能是自动缩进。

```
:set autoindent
```

用户可以为一个 Tab 键缩进设置空格数,在默认情况下,这个值是 8(也就是一个制表符代表 8 个空格)。程序员应该要习惯 Linux 的缩进风格,如果非要改变,可以通过 set shiftwidth 命令。例如,下面这个命令将一个 Tab 键缩进设置为 4 个空格。

```
:set shiftwidth=4
```

通常来说,这几个设置对于普通程序员已经足够了。为了避免每次启动 Vim 都要输入这些命令,可以把它们写在 Vim 的配置文件中(注意,写入的时候不要包含前面的冒号":")。Vim 的配置文件叫作 vimrc,通常位于/etc/vim 目录下。修改这个配置文件需要 root 权限,如果没有特殊需要,不要那么做。用户可以在自己的主目录下新建一个名为".vimrc"的文件,然后把配置信息写在里面。注意,文件名前面的点号"."表示这是一个隐藏文件。

☎ 提示:通常用于用户个性化设置的配置文件都是隐藏文件且保存在用户主目录下。

完成所有设置后,Vim 就可以用来写程序了。输入下面这个程序并保存为 summary.c,看看 Vim 的效果。这个程序在后面介绍 GCC 和 GDB 时还会用到。

```c
#include <stdio.h>

int summary(int n);

int main()
{
    int i, result;

    result = 0;
    for (i = 1; i <= 100; i++) {
        result += i;
    }

    printf("Summary[1-100] = %d\n", result);
```

```
        printf("Summary[1-450] = %d\n", summary(450));

        return 0;
}
int summary(int n)
{
        int sum = 0;

        int i;
        for(i = 1; i <= n; i++) {
                sum += i;
        }

        return sum;
}
```

5. Vim的常用命令

Vim 的命令实在是太多了，没有办法每一个都给出示例。为此，这里总结了一张命令表（不全），按照功能划分，便于读者查找，如表 19.2～表 19.7 所示。

表 19.2 模式切换

命　　令	操　　作
a	在光标后插入
i	在光标所在位置插入
o	在光标所在位置的下一行插入
Esc	进入命令模式
:	进入行命令模式

表 19.3 光标移动

命　　令	操　　作
h	光标向左移动一格
l	光标向右移动一格
J	光标向下移动一格
k	光标向上移动一格
^	移动光标到行首
$	移动光标到行尾
G	移动光标到文件尾
Gg	移动光标到文件头
W	移动光标到后一个单词
B	移动光标到前一个单词
Ctrl+f	向前（朝向文件尾）翻动一页
Ctrl+b	向后（朝向文件头）翻动一页

📞提示：在移动光标的时候，可以在命令前加上数字，表示重复多少次移动。例如，5w 表示将光标向前（朝向文件尾）移动 5 个单词。

表 19.4 删除、复制和粘贴

命 令	操 作
x	删除光标所在位置的字符
dd	删除光标所在的行
D	删除光标所在位置到行尾之间所有的字符
d	普通的删除命令，和移动命令配合使用。例如，dw表示删除光标所在位置到下一个单词词头之间所有的字符
yy	复制光标所在的行
y	普遍意义上的复制命令，和移动命令配合使用。例如，yw表示复制光标所在位置到下一个单词词头之间所有的字符
P	在光标所在位置粘贴最近复制/删除的内容

表 19.5 撤销和重做

命 令	操 作
u	撤销一次操作
Ctrl+R	重做被撤销的操作

表 19.6 搜索和替换

命 令	操 作
:/string	向前（朝向文件尾）搜索字符串string
:?string	向后（朝向文件头）搜索字符串string
:s/pattern/string	将pattern所代表的字符串替换为string

表 19.7 保存和退出

命 令	操 作
:w	保存文件
:w filename	另存为filename
:q	退出Vim
:q!	强行退出Vim，用于放弃保存修改的情况

19.1.2 Emacs 编辑器

如果要追溯 Emacs 的起源，那么 MIT 人工智能实验室（MIT AI Lab）可以说是 Emacs 的"起源"。最初 Emacs 被设计运行在一种称为 PDP-10 的系统上，那还是 20 世纪 70 年代初的事情。Emacs 和同时期诞生的 Vi 很不一样，这种不同，根源于设计理念。Emacs 致力于打造一个全面的编辑器，程序员可以在其中写代码、编译程序、收发邮件甚至玩游戏等。在那个年代，Emacs 几乎等同于一个操作系统。

Emacs 的支持者从不吝啬对它的赞美之词。例如：

Emacs 的历史相当于计算机发展史。

使用 Emacs 的缺点是你会患上 Emacs "综合症"或上瘾，在没有 Emacs 的计算机上感到无趣，觉得世界缺少了色彩。

……

1．编辑和保存文件

和 Vim 一样，使用 Emacs 打开一个文件最简单的方法就是在命令行输入：

```
$ emacs filename
```

其中，filename 就是需要编辑的文件。如果用户此时工作在图形界面，可以打开 Emacs 的 GUI 版本。在打开的文件界面中，上半部分显示的是文件内容，下半部分显示的是 Emacs 帮助信息。读者可以选择耐心阅读，大约 30s 后 Emacs 会显示文件内容。本例打开了 19.1.1 节创建的 summary.c 文件，Emacs 不需要设置就能高亮显示源代码中的关键字，如图 19.2 所示。

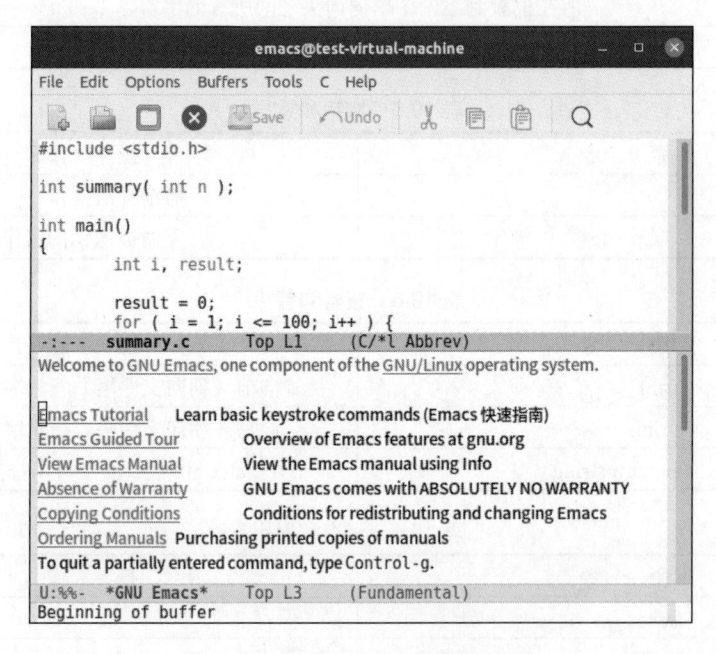

图 19.2 用 Emacs 打开源代码文件

和 Vim 不同，Emacs 不是行模式编辑器。敲击键盘就可以在编辑区域输入字符，如果输错了，可以使用 Backspace 键或者 Delete 键删除错误的字符。

Emacs 的命令类似于"快捷方式"，其有两个控制键，分别是 Ctrl 和 Meta。在 PC 上，Meta 就是 Alt 键。为简便起见，下面约定 C-表示按 Ctrl 键的同时按另一个键，如 C-F 表示按 Ctrl 键的同时按 F 键；同样，M-表示按 Meta（Alt）键的同时按另一个键，如 M-f 表示按 Alt 键的同时按 F 键。

完成编辑后，使用 C-x C-s（先按 C-X，再按 C-S）保存文件，也可以使用 C-x C-c 直接退出 Emacs 编辑器。在后一种情况下，如果用户已经对文件进行了修改，那么 Emacs 会在底部提示用户是否真的要退出。

总体来说，Emacs 的命令分为两类。一类就是普通的命令，由"控制键+字符"组成；另一类称为 X（扩展，eXtand）命令，由 C-x 或 M-x 组合普通命令构成。扩展命令是 Emacs 用于解决键盘上的字符不够的补充方案。读者已经接触到的两个命令（保存和退出）都属于扩展命令。下面会举一些使用常规命令的例子。

2．移动光标

如表 19.8 为在 Emacs 中用于移动光标的部分命令。

表 19.8　Emacs中的移动命令

命　　令	操　　作
C-f	向前移动一个字符
C-b	向后移动一个字符
M-f	向前移动一个单词
M-b	向后移动一个单词
C-n	移动到下一行
C-p	移动到上一行
C-a	移动到行首
C-e	移动到行尾
M-a	向前移动到句子的开头
M-e	向后移动到句子的末尾
M->	移动到整个文本的末尾

注意：和 Vim 一样，这里的"向前"指的是朝向文件尾；"向后"指的是朝向文件头。

在 Emacs 中，"行"和"句子"是有区别的。一个句子可以包含几行，一行也可以包含几个句子。总之，句子是以标点符号为标志分隔的。分别尝试 C-e 和 M-e 命令就能够发现其中的区别。无论按几下，C-e 命令只能将光标定位到当前行的行尾，而 M-e 命令却可以继续向下移动光标。

提示：M-> 的输入方法是按 Alt+Shift+.（因为"Shift+."用于输入大于号">"）。

3．删除和粘贴

表 19.9 为 Emacs 中和删除字符有关的命令。

表 19.9　Emacs中的删除命令

命　　令	操　　作
C-d	删除光标后面的字符
M-d	删除光标后面的单词
C-k	删除从光标位置到行尾的内容
M-k	删除从光标到当前句子末尾的内容

删除的字符可以使用 C-y 命令找回来，但 C-y 命令只能"粘贴"最近一次删除的内容。在使用 C-y 命令之后紧接着使用 M-y 命令可以找到更早删除的内容，连续使用 M-y 命令直到出现自己想找的字符（串）。

如果用户不小心出现误操作，那么可以使用扩展命令 C-x u 撤销改动。多次使用撤销命令可以连续撤销操作。

4. 重复命令

大部分的 Emacs 编辑命令都可以指定执行次数。用户可以在输入命令之前输入 C-u 命令和数字。下面的命令是向后（朝向文件头）移动 8 个单词。

```
C-u 8 M-b
```

对用户输入命令，也可以使用 C-u 命令指定连续输入。下面的命令是输入 10 个惊叹号。

```
C-u 10 !
```

19.1.3 图形化编程工具

Linux 中的图形化编辑器很多，这里介绍两个常见的工具。Gedit 工作在 Gnome 下，Kate 则是在 KDE 环境中最流行的编辑器。不推荐读者使用其他编辑器，因为它们的功能没有这两个编辑器强大，而且用户需要在使用的每台 Linux 计算机上安装这些非主流编辑器。如果读者仍然偏爱 IDE，那么 Linux 也提供了相关的工具，不妨尝试一下。

图形化工具的使用大同小异，这里以 Gedit 为例。Ubuntu 用户在应用程序中，启动"文本编辑器程序"打开这个工具，也可以在命令行中直接输入 Gedit 打开这个编辑器。

作为一个程序编辑器，对编程语言的语法加亮功能是必不可少的。Gedit 可以识别几乎所有的程序设计语言。单击菜单按钮，在弹出的菜单中选择"查看"|"高亮模式"命令，在弹出的"高亮模式"对话框中可以看到 Gedit 支持的所有语言，如图 19.3 所示。选择其中的一个编程语言，指定编辑器对当前文件以该模式执行语法加亮。

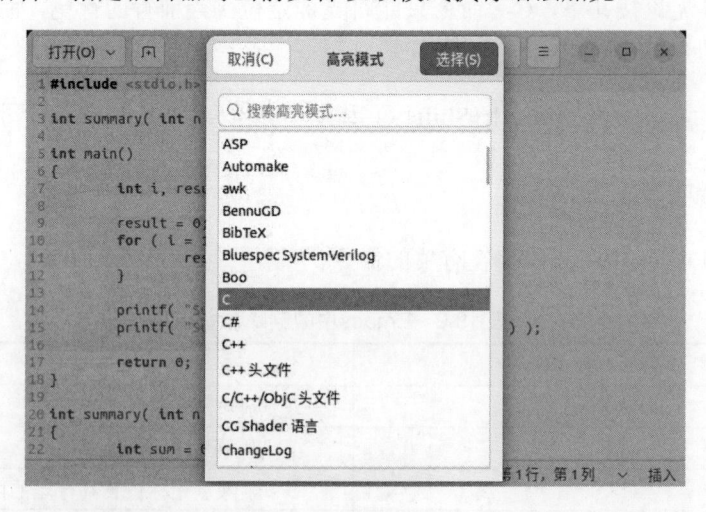

图 19.3 Gedit 支持的语言

单击菜单按钮，在弹出菜单中选择"跳到行"命令，或者使用 Ctrl+I 快捷键可以打开一个小窗口，在其中输入行号并按 Enter 键即可跳转到该行。对于程序员而言，这个功能非常有用，因为几乎所有的编译器（包括下面要介绍的 GCC）都会在报错的时候提供行号。

单击菜单按钮，在弹出的菜单中选择"首选项"命令，弹出"首选项"对话框，在其中可以找到更多和程序设计有关的设置，如图 19.4 所示。在"查看"选项卡中可以设置显示行号、突出显示当前行、突出显示匹配的括号等常用功能，另外在"编辑器"选项卡中可以对一个制表键（Tab）代表的空格数进行设置，如图 19.4 所示。遵循 Linux 的习惯做法，默认的 8 个空格数是比较合适的。

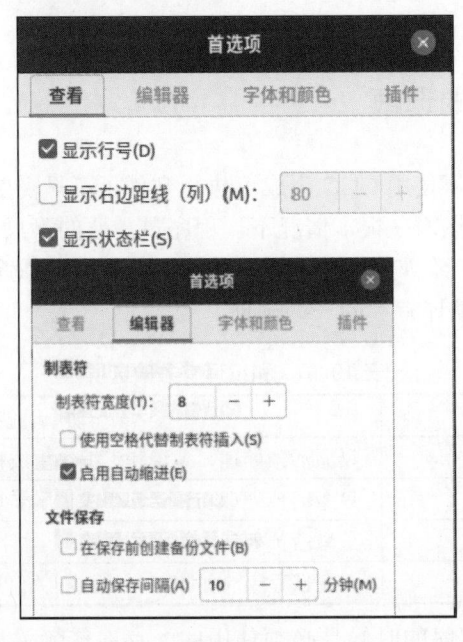

图 19.4 "首选项"对话框中的"查看"选项卡

19.2 C 和 C++的编译器：GCC

其实这个标题并不贴切。GCC 在开发初期的定位的确是一款 C 编译器，从其名称（GNU C Compiler）就可以看出来。然而经过十多年的发展，GCC 的含义已经悄然改变，成为 GNU Compiler Collection，同时支持 C、C++、Objective C、Chill、Fortran 和 Java 等语言。本节将通过实例介绍 GCC 编译器的用法。作为自由软件的旗舰项目，GCC 的功能非常强大，这里无法介绍每一个功能，有兴趣的读者可以参考 GNU GCC 手册。

19.2.1 编译第一个 C 程序

要编译一个 C 语言程序，只要在 gcc 命令后面跟一个 C 源文件作为参数即可。下面的命令是编译 19.1.1 节的 summary.c 文件。

```
$ gcc summary.c
```

编译之后产生的可执行文件叫作 a.out，位于当前目录下。下面执行这个程序：

```
$ ./a.out
Summary[1-100] = 5050
Summary[1-450] = 101475
```

a.out 是默认的文件名。GCC 提供了 -o 选项可以让用户指定可执行文件的文件名。下面的命令是将 summary.c 文件编译成可执行文件 sum。

```
$ gcc -o sum summary.c              ##编译源代码并把可执行文件命名为 sum
$ ./sum                             ##执行 sum
Summary[1-100] = 5050
Summary[1-450] = 101475
```

19.2.2 与编译有关的选项

现在读者已经知道如何使用 GCC 生成可执行文件了：只需要 1 行命令，2 个（或者 4 个）单词。很容易是吗？然而在很多情况下，程序员需要的不只是一个可执行程序那么简单。在有些场景中需要目标代码，有时程序员又要得到汇编代码等，GCC 很擅长满足这些需求，表 19.10 列出了和编译有关的一些选项。

表 19.10 和编译有关的选项

选项	功能
-c	只激活预处理、编译和汇编，生成扩展名为.o的目标代码文件
-S	只激活预处理和编译，生成扩展名为.s的汇编代码文件
-E	只激活预处理，并将结果输出至标准输出
-g	为调试程序（如GDB）生成相关信息

-c 选项在编写大型程序的时候是必须使用的。存在依赖关系的源代码文件首先要编译成目标代码，然后连接成可执行文件。当然，如果一个程序拥有 3 个以上的源代码文件，则应该考虑使用 Make 工具——介绍 Makefile 的语法已经超出了本书的范围，有兴趣的读者可以参考 Linux 编程方面的书籍。一些 C 语言教程也对 Linux 的 Makefile 工具做了简要介绍，如 Al Kelley 和 Ira Pohl 的 *A Book on C*（中文版《C 语言教程》，机械工业出版社）。

在使用 -E 选项的时候要格外小心，不要想当然地以为 GCC 会把结果输出到某个文件中。恰恰相反，GCC 是在屏幕（准确地说是标准输出）上显示其处理结果的。只要程序包含标准库中的头文件，那么预处理后的结果一定是很长的，因此应该使用重定向将输出结果保存到一个文件中。

```
$ gcc -E summary.c > pre_sum
```

下面这个例子可以帮助 C 语言的初学者理解代码错在哪里。

```
$ cat macro.c                       ##查看源文件

/* macro.c */
#define SUB(X,Y) X*Y
int main()
{
    int result;
    result = SUB(2+3, 4);
    return 0;
}

$ gcc -E macro.c                    ##显示预处理后的结果
```

```
…
int main()
{
 int result;
 result = 2+3*4;
 return 0;
}
```

选项-g 是为调试准备的,将在 19.3 节介绍。

19.2.3 优化选项

每位程序员都希望自己的程序执行起来更快速、高效。这除了取决于代码质量之外,编译器也在其中发挥了不可小视的作用。同一条语句可以被翻译成不同的汇编代码,但是执行效率却大相径庭。有些编译器不够"聪明",甚至不理会程序员在源代码中的"暗示",因此只能生成效率低下的目标代码。GCC 显然不在此列。它除了足够"聪明"以外,还提供了各种优化选项供程序员选择。为了得到经过特别优化的代码,最简单的方法是使用-Onum 选项。

GCC 提供了 3 个级别的优化选项,从低到高依次是-O1、-O2 和-O3 选项。理论上讲,-O3 选项可以生成执行效率最高的目标代码。然而,优化程度越高就意味着风险更大。通常来说,-O2 选项可以满足绝大多数的优化需求,也足够安全。

事实上,O1、O2、O3 是对多个优化选项的"打包"。用户也可以手动指定使用哪些优化选项。GCC 的优化选项通常都很长,以至于有时候看上去像是一堆随机字符序列,有兴趣的读者可以参考 GCC 的官方手册。

一个比较"激进"的优化方案是使用-march 选项。GCC 会为特定的 CPU 编译二进制代码,产生的代码只能在该型号的 CPU 上运行。例如:

```
gcc -O2 -march=pentium4 summary.c
```

上面的命令在 64 位机器上会产生错误:

```
cc1: error: CPU you selected does not support x86-64 instruction set
cc1: error: '-fcf-protection=full' is not supported for this target
```

如果没有特殊需要,不建议使用-march 选项。另外,一些软件在使用优化选项编译后会产生各种问题,如 Linux 系统的 C 程序库 Glibc 就不应该使用优化选项编译。

19.2.4 编译 C++程序:G++

GCC 命令可以编译 C++源文件,但不能自动和 C++程序使用的库连接。因此,通常使用 G++命令来完成 C++程序的编译和连接,该程序会自动调用 GCC 实现编译任务。

```
$ g++ -o hello hello.cpp
```

G++的命令选项和 GCC 基本一致。上面的例子是编译 C++文件 hello.cpp,并把生成的可执行文件命名为 hello。

19.3 调试: GDB

GDB 是 GNU 发布的一个强大的程序调试工具，也是 Linux 程序员不可或缺的一大利器。相比图形化的 IDE 调试器，GDB 在某些细节上展现出了令人称羡的灵活性。GDB 拥有图形化调试器不具备的强大特性，随着使用的深入会逐步体现出来。本节以一个简单的实例介绍 GDB 的调试过程，最后还会给出 GDB 常用的命令表。更详细的命令选项可以参考 GDB 手册。

19.3.1 启动 GDB

在使用 GDB 调试 C/C++ 程序之前，必须先使用 gcc -g 命令生成带有调试信息的可执行程序，否则调试时看到的将是一堆汇编代码。

```
$ gcc -g summary.c
```

然后就可以使用 GDB 命令对生成的二进制文件 a.out 进行调试了。本例使用的这个程序没有什么逻辑错误，只是用来介绍 GDB 的基本命令。启动 GDB 的方法很简单，将二进制文件作为 GDB 的参数就可以了。

```
$ gdb a.out                                              ##启动 GDB 调试 a.out
GNU gdb (Ubuntu 12.1-0ubuntu1~22.04) 12.1
Copyright (C) 2020 Free Software Foundation, Inc.
License GPLv3+: GNU GPL version 3 or later
<http://gnu.org/licenses/gpl.html>
This is free software: you are free to change and redistribute it.
There is NO WARRANTY, to the extent permitted by law.
Type "show copying" and "show warranty" for details.
This GDB was configured as "x86_64-linux-gnu".
Type "show configuration" for configuration details.
For bug reporting instructions, please see:
<http://www.gnu.org/software/gdb/bugs/>.
Find the GDB manual and other documentation resources online at:
    <http://www.gnu.org/software/gdb/documentation/>.
For help, type "help".
Type "apropos word" to search for commands related to "word"…
Reading symbols from a.out…
(gdb)
```

GDB 首先会在屏幕上打印一些版本信息，随后显示提示符"(gdb)"等待接收用户的指令。

19.3.2 获得帮助

在任何时候都可以使用 help 命令查看帮助信息。

```
(gdb) help                                               ##显示帮助信息
List of classes of commands:

aliases -- User-defined aliases of other commands.
```

```
breakpoints -- Making program stop at certain points
data -- Examining data
files -- Specifying and examining files
internals -- Maintenance commands
obscure -- Obscure features
running -- Running the program
stack -- Examining the stack
status -- Status inquiries
support -- Support facilities
text-user-interface -- TUI is the GDB text based interface.
tracepoints -- Tracing of program execution without stopping the program
user-defined -- User-defined commands

Type "help" followed by a class name for a list of commands in that class.
Type "help all" for the list of all commands.
Type "help" followed by command name for full documentation.
Type "apropos word" to search for commands related to "word".
Type "apropos -v word" for full documentation of commands related to "word".
Command name abbreviations are allowed if unambiguous.
```

GDB 将所有的命令分成 12 个大类。使用命令 help breakpoints 可以得到和断点有关的帮助信息。

```
(gdb) help breakpoints                        ##获得和断点有关的帮助信息
Making program stop at certain points.

List of commands:

watch -- Set an access watchpoint for EXPRESSION.
break, brea, bre, br, b -- Set breakpoint at specified location.
break-range -- Set a breakpoint for an address range.
catch -- Set catchpoints to catch events.
catch assert -- Catch failed Ada assertions, when raised.
catch catch -- Catch an exception, when caught.
catch exception -- Catch Ada exceptions, when raised.
…
clear, cl -- Clear breakpoint at specified location.
commands -- Set commands to be executed when the given breakpoints are hit.
--Type <RET> for more, q to quit, c to continue without paging--
```

用户还可以进一步使用 help break 命令得到 break 命令的详细帮助信息。

```
(gdb) help break                              ##获得break命令的帮助信息
break, brea, bre, br, b
Set breakpoint at specified location.
break [PROBE_MODIFIER] [LOCATION] [thread THREADNUM]
    [-force-condition] [if CONDITION]
PROBE_MODIFIER shall be present if the command is to be placed in a
probe point. Accepted values are `-probe' (for a generic, automatically
guessed probe type), `-probe-stap' (for a SystemTap probe) or
`-probe-dtrace' (for a DTrace probe).
LOCATION may be a linespec, address, or explicit location as described
below.
…
```

和 Shell 一样，GDB 支持命令补全。输入命令的前几个字母，然后按 Tab 键，GDB 会帮助补全该命令。

```
(gdb) bre<TAB>                                ##<TAB>表示按下 Tab 键
(gdb) break
```

如果用户提供的首字母不足以唯一确定一个命令，那么连续按两次 Tab 键可以获得所有符合要求的命令列表。

```
(gdb) b<TAB><TAB>
backtrace  bookmark    break       break-range  bt
```

GDB 还支持命令的缩写形式，例如，使用 h 就可以替代 help。

```
(gdb) h
List of classes of commands:

aliases -- User-defined aliases of other commands.
…
```

19.3.3 查看源代码

list 命令（缩写为 l）用于查看程序的源代码。这通常是调试程序要做的第一件事情。

```
(gdb) list                                            ##列出源代码
1    #include <stdio.h>
2
3    int summary(int n);
4
5    int main()
6    {
7        int i, result;
8
9        result = 0;
10       for(i = 1; i <= 100; i++) {
```

GDB 会自动在源代码前加上行号。第 1 次使用 list 命令时列出从第 1 行开始的 10 行；第 2 次使用时列出其后的 10 行；以此类推。用户可以按 Enter 键表示执行上一条命令。

```
(gdb)                                                 ##再次执行上一条命令
11           result += i;
12       }
13
14       printf("Summary[1-100] = %d\n", result);
15       printf("Summary[1-450] = %d\n", summary(450));
16
17       return 0;
18   }
19
20   int summary(int n)
```

可以给 list 命令指定行号，列出该行所在位置附近的（10 行）代码。

```
(gdb) l 15                                            ##列出第15行附近的代码
10       for(i = 1; i <= 100; i++) {
11           result += i;
12       }
13
14       printf("Summary[1-100] = %d\n", result);
15       printf("Summary[1-450] = %d\n", summary(450));
16
17       return 0;
18   }
19
```

list 命令只能按顺序列出程序的源代码，有时不太方便。为了定位某条特定的语句，程序员不得不多次使用 list 命令——好在 GDB 还提供了 search 命令用于搜索特定的内容。

```
(gdb) search int summary                    ##查找 int summary
20    int summary(int n).
```

search 命令只会显示第一个符合条件的行，再次按 Enter 键，可以找到匹配的下一行代码。

```
(gdb)                                       ##再次执行上一条命令
Expression not found
```

显然，在 20 行之后就没有 int summary 这个字符串了。

需要注意的是，search 只能向前（朝向文件尾）搜索，这一点和 Vim 的"/"命令一样。只是 GDB 的 search 命令并不会在到达文件尾之后再从头开始搜索，而是提示无法找到匹配模式。紧接着刚才的命令执行：

```
(gdb) search Summary                        ##查找 Summary
Expression not found
```

GDB 提示无法找到匹配的表达式，这是因为 Summary 出现在第 14 行和第 15 行（记住 GDB 也是区分大小写的），而刚才的搜索已经到达第 20 行了。使用 reverse-search 命令可以向后（朝向文件头）搜索。

```
(gdb) reverse-search Summary
15        printf( "Summary[1-450] = %d\n", summary(450));
```

search（reverse-search）命令支持使用正则表达式进行搜索。读者可以参考 20.1 节的内容，了解正则表达式的详细信息。

19.3.4 设置断点

如果程序一直运行直到退出，那么调试就失去意义了。break 命令（缩写为 b）用于设置断点，这个命令可以使用行号或者函数名作为参数。

```
(gdb) break 10                              ##在第 10 行设置断点
Breakpoint 1 at 0x115c: file summary.c, line 10.
(gdb) break summary                         ##在 summary()函数入口设置断点
Breakpoint 2 at 0x11c0: file summary.c, line 22.
```

上面的命令设置了两个断点。这样，当程序运行到第 10 行及 summary()函数的入口处就会停下来，等待用户发出指令。使用 info break 命令可以查看已经设置的断点信息。

```
(gdb) info break                            ##查看断点信息
Num     Type           Disp Enb Address            What
1       breakpoint     keep y   0x00000000004004a7 in main at summary.c:10
2       breakpoint     keep y   0x00000000004004fb in summary at summary.c:22
```

使用 clear 或 delete 命令可以清除当前所在行的断点。

```
(gdb) clear summary.c:10
Deleted breakpoint 1
```

19.3.5 运行程序和单步执行

设置完断点后，就可以运行程序了。使用 run 命令（缩写为 r）运行程序至断点。

```
(gdb) run                                              ##运行程序
Starting program: /home/lewis/for_final/sum/a.out
[Thread debugging using libthread_db enabled]
Using host libthread_db library "/lib/x86_64-linux-gnu/libthread_db.so.1".
Breakpoint 1, main () at summary.c:10
10          for(i = 1; i <= 100; i++) {
```

此时程序中止,GDB 等待用户发出下一步操作的指令。使用 next 命令(缩写为 n)单步执行程序。

```
(gdb) next
11              result += i;
```

也可以指定一个数字。使用下面这个命令让 GDB 连续执行两行,然后停下。

```
(gdb) n 2
11              result += i;
```

由于进入了循环,因此两步之后程序又回到了第 11 行。在这个循环中使用 next 命令有点让人泄气,使用 continue 命令(缩写为 c)指导 GDB 继续运行程序,直至遇到下一个断点。

```
(gdb) continue
Continuing.
Summary[1-100] = 5050

Breakpoint 2, summary (n=450) at summary.c:22
22          int sum = 0;
```

现在来看另一个单步执行命令 step(缩写为 s)。step 命令和 next 命令最大的区别在于,step 命令会在遇到函数调用的时候进入函数内部,而 next 命令只是"规矩"地执行这条函数调用语句,不会进入函数内部。下面的例子说明了这一点。

```
Breakpoint 1, main() at summary.c:15
15          printf("Summary[1-450] = %d\n", summary(450));
(gdb) next                                             ##next 单步执行
Summary[1-450] = 101475
17          return 0;
```

在同样的情况下,step 命令会进入 summary() 函数内部。

```
Breakpoint 1, main() at summary.c:15
15          printf("Summary[1-450] = %d\n", summary(450));
(gdb) step                                             ##step 单步执行
summary (n=450) at summary.c:22
22          int sum = 0;
```

19.3.6 监视变量

调试程序最基本的手段就是监视变量的值。可以使用 print 命令(缩写为 p)要求 GDB 提供指定变量的值。

```
(gdb) print sum                                        ##打印变量 sum 的值
$1 = 6
(gdb) n                                                ##单步执行
25          for(i = 1; i <= n; i++) {
(gdb)                                                  ##重复上一条命令(单步执行)
26              sum += i;
```

```
(gdb) print sum                                         ##打印 sum 的值
$2 = 10
```

如果需要时刻监视某个变量的值（如上面的 sum 变量），那么每次都使用 print 命令难免让人厌倦。GDB 提供了 watch 命令用于设置观察点。"观察点"可以说是断点的一种。watch 命令可以使用变量名（或者表达式）作为参数，一旦参数的值发生变化，就停下程序。

```
(gdb) watch sum                                         ##将变量 sum 设置为观察点
Hardware watchpoint 2: sum
(gdb) c                                                 ##继续执行程序
Continuing.
Hardware watchpoint 2: sum                              ##GDB 捕捉到 sum 值的变化

Old value = 15                                          ##显示先前 sum 的值
New value = 21                                          ##当前 sum 的值
summary(n=450) at summary.c:25                          ##产生变化的位置
25          for(i = 1; i <= n; i++) {
```

19.3.7 临时修改变量

GDB 允许用户在程序运行时改变变量的值，通过 set var 命令来实现。

```
(gdb) print i                                           ##显示变量 i 的值
$4 = 2
(gdb) set var i=1                                       ##修改 i 的值为 1
(gdb) print i                                           ##显示变量 i 的值
$5 = 1
```

19.3.8 查看堆栈情况

每次程序调用一个函数时，函数的地址、参数、函数内的局部变量都会被压入栈（Stack）中。程序运行时堆栈的信息对于程序员非常重要。使用 bt 命令可以看到当前运行时栈的情况。

```
(gdb) bt
#0  summary(n=450) at summary.c:22
#1  0x00000000004004dc in main () at summary.c:15
```

19.3.9 退出 GDB

程序调试完毕后，使用 quit 命令（缩写为 q）退出 GDB 程序。

```
(gdb) c                                                 ##继续运行程序
Continuing.
Summary[1-450] = 101475

Program exited normally.                                ##程序运行完毕
(gdb) quit                                              ##退出 GDB
$                                                       ##Shell 提示符
```

如果程序还没有运行完毕，那么 GDB 会要求用户确认退出命令。回答 y 退出 GDB；

回答 n 回到调试环境。

```
(gdb) quit
A debugging session is active.
    Inferior 1 [process 29039] will be killed.
Quit anyway? (y or n) y
```

19.3.10 命令汇总

本节只介绍了 GDB 命令中很少的一部分（参考 GDB 标准文档 *Debugging with GDB* 第 346 页的内容）。为了让读者有一个清晰的认识，表 19.11 汇总了前面使用的所有命令。

表 19.11 部分GDB命令汇总

GDB命令	缩　写	描　述
help	h	获取帮助信息
list	l	显示源代码
search		向前（朝向文件尾）搜索源代码
reverse-search		向后（朝向文件头）搜索源代码
break	b	设置断点
info break		查看断点信息
clear		清除当前光标所在行的断点
run	r	从头运行程序至第一个断点
next	n	单步执行（不进入函数体）
step	s	单步执行（进入函数体）
continue	c	从当前行继续运行程序至下一个断点
print	p	打印变量的值
watch		设置观察点
set var *variable=value*		设置变量variable的值为value
bt		查看运行时栈
quit	q	退出gdb

19.4 与他人协作：版本控制系统

工作中难免会出错，因此所做的改动能够正确撤销非常重要。在大型软件开发过程中，沟通不畅很有可能导致团队成员的修改彼此矛盾。如果源代码只是处在一个目录中，那么事情将变得一团糟。幸运的是，本节介绍的版本控制可以有效地解决这些问题。在正式开始介绍之前，首先了解一下版本控制系统能做什么事。

19.4.1 什么是版本控制

简单地说，版本控制系统是一套在开发程序时存储源代码所有修改的工具。听起来这没有什么特别的，使用 cp 命令也可以做到。的确，在每次完成源代码的修改后，把之前的版本改名，再保存新的版本，这样就完成了版本控制的最基本的功能。但对于复杂性和健壮性要求更高的环境而言，开发人员往往还有以下需求：

- ❑ 集中化管理，自动跟踪单个文件的修改历史。
- ❑ 完善的日志机制，便于掌握某次修改的原因。
- ❑ 快速还原到指定的版本。
- ❑ 协调不同开发者之间的活动，保证对源代码同一部分的改动不会互相覆盖。

……

在版本控制系统出现以前，多人合作的大型软件开发简直是一场"噩梦"。假设每个人在自己的工作备份上工作。如果 Peter 改变了类的接口，那么他必须通知每个人，然后把新的源代码分发给他的团队。某天晚上，Peter 和 John 同时修改了某个文件，Peter 立刻把它提交到中央服务器，而 John 睡了一觉，直到第二天早上才提交，那么 Peter 的改动就丢失了。一个月后，当问题暴露的时候，人们发现根本没有任何关于改动的日志信息能帮助他们追溯到那个夜晚。

如果读者也遇到了类似的麻烦，那么就意味着应该使用版本控制系统了。近几年已经出现了大量开放源代码版本的版本控制系统，人们的选择范围也由此扩大了很多。占据主流地位的两款系统是 CVS 和 Subversion，后者是前者的改良和完善。但是，这两款工具都存在一些缺陷，建议直接使用 Git。

19.4.2 安装及配置 Git

Git 是一个开源的分布式版本控制系统，用于敏捷、高效地处理任何或小或大的项目。Git 是 Linus Torvalds 为了帮助管理 Linux 内核而开发的一个开放源码的版本控制软件。与常用的版本控制工具 CVS、Subversion 等不同，Git 采用了分布式版本库的方式，不必服务器端软件支持。下面介绍安装及配置 Git 的方法。

1. 安装 Git

Git 已经包含在很多 Linux 发行版中了，Ubuntu 就在其安装源中提供了 Git 的下载。如果读者使用的 Linux 发行版没有包含这个软件，那么可以从 git-scm.com/downloads 上下载。使用源代码还是二进制安装包完全取决于实际需求。

在 Ubuntu 系统中安装 Git 工具。执行命令如下：

```
$ sudo apt-get install git
```

如果执行以上命令没有报错，则说明 Git 工具安装成功。接下来，可以使用下面这条命令检查 Git 客户端工具是否安装成功。

```
$ git
用法：git [--version] [--help] [-C <path>] [-c <name>=<value>]
          [--exec-path[=<path>]] [--html-path] [--man-path] [--info-path]
          [-p | --paginate | -P | --no-pager] [--no-replace-objects] [--bare]
          [--git-dir=<path>] [--work-tree=<path>] [--namespace=<name>]
          <command> [<args>]
这些是各种场合常见的 Git 命令：
开始一个工作区（参见：git help tutorial）
```

```
    clone            复制仓库到一个新目录
    init             创建一个空的 Git 仓库或重新初始化一个已存在的仓库
在当前变更上工作（参见：git help everyday）
    add              添加文件内容至索引
    mv               移动或重命名一个文件、目录或符号链接
    restore          恢复工作区文件
    rm               从工作区和索引中删除文件
检查历史和状态（参见：git help revisions）
    bisect           通过二分查找定位引入 bug 的提交
    diff             显示提交之前、提交和工作区之间的差异
    grep             输出和模式匹配的行
    log              显示提交的日志
    show             显示各种类型的对象
    status           显示工作区的状态
扩展、标记和调校您的历史记录
    branch           列出、创建或删除分支
    commit           记录变更到仓库
    merge            合并两个或更多的开发历史
    rebase           在另一个分支上重新应用提交
    reset            重置当前 HEAD 到指定状态
    switch           切换分支
    tag              创建、列出、删除或校验一个 GPG 签名的标签对象
协同（参见：git help workflows）
    fetch            从另外一个仓库下载对象和引用
    pull             获取并整合另外的仓库或一个本地分支
    push             更新远程引用和相关的对象
命令 'git help -a' 和 'git help -g' 显示可用的子命令和一些概念帮助。
查看 'git help <命令>' 或 'git help <概念>' 以获取给定子命令或概念的帮助。
有关系统的概述，查看 'git help git'.
```

输出信息显示了 Git 工具的帮助信息。由此可以说明，Git 安装成功。接着检查 Git 管理工具的版本信息。

```
$ git --version                    ##Git 管理工具的版本信息
git version 2.34.1
```

如果这两条命令都没有问题，那么 Git 就安装完毕。下面用一个实例介绍 Git 的基本使用。

2. Git 配置

Git 提供了一个叫作 git config 的命令工具，专门用来配置或读取相应的工作环境变量。这些环境变量决定了 Git 在各个环节的具体工作方式和行为。这些变量可以存放在以下三个地方。

❑ /etc/gitconfig 文件：系统中对所有用户都普遍适用的配置。使用 git config 命令时用--system 选项，读写的就是这个文件。

❑ ~/.gitconfig 文件：用户目录下的配置文件只适用于该用户。使用 git config 命令时用--global 选项，读写的就是这个文件。

❑ 当前项目的 Git 目录中的配置文件（也就是工作目录中的.git/config 文件）：这里的配置仅针对当前项目有效。每一个级别的配置都会覆盖上层的相同配置，所以.git/config 里的配置会覆盖/etc/gitconfig 中的同名变量。

如果要提交仓库文件,则需要配置用户名称和电子邮件地址。下面配置个人的用户名称和电子邮件地址:

```
$ git config --global user.name runoob
$ git config --global user.email test@runoob.com
```

配置完成后,可以使用 git config --list 命令查看已有的配置信息。

```
$ git config --list
user.name=runoob
user.email=test@runoob.com
```

以上配置在 ~/.gitconfig 文件中可以看到。

```
$ cat ~/.gitconfig
[user]
    name = runoob
    email = test@runoob.com
```

19.4.3 建立项目仓库

"项目仓库"是版本控制系统的专有名词,是用来存储各种文件的主要场所。项目仓库以目录作为载体。下面的命令建立目录 svn_ex,本节的源代码都存放在该目录下。

```
$ mkdir /home/lewis/svn_ex
```

Git 使用 git init 命令来初始化一个 Git 仓库,Git 的很多命令都需要在 Git 的仓库中运行,因此 git init 是 Git 的第一个命令。接下来调用 git init 命令建立项目仓库。

```
$ git init /home/lewis/svn_ex
提示: 使用 'master' 作为初始分支的名称。这个默认分支名称可能会更改。要在新仓库中
提示: 配置使用初始分支名,并消除这条警告,请执行:
提示:
提示:     git config --global init.defaultBranch <名称>
提示:
提示: 除了 'master' 之外,通常选定的名字有 'main'、'trunk' 和 'development'.
提示: 可以通过以下命令重命名刚创建的分支:
提示:
提示:     git branch -m <name>
已初始化空的 Git 仓库于 /home/lewis/svn_ex/.git/
```

此时,在 svn_ex 目录下会出现一个名为 .git 的目录,该目录下存储的是 Git 需要的资源和所有元数据,其他的项目目录保持不变。

19.4.4 创建项目并导入源代码

接下来着手建立一个新的项目。为简便起见,这里将前面出现过的两个源代码文件导入项目仓库。首先使用 git add 命令告诉 Git 开始对这些文件进行跟踪,然后提交。

```
##进入源程序所在的目录
$ cd /home/lewis/svn_ex/
##导入源程序
$ git add *.c
$ git commit -m '初始化项目版本'                    #将源代码文件提交到仓库
```

```
[master （根提交） 7abebc2] 初始化项目版本
 2 files changed, 39 insertions(+)
 create mode 100644 macro.c
 create mode 100644 summary.c
```

git add 命令表示添加文件到暂存区；git commit 命令表示将暂存区内容添加到仓库中。

19.4.5 开始项目开发

开发人员一般是在自己的计算机上建立一个目录，然后在这个目录下编写程序。下面的命令在用户主目录下建立 work/project 目录，接下来的"开发"就在这个目录下进行。

```
$ mkdir ~/work
$ cd ~/work/
$ mkdir project
```

下面使用 git clone 命令从服务器上取得源代码的工作备份。

```
$ git clone file:///home/lewis/svn_ex/ project/
正克隆到 'project'...
remote: 枚举对象中: 4, 完成.
remote: 对象计数中: 100% (4/4), 完成.
remote: 压缩对象中: 100% (4/4), 完成.
remote: 总共 4 （差异 0），复用 0 （差异 0）
接收对象中: 100% (4/4), 完成.
```

clone 命令指定复制仓库到一个新目录下。这里使用了熟悉的 URL "file:///home/lewis/svn_ex/ project/"，目标是 project 目录。查看 project 目录，可以看到源文件已经在里面了。

```
$ ls project/
macro.c  summary.c
```

19.4.6 修改代码并提交

假设 Lewis 决定修改 macro.c 文件中的那个定义"错误"，把源代码的第一行改成下面这样：

```
#define SUB(X,Y)  (X)*(Y)
```

然后使用 git add 命令将修改进行提交。

```
$ git add macro.c
```

Git 立刻注意到了这个修改。使用 git status 命令可以看到，macro.c 已经被修改。

```
$ git status macro.c                            ##查看 macro.c 的状态
位于分支 master
您的分支与上游分支 'origin/master' 一致。
要提交的变更：
  （使用 "git restore --staged <文件>..." 以取消暂存）
    修改:     macro.c
```

继续使用 git diff 命令观察本地的工作备份和服务器上的版本的差别。

```
$ git diff master                               ##观察 macro.c 的修改情况
diff --git a/macro.c b/macro.c
index 8f9e2fe..e2b9395 100644
--- a/macro.c
```

```
+++ b/macro.c
@@ -1,5 +1,5 @@
 /* macro.c */
-#define SUB(X,Y) X*Y
+#define SUB(X,Y) (X)*(Y)
 int main()
 {
         int result;
```

"@@ -1,5 +1,5 @@"指出了发生改动的位置，紧跟着列出了该位置上的代码。减号"-"表示服务器上的版本，加号"+"表示当前的工作备份。显然，Lewis 在第一行增加了两个括号。

看起来一切都很正常，使用 git commit 命令提交新的 macro.c 文件。

```
$ git commit -m "修正宏定义的错误"                    ##提交修改后的版本
[master 9571063] 修正宏定义的错误
 1 file changed, 1 insertion(+), 1 deletion(-)
```

完成提交后，使用 git log 命令可以看到 macro.c 文件完整的历史记录如下：

```
$ git log                                        ##查看macro.c的历史记录
commit 957106378d657ca2e94f8a349cb2326f281caea4 (HEAD -> master)
Author: runoob <test@runoob.com>
Date:   Tue May 17 16:49:58 2022 +0800
    修正宏定义的错误
commit 7abebc2a30aae6f874987becb0e0f5bef767f9f4
Author: runoob <test@runoob.com>
Date:   Tue May 17 16:25:56 2022 +0800
    初始化项目版本
```

19.4.7　解决冲突

使用 Git 管理源代码文件时，会在两种情况下产生冲突。第一，多个分支代码合并到一个分支中；第二，多个分支向同一个远端分支推送代码。因此，当开发者在两个分支中修改同一个文件时，将会产生冲突。如果在两个分支中分别修改了文件中的不同部分，则不会产生冲突，并且可以直接将两部分合并。此时，可以通过以下 4 种方法解决冲突。

- 使用 git fetch origin master 命令将远程分支下载下来。
- 使用 git merge origin master 命令手动合并冲突的内容。首先合并代码并输入备注信息，然后按 Esc 键，再按 Shift+;键，输入 wq 命令保存并退出。
- 使用 git add xxx 和 git commint -m "xxx"命令将改动提交。
- 使用 git push origin master 命令将改动提交到远程分支。

下面通过具体的例子来演示如何解决 Git 中的冲突。使用 git init 命令初始化时，默认将创建一个 master 分支。接下来将创建一个 test1 分支，并且在这两个分支中修改 macro.c 文件的同一代码块。然后将修改合并到 master 分支上，此时将会出现合并冲突。操作步骤如下：

（1）查看当前的分支。

```
$ git branch
* master
```

从输出信息中可以看到，有一个名为 master 的分支，并且该分支是当前分支。

（2）创建一个名为 test1 的分支。然后使用 git checkout 命令切换到 test1 分支可以看到包含的文件。用户也可以创建分支后直接切换到新的分支，执行命令 git checkout -b test1 即可。

```
$ git branch test1
$ git branch
* master
  test1
```

此时，可以看到有两个分支。接下来切换到 test1 分支。

```
$ git checkout test1
M    macro.c
切换到分支 'test1'
$ ls
macro.c  summary.c
```

假设，当前的开发者注意到 Lewis 把宏的名字写错了，乘法的英文缩写应该是 MUL（Multiply），而不是 SUB（Subtract，减法）。于是他把源代码修改如下：

```
#define MUL(X,Y)  (X)*(Y)

int main()
{
    int result;

    result = MUL(2+3, 4);

    return 0;
}
```

（3）将修改后的文件加入缓存区并提交到源码仓库。

```
$ git add .
$ git commit -m "乘法的英语缩写应为 MUL"
[test1 96c1d2b] 乘法的英语缩写应为 MUL
 1 file changed, 1 insertion(+), 1 deletion(-)
```

（4）与此同时，Lewis 也注意到了这个问题。但是他显然已经厌倦了宏定义，于是他决定用函数来实现这个乘法操作。切换到 master 分支并修改 macro.c 源代码如下：

```
int multiply(int x, int y)
{
    return x * y;
}

int main()
{
    int result;

    result = multiply(2+3, 4);

    return 0;
}
```

然后提交修改后的代码。

```
$ git add .
$ git commit -m "将宏 SUB 用函数 multiply 实现"
[master 1ccd41d] 将宏 SUB 用函数 multiply 实现
 1 file changed, 9 insertions(+), 3 deletions(-)
```

（5）将 test1 分支合并到 master 分支。执行命令如下：

```
$ git merge test1                                    #合并分支
自动合并 macro.c
冲突（内容）：合并冲突于 macro.c
自动合并失败，修正冲突然后提交修正的结果。
```

从输出结果中可以看到，macro.c 文件存在冲突，自动合并失败。使用 git diff 命令可以查看文件中存在的冲突。

```
$ git diff
diff --cc macro.c
index 80a4d44,b1e24d2..0000000
--- a/macro.c
+++ b/macro.c
@@@ -1,8 -1,5 +1,13 @@@
++<<<<<<< HEAD
 +int multiply(int x, int y)
 +{
 +        return x * y;
 +}
 +
++=======
+ #define MUL(X,Y)  (X)*(Y)
++>>>>>>> test1
  int main()
  {
          int result;
```

此时，查看 macro.c 文件的效果如下：

```
$ cat macro.c
<<<<<<< HEAD
int multiply(int x, int y)
{
        return x * y;
}

=======
#define MUL(X,Y)  (X)*(Y)
>>>>>>> test1
int main()
{
        int result;

        result = multiply(2+3, 4);

        return 0;
}
```

其中，"<<<<<<< HEAD"和"======="中间的内容是自己的代码，"======="和">>>>>>>"中间的内容是其他人修改的代码。编辑 macro.c 文件，保留自己需要的代码。假设这里仍然选择使用函数实现乘法操作，因此保留后来的代码内容。文件修改完成后，使用 git add 命令告诉 Git 文件冲突已经解决。

```
$ git status -s
UU macro.c
$ git add macro.c
$ git status -s
```

```
M  macro.c
$ git commit
[master 72eb61c] Merge branch 'testing'
```

从输出结果中可以看到，成功将分支 testing 合并到 master 中。

19.4.8 撤销修改

如果用户在修改代码时发现没有改好，需要临时放弃，则可以使用 Git 撤销、还原或放弃本地文件的修改。下面分别介绍一些撤销修改的几种情况。

1．未使用 git add 命令缓存代码

如果用户只是修改了代码内容，没有使用 git add 命令缓存代码，则可以使用以下两种方式还原。

（1）使用 git checkout -- filepathname 命令，注意中间有两个连字符。

```
$ git checkout -- macro.c
```

（2）放弃所有文件的修改。

```
$ git checkout .
```

以上命令将放弃所有还没有加入的缓存区（就是 git add 命令）的修改，但不会删除刚才新建的文件。因为刚才新建的文件还没有加入 Git 管理系统，所以对于 Git 是未知的，用户手动删除即可。

2．已使用 git add 命令缓存代码，未使用 git commit 命令

如果用户修改了源代码，并且使用 git add 命令加入缓存区，但是没有使用 git commit 命令提交。此时可以使用如下命令撤销改动。

（1）使用 git reset HEAD filepathname 命令。

```
git reset HEAD macro.c
```

（2）放弃所有文件修改，执行命令如下：

```
git reset HEAD
```

以上命令用来清除 Git 对于文件修改的缓存，相当于撤销 git add 命令所做的工作。使用该命令后，本地的修改并不会消失，而是回到了第一步。如果未使用 git add 命令缓存代码，那么继续使用 git checkout -- filepathname 命令就可以放弃本地修改。

3．已经使用 git commit 命令提交了代码

如果用户修改了源代码，并且使用 git commit 命令提交了修改后的代码，则需要使用以下命令撤销改动。

（1）使用 git reset --hard HEAD^ 命令回退到上一次提交的状态。

```
$ git reset --hard HEAD^
HEAD 现在位于 925672b 乘法的英语缩写应为 MUL
```

（2）回退到任意版本，使用 git reset --hard commitid 命令。其中，使用 git log 命令查看 Git 提交历史记录可以获取到 commitid 参数。如下所示：

```
$ git log
commit 957106378d657ca2e94f8a349cb2326f281caea4 (HEAD -> master)
Author: runoob <test@runoob.com>
Date:   Tue May 17 16:49:58 2022 +0800

    修正宏定义的错误

commit 7abebc2a30aae6f874987becb0e0f5bef767f9f4
Author: runoob <test@runoob.com>
Date:   Tue May 17 16:25:56 2022 +0800

    初始化项目版本
```

例如,回退到 commitid 为 957106378d657ca2e94f8a349cb2326f281caea4 的状态。执行命令如下:

```
$ git reset --hard 957106378d657ca2e94f8a349cb2326f281caea4
HEAD 现在位于 9571063 修正宏定义的错误
```

此时,查看文件可以看到已成功回退到原始的状态。

```
$ cat macro.c
/* macro.c */
#define SUB(X,Y)  (X)*(Y)
int main()
{
    int result;
    result = SUB(2+3, 4);
    return 0;
}
```

19.4.9　命令汇总

本节采用现实生活中的一个例子介绍 Git 的基本使用。为了将 Subversion 应用于项目开发中,还需要了解一些基本操作(如向仓库添加文件)。表 19.12 汇总了前面使用的所有命令。

表 19.12　部分 Git 命令汇总

命　　令	描　　述
git init	初始化仓库
git clone	复制一份远程仓库,也就是下载一个项目
git add	添加文件到暂存区
git status	查看仓库当前的状态,显示有变更的文件
git diff	比较文件的不同,即暂存区和工作区的差异
git commit	提交暂存区到本地仓库
git reset	回退版本
git rm	删除工作区文件
git mv	移动或重命名工作区文件
git log	查看历史提交记录
git blame <file>	以列表形式查看指定文件的历史修改记录
git remote	列出已经存在的远程分支

续表

命　　令	描　　述
git fetch	从远程获取代码库
git pull	下载远程代码并合并
git push	上传远程代码并合并

19.5　小　　结

- Vim 是 Linux 中的标准编辑器，这是一种行模式编辑器。
- Emacs 也是 Linux 程序员喜爱的编辑器之一，它使用 Ctrl 和 Meta（在 PC 上是 Alt）键输入命令。
- 图形化编辑器 Gedit 和 Kate 都提供了迎合程序员需求的功能。
- GCC 是 Linux 最常用的编译器，支持 C、C++、Objective C、Chill、Fortran 和 Java 等多种语言。
- GCC 命令对 C 源代码执行编译和链接。
- 程序员可以对源代码执行优化编译，但某些优化选项是有风险的。
- G++命令对 C++源代码执行编译和链接。
- GDB 是一款基于命令行的程序调试工具。
- 在调试程序之前需要使用带有-g 选项的 GCC 命令编译源代码。
- 用户可以随时使用 help 命令获取 GDB 的帮助信息。
- 版本控制系统用于多人合作的大型程序开发中。Git 是当前最完善的版本控制系统。
- 项目仓库是版本控制系统用来存储各种文件的主要场所。
- Git 可以记录所有源代码的修改。
- 当不同的开发者的修改发生冲突时，Git 会给出冲突提示，要求手动解决。

19.6　习　　题

一、填空题

1. Vim 包括两种模式，分别为_____和_____。
2. _____是 Linux 中常用的图形化编程工具。
3. _____是 GNU 发布的一个强大的程序调试工具。
4. _____是一个开源的分布式版本控制系统。

二、选择题

1. 在 Vim 编辑器中，（　　）键可以切换到输入模式。
A. a　　　　　　　B. A　　　　　　　C. I　　　　　　　D. i

2．编译 C 程序使用的命令为（　　）。
A．Gedit　　　　　B．GCC　　　　　　C．G++　　　　　　　D．GDB

三、判断题

1．使用 Vim 编辑文件时，如果指定的文件 file 不存在，则 Vim 会自动创建一个新的名为 file 的文件。　　　　　　　　　　　　　　　　　　　　　　　　　（　　）

2．Emacs 编辑器可以高亮显示源代码中的关键字。　　　　　　　　　　（　　）

四、操作题

1．使用 Vim 编辑器创建文件 file，并输入内容"I Like Linux!"，然后保存并退出。

2．使用 GCC 命令编译 C 语言程序 summary.c。

3．使用 GDB 工具调试 C 语言程序 summary.c。

第 20 章　Shell 编程

无法想象没有 Shell 的 Linux 会是什么样。在 Linux 的世界里，没有什么是不可控的。如果想要成为一名高级的 Linux 用户，那么 Shell 编程是必须跨越的一道坎。本章将从正则表达式开始逐步介绍 Shell 编程的基本知识，包括 Shell 脚本编程、Shell 定制等。

20.1　正则表达式

正则表达式广泛地应用在各种脚本编程语言中，包括 Python、PHP 和 Ruby 等。Linux 的各种编程工具也大量采用了正则表达式。可以说，有字符串处理的地方，就有正则表达式的身影。本节简要介绍正则表达式的基本语法，首先看一下正则表达式的定义。

20.1.1　什么是正则表达式

在 Linux 中，正则表达式又称作模式。那么究竟什么是正则表达式呢？简单地说，正则表达式是一组对正在查找的文本的描述。举一个生活中的例子，老师对上课捣乱的学生说："把单词表中 a 开头、t 结尾的单词抄写 10 遍交给我。"那么对于正在抄写单词的学生而言，"a 开头、t 结尾的单词"就是"对正在查找的文本的描述"。同样，告诉 Shell，"把当前目录下所有以 t 结尾的文件名列出来"，就是正则表达式擅长的事情。

20.1.2　不同风格的正则表达式

正则表达式是一个概念。在此基础上，人们充分发挥想象力，提出了各种风格的正则表达式，并且至今没有统一的标准，不同的软件和编程语言支持不同风格的表达式写法，因此刚接触正则表达式的用户会因此感到困惑。

目前，在 GNU/Linux 中有两套库可用于正则表达式编程，即 POSIX 库和 PCRE 库。前者是 Linux 自带的正则表达式库，后者是 Perl 的正则表达式库。从功能上看，PCRE 风格的正则表达式的功能更强大，但也更难掌握。本节选择 POSIX 风格的正则表达式作为介绍对象，POSIX 库不需要额外安装，直接使用即可。在工具方面，本节所有的示例都在 Egrep 工具中测试通过。

20.1.3　快速上手：在字典中查找单词

现在来考虑一下 20.1.1 节中的例子。老师要求抄写单词表中"a 开头、t 结尾"的单词，学生现在很想知道他究竟要花多少时间在这项作业上。/usr/share/dict/words 中包含多达 98 568 个单词,无论老师所说的是哪一个单词表,Linux 给出的估算只会多不会少。

```
##列出单词表中"以 a 开头、t 结尾"的所有单词
$ egrep "^a.*t$" /usr/share/dict/words
abaft
abandonment
abasement
abatement
abbot
abduct
aberrant
abet
abhorrent
…
```

一个个地数是不可能的,可以使用 wc 命令统计这些单词的数量。

```
$ egrep "^a.*t$" /usr/share/dict/words | wc -w
257
```

也就是说,这位学生最多要抄写 257 个单词。

20.1.4 字符集和单词

在正则表达式中,句点"."用于匹配除换行符之外的任意一个字符。下面这条正则表达式可以匹配诸如 cat、sat 和 bat 这样的字符串。

```
.at
```

"."能够匹配的字符范围是最大的。上面这个正则表达式还能够匹配"#at""~at""_at"这样的字符串。很多时候,需要缩小选择范围使匹配更精确。为了限定 at 前的那个字符只能是小写字母,可以这样写正则表达式。

```
[a-z]at
```

方括号"[]"用于指定一个字符集。无论"[]"中有多少个字符,在实际使用时只能匹配其中的一个字符。下面的表达式用于匹配 a 或 b 或 c,而不能匹配 ab、ac、bc 或者 3 个字母的任意组合。

```
[abc]
```

使用连字符"-"描述一个范围。下面的表达式用于匹配所有的英文字母。

```
[a-zA-Z]
```

数字也可以用范围来指定。

```
[0-9]
```

了解字符集的概念,匹配特定的单词就灵活多了。但是有一个问题,先使用下面的命令查找单词表,看看结果是否和预想的一样。

```
$ egrep '[a-z]at' /usr/share/dict/words
…
Akhmatova
Akhmatova's
Alcatraz
Alcatraz's
```

```
Allstate
...
```

可以看到，上面的命令不仅会列出 cat、sat 这样的单词，而且列出了 Akhmatova、Alcatraz 这样的词。因为这些单词中包含 mat、cat 这些符合正则表达式[a-z]at 的字符串，所以也被匹配了——尽管这可能不是用户想要的结果。

为了让[a-z]at 能够严格地匹配一个单词，需要为它加上一对分隔符"\<"和"\>"。

```
\<[a-z]at\>
```

下面的命令在单词表中查找所有符合模式"\<[a-z]at\>"的行。

```
$ egrep '\<[a-z]at\>' /usr/share/dict/words
bat
bat's
cat
cat's
eat
fat
fat's
...
```

奇怪的是像 bat's 这样的行也被匹配了。事实上，如果有"a#$bat""bat!!!""!@#$#@!$R%@!bat#@!$%^"这样的行，也同样会被匹配。这就涉及正则表达式中对"单词"的定义：

单词指的是两侧由非单词字符分隔的字符串。非单词字符指的是字母、数字、下画线以外的任何字符。

仔细分析上面的例子可知，在第一行中，bat 分别由行首和行尾分隔，因此符合单词的定义，可以被匹配。"a#$bat"中的 bat 分别由符号"$"和行尾分隔，符合单词的定义，可以被匹配；"!@#$#@!$R%@!bat#@!$%^"中的 bat 分别由符号"!"和"#"分隔，同样符合单词的定义。而 Alcatraz 中的 cat 分别被字母 l 和 r 分隔，就不符合匹配条件了。

20.1.5 字符类

除了字符集，POSIX 风格的正则表达式还提供了预定义字符类来匹配某些特定的字符。例如，下面的命令列出了文件中所有以大写字母开头同时以小写 t 结尾的行。

```
$ egrep "^[[:upper:]]t$" /usr/share/dict/words
At
It
Lt
Mt
Pt
St
```

☎ 提示：元字符"^"和"$"将在 20.1.6 节介绍。

正则表达式"[[:upper:]]"就是一个字符类，表示所有的大写字母，等同于[A-Z]。表 20.1 列出了 POSIX 正则表达式中的字符类。

表 20.1   POSIX正则表达式中的字符类

类	匹 配 字 符
[[:alnum:]]	文字、数字字符
[[:alpha:]]	字母字符
[[:lower:]]	小写字母
[[:upper:]]	大写字母
[[:digit:]]	小数
[[:xdigit:]]	十六进制数字
[[:punct:]]	标点符号
[[:blank:]]	制表符和空格
[[:space:]]	空格
[[:cntrl:]]	所有控制符
[[:print:]]	所有可打印的字符
[[:graph:]]	除空格外所有可打印的字符

20.1.6 位置匹配

字符"^"和"$"分别用于匹配行首和行尾。下面这个正则表达式用于匹配所有以 a 开头、t 结尾、a 和 t 之间包含一个小写字母的行。

```
a[a-z]t$
```

"^"和"$"不必同时使用。下面这个表达式可以匹配所有以数字开头的行。

```
^[0-9]
```

可以想像,"^$"这样的写法将匹配空行。而"$^"则是没有意义的,系统不会对这个表达式报错,但也不会输出任何内容。

20.1.7 字符转义

读者可能有这样的疑问:既然句点"."在正则表达式中表示"除换行符之外的任意一个字符",那么如何匹配句点"."本身呢?这就需要用到转义字符"\"。"\"可以取消所有元字符的特殊含义。例如,"\."匹配句点".","\["匹配左方括号"["……而为了匹配"\",就要用"\\"来指定。例如,下面这个正则表达式可以匹配 www.google.cn。

```
www\.google\.cn
```

20.1.8 重复

用户有时候希望某个字符能够重复出现。正则表达式中的星号"*"表示在它前面的模式应该重复 0 次或者多次。下面这个正则表达式用于匹配所有以 a 开头、以 t 结尾的行。

```
^a.*t$
```

简单地讲解一下这个表达式:"^a"匹配以 a 开头的行。"."匹配一个字符(除了换行符);"*"指定之前的那个字符(由"."匹配)可以重复 0 次或多次;"t$"匹配以 t 结尾的行。

与此类似的两个元字符是"+"和"?"。"+"指定重复一次或更多次;"?"指定重复 0 次或 1 次。下面的正则表达式匹配所有在单词 hi 后面隔了一个或几个字符后出现单词 Jerry 的行。

```
\<hi\>.+\<Jerry\>
```

使用花括号"{}"可以明确指定模式重复的次数。例如,{3}表示重复 3 次,{3,}表示重复 3 次或者更多次,{5,12}则表示重复的次数不少于 5 次,不多于 12 次。下面的正则表达式匹配所有不少于 8 位的数。

```
\<[1-9][0-9]{7,}\>
```

上面这个表达式之所以从[1-9]开始,是因为没有哪个超过 7 位的数是以 0 开头的。相应地,最高位后面的数字应该重复 7 次或更多次。表 20.2 列出了用于重复模式的元字符。

表 20.2 用于重复模式的元字符

元 字 符	描 述
*	重复0次或更多次
+	重复一次或更多次
?	重复0次或一次
{n}	重复n次
{n,}	重复n次或更多次
{n,m}	重复不少于n次,不多于m次

20.1.9 子表达式

子表达式也称为分组,这不是一个新概念。例如,为了计算 1+3 的和与 4 的乘积,必须用括号把 1+3 括起来。正则表达式也一样,请看下面这个例子:

```
$ egrep "(or){2,}" /usr/share/dict/words
sororities
sorority
sorority's
```

正则表达式"(or){2,}"匹配所有 or 重复 2 次或更多次的行。如果去掉 or 两边的括号,那么这条正则表达式匹配的将是"字母 o 后面紧跟两个或更多个字母 r 的行"。

```
$ egrep "or{2,}" /usr/share/dict/words
Andorra
Andorra's
Correggio
…
worry
worrying
worryings
worrywart
```

20.1.10 反义

很多时候用户想说的是"除了这个字符,其他什么都可以",这就需要用到"反义"。下面的正则表达式用于匹配除了字母 y 的任何字符。

```
[^y]
```

与之相似的是,下面的正则表达式用于匹配除了字母 a、e、i、o、u 以外的所有字符。

```
[^aeiou]
```

> **注意**:"^"在表示行首和反义时位置上有所区别。下面的例子匹配所有不以字母 y 开头的行。

```
^[^y]
```

20.1.11 分支

通过前面的学习可以知道,正则表达式对用户提交的信息简单地执行"与"的组合。举例来说,下面的语句可以匹配所有以字母 h 开头并且以字母 t 结尾的行。

```
^ht$
```

那么,如何匹配以字母 h 开头或者以字母 t 结尾的行?分支(以竖线"|"表示)就用来完成"或"的组合。下面的正则表达式用于匹配以字母 h 开头或者以字母 t 结尾的行。

```
^h|t$
```

再看一个稍微复杂一些的例子。下面这一长串正则表达式可以匹配 1~12 月的英文写法,包括完整拼写和缩写形式。

```
Jan(uary| |\.)|Feb(uary| |\.)|Mar(ch| |\.)|Apr(il| |\.)|May( |\.)|Jun(e| |\.)|Jul(y| |\.)|Aug(ust| |\.)|Sep(tember| |\.)|Oct(ober| |\.)|Nov(ember| |\.)|Dec(ember| |\.)
```

合在一起很难看清楚,下面以一月份为例分析这个正则表达式的写法。

```
Jan(uary| |\.)
```

紧跟着开头的 3 个字母 Jan 的是一个子表达式(用括号限定),两个分支字符"|"分隔了 3 个字符(串),分别是 uary、空格、句点(注意,描述句点需要使用转义符号"\")。这意味着 January、Jan 或者 Jan.这样的字符串都能够被匹配。

5 月份 May 是比较特殊的一个。由于 May 的完整写法和缩写形式是一样的,因此只使用一个分支字符匹配空格或者句点。不同的月份之间使用分支字符"|"来分隔。

20.1.12 逆向引用

在子表达式(分组)中捕获的内容可以在正则表达式中的其他地方再次使用,用户可以使用反斜线"\"加上子表达式的编号来指代该分组匹配到的内容。下面来看几个例子。

```
(\<.*\>).?( )*\1
```

上面的正则表达式匹配在某个单词出现后,紧跟着 0 个或 1 个标点符号,以及任意个空格之后再次出现这个单词的所有行，如 cart cart、long, long ago、ha!ha!等。为了便于理解，下面对这个正则表达式断句解释如下：

- (\<.*\>)：匹配任意长度的单词，第 1 个子表达式。
- .?：匹配 0 个或 1 个标点符号。由于在句点之前匹配的是单词，所以句点 "." 在这里只能匹配标点。
- ( )*：匹配 0 个或多个空格，第 2 个子表达式。
- \1：指代第 1 个子表达式匹配到的模式。如果第 1 个子表达式匹配到单词 cart，那么这里也自动成为 cart。

当然，用户也可以使用\2、\3……来指代编号为 2、3……的子表达式匹配到的模式。子表达式的编号规则是：从左至右，第 1 个出现的子表达式编号为 1，第 2 个编号为 2，以此类推。

20.2　Shell 脚本编程

本节将正式开始介绍 Shell 脚本编程，严格地说是 BASH 编程，这个"外壳"程序将贯穿于整本书。本节尽可能清晰地向读者展现 Shell 编程的魅力，但也只是"尽可能多"而已。的确，要在一个小节篇幅内讲述 Shell 编程的全部细节是不现实的，很多介绍 Shell 编程的书籍都是厚厚的一本。如果读者希望了解更多的内容，那么介绍 UNIX Shell 编程的经典书籍都是值得推荐的，本节的内容只适合入门读者。

20.2.1　需要什么工具

写 Shell 脚本不需要编译器（和所有的脚本语言一样），也不需要集成开发环境，所有的工具只是一个文本编辑器。Vim 和 Emacs 无疑是 Shell 编程的首选工具，这是大部分主流程序员的选择。图形化的 Gedit 和 Kate 也是不错的选择，它们都支持对 Shell 脚本的语法加亮。

笔者的建议是，不必陷入编程工具优劣的讨论。Vim、Emacs、Gedit 和 Kate 或其他文本编辑器都是编写 Shell 脚本不错的工具，只要用的顺手就可以。如果找不到足够的理由学习 Vim 和 Emacs，那么就先将其放在一边。工具永远只是工具，使用工具要完成什么任务才是真正重要和值得关心的。

20.2.2　第一个程序：Hello World

Hello World 是最经典的入门程序，用于在屏幕上输出一行字符串"Hello World!"。我们借用这个程序来看一看一个基本的 Shell 程序的构成。使用文本编辑器建立一个名为 hello 的文件，包含以下内容：

```
#! /bin/bash
#Display a line

echo "Hello World!"
```

要执行这个 Shell 脚本，首先应该要为它加上可执行权限。完成操作后，就可以运行脚本了。

```
$ chmod +x hello              ##为脚本加上可执行权限，后面讲解时将会省略这一步
$ ./hello                     ##执行脚本
Hello World!
```

下面逐行解释这个脚本程序。

```
#! /bin/bash
```

第一行代码告诉 Shell，运行这个脚本时应该使用哪个 Shell 程序。本例使用的是 /bin/bash，也就是 BASH。一般来说，Shell 程序的第一行总是以"#!"开头，用于指定脚本的运行环境。尽管在当前环境就是 BASH SHELL 时可以省略这一行，但这并不是一个好习惯。

```
#Display a line
```

以"#"号开头的行是注释，Shell 会直接忽略"#"号后面的所有内容。保持写注释的习惯无论对别人（在团队合作时）还是对自己（几个月后回来看这个程序）都是很有好处的。

和几乎所有编程语言一样，Shell 脚本会忽略空行。用空行分割一个程序中不同的任务代码是一个良好的编程习惯。

```
echo "Hello World!"
```

echo 命令把其参数传递给标准输出，在这里就是显示器。如果参数是一个字符串，那么应该用双引号把它括起来。echo 命令最后会自动加上一个换行符。

20.2.3 变量和运算符

本节介绍变量和运算符的使用。变量是任何一种编程语言都要用的元素，运算符也如此。将一些信息保存在变量中可以留作以后使用。通过本节的学习，读者将学会如何操作变量和使用运算符。

1. 变量的赋值和使用

首先来看一个简单的程序，这个程序将一个字符串赋给变量并在最后将其输出。

```
#! /bin/bash

#将一个字符串附给变量 output
log="monday"

echo "The value of logfile is:"

#美元符号（$）用于变量替换
echo $log
```

下面是脚本程序的运行结果。

```
$ ./varible
The value of logfile is:
monday
```

在 Shell 中使用变量不需要事先声明。使用等号"="将一个变量右边的值赋给这个变量时，直接使用变量名就可以了（注意在这赋值变量时"="左右两边没空格）。例如：

```
log = "monday"
```

当需要存取变量时，要使用一个字符进行变量替换。在 BASH 中，美元符号"$"用于对一个变量进行解析。Shell 在碰到带有"$"的变量时会自动将其替换为这个变量的值。例如上面这个脚本的最后一行，echo 最终输出的是变量 log 中存放的值。

需要指出的是，变量只在其所在的脚本中有效。在上面这个脚本退出后，变量 log 就失效了，此时在 Shell 中查看 log 的值将什么也得不到。

```
$ echo $log
```

使用 source 命令可以强行让一个脚本影响其父 Shell 环境。以下面这种方式运行 varible 脚本可以让 log 变量在当前 Shell 中可见。

```
$ source varible
The value of logfile is:
monday
$ echo $log
monday
```

另一个与之相反的命令是 export。export 命令让脚本可以影响其子 Shell 环境。下面的命令在子 Shell 中显示变量的值。

```
$ export count=5                    ##输出变量 count
$ bash                              ##启动子 Shell
$ echo $count                       ##在子 Shell 中显示变量的值
5
$ exit                              ##回到先前的 Shell 中
exit
```

使用 unset 命令可以手动注销一个变量，这个命令的使用很简单，例如：

```
unset log
```

2．变量替换

前面已经提到，美元提示符"$"用于解析变量。如果希望输出这个符号，那么应该使用转义字符"\"，告诉 Shell 忽略特殊字符的含义。

```
$ log="Monday"
$ echo "The value of \$log is $log"
The value of $log is Monday
```

Shell 提供了花括号"{}"来限定一个变量开始和结束的位置。在紧跟变量输出字母后缀时，必须使用这个功能。

```
$ word="big"
$ echo "This apple is ${word}ger"
This apple is bigger
```

3．位置变量

Shell 脚本使用位置变量来保存参数。当脚本启动的时候，必须知道传递给自己的是哪个参数。可以考虑 cp 命令，该命令接收两个参数，用于将文件从一个地方复制到另一个地方。传递给脚本文件的参数分别存放在"$"符号带有数字的变量中。简单地说，第一个参数存放在$1，第二个参数存放在$2，以此类推。当一个命令使用的参数超过 10 个时，就要用花括号把这个数字括起来，如${13}、${20}等。

一个比较特殊的位置变量是$0，这个变量用来存放脚本自身的名称。有些时候如创建日志文件时这个变量非常有用。下面来看一个脚本，用于显示传递给它的参数。

```
#! /bin/bash

echo "\$0 = *$0*"
echo "\$1 = *$1*"
echo "\$2 = *$2*"
echo "\$3 = *$3*"
```

下面是这个程序的运行结果。注意，因为没有第 3 个参数，所以$3 的值是空的。

```
$ ./display_para first second
$0 = *./display_para*
$1 = *first*
$2 = *second*
$3 = **
```

除了以数字命名的位置变量之外，Shell 还提供了 3 个位置变量，如下：
- $*：包含参数列表。
- $@：包含参数列表。
- $#：包含参数的个数。

下面这个脚本 listfiles 用于显示文件的详细信息。虽然读者还没有学习过 for 命令，但是在这里可以先体验一下，这是"$@"常见的用法。

```
#! /bin/bash

#显示有多少文件需要列出
echo "$# file(s) to list"

#将参数列表中的值逐一赋给变量 file
for file in $@
do
    ls -l $file
done
```

for 语句每次从参数列表（$@）中取出一个参数并放到变量 file 中。脚本运行的结果如下：

```
$ ./listfiles badpro hello export_varible
3 file(s) to list
-rwxr-xr-x 1 lewis lewis 79 10月 31 22:20 badpro
-rwxr-xr-x 1 lewis lewis 37 10月 31 15:35 hello
-rwxr-xr-x 1 lewis lewis 148 10月 31 17:06 export_varible
```

4．BASH 引号规则

虽然还没有正式介绍引号的使用规则，但是在前面的脚本程序中已经大量使用了引号。在 Shell 脚本中可以使用的引号有如下 3 种：
- 双引号：阻止 Shell 对大多数特殊字符（如#）进行解释，但"$""`"""""仍然保留其特殊含义。
- 单引号：阻止 Shell 对所有字符进行解释。

- 倒引号"`"：这个符号通常位于键盘上 Esc 键的下方。当用倒引号括起一个 Shell 命令时，这个命令将会被执行，执行后的输出结果将作为这个表达式的值。倒引号中的特殊字符一般都被解释。

下面的脚本 quote 描述了这 3 个引号的不同之处。

```
#! /bin/bash

log=Saturday

#双引号会对其中的"$"字符进行解释
echo "Today is $log"

#单引号不会对特殊字符进行解释
echo 'Today is $log'

#倒引号会运行其中的命令，并把命令输出作为最终结果
echo "Today is `date`"
```

以下是脚本的运行结果。注意脚本的最后一行，双引号也会对"`"进行解释。

```
$ ./quote
Today is Saturday
Today is $log
Today is 2022年 10月 31日 星期一 08:31:33 CST
```

5. 运算符

运算符是类似于"+""−"这样的符号，用于告诉计算机执行什么运算。Shell 定义了一套运算符，这些运算符具有不同的优先级，优先级高的运算更早地执行。表 20.3 按照优先级从高到低列出了 Shell 中可能用到的所有运算符。

表 20.3　Shell中用到的运算符

运 算 符	含 义
−, +	单目负、单目正
!, ~	逻辑非、按位取反
*, /, %	乘、除、取模
+, −	加、减
<<, >>	按位左移、按位右移
<=, >=, <, >	小于或等于、大于或等于、小于、大于
==, !=	等于、不等于
&	按位与
^	按位异或
|	按位或
&&	逻辑与
||	逻辑或
=, +=, -=, *=, /=, %= &=, ^=, |=, <<=, >>=	赋值、运算并赋值

出于篇幅考虑，这里无法对其中的每个运算符进行详细解释。如果读者曾经学习过 C

或者 C++这类编程语言，那么应该对这些运算符非常熟悉。事实上，Shell 完全复制了 C 语言中的运算符及其优先级规则。在日常工作中可能只需要使用其中的一部分运算符，数学运算并不是 Shell 的强项。

运算符的优先级并不需要着重重去记忆。使用的时候只要使用括号就可以了，就像小学算术题一样。

```
(7 + 8) / (6 - 3)
```

值得注意的是，在 Shell 中表示"相等"时，"=="和"="在大部分情况下不存在差异，这和 C/C++程序不同。读者将会在后面中逐渐熟悉如何进行表达式的判断。

20.2.4 表达式求值

之所以要讲这一节，是因为表达式求值让很多初学者感到困惑。在 Shell 中进行表达式求值有和其他编程语言不同。首先来看一个例子。

```
$ num=1
$ num=$num+2
$ echo $num
1+2
```

为什么结果不是 3？原因很简单，Shell 脚本语言是一种"弱类型"的语言，它并不知道变量 num 中保存的是一个数值，因此在遇到 num=$num+2 这个命令时，Shell 只是简单地把$num 和"+2"连在一起作为新的值赋给变量 num（在这个方面，其他脚本语言如 PHP 则表现得更"聪明"一些）。为了让 Shell 得到正确的结果，可以试试下面这条命令。

```
$ num=$[$num+1]
```

"$[]"这种表示形式是告诉 Shell 应该对其中的表达式求值。如果对上面这个命令不太理解，那么不妨对比下面两个命令的输出。

```
$ num1=1+2
$ num2=$[1+2]
$ echo $num1 $num2
1+2 3
```

$[]的使用方式非常灵活，可以接受不同基数的数字（默认情况下使用十进制）。可以采用[*base*#]n 来表示从二到三十六进制的任何一个 *n* 值，例如，2#10 就表示二进制数 10（对应于十进制的 2）。下面的例子演示了如何在$[]中使用不同的基数来求值。

```
$ echo $[2#10+1]
3
$ echo $[16#10+1]
17
$ echo $[8#10+1]
9
```

expr 命令也可以对表达式执行求值操作,这个命令允许使用的表达式更复杂也更灵活。限于篇幅，这里不展开介绍 expr 的高级用法。下面的例子是用 expr 计算 1+2 的值，注意，expr 会同时输出结果。

```
$ expr 1+2
3
```

注意：在 1、+和 2 之间要有空格，否则 expr 命令会简单地将其作为字符串输出。

另一种指导 Shell 进行表达式求值的方法是使用 let 命令。更准确地说，let 命令用于计算整数表达式的值。下面这个例子演示了 let 命令的用法。

```
$ num=1
$ let num=$num+1
$ echo $num
2
```

20.2.5　脚本执行命令和控制语句

本节介绍 Shell 脚本中的执行命令及控制语句。在正常情况下，Shell 按顺序执行每一条语句，直至碰到文件尾。但在多数情况下，需要根据情况选择相应的语句执行，或者对一段程序循环执行。这些都是通过控制语句实现的。

1. if选择结构

if 命令用于判断条件是否成立，进而决定是否执行相关的语句。if 也许是程序设计中使用频率最高的控制语句了。最简单的 if 结构如下：

```
if test-commands
then
    commands
fi
```

上面这段代码首先检查表达式 test-commands 是否为真。如果是真，就执行 commands 所包含的命令——commands，可以是一条命令，也可以是多条命令。如果 test-commands 为假，那么直接跳过这段 if 结构（以 fi 作为结束标志），继续执行后面的脚本。

下面这段程序提示用户输入口令。如果口令正确，就显示一条欢迎信息。

```
#! /bin/bash

echo "Enter password:"
read password

if ["$password" = "mypasswd"]
then
        echo "Welcome!!"
fi
```

注意，这里用于条件测试的语句[$password = "mypasswd"]，在 [、$password、=、"mypasswd"和] 之间必须有空格。条件测试语句将在后面介绍，读者这里只要能看懂就可以了。该脚本的运行效果如下：

```
$ ./pass
Enter password:
mypasswd                                            ##输入正确的口令
Welcome!!
$

$ ./pass
Enter password:
wrongpasswd                                         ##输入错误的口令
$
```

这种形式的 if 结构在很多时候显得太过"单薄"了，为了方便进行"如果……如果……

否则……"这样的判断，if 结构提供了下面这种形式。

```
if test-command-1
then
    commands-1
elif test-command-2
then
    commands-2
elif test-command-3
then
    commands-3
…
else
    commands
fi
```

上面这段代码依次判断 test-command-1、test-command-2、test-command-3，如果上面这些条件都不满足，就执行 else 语句中的 commands。注意这些条件都是互斥的。也就是说，Shell 依次检查每个条件，其中的任何一个条件一旦匹配，就退出整个 if 结构。现在修改上面的脚本，根据不同的口令显示不同的欢迎信息。

```
#! /bin/bash

echo "Enter password:"
read password

if ["$password" = "john"]
then
        echo "Hello, John!!"
elif ["$password" = "mike"]
then
        echo "Hello, mike!!"
elif ["$password" = "lewis"]
then
        echo "Hello, Lewis!!"
else
        echo "Go away!!!"
fi
```

下面是脚本的运行结果。在输入 john 之后，Shell 发现 if 语句的第一个条件成立，于是 Shell 就执行命令 echo "Hello, John!!"，然后跳出 if 语句块结束脚本，而不会继续去判断 "$password" = "mike"这个条件。从这一点来看，if…elif…else 语句和连续使用多个 if 语句是有本质区别的。

```
$ ./pass
Enter password:
john                                              ##输入口令john
Hello, John!!

$ ./pass
Enter password:
lewis                                             ##输入口令lewis
Hello, Lewis!!

$ ./pass
Enter password:
peter                                             ##输入口令peter
Go away!!!
```

2．case多选结构

Shell 中的另一种控制结构是 case 语句。case 用于在一系列模式中匹配某个变量的值，这个结构的基本语法如下：

```
case word in
    pattern-1)
        commands-1
        ;;
    pattern-2)
        commands-2
        ;;
    …  *)
        commands-N
        ;;
esac
```

变量 word 逐一从 pattern-1 到 pattern-2 的模式进行比较，当找到一个匹配的模式时，就执行紧跟在后面的命令 commands（可以是多条命令）；如果没有找到匹配模式，case 语句就什么也不做。

命令";;"只在 case 结构中出现，Shell 一旦遇到这条命令就跳转到 case 结构的最后。也就是说，如果有多个模式都匹配变量 word，那么 Shell 只会执行第一条匹配模式所对应的命令。与此类似的是，C 语言提供了 break 语句在 switch 结构中实现相同的功能，Shell 只是继承了这种书写"习惯"。区别在于，程序员可以在 C 程序的 switch 结构中省略 break 语句（用于实现一种几乎不被使用的流程结构），而在 Shell 的 case 结构中省略";;"则是不允许的。

相比 if 语句而言，case 语句在诸如"a = b"这样判断上能够提供更简洁、可读性更好的代码结构。下面看一个 case 语句结构实例，代码如下：

```
#!/bin/bash
read -p "please input your number: " digit
case $digit in
    1|4)
    {
        echo "a"
    }
    ;;
    2|5)
    {
        echo "b"
    }
    ;;
    3|7)
    {
        echo "c"
    }
    ;;
    *)
    {
        echo "aaaaa"
    }
    ;;
esac
```

运行以上脚本后，会提示用户输入一个数字。输入数字 1、4，显示结果为 a。输入数字 2、5，显示结果为 b。输入数字 3、7，显示结果为 c。

```
$ ./long.sh
please input your number: 1
a
$ ./long.sh
please input your number: 2
b
```

值得注意的是最后使用的"*)"，星号"*"用于匹配所有的字符串。在上面的例子中，如果用户输入的数字不是"1、4、2、5、3、7"中的任何一个，那么这个参数将匹配"*)"，即输出 aaaaa。由于 case 语句是逐条检索匹配模式，因此"*)"所在的位置很重要。如果上面这段脚本将"*)"放在 case 结构的开头，那么无论用户输入什么内容，脚本都将输出 aaaaa。

20.2.6 条件测试

几乎所有初学 Shell 编程的人都会对条件测试这部分内容感到困惑。Shell 和其他编程语言在条件测试上的表现完全不同，读者在 C/C++方面积累的经验甚至可能会帮倒忙。理解本节的内容对顺利进行 Shell 编程至关重要，因此，如果读者是第一次接触，请认真地学习本节的知识点的一节。

1．if判断的依据

和大部分人的经验不同的是，if 语句本身并不执行任何判断。它实际上是以一个程序名作为参数，然后执行这个程序，并依据这个程序的返回值来判断是否执行相应的语句。如果程序的返回值是 0，就表示"真"，if 语句进入对应的语句块；如果所有非 0 的返回值都表示"假"，if 语句跳过对应的语句块。来看下面的脚本 testif：

```
#!/bin/bash

if ./testscript -1                                  ##如果返回值是-1
then
        echo "testscript exit -1"
fi

if ./testscript 0                                   ##如果返回值是 0
then
        echo "testscript exit 0"
fi

if ./testscript 1                                   ##如果返回值是 1
then
        echo "testscript exit 1"
fi
```

脚本的运行结果如下：

```
$ ./testif                                          ##运行脚本
testscript exit 0
```

上面这段脚本依次测试返回值–1、0 和 1，最后只有返回值为 0 所对应的 echo 语句被执行了。脚本中调用的 testscript 接收用户输入的参数，然后把这个参数返回给其父进程。

testscript 脚本只有两行代码，其中的 exit 语句用于退出脚本并返回一个值。

```
#!/bin/bash
exit $@
```

现在读者应该能够大致了解 if 语句（包括后面将要介绍的 while 和 until 等语句）的运行机制了吧。也就是说，if 语句事实上判断的是程序的返回值，返回值为 0 时表示真，为非 0 值时表示假。

2．test命令和空格的使用

既然 if 语句需要接收一个命令作为参数，那么像"$password" = "john"这样的表达式就不能直接放在 if 语句的后面。为此需要额外引入一个命令，用于判断表达式的真假。test 命令的语法如下：

test *expr*

其中，expr 是通过 test 命令可以理解的选项来构建的。例如，下面的命令用于判断字符串变量 password 是否等于"john"。

test "$password" = "john"

如果二者相等，那么 test 命令就返回值 0；反之则返回 1。作为 test 的同义词，用户也可以使用方括号进行条件测试，语法如下：

[*expr*]

必须提醒读者注意的是，在 Shell 编程中，空格的使用绝不仅仅是编程风格上的差异。现在来对比下面 3 个命令：

```
password="john"
test "$password" = "john"
["$password" = "john"]
```

第 1 个命令是赋值语句，在 password、= 和"john"之间没有任何空格；第 2 个命令是条件测试命令，在 test、"$password"、=和"john"之间都有空格；第 3 条也是条件测试命令（是 test 命令的另一种写法），在[、"$password"、=、"john"和]之间都有空格。

有些 C 程序员喜欢在赋值语句中等号"="的左右两边都加上空格，因为这样看比较清晰，但是在 Shell 中这种做法会导致语法错误。

```
password = "john"
找不到命令"password"，您的意思是：
  command '1password' from snap 1password (8.9.4)
  command 'assword' from deb assword (0.12.2-1)
See 'snap info <snapname>' for additional versions.
```

同样地，试图去掉条件测试命令中的任何一个空格也是不允许的。去掉"["后面的空格是语法错误，去掉等号"="两边的空格会让测试命令永远都返回 0（表示真）。

之所以会出现这样的情况，是因为 Shell 首先是一个命令解释器，而不是一门编程语言。空格在 Shell 这个命令解释器中用于分隔命令和传递的参数（或者分隔命令的两个参数）。使用 whereis 命令查找 test 和"["可以看到，这是两个存放在/usr/bin 目录下的真实的程序文件。

```
$ whereis test [
test: /usr/bin/test /usr/share/man/man1/test.1.gz
[: /usr/bin/[   /usr/share/man/man1/[.1.gz
```

因此在上面的例子中，"$password"、=和"john"都是 test 命令和[命令的参数，参数和命令、参数和参数之间必须使用空格分隔。而单独的赋值语句 password="john"不能掺杂空格的原因就很明显了，password 是变量名，而不是某个可执行程序。

test 和"["命令可以对以下 3 类表达式进行测试：
- 字符串比较。
- 文件测试。
- 数字比较。

1）字符串比较

test 和"["命令的字符串比较主要用于测试字符串是否为空，或者两个字符串是否相等。和字符串比较相关的选项如表 20.4 所示。

表 20.4　用于字符串比较的选项

选　项	描　述
-z str	当字符串str长度为0时返回真
-n str	当字符串str长度大于0时返回真
str1 = str2	当字符串str1和str2相等时返回真
str1 != str2	当字符串str1和str2不相等时返回真

下面这段脚本用于判断用户的输入是否为空。如果用户什么都没有输入，就显示一条要求输入口令的信息。

```
#!/bin/bash

read password

if [-z "$password"]
then
        echo "Please enter the password"
fi
```

注意，在$password 两边加上了引号（""），这在 Bash 中并不是必要的。Bash 会自动给没有值的变量加上引号，这样变量看上去就像一个空字符串。但有些 Shell 并不这样做，如果 Shell 只是简单地把空的 password 变量替换为一个空格，那么上面的判断语句就会变成这样：

```
if [ -z ]
```

毫无疑问，在这种情况下 Shell 会报错。从清晰度和可移植性的角度考虑，为字符串变量加上引号是一个好的编程习惯。

用于比较两个字符串是否相等的操作前面已经介绍过了。不过需要注意的是，Shell对大小写敏感，只有两个字符串完全相等才会被认为是相等的。下面的例子说明了这一点。

```
#!/bin/bash

if ["ABC" = "abc"]
then
        echo "ABC"=="abc"
else
        echo "ABC"!="abc"
fi
```

```
if ["ABC" = "ABC"]
then
        echo "ABC"=="ABC"
else
        echo "ABC"!="ABC"
fi
```

运行结果显示，ABC 和 ABC 是相等的，而 ABC 和 abc 则是不相等的。

```
$ ./char_equal
ABC!=abc
ABC==ABC
```

2）文件测试

文件测试用于判断一个文件是否满足特定的条件。表 20.5 给出了常用的进行文件测试的选项。

表 20.5　用于文件测试的选项

选　　项	描　　述
-b file	当file是块设备文件时返回真
-c file	当file是字符文件时返回真
-d pathname	当pathname是一个目录时返回真
-e pathname	当pathname指定的文件或目录存在时返回真
-f file	当file是常规文件（不包括符号链接、管道、目录等）的时候返回真
-g pathname	当pathname指定的文件或目录设置了SGID位时返回真
-h file	当file是符号链接文件时返回真
-p file	当file是命名管道时返回真
-r pathname	当pathname指定的文件或目录设置了可读权限时返回真
-s file	当file存在且大小为0时返回真
-u pathname	当pathname指定的文件或目录设置了SUID位时返回真
-w pathname	当pathname指定的文件或目录设置了可写权限时返回真
-x pathname	当pathname指定的文件或目录设置了可执行权限时返回真
-o pathname	当pathname指定的文件或目录被当前进程的用户拥有时返回真

文件测试选项的使用非常简单。下面的例子取自系统中的 rc 脚本。如果/sbin/unconfigured.sh 文件存在并且可执行，就可以执行这个脚本，否则什么也不做。

```
if [-x /sbin/unconfigured.sh]
then
    /sbin/unconfigured.sh
fi
```

3）数字比较

test 和 "[" 命令在数字比较方面只能用来比较整数（包括负整数和正整数），其基本语法如下：

```
test int1 option int2
```

或者：

```
[int1 option int2]
```

其中，option 表示比较选项。和数字比较有关的选项见表 20.6。

表 20.6　用于数字比较的选项

选项	对应的英语单词	描述
-eq	equal	如果相等则返回真
-ne	not equal	如果不相等则返回真
-lt	lower than	如果int1小于int2则返回真
-le	lower or equal	如果int1小于或等于int2则返回真
-gt	greater than	如果int1大于int2则返回真
-ge	greater or equal	如果int1大于或等于int2则返回真

下面的代码用于判断两个数字是否相等。

```
#!/bin/bash
read a
read b
if [$a -eq $b]
then
  echo "a 和 b 相等"
else
  echo "a 和 b 不相等,输入错误"
fi
```

运行以上脚本后,如果输入的数字 a 和数字 b 相等,则输出 "a 和 b 相等"。如果输入的数字不相等,则输出 "a 和 b 不相等,输入错误"。

```
$ ./num_equal
10
20
a 和 b 不相等,输入错误
$ ./num_equal
10
10
a 和 b 相等
```

4）复合表达式

到目前为止,所有的条件判断都是只有单个表达式。但在实际生活中,人们总是倾向于组合使用几个条件表达式,这样的表达式就被称为复合表达式。test 和 "[" 命令本身内建了操作符用来完成条件表达式的组合,如表 20.7 所示。

表 20.7　复合表达式操作符

操作符	描述
! expr	非运算,当expr为假时返回真
expr1 -a expr2	与运算,当expr1和expr2同时为真时才返回真
expr1 -o expr2	或运算,当expr1或expr2为真时返回真

下面这段脚本接收用户的输入信息,如果用户输入的文件存在,并且 Vi 编辑器存在,就先复制（备份）这个文件,然后调用 Vi 编辑器将其打开；如果用户输入的文件不存在,或者没有 Vi 编辑器,就什么都不做。

```
#!/bin/bash

if [-f $@ -a -x /usr/bin/vi]
then
```

```
        cp $@ $@.bak
        vi $@
fi
```

具体来说，if 语句依照下面的步骤来执行：

（1）执行"-f $@"测试命令，如果"$@"变量（也就是用户输入的参数）对应的文件存在，那么测试返回真（0）；否则整条测试语句返回假，直接跳出 if 语句块。

（2）如果第一个条件为真，就执行"-x /usr/bin/vi"测试命令。如果/usr/bin/vi 文件可执行，那么测试返回真（0），同时整个测试语句返回真（0）；否则整个测试语句返回假，直接跳出 if 语句块。

（3）如果整条测试语句返回真，那么就执行 if 语句块中的两个语句。

再来看一个使用-o（或）和!（非）运算的例子。下面的脚本在变量 password 非空或者密码文件.private_key 存在的情况下向父进程返回 0，否则提示用户输入口令。

```
if [ ! -z "$password" -o -f ~/.public_key]
then
        exit 0
else
        echo "Please enter the password:"
        read password
fi
```

其中，if 语句依照下面的步骤来执行：

（1）执行"! -z "$password""测试命令，如果字符串 password 不为空，那么该测试语句返回真（0），同时整条测试语句返回真（0），不再判断"-f ~/.public_key"。

（2）如果第一个条件为假，就执行"-f ~/.public_key"测试命令。如果主目录下的.public_key 文件存在，那么测试返回真（0），同时整个测试语句返回真（0）；否则整个测试语句返回假，直接跳出 if 语句块。

（3）如果整条测试语句返回真，那么就执行"exit 0"；否则执行 else 语句块中的语句。

> 📞提示：-a（与）和-o（或）在什么情况下会判断第 2 条语句呢？前者在第 1 条语句为真的时候才判断第 2 条语句（如果第 1 条语句就不成立，那么整条测试语句一定不会成立）；后者在第 1 条语句为假的情况下才判断第 2 条语句（如果第 1 条语句为真，那么整条测试语句一定成立）。记住这一点，在后面的复合命令中还会用到。

Shell 的条件操作符"&&"和"||"可以用来替代 test 和"["命令内建的-a 和-o。如果选择使用 Shell 的条件操作符，那么上面的第一个例子可以改写如下：

```
if [-f $@] && [-x /usr/bin/vi]
then
        cp $@ $@.bak
        vi $@
fi
```

注意，"&&"连接的是两个"["（或者 test）命令，而-a 操作符是在同一个"["（或者 test）命令中使用的。类似地，上面使用-o 操作符的脚本可以改写如下：

```
if [! -z "$password"] || [-f ~/.public_key]
then
        exit 0
else
```

```
        echo "Please enter the password:"
        read password
fi
```

使用 Shell 的条件操作符（&&、||）还是"test/["命令内建的操作符（-a、-o），并没有好与不好的差别，这只是喜欢和不喜欢的问题。一些程序员偏爱使用"&&"和"||"，是因为可以使条件测试看上去更清晰。而另一方面，由于-a 和-o 只需要用到一个 test 语句，因此执行效率相对会高一些。鱼和熊掌不可兼得，谁说不是呢？

20.2.7 循环结构

循环结构用于反复执行一段语句，这也是程序设计中的基本结构之一。Shell 中的循环结构有 3 种，即 while、until 和 for。下面逐一介绍这 3 种循环语句。

1．while语句

while 语句重复执行命令，直到测试条件为假。该语句的基本结构如下（注意，commands 可以是多条语句组成的语句块）：

```
while test-commands
do
    commands
done
```

程序运行时，Shell 首先检查 test-commands 是否为真（为 0），如果是，就执行命令 commands。commands 执行完成后，Shell 再次检查 test-commands，如果为真，就再次执行 commands……这样的循环会一直持续到条件 test-commands 为假（非 0）为止。为了更好地解释这个过程，下面这个脚本是让 Shell 做一件非常经典的"体力活"：计算 1+2+3+……+100 的和。

```
#!/bin/bash

sum=0
number=1

while test $number -le 100
do
        sum=$[$sum + $number]
        let number=$number+1
done

echo "The summary is $sum"
```

这里简单地分析一下这段小程序。在程序的开头，首先将变量 sum 和 number 初始化为 0 和 1，其中，变量 sum 用于保存最终结果，number 用于保存每次相加的数。测试条件"$number -le 100"告诉 Shell 仅当 number 中的数值小于或等于 100 的时候才执行包含 do…done 的命令。注意，每次循环之后都将 number 的值加上 1，循环在 number 达到 101 的时候结束。

保证程序能在适当的时候跳出循环是程序员的责任和义务。在上面这个程序中，如果没有"let number=$number+1"这行代码，那么测试条件将永远为真，程序就陷在这个死循环中了。

while 语句的测试条件未必要使用 test（或者[]）命令。在 Linux 中，命令都是有返回值的。例如，read 命令在接收到用户的输入时就返回 0，如果用户用 Ctrl+D 快捷键输入一个文件结束符，那么 read 命令就返回一个非 0 值（通常是 1）。利用这个特性，可以使用任何命令来控制循环。下面这个脚本从用户处接收一个大于 0 的数值 n，并且计算 1+2+3+⋯+n。

```
#!/bin/bash

echo -n "Enter a number(>0):"
while read n
do
    sum=0
    count=1

    if [ $n -gt 0 ]
    then
        while [ $count -le $n ]
        do
            sum=$[$sum + $count]
            let count=$count+1
        done
        echo "The summary is $sum"
    else
        echo "Please enter a number greater than zero"
    fi

    echo -n "Enter a number(>0):"
done
```

上面这段脚本不停地读入用户输入的数值，并判断这个数是否大于 0。如果是，就计算从 1 一直加到这个数的和。如果不是，就显示一条提示信息，然后继续等待用户的输入，直到用户按快捷键 Ctrl+D（代表文件结束）结束输入。下面为这个脚本的执行结果。

```
$ ./one2n
Enter a number(>0):100
The summary is 5050
Enter a number(>0):55
The summary is 1540
Enter a number(>0):-1
Please enter a number greater than zero
Enter a number(>0):  <Ctrl+D>                    ##这里按 Ctrl+D 快捷键
```

2．until 语句

until 是 while 语句的另一种写法——除了测试条件相反，其基本语法如下：

```
until test-commands
do
    commands
done
```

仅从字面上理解，while 表达的是"当 test-commands 为真（值为 0）时，就执行 commands"；而 until 表达的是"执行 commands，直到 test-commands 为真（值为 0）"，这句话顺过来讲可能更容易理解，即"当 test-commands 为假（非 0 值），就执行 commands"。

下面这段脚本是让 Shell 再做一次 1+2+3+⋯+100 的计算，不同的是这次改用 until 语句。

```
#!/bin/bash

sum=0
number=1

until ! test $number -le 100
do
        sum=$[$sum + $number]
        let number=$number+1
done

echo "The summary is $sum"
```

注意，下面的两个语句是等价的。

```
while test $number -le 100
```

和

```
until ! test $number -le 100
```

3．for 语句

使用 while 语句可以完成 Shell 编程中的所有循环任务。但有些时候用户希望从列表中逐一取一系列的值（如取出用户提供的参数），此时使用 while 和 until 就不方便了。Shell 提供了 for 语句可以在一个值表上迭代执行。for 的基本语法如下：

```
for variable [in list]
do
     commands
done
```

这里的"值表"是指一系列以空格分隔的值。Shell 每次从这个列表中取出一个值，然后运行 do…done 之间的命令，直到取完列表中的所有值。下面这段程序用于打印出 1～9（包括 1 和 9）的所有数。

```
#!/bin/bash

for i in 1 2 3 4 5 6 7 8 9
do
        echo $i
done
```

每次循环开始的时候，Shell 先从列表中取出一个值，并把它赋给变量 i，然后执行命令块中的语句（即 echo $i）。下面为这个脚本的运行结果，注意 Shell 是按顺序取值的。

```
$ ./1to9
1
2
3
4
5
6
7
8
9
```

用于存放列表数值的变量并不一定会在语句块中用到。如果某件事情需要重复 N 次，那么只要给 for 语句提供一个包含 N 个值的列表就可以了。不过这种优势听上去有些可笑，如果 N 是一个特别大的数，难道需要手工列出所有数字吗？

Shell 的简便性在于，所有已有的工具都可以在 Shell 脚本中使用。Shell 本身带了一个称为 seq 的命令工具，该命令可以接收一个数字范围，并把它转换为一个列表。例如，生成 1～9 的数字列表，seq 命令如下：

```
$ seq 9
```

上面的程序就可以修改如下：

```
#!/bin/bash

for i in `seq 9`
do
        echo $i
done
```

这里使用了倒引号，表示要使用 Shell 执行这条语句，并将运行结果作为这个表达式的值。用户也可以指定 seq 输出的起始数值（默认是 1），以及"步长"。seq 命令将在 20.2.11 节详细讨论。

for 语句也可以使用字符和字符串组成的列表，下面这个脚本用于统计当前目录下的文件个数。

```
#!/bin/bash

count=0

for file in `ls`
do
        if ! [-d $file]
        then
             let count=$count+1
        fi
done
echo "There are $count files"
```

上面这段脚本是每次从 ls 生成的文件列表中取出一个值存放在 file 变量中并给计数器增加 1。脚本的执行结果如下：

```
$ ls -F                                              ##查看当前目录下的文件
1to9*  a/  file_count*
$ ./file_count                                       ##运行脚本
There are 2 files
```

20.2.8　读取用户输入

Shell 程序并不会经常和用户进行大量的交互，但有时必须接收用户的输入信息。read 命令提供了这样的功能——从标准输入接收一行信息。在前面几节中，我们已经在一些程序中使用了 read 命令，本节将进一步展开介绍。

read 命令接收一个变量名作为参数，把从标准输入接收到的信息存放在这个变量中。如果没有提供变量名，那么读取的信息将存放在变量 REPLY 中。举例如下：

```
$ read
Hello World!
$ echo $REPLY
Hello World!
```

可以给 read 命令提供多个变量名作为参数。在这种情况下，read 命令会将接收到的行

"拆开"分别赋予这些变量。当然，read 需要知道怎样将一句话拆成若干个单词，默认情况下，Bash 只认识空格、制表符和换行符。下面这个脚本将用户的输入拆分为两个单词并分别放入变量 first 和 second 中。

```bash
#! /bin/bash

read first second

echo $first
echo $second
```

下面是输入 Hello World!后脚本的输出结果。

```
$ ./read_char
Hello World!
Hello
World!
```

read 命令常用于在输出一段内容后暂停，等待用户发出继续的指令。下面这个脚本在列出当前目录的详细信息后打印一行"Press <ENTER> to continue"——读者对这样的提示信息或许很熟悉。

```bash
#! /bin/bash

ls -l

echo "Press <ENTER> to continue"
#此处暂停
read

echo "END"
```

执行上面的脚本并观察其运行效果。

```
$ ./pause
总用量 40
-rwxr-xr-x 1 lewis lewis  79 9月 14 22:20 badpro
-rwxr-xr-x 1 lewis lewis  86 9月 18 07:37 display_para
-rwxr-xr-x 1 lewis lewis 148 9月 16 17:06 export_varible
-rwxr-xr-x 1 lewis lewis  37 9月 16 15:35 hello
-rwxr-xr-x 1 lewis lewis 160 10月 20 08:10 listfiles
-rwxr-xr-x 1 lewis lewis  71 10月 23 16:02 pause
-rwxr-xr-x 1 lewis lewis 264 10月 26 08:35 quote
-rwxr-xr-x 1 lewis lewis  58 10月 26 15:42 read_char
-rwxr-xr-x 1 lewis lewis 110 10月 28 15:13 trap_INT
-rwxr-xr-x 1 lewis lewis 148 11月  1 16:46 varible
Press <ENTER> to continue
##此处按 Enter 键
END
```

20.2.9 脚本执行命令

下面介绍两个用于控制脚本行为的命令 exit 和 trap。前者退出脚本并返回一个特定的值，后者用于捕获信号。合理地使用这两条命令，可以使脚本更为灵活和高效。

1. exit命令

exit 命令可以强行退出一个脚本,并且向调用这个脚本的进程返回一个整数值。例如:

```
#! /bin/bash
exit 1
```

当一个进程成功运行时,总是会向其父进程返回数值 0,而其他非零返回值则表示发生了某种异常。这个规则被广泛地应用,因此不要轻易去改变。至于父进程为什么要接收这个返回值,这是父进程的事情——它可以定义一些操作来处理子进程的异常退出(通过判断返回值),也可以将它丢弃。

2. trap命令

trap 命令用来捕获一个信号。回忆第 10 章中曾讲过,信号是进程间通信的一种方式。可以简单地使用 trap 命令捕捉并忽视一个信号。下面这个脚本忽略 INT 信号并显示一条信息,提示用户应该怎样退出程序(当用户在 Shell 中按 Ctrl+C 快捷键时将发送 INT 信号)。

```
#! /bin/bash

trap 'echo "Type quit to exit"' INT

while ["$input" != 'quit']
do
        read input
done
```

下面是脚本的执行结果。

```
$ ./trap_INT                          ##执行 trap_INT 脚本
continue                              ##随便输入一个字符串
<Ctrl+C>                              ##这里按 Ctrl+C 快捷键
Type quit to exit                     ##脚本捕捉到该信号,显示相应的信息
quit                                  ##输入 quit 退出程序
```

有时候忽略用户的中断信号是有益的。某些程序不希望自己在执行任务的时候被打断,而要求用户依照正常方式退出。trap 还可以捕捉其他信号,下面这段脚本在用户退出脚本的时候显示"Goodbye!",类似 FTP 客户端程序。

```
#!/bin/bash

trap 'echo "Goodbye"; exit' EXIT

echo "Type 'quit' to exit"

while ["$input" != "quit"]
do
        read input
done
```

注意,在 trap 命令中使用了复合命令"echo "Goodbye"; exit",即先执行"echo "Goodbye""显示提示信息,再执行 exit 退出脚本。这条复合命令在脚本捕捉到 EXIT 信号的时候执行。EXIT 信号在脚本退出的时候被触发。下面是脚本的执行结果。

```
$ ./exit_msg                                              ##执行脚本
Type 'quit' to exit
```

```
quit
Goodbye
```

Linux 中还有很多其他信号,用于执行不同的操作。并不是所有的信号都可以被捕捉到(比如 kill 信号就不能被操纵或者忽略),更多和信号有关的内容请参考 10.6 节。

20.2.10 创建命令表

在 20.2.6 节中提到,test 命令的-a 和-o 参数执行第 2 条测试命令的情况是不同的。这一点同样适用于 Shell 内建的"&&"和"||"。事实上,"&&"和"||"更多地被用来创建命令表,命令表可以利用一个命令的退出值来控制是否执行另一条命令。下面这个命令取自系统的 rc 脚本。

```
[ -d /etc/rc.boot ] && run-parts /etc/rc.boot
```

上面这个命令首先执行"[-d /etc/rc.boot]",判断目录/etc/rc.boot 是否存在。如果该测试命令返回真,就继续执行"run-parts /etc/rc.boot"调用 run-parts 命令执行/etc/rc.boot 目录中的脚本。如果测试命令"[-d /etc/rc.boot]"返回假(即/etc/rc.boot 目录不存在),那么run-parts 命令就不会执行。因此上面的这条命令等同于:

```
if [-d /etc/rc.boot]
then
    run-parts /etc/rc.boot
fi
```

显然,使用命令表可以让程序变得更简洁。Shell 提供了 3 种形式的命令表,如表 20.8 所示。

表 20.8 命令表的表示形式

表示形式	说明
a && b	"与"命令表。当且仅当a执行成功时才执行b
a || b	"或"命令表。当且仅当a执行失败时才执行b
a; b	顺序命令表。先执行a,再执行b

20.2.11 其他有用的 Shell 命令

本节介绍一些有用的 Shell 命令。这些命令在前面的章节中没有出现,但是对从事 Shell 编程的用户很有用。其中一些命令和脚本编程密切相关,另一些则是关于文件操作的命令。表 20.9 列出了这些命令及其简要描述。

表 20.9 其他常用的Shell命令

命 令	描 述
cut	以指定的方式分割行,并输出特定的部分
diff	找出两个文件的不同点
sort	对输入的行进行排序
uniq	删除在输入信息中已经排好序的重复行
tr	转换或删除字符

命　　　令	描　　　述
wc	统计字符、单词和行的数量
substr	提取字符串中的一部分
seq	生成整数数列

1. cut命令

cut 命令用于从输入的行中提取指定的部分（不改变源文件）。下面以文件 city.txt 为例，简单地演示 cut 命令的分隔效果。该文件包含 4 个城市的长途电话区号，城市名和区号之间使用空格分隔。

```
Beijing     010
Shanghai    021
Tianjin     022
Hangzhou    0571
```

带有-c 选项的 cut 命令可以提取一行中指定范围的字符。下面的命令是在 city.txt 中提取每行的第 3~6 个字符。

```
$ cut -c3-6 city.txt
ijin
angh
anji
ngzh
```

更有用的一个选项是-f。-f 选项可以提取输入行中指定的字段，字段和字段间的分隔符由-d 参数指定。如果没有提供-d 参数，那么默认使用制表符（Tab）作为分隔符。下面的命令用于提取并输出 city.txt 中每行的第 2 个字段（城市区号）。

```
$ cut -d" " -f2 city.txt
010
021
022
0571
```

2. diff命令

diff 命令通常用来确定两个版本的源文件中存在哪些修改。下面的命令比较 badpro 脚本的两个版本。

```
$ diff badpro badpro2
7c7
<    sleep 2s
---
>    sleep 6s
```

diff 命令输出的第一行指出发现不同的位置，"7c7" 表示 badpro 的第 7 行和 badpro2 的第 7 行是不同的。紧跟着 diff 列出了这两行不同的地方，左箭头 "<" 后面紧跟着 badpro 中的内容，右箭头 ">" 后面紧跟着 badpro2 中的内容，二者之间使用短横线进行分隔。

3. sort命令

sort 命令接收一个输入行，并对其按照字母顺序进行排列（不改变源文件）。下面仍然以 4 个城市的区号表为例，将区号按照字母升序进行排列，然后输出这张表。

```
$ sort city.txt
Beijing     010
Hangzhou    0571
Shanghai    021
Tianjin     022
```

用户也可以使用-r 选项颠倒排列的顺序，即以字母降序排列。

```
$ sort -r city.txt
Tianjin     022
Shanghai    021
Hangzhou    0571
Beijing     010
```

默认情况下，sort 是按照第 1 个字段执行排序的。可以使用-k 选项指定按照另一个字段排序。下面的例子按照 city.txt 中每行的第 2 个字段（区号）对输出行执行逆向排序。

```
$ sort -k2 -r city.txt
Hangzhou    0571
Tianjin     022
Shanghai    021
Beijing     010
```

4．uniq命令

uniq 命令可以从已经排好序的输入中删除重复的行，并把结果显示在标准输出上（不改变源文件）。例如，在 city.txt 的最后加入重复的一行：

```
Beijing     010
Shanghai    021
Tianjin     022
Hangzhou    0571
Shanghai    021
```

注意，uniq 命令必须在输入已经排好序的情况下才能正确工作（即相同的几行必须连在一起）。可以使用 sort 命令结合管道做到这一点。

```
$ sort city.txt | uniq
Beijing     010
Hangzhou    0571
Shanghai    021
Tianjin     022
```

5．tr命令

tr 命令按照用户指定的方式对字符进行替换，并将替换后的结果在标准输出上显示出来（不改变源文件）。以下面这个文件 alph.txt 为例：

```
ABC DEF GHI
jkl mno pqr
StU vwx yz
12A Cft pOd
Hct Yoz cc4
```

下面的命令将文件中所有的 A 转换为 H，B 转换为 C，H 转换为 A。

```
$ tr "ABH" "HCA" < alph.txt
HCC DEF GAI
jkl mno pqr
StU vwx yz
```

```
12H Cft pOd
Act Yoz cc4
```

将几个字符转换为同一个字符非常容易,和使用正则表达式一样。下面的例子是将 alph.txt 中所有的 A、B 和 C 都转换为 Z。

```
$ tr "ABC" "[Z*]" < alph.txt
ZZZ DEF GHI
jkl mno pqr
StU vwx yz
12Z Zft pOd
Hct Yoz cc4
```

可以为需要转换的字符指定一个范围,上面的命令等同于下面的这个命令:

```
$ tr "A-C" "[Z*]" < alph.txt
```

还可以指定 tr 删除某些字符。下面的命令是删除 alph.txt 中所有的空格。

```
$ tr --delete " " < alph.txt
ABCDEFGHI
jklmnopqr
StUvwxyz
12ACftpOd
HctYozcc4
```

6. wc命令

小写的 wc 是 word counts 的意思,用来统计文件中的字节、单词及行的数量。例如:

```
$ wc city.txt
 5 10 64 city.txt
```

上面的命令表示 city.txt 文件中总共有 5 行(在讲解 uniq 命令的时候添加了重复的一行)、10 个单词(以空格分隔的字符串)和 64 个字节。如果 3 个数字同时显示则不方便辨认,可以指定 wc 命令只显示某几项信息。表 20.10 中列出了 wc 命令的常用选项。

表 20.10 wc命令的常用选项

选 项	描 述
-c或--bytes	显示字节数
-l或--lines	显示行数
-L或--max-line-length	显示最长一行的长度
-w或--words	显示单词数
--help	显示帮助信息

7. substr命令

substr 命令用于从字符串中提取一部分字符。在编写处理字符串的脚本时,这个命令非常有用。substr 命令有 3 个参数,依次是字符串(或者存放字符串的变量)、开始提取的位置(从 1 开始计数)和需要提取的字符数。下面的命令是从 Hello World 中提取字符串 Hello。

```
$ expr substr "Hello World" 1 5
Hello
```

注意,substr 命令必须使用 expr 进行表达式求值,因为这并不是一个程序,而是 Shell

内建的运算符。如果不使用 expr，那么系统会提示找不到 substr 命令。

```
$ substr "Hello World" 1 5
substr：未找到命令
```

8. seq命令

seq 命令用于产生一个整数数列。例如：

```
$ seq 5
1
2
3
4
5
```

默认情况下，seq 命令从 1 开始计数，也可以指定一个范围。例如：

```
$ seq -1 3
-1
0
1
2
3
```

还可以明确指定一个"步长"。下面的命令生成 0~9 的数列，递减排列，每次减 3。

```
$ seq 9 -3 0
9
6
3
0
```

20.2.12 定制工具：安全的 delete 命令

系统的 rm 命令常常会导致一些意外事情发生，如不小心删除了重要的文件。默认情况下，rm 命令不会在删除文件前提示用户是否真的想这么做，删除后也不能从系统中恢复。这意味着用户不得不为自己的一时糊涂付出惨痛的代价。Shell 编程总是能帮助用户摆脱类似的烦恼。系统没有的，就自己动手创造。本节将设计一个相对"安全"的 delete 命令来替代 rm。首先来看一下究竟有哪些事情需要去做。

- 在用户的主目录下添加目录.trash 作为"回收站"。
- 在每次删除文件和目录前向用户确认。
- 将需要"删除"的文件和目录移动到~/.trash 中。

下面是脚本的完整代码。

```
##建立回收站机制
##将需要删除的文件移动到~/.trash 中

#!/bin/bash

if [! -d ~/.trash]
then
        mkdir ~/.trash
fi

if [$# -eq 0]
```

```
        then
                #提示 delete 的用法
                echo "Usage: delete file1 [file2 file3 …]"
        else
                echo "You are about to delete these files:"
                echo $@

                #要求用户确认是否删除这些文件。回答 N 或 n 表示放弃删除，其他字符表示确认删除
                echo -n "Are you sure to do that? [Y/n]:"
                read reply

                if ["$reply" != "n" ] && [ "$reply" != "N"]
                then
                        for file in $@
                        do
                                #判断文件或目录是否存在
                                if [-f "$file"] || [-d "$file"]
                                then
                                        mv -b "$file" ~/.trash/
                                else
                                        echo "$file: No such file or directory"
                                fi
                        done
                #如果用户回答 N 或 n
                else
                        echo "No file removed"
                fi
fi
```

注意，在使用 mv 命令移动文件时使用了-b 选项，这样当~/.trash 中已经存在同名文件的时候，mv 不会直接将它覆盖，而是先改名，然后把文件移动过去（参考 6.4.1 节）。最后把 delete 脚本复制到/bin 目录下，这样用户就不需要每次使用时都指定一个绝对路径了。

```
$ cp delete /bin/
```

不过，这个 delete 命令的功能并不完美。例如，它不能够处理文件名中存在空格的情况。

```
$ touch "hello world"                              ##建立名为"hello world"的文件
$ delete "hello world"                             ##使用 delete 脚本删除该文件
You are about to delete these files:
hello world
Are you sure to do that? [Y/n]:
hello: No such file or directory
world: No such file or directory
```

读者可以改进这个脚本程序来满足自己的需求。事实上，如果读者认为 Linux 中的哪个命令不够"顺手"，完全可以改造它，然后通过定义别名和环境变量让系统知道这些修改，具体将在 20.3 节介绍。

20.3　Shell 定制

本节介绍如何在 Shell 中设置环境变量，以及如何使用别名。到目前为止，读者已经学习了足够多的和 Shell 有关的知识，本节的内容将帮助读者定制自己的 Shell。创建一个

足够顺手的工作环境总会让人心情愉快。

20.3.1 修改环境变量

环境变量是一些和当前 Shell 有关的变量，用于定义特定的 Shell 行为。餐厅的服务员必须依照菜单给顾客上菜，Shell 也一样。使用 printenv 命令可以查看当前 Shell 环境中的所有环境变量。

```
$ printenv                                              ##显示环境变量
GPG_AGENT_INFO=/tmp/seahorse-O0kojq/S.gpg-agent:7473:1
SHELL=/bin/bash
TERM=xterm
DESKTOP_STARTUP_ID=
XDG_SESSION_COOKIE=655ca7009509be1906041979490c7421-1231999675.14837-
1239878042
GTK_RC_FILES=/etc/gtk/gtkrc:/home/lewis/.gtkrc-1.2-gnome2
WINDOWID=79691867
USER=lewis
http_proxy=http://220.191.75.201:6666/
…
PATH=/usr/local/sbin:/usr/local/bin:/usr/sbin:/usr/bin:/sbin:/bin:/usr
/games
…
DISPLAY=:0.0
GTK_IM_MODULE=scim-bridge
LESSCLOSE=/usr/bin/lesspipe %s %s
COLORTERM=gnome-terminal
…
```

常用的环境变量之一是"搜索路径（PATH）"，这个变量告诉 Shell 可以在什么地方找到用户要求执行的程序。举例来说，用户可以使用下面这个命令列出当前目录中的文件信息。

```
$ /bin/ls
```

在实际使用中，人们总是简单地输入 ls 来替代上面的绝对路径。这种简化的背后就是 PATH 变量在起作用。PATH 变量用一系列冒号分隔各个目录。

```
PATH=/usr/local/sbin:/usr/local/bin:/usr/sbin:/usr/bin:/sbin:/bin:/usr
/games
```

当提交一个命令时，如果用户没有提供命令的完整路径，那么 Shell 会依次在 PATH 变量指定的目录中寻找。一旦找到这个程序就执行它。如果遍历 PATH 中所有的路径都无法找到这个程序，那么 Shell 会提示无法找到该命令。

```
$ mypr                                                  ##提交命令
mypro: 未找到命令
```

用户可以向 PATH 变量中添加和删除路径。举例来说，如果 mypr 存放在/usr/local/bin/myproc 目录下，那么可以使用下面的命令把这个目录追加到 PATH 变量的末尾。

```
$ PATH=$PATH:/usr/local/bin/myproc
```

现在查看 PATH 变量可以看到，/usr/local/bin/myproc 目录已经添加。于是 Shell 能够在正确的地方找到 mypr 这个程序了。

```
$ printenv | grep PATH                                  ##查看 PATH 环境变量
```

```
PATH=/usr/local/sbin:/usr/local/bin:/usr/sbin:/usr/bin:/sbin:/bin:/usr
/games:/usr/local/bin/myproc
$ mypr                                                       ##运行mypr程序
hello!
```

值得注意的是，经过修改的环境变量只在当前的 Shell 环境中有效。也就是说，如果用户再开一个终端模拟器或者切换到另一个控制台，则这个"新的"Shell 仍然会提示找不到 mypr 命令。在 20.3.3 节中将会介绍如何使用配置文件来解决这个问题。

> **提示：** 将当前目录（.）放入搜索路径是一个诱人的想法。用户常常会问：为什么我要输入./program 而不是直接用 program 来运行当前目录下的 program 程序？答案是：为了安全。攻击者很喜欢把恶意程序伪装成 ls、passwd 等安插在系统中。如果搜索路径中包含非特权目录，那么管理员可能会在不经意间执行那些恶意程序。在一些对安全性要求高的场景，管理员甚至被要求必须使用完整路径执行所有的系统命令。

用户还可以对其他环境变量进行设置。下面的命令是将系统的 HTTP 代理服务器调整为 10.171.34.32，端口为 808。

```
$ http_proxy=http://10.171.34.32:808/
```

20.3.2 设置别名

别名是 BASH 的一个特性，使用别名可以简化命令的输入。如果读者正在使用 openSUSE，可以试试下面这个命令。

```
$ l                                                          ##字母"l"
drwxr-xr-x 2 lewis lewis      4096 Nov  1 11 08:57 account
drwx------ 2 root  root       4096 Nov  1 11 Desktop
lrwxrwxrwx 1 lewis lewis        26 Sep 12 11 23:19 Examples ->
/usr/share/example-content
-rw-r--r-- 1 lewis lewis  27504640 Oct  2 11 15:50 linux_book_bak.tar
drwxr-xr-x 2 lewis lewis      4096 Oct 12 11 16:02 shell
-rw-r--r-- 1 lewis lewis      1306 Sep 15 00:01 sources.list_hz
-rw-r--r-- 1 lewis lewis      1305 Mar 15 00:00 sources.list_ut
drwxr-xr-x 2 lewis lewis      4096 Mar 15 19:21 torrent
```

"l"不是新增的 Shell 命令，它只是"ls -l"的一个别名。可以自己定义一个命令的别名，这完全取决于个人喜好。有些人喜欢用"ll"而不是"l"来表示"ls -l"。

alias 命令用来创建别名，下面这个命令将"ll"设置为"ls -l"的别名。使用单引号是因为在命令中出现了空格，用户也可以选择使用双引号，不过两者还是有一些差异。单引号不会对特殊字符（如$）进行解释，而双引号会这样做，具体请参考 20.2.3 节的相关内容。

```
$ alias ll='ls -l'
```

通过 alias 命令设置的别名只是临时有用，一旦系统重新启动，刚才所做的修改就不复存在了。没有人希望每次启动系统的时候都重新设置一遍别名，为此可以把这条命令写入 ~/.bashrc 文件中（将在 20.3.3 节介绍），这样，每次用户登录后，系统都会自动执行这个命令使别名设置生效。

别名最大的价值在于简化输入，把用户从一长串命令中解放出来。如果用户每天上传文件时都要输入"rsync -e ssh -z -t -r -vv --progress /home/tom/web/muo/rsmuo/docs muo:/www/man-drakeuser/docs"，那么用户迟早会崩溃。当然，为一些不常用的或者非常简单的命令定义别名也没有必要，过多依赖别名的后果是在另一台计算机上容易输错命令。

20.3.3 个性化设置：修改.bashrc文件

刚才已经提到，用户对环境变量和别名的修改会在下一次登录时失效。这一点听起来有点让人沮丧，谁愿意自己辛苦工作的成果是一次性的呢？幸好，Shell为每个用户维护了一个配置文件。对于BASH而言，这个文件叫作.bashrc，位于用户的主目录下。对于20.3.1节和20.3.2节的例子，只要将下面的两行代码添加到~/.bashrc文件中，就可以把设置保留下来，并且在该用户登录的任何地方都有效（而不是只能用于当前的终端模拟器或者控制台）。

```
PATH=/usr/local/sbin:/usr/local/bin:/usr/sbin:/usr/bin:/sbin:/bin:/usr/games
$ alias ll='ls -l'
```

事实上，~/.bashrc是一个Shell脚本文件，会在用户登录系统后自动执行。打开这个文件，在其中可以看到很多熟悉的Shell语句。

```
# ~/.bashrc: executed by bash(1) for non-login shells.
# see /usr/share/doc/bash/examples/startup-files (in the package bash-doc)
# for examples

# If not running interactively, don't do anything
[-z "$PS1"] && return
…
if [-n "$force_color_prompt"]; then
    if [-x /usr/bin/tput] && tput setaf 1 >&/dev/null; then
        # We have color support; assume it's compliant with Ecma-48
        # (ISO/IEC-6429). (Lack of such support is extremely rare, and such
        # a case would tend to support setf rather than setaf.)
        color_prompt=yes
    else
        color_prompt=
    fi
fi
…
```

用户可以把自己想让系统在启动时自动完成的任务写入脚本，完成真正意义上的"个性化"。至此，我们学习的工具已经很多了。要让修改立即生效，可以使用source命令执行这个脚本。

```
$ source .bashrc
```

系统还提供了/etc/bash.bashrc文件，用于从全局定制Shell。为了编辑这个文件，必须使用管理员（root）权限。由于系统升级时可能会覆盖原有的配置文件，openSUSE会告诫用户不要修改/etc/bash.bashrc，应该把环境变量和别名存放在/etc/bash.bashrc.local中。

20.4 小　　结

- 正则表达式是对一组正在查找的文本的描述。
- 正则表达式广泛应用在各种编程语言中。Linux 支持两种风格的正则表达式：POSIX 和 PCRE。
- egrep 使用 POSIX 正则表达式在文件中查找特定的行。
- Shell 脚本是一组 Shell 命令的组合，包含基本的循环和分支等逻辑结构。
- 要执行 Shell 脚本，首先应该使用 chmod 命令为其加上可执行权限。
- 以"#"开头的行是注释行。写脚本时添加适当的注释是一个好的编程习惯。
- 在 Shell 脚本中，使用美元符号"$"来引用一个变量。
- 在 Shell 脚本中，使用位置变量来确定参数的值。
- 命令$[ ]、expr、let 用于对表达式求值。
- if 命令用于执行基本的分支结构。
- case 命令在一系列模式中用于匹配某个变量的值。
- Shell 编程中的条件测试应该使用 test 或"["命令。
- Shell 编程中的循环结构有 while、until 和 for。
- Shell 内建的"&&"和"||"用于创建复合表达式或命令表。
- read 命令用于获取用户输入，并将结果存放在一个变量中。
- trap 命令用于捕获一个信号。
- exit 命令用于退出脚本并返回一个值。
- 用户可以通过 Shell 编程定制自己的命令行工具。
- 环境变量用于定义特定的 Shell 行为，通过 printenv 命令可以获取当前系统中环境变量的值。
- alias 命令用于创建命令的别名。别名有助于提高输入命令的速度。
- 用户登录时系统会执行用户主目录下的.bashrc 文件，通过在这个文件中添加相应的命令可以进行个性化设置。

20.5 习　　题

一、选择题

1. 正则表达式是_____。
2. 在正则表达式中，字符_____和_____分别用于匹配行首和行尾。
3. Shell 程序的第一行总是以_____开头。

二、填空题

1. 在正则表达式中，（　　）符号用于匹配换行符之外的任意一个字符。

A．*　　　　　　B．^　　　　　　C．.　　　　　　D．$

2．在 BASH 中，（　　）符号用来对变量进行替换。

A．$　　　　　　B．=　　　　　　C．*　　　　　　D．?

3．在 Shell 脚本中，调用命令时使用（　　）。

A．双引号　　　　B．单引号　　　　C．倒引号　　　　D．前面三项均不正确

三、判断题

1．在 Shell 中赋值变量时，使用"="时，左右两边需要有空格。　　　　　　（　　）

2．在 Shell 脚本中，exit 和 trap 命令用来控制脚本行为。其中，exit 命令用于退出脚本并返回一个特定的值，trap 命令用于捕获信号。　　　　　　　　　　　　（　　）

四、操作题

1．在/usr/share/dict/words 字典中，使用正则表达式查找以 a 开头、以 c 结尾的所有单词。

2．编写一个名为 test.sh 的脚本，输出"I Like Linux!"。

3．使用 printenv 命令查看当前 Shell 环境中所有的环境变量。

第 6 篇
服务器配置

▶▶ 第 21 章　服务器基础知识

▶▶ 第 22 章　HTTP 服务器——Apache

▶▶ 第 23 章　Samba 服务器

▶▶ 第 24 章　网络硬盘——NFS

第 21 章　服务器基础知识

在正式介绍各种服务器的配置之前，首先了解一些和服务器有关的基础知识。本章主要介绍两个基本的守护进程 Systemd 和 inetd/xinetd（严格来说，前者要比后者"基本"得多）。相对而言，本章的理论知识偏多，缺少相关经验的读者理解起来或许会有困难。作为建议，读者也可以选择跳过本章，首先实践几个服务器的配置，再回过头来补习这些基础知识。

21.1　系统引导

计算机的启动和关闭并不是表面上那么简单。从打开电源到操作系统准备就绪，普通用户并不知道计算机完成了一项多么"巨大"的工程。系统引导是一整套复杂的任务流程，系统管理员没有必要知道其中的每一个细节，但大致了解一些是有帮助的。

21.1.1　启动 Linux 的基本步骤

要完整讲述 Linux 的启动过程，需要追溯到按下电源开关的那一刻。计算机引导的第一步是执行存储在 ROM（只读存储器）中的代码，这种引导代码通常被称为 BIOS（Basic Input/Ouput System，基本输入输出系统）。BIOS 知道和引导有关的硬件设备的信息，包括硬盘、键盘、串行口和并行口等，并根据设置选择从哪一个设备引导。

确定引导设备后（通常是第一块硬盘），计算机就尝试加载该设备开头的 512 个字节的信息，包含这 512 个字节的段称作 MBR（Master Boot Record，主引导记录）。MBR 的主要任务是告诉计算机从什么地方加载下一个引导程序，下一个引导程序称为引导加载器（Boot Loader）。引导加载器负责加载操作系统的内核，Grub 和 LILO 就是 Linux 中著名的两个引导加载器。

接下来发生的事情就与操作系统有关了。对于 Linux 而言，基本的引导步骤包括以下几个阶段：

（1）加载并初始化 Linux 内核。
（2）配置硬件设备。
（3）内核创建自发进程。
（4）由用户决定是否进入手工引导模式。
（5）（由 Systemd 进程）执行系统启动脚本。
（6）进入多用户模式。

可以看出，Linux 内核总是第一个被加载的。内核执行包括硬件检测在内的一切基础操作，然后创建几个进程。这些内核级别的进程称作自发进程。本章所讲的（或许也是整个系统）最重要的 Systemd 进程就是在这个阶段创建的。

事情到这里还没有完。内核创建的进程只能执行基本的硬件操作和调度任务，而那些执行用户级操作的进程（如接受登录）还没有创建。这些任务最后都被内核下放给 Systemd 进程来完成，因此 Systemd 进程是系统中除了几个内核自发进程之外所有进程的"祖先"。

> 提示：早期的 Linux 启动一直采用 init 进程。但是该进程存在两个缺点，一是启动时间长，二是启动脚本复杂。为了解决这些问题，Systemd 诞生了。它的设计目标是为系统的启动和管理提供一套完整的解决方案。

21.1.2 Systemd 和 Target

启动计算机的时候，需要启动大量的单元（Unit）。如果每次启动，都要一一写明本次启动需要哪些 Unit，显然非常不方便。Systemd 的解决方案就是 Target。简单说，Target 就是一个 Unit 组，包含许多相关的 Unit。启动某个 Target 的时候，Systemd 就会启动里面所有的 Unit。从这个意义上说，Target 的概念类似于"状态点"，启动某个 Target 就类似于启动某种状态。

在传统的 init 启动模式里有 RunLevel（运行级）的概念，跟 Target（目标）的作用类似。不同的是，RunLevel 是互斥的，不可能多个 RunLevel 同时启动，但是多个 Target 可以同时启动。

Linux 的 Systemd 进程总共有 7 个 Target，与 init 进程的 7 个级别一一对应。表 21.1 列出了这些 Target 和运行级及其对应的系统状态。

表 21.1 运行级及其对应的系统状态

init 运 行 级	Systemd 目标	系 统 状 态
0	poweroff.target	系统关闭
1 或 S	rescue.target	单用户模式
2	multi-user.target	功能受限的多用户模式
3	multi-user.target	完整的多用户模式
4	multi-user.target	一般不用，留作用户自己定义
5	graphical.target	多用户模式，运行X窗口系统
6	reboot.target	重新启动

Systemd 与 init 进程的主要区别如下：

- 默认的 RunLevel 是在/etc/inittab 文件中设置，现在被 Target 取代。Target 的位置是/etc/systemd/system/default.target，通常，符号链接到 graphical.target（图形界面）或者 multi-user.target（多用户命令行）。
- 启动脚本的位置：以前是存放在/etc/init.d 目录下，符号链接到不同的 RunLevel 目录，如/etc/rc3.d 和/etc/rc5.d 等。现在存放在/lib/systemd/system 和/etc/systemd/system 目录下。
- 配置文件的位置：以前，init 进程的配置文件是/etc/inittab，各种服务的配置文件存放在/etc/sysconfig 目录下。现在的配置文件主要存放在/lib/systemd 目录下，在/etc/systemd 目录里面的修改可以覆盖原始设置。

目前，大部分的 Linux 发行版本默认启动计算机至运行级 5，也就是带有 X 窗口系统的多用户模式。服务器通常不需要运行 X，因此常常被设置进入运行级 3。运行级 4 被保留，方便管理员根据实际情况定义特殊的系统状态。

单用户模式是关于系统救援的。在这个运行级下（1 或 S），所有的多用户进程都被关闭，系统保留最小软件组合。引导系统进入单用户模式后，系统会要求用户以 root 身份登录到系统中。在 2.4 节提到的救援模式就是典型的单用户模式。

0 和 6 是两个比较特殊的运行级，系统实际上并不能停留在这两个运行级中。进入这两个运行级别意味着关机和重启。使用 telinit 命令可以强制系统进入某个运行级。运行下面这个命令后，系统就会进入运行级 6，也就是关闭计算机，然后再启动。

```
$ sudo telinit 6
```

虽然表 21.1 明确地列出了 7 个 Target 代表的系统状态，但是实际上它只代表大部分系统的习惯做法。在某一台特定的计算机中，管理员可能会根据实际情况调整配置。在 Ubuntu 系统中，用户可以使用 systemctl 命令查看及修改启动级别。

（1）查看系统默认的级别。执行命令如下：

```
$ sudo systemctl get-default
graphical.target
```

输出信息显示默认级别为 graphical.target，即图形界面。

（2）修改默认级别为命令行。执行命令如下：

```
$ sudo systemctl set-default multi-user.target
Created symlink /etc/systemd/system/default.target → /lib/systemd/system/multi-user.target.
```

（3）再次查看默认级别，显示结果如下：

```
systemctl get-default
multi-user.target
```

（4）重新启动系统后将进入命令行模式。如果还希望修改为图形界面，可以执行如下命令：

```
$ sudo systemctl set-default graphical.target
Removed /etc/systemd/system/default.target.
Created symlink /etc/systemd/system/default.target → /lib/systemd/system/graphical.target.
```

21.1.3　服务器启动脚本

用于启动服务器应用程序（更确切地说是服务器守护进程）的脚本全部位于/etc/systemd/system 目录下，每个脚本控制一个特定的守护进程（具体将在 21.2.1 节介绍）。所有的脚本都应该认识 start 和 stop 参数，这两个参数表示启动和停止服务器守护进程。下面这个命令用于启动 SSH 服务器的守护进程。

```
$ sudo systemctl start sshd.service
```

与上面的命令相对应，下面这个命令用于停止 SSH 服务器的守护进程。

```
$ sudo systemctl stop sshd.service
```

大部分启动脚本还认识 restart 参数。顾名思义，接收到这个参数的脚本首先关闭服务器守护进程，然后启动这个服务。

```
$ sudo systemctl restart sshd.service
```

在改变运行级（包括系统启动和关闭）的时候，系统执行的是/lib/systemd/system 目录下的脚本文件。仍然以 SSH 为例，使用 ls -dl 命令可以清楚地看到 sshd.service 和 ssh.service 脚本文件之间的关系。

```
$ ls -dl /etc/systemd/system/sshd.service
lrwxrwxrwx 1 root root 31  9月 30 10:18 /etc/systemd/system/sshd.service ->
/lib/systemd/system/ssh.service
```

从输出结果中可以看到，/etc/systemd/system/sshd.service 脚本实际上是指向到/lib/systemd/system/ssh.service 的符号链接。执行 sshd.service 脚本实际上是加载 ssh.service 脚本。该脚本的内容如下：

```
[Unit]                                              #服务的说明
Description=OpenBSD Secure Shell server             #描述服务
Documentation=man:sshd(8) man:sshd_config(5)        #服务文档
After=network.target auditd.service                 #描述服务级别
ConditionPathExists=!/etc/ssh/sshd_not_to_be_run    #检测指定的路径是否存在

[Service]                                           #服务运行参数的设置
EnvironmentFile=-/etc/default/ssh                   #服务的环境参数文件
ExecStartPre=/usr/sbin/sshd -t                      #启动服务之前执行的命令
ExecStart=/usr/sbin/sshd -D $SSHD_OPTS              #服务的启动命令
ExecReload=/usr/sbin/sshd -t                        #服务的重启命令
ExecReload=/bin/kill -HUP $MAINPID
KillMode=process                                    #定义如何停止服务
Restart=on-failure                                  #服务退出后，Systemd 的重启方式
RestartPreventExitStatus=255                        #当符合某些退出状态时不要重启
Type=notify                                         #启动类型
RuntimeDirectory=sshd                               #服务运行目录
RuntimeDirectoryMode=0755                           #服务运行目录权限

[Install]                                           #服务安装的相关设置
WantedBy=multi-user.target                          #服务安装到哪个引导目标中
Alias=sshd.service                                  #启动当前服务的别名
```

从以上脚本中可以看到，SSH 服务启动脚本为/usr/sbin/sshd。

21.2 管理守护进程

本节介绍和服务器管理有关的两个重要的进程 inetd 和 xinetd。读者将会学习一些和服务器有关的内容，包括守护进程的概念和服务器的运行方式。最后介绍如何配置 inetd 和 xinetd，在后面几章的服务器配置中还会针对这部分的内容举例讲解。

21.2.1 什么是守护进程

守护进程（Daemon）是一类在后台运行的特殊进程，用于执行特定的系统任务。很多守护进程在系统引导的时候启动，并且一直运行直到系统关闭。还有一些守护进程只在需要的时候才启动，完成任务后就自动结束。举例来说，/sbin/sshd 就是 SSH 服务的守护进程。这个进程启动后会一直运行，在后台监听 22 号端口，等待并响应来自客户机的 SSH 连接请求。

Systemd 是系统中第一个启动也是最重要的守护进程。Systemd 会持续工作，保证启动和登录的顺利进行，并且适时地"杀死"那些没有响应的进程。只要系统还在运行，就可以看到 Systemd 守护进程。在 Ubuntu 系统中，使用 ps 命令显示的第一个进程还是 init。init 是第一个进程，但它是一个指向 Systemd 的软链接。

```
$ ls -dl /usr/sbin/init
lrwxrwxrwx 1 root root 20  9月 10 02:47 /usr/sbin/init -> /lib/systemd/systemd
```

下面搜索 init 进程如下：

```
$ ps aux | grep init                          ##在进程列表中搜索 init 进程
root         1  0.0  0.3 168176 13304 ?       Ss   11月03 0:07 /sbin/init splash
bob       2150  0.0  1.7 210176 69088 ?       S    11月03 0:00 /usr/bin/Xwayland :0 -rootless -noreset -accessx -core -auth /run/user/1000/.mutter-Xwaylandauth.IZZCU1 -listen 4 -listen 5 -displayfd 6 -initfd 7
bob      14677  0.0  0.0 17880  2448 pts/0    S+   17:09 0:00 grep --color=auto init
```

xinetd 和 inetd 是管理其他守护进程（如 sshd）的守护进程。引入这两个守护进程的目的将在 21.2.2 节中介绍。

21.2.2 服务器守护进程的运行方式

运行一个服务（如 SSH），最简单的办法就是让它的守护进程在引导的时候就启动，然后一直运行，监听并处理来自客户机的请求。刚开始，这样的设置不会有什么问题。但随着服务的增多，这些运行在后台的守护进程会大量消耗系统资源（因为它们一直在运行），这种消耗常常是没有必要的。举例来说，SSH 服务一天内可能只会被一个管理员用到几次。这样，/sbin/sshd 每天空闲的时间甚至接近 20 个小时。

inetd 和 xinetd 就是为了解决这种矛盾而诞生的。inetd 最初由伯克利大学的专家们开发，这个特殊的守护进程能够接管其他服务器守护进程使用的网络端口。在监听到客户端请求后，启动相应的守护进程，并为这个服务器守护进程建立一条通往指定端口的输入/输出通道。

inetd 的意义在于，系统中不需要同时运行多个"没有事做"的守护进程。例如，SSH、FTP 这种平时不怎么用到的服务可以配置为使用 inetd，这样它们可以把监听端口的任务交给 inetd。当出现一条 FTP 连接时，inetd 就启动 FTP 服务的守护进程。同样，当操作系统需要使用 SSH 时，inetd 就把 sshd 叫醒。

inetd 最初用在 UNIX 系统中，后来被移植到了 Linux 中。现在绝大多数 Linux 已经使用了更好的 xinetd。相比 inetd，xinetd 有以下优点：
- 更多的安全特性。
- 针对拒绝服务攻击的更好的解决方案。
- 更强大的日志管理功能。
- 更灵活、清晰的配置语法。

尽管如此，一些 Linux 系统仍然在使用 inetd。因此在详细介绍 xinetd 的配置之后，还会对 inetd 进行简单的介绍。

现在可以把本节的标题补充完整了。服务器守护进程的运行方式有两种：一种是随系统启动而启动，并持续在后台监听连接请求；另一种是借助于 inetd/xinetd，在需要的时候启动，完成任务后把监听任务交还给 inetd/xinetd。通常，前者称为 standalone 模式，后者称为 inetd/xinetd 模式。

并不是所有的服务器守护进程都支持 inetd 和 xinetd。应用程序必须在编写的时候就加入对这种模式的支持。一些服务器守护进程（如 sshd、apache2）既支持 standalone 模式，又支持 inetd/xinetd 模式。在后面几章的服务器配置介绍中会涉及这两种运行模式的选择。

inetd/xinetd 模式的确有很多优点，但事情总不能一概而论。对大型 Web 站点而言就不应该使用 inetd/xinetd 模式运行 Apache（当前最流行的 Web 服务器软件），因为这些服务器访问量巨大，每分每秒都会有新的连接请求，让 inetd/xinetd 如此频繁地启动和关闭 Apache 守护进程会非常糟糕。

对于桌面版本的 Linux 而言，inetd 和 xinetd 通常都需要手动安装。Ubuntu 在其安装源中提供了 inetd 和 xinetd，而 openSUSE 只提供了 xinetd。

21.2.3 配置 xinetd

xinetd 守护进程依照/etc/xinetd.conf 的配置行事。如今的 Linux 发行版不推荐通过直接编辑/etc/xinetd.conf 来添加服务，相反，用户应该为每个服务单独开辟一个文件并存放在 /etc/xinetd.d 目录下。查看 xinetd.conf 可以看到这一点。

```
$ cat /etc/xinetd.conf                          ##查看/etc/xinetd.conf
# Simple configuration file for xinetd
#
# Some defaults, and include /etc/xinetd.d/

defaults
{

# Please note that you need a log_type line to be able to use log_on_success
# and log_on_failure. The default is the following :
    log_type = SYSLOG daemon info


}

includedir /etc/xinetd.d
```

最后一行是使用 includedir 命令把目录/etc/xinetd.d 下的文件包含进去。这样设置的好处是，如果有很多服务需要依靠 xinetd，那么把它们全部写入 xinetd.conf 中必然会让整个结构看起来一团糟。把服务器配置分类存放，有助于管理员厘清头绪。

xinetd.conf 中的 defaults 配置段设置了 xinetd 一些参数的默认值。在上面的例子中，log_type 的值被设置为 SYSLOG deamon info，该变量的含义将在后面解释。

安装 xinetd 后会在/etc/xinetd.d 中自动生成一些服务的配置文件。作为例子，下面显示了 time 服务的配置信息（在/etc/xinetd.d/time 文件中配置）。

```
service time
{
        disable         = yes
        type            = INTERNAL
        id              = time-stream
        socket_type     = stream
        protocol        = tcp
        user            = root
        wait            = no
}
```

每个服务总是以关键字 service 开头，后面是服务名。对服务的配置包含在一对花括号中，以"参数=值"的形式，每个参数占一行。表 21.2 列出了 xinetd 配置的常用参数。

表 21.2 xinetd配置的常用参数

参 数	取 值	含 义
id	字符串	服务的唯一名称
type	RPC/INTERNAL/UNLISTED	指定特殊服务的类型。RPC用于RPC服务；INTERNAL用于构建到xinetd内部的服务；UNLISTED用于非标准服务
disable	yes/no	是否禁用服务
socket_type	stream/dgram	网络套接口类型。TCP服务用stream，UDP服务用dgram
protocol	tcp/udp	连接使用的通信协议
wait	yes/no	xinetd是否等待守护进程结束才重新接管该端口
server	路径	服务器二进制文件的路径
server_args	参数	提供给服务器二进制文件的命令行参数
port	端口号	服务所在的端口
user	用户名	服务器进程应该由哪个用户身份来运行
nice	数值	服务器进程的谦让度。参考10.7节
instances	数值/UNLIMITED	同时启动的响应数量。UNLIMITED表示没有限制
max_load	数值	调整系统负载阈值。如果实际负载超过该阈值，就停止服务
only_from	IP地址列表	只接收来自该地址的连接请求
no_access	IP地址列表	拒绝向该IP地址提供服务
log_on_failure	列表值	连接失败时应该记录到日志中的信息
log_on_success	列表值	连接成功时应该记录到日志中的信息

参数 id 用于唯一标识服务，这意味着可以为同一个服务器守护进程配置不同的协议。上面的 time 服务就拥有两个版本的 xinetd 配置，另一个用于 UDP。

参数 disable 用于设置是否要禁用对应的服务。有时管理员只是想列出将来可能会用到的服务，而不是现在就启用它，将 disable 设置为 yes 就可以简单地禁用该服务。不过，管理员偶尔也会忘记在启用服务的时候把这个选项改回来。如果奇怪为什么某项服务没有被 xinetd 加载，那么应该首先检查 disable 选项是否已经被正确地设置为 no 了。

将 wait 参数设置为 yes 意味着由 xinetd 派生出的守护进程一旦启动就接管端口。xinetd 会一直等待，直到该守护进程自己退出。wait=no 表示 xinetd 会连续监视端口，每次接到一个请求就启动守护进程的一个新副本。管理员应该参考守护进程的手册，或者 xinetd 的配置样例来确定使用何种配置。

参数 port 在绝大多数情况下是不需要的。xinetd 根据服务名从/etc/services 文件中查找信息，确定该服务使用的端口和网络协议。如果没有在/etc/services 文件中登记该服务，那么应该手动添加，而不是使用 port 参数——把信息集中起来管理总是能省去不少麻烦。下面截取了/etc/services 文件中的部分内容。

```
ftp             21/tcp
fsp             21/udp          fspd
ssh             22/tcp                          # SSH Remote Login Protocol
ssh             22/udp
telnet          23/tcp
smtp            25/tcp          mail
```

/etc/service 中的每一行对应一个服务，从左到右依次表示：

- 服务名称，例如 ssh。
- 该服务使用的端口号，例如 22。
- 该服务使用的传输协议，例如 tcp。
- 别名，例如 fspd。
- 注释，例如# SSH Remote Login Protocol。

参数 user 用于设置应该以哪个用户身份运行服务器进程，大部分服务都使用 root。有时从安全的角度考虑会使用非特权用户（如 nobody），但这只适用于不需要 root 权利的守护进程。

xinetd 会记录连接失败/成功时的信息，用户可以通过定制 log_on_failure 和 log_on_success 这两个参数指导 xinetd 记录哪些信息。表 21.3 列出了和日志记录有关的取值。

表 21.3　和日志记录有关的取值

值	适 用 于	描 述
HOST	二者皆可	记录远程主机的地址
USERID	二者皆可	记录远程用户的ID
PID	log_on_success	记录服务器进程的PID
EXIT	log_on_success	记录服务器进程的退出信息
DURATION	log_on_success	记录任务持续的时间
ATTEMPT	log_on_failure	记录连接失败的原因
RECORD	log_on_failure	记录连接失败的额外的信息

注意：USERID 标志会向远程主机询问建立连接的用户信息，这样会造成明显的延时，因此应该尽可能避免使用 USERID。

完成对服务的配置后，使用下面的命令重新启动 xinetd 守护进程。

```
$ sudo systemctl restart xinetd.service
```

21.2.4 举例：通过 xinetd 启动 SSH 服务

作为例子，本节将带领读者配置 SSH 服务的 xinetd。总体来说，在 xinetd 中添加服务大致包括以下几步：

（1）修改（增加）配置文件。
（2）停用该服务的守护进程。
（3）重启 xinetd 使配置生效。
（4）如果需要，从相应的/etc/systemd/system 目录中移除该服务的启动脚本。

下面就逐一实现以上各个步骤。首先在/etc/xinetd.d 目录下建立文件 ssh，文件内容如下：

```
service ssh
{
        socket_type     = stream
        protocol        = tcp
        wait            = no
        user            = root
        server          = /usr/sbin/sshd
        server_args     = -i
        log_on_success  += DURATION
        disable         = no
}
```

注意，log_on_success 参数允许使用"+="这样的赋值方式，表示在原有默认值的基础上添加，而不是推倒重来。同样，也可以使用"-="在默认值的基础上减去一些值。参数的默认值通常在/etc/xinetd.conf 中设置。

然后停用 SSH 守护进程，为 xinetd 接管 22 端口铺平道路。

```
$ sudo systemctl stop sshd.service
```

重新启动系统，使 xinetd 的配置生效。

运行 netstat -tulnp 命令查看 22 端口的情况，发现 xinetd 已经顺利接管了 SSH 通信端口。

```
$ sudo netstat -tulnp | grep 22                    ##查看22端口的状态
tcp     0   0 0.0.0.0:22       0.0.0.0:*     LISTEN     866/sshd: /usr/sbin
tcp6    0   0 :::22            :::*          LISTEN     866/sshd: /usr/sbin
```

现在尝试连接本地的 SSH 服务。对于客户端而言，看上去和 standalone 方式没有什么不同。

```
$ ssh localhost -l lewis
lewis@localhost's password:
```

如果在安装 SSH 服务器的时候选择了随系统启动（这是默认配置），那么接下来还要从/etc/systemd/system 目录中移除 SSH 服务的启动脚本，否则下次启动系统的时候 xinetd 将无法运行。

```
$ cd /etc/systemd/system                           ##进入system目录
$ ls | grep sshd.service                           ##查找SSH启动脚本
sshd.service
$ sudo mv sshd.service ../service_bak/sshd.bak     ##移动到另一个地方备份
```

> **注意**：不要随便删除启动脚本，应该把它移动到另一个目录下，并且取一个有意义的名称，方便以后需要的时候找回来。

21.2.5 配置 inetd

与 xinetd 类似，inetd 的配置文件是/etc/inetd.conf。在参数的数量上，inetd 要比 xinetd 少很多，因此每个服务只需要一行就足够了。下面是从/etc/inetd.conf 中截取的一部分配置信息。

```
#discard      stream   tcp6    nowait   root    internal
#discard      dgram    udp6    wait     root    internal
#daytime      stream   tcp6    nowait   root    internal
#time         stream   tcp6    nowait   root    internal
```

各个字段从左至右依次表示：
- 服务名称。和 xinetd 一样，inetd 通过查询/etc/service 获得该服务的相关信息。
- 套接口类型。TCP 用 stream，UDP 用 dgram。
- 服务使用的通信协议。
- inetd 是否等到守护进程结束才继续接管端口。wait 表示等待（相当于 xinetd 的 wait = yes），nowait 表示不等待。inetd 每次接到一个请求时就启动守护进程的新副本（相当于 xinetd 的 wait = no）。
- 运行该守护进程的用户身份。
- 守护进程二进制文件的完整路径及其命令行参数。和 xinetd 不同，inetd 要求把服务器命令作为第一个参数（如 in.fingerd），然后才是真正意义上的"命令行参数"（如-w）。关键字 internal 表示服务的实现由 inetd 自己实现。

完成对/etc/inetd.conf 的编辑后，需要给 inetd 发送一个 HUP 信号，通知其重新读取配置文件。

```
$ ps aux | grep inetd
root     3499     0.0 0.0 2832   1920    ?      S    06:40   0:00
    /usr/sbin/inetutils-inetd
root     4652     0.0 0.0 17880  2296    pts/1  S+   09:07   0:00  grep
    --color=auto    inetd
$ sudo kill -HUP 3499                              ##发送 HUP 信号
```

21.3　小　　结

- PC 启动的第一步是执行 ROM 中的引导代码 BIOS。
- BIOS 中保存有硬件设备信息，并确定从哪一个设备开始引导。
- 引导设备开头 512 个字节的段称为 MBR，指导计算机加载下一个引导程序的称为引导加载器。
- 引导加载器负责加载操作系统内核。Grub 和 LILO 是 Linux 中著名的两个引导加载器。
- Systemd 进程是整个系统最重要的进程。

- 运行级是对特定系统资源组合的抽象概念。
- 通过使用 systemctl set-default *.target 命令，可以改变系统默认的运行级。
- 服务器的启动脚本位于/etc/systemd/system 目录下，/lib/systemd/system 目录下保存了为特定运行级准备的启动脚本的符号链接。
- 守护进程是一类在后台运行的特殊进程。
- 服务器守护进程有两种运行方式，即 standalone 方式和 inetd/xinetd 方式。
- 对于运行时负载较小的服务如 FTP 和 SSH 等，应该考虑使用 inetd/xinetd 方式。
- xinetd 的配置文件是/etc/xinetd.conf。从便于管理的角度考虑，添加服务应该在/etc/xinetd.d 目录下添加相应的文件。

21.4 习 题

一、填空题

1. Linux 启动的基本引导包括 6 个阶段，分别为_____、_____、_____、_____、_____和_____。
2. 目前绝大部分的 Linux 发行版本默认启动计算机至运行级_____。
3. 服务器启动脚本保存在_____目录中。

二、选择题

1. 下面（　　）目标表示图形化界面。
   A．rescue.target   B．multi-user.target
   C．graphical.target   D．poweroff.target
2. Linux 系统启动的第一个进程为 Systemd，它的进程号为（　　）。
   A．1   B．2   C．3   D．4

三、判断题

1. 服务器守护进程有两种运行方式，分别为 standalone 和 inetd/xinetd。　　（　　）
2. 目前，Linux 的服务器启动脚本都是使用 systemctl 命令管理的。　　（　　）

四、操作题

1. 查看系统默认级别并修改其默认级别。
2. 通过 xinetd 方式启动 SSH 服务。

第 22 章　HTTP 服务器——Apache

WWW（World Wide Web，万维网）的出现让互联网真正走进了普通人的生活，上网冲浪只是轻点鼠标这样简单。HTTP（超文本传输协议）是让 WWW 最终工作起来的协议，虽然有多种不用的 HTTP 服务器，但 Apache 或许是其中"最好"的。Apache 这个开源软件已经占据了 HTTP 服务器市场超过 32%的份额，并以其灵活性和高性能在业界享有盛誉。本章将带领读者实践 Apache 服务器的架设和一些高级应用。按照惯例，"快速上手"环节将会帮助读者把这个服务器尽快启动起来。

22.1　快速上手：搭建一个 HTTP 服务器

几乎所有的 Linux 发行版都包含 Apache。在安装 Linux 时可以选择 Apache 软件包，将 Apache 安装在系统中。使用 whereis 命令可以查看 Apache 是否存在。下面是笔者的系统显示的信息：

```
$ whereis apache2
apache2: /usr/sbin/apache2 /usr/lib/apache2 /etc/apache2 /usr/share/apache2 /usr/share/man/man8/apache2.8.gz
```

如果还没有安装 Apache，那么可以使用发行版自带的软件包管理工具（如 Ubuntu 的新立得软件包管理器）从安装源安装。也可以从 Apache 的官方网站 www.apache.org 上下载相应的二进制软件包。Apache 同时提供了 rpm 和 deb 两种二进制格式。在安装过程中不需要做任何配置。

完成安装后，Apache 服务器会自动运行。打开浏览器访问 http://localhost/，能看到 Apache 回答说"It works!"，如图 22.1 所示。如果读者收到"无法连接"的反馈（见图 22.2），那么很可能是 Apache 服务器还没有启动。运行下面这个命令可以启动 Apache 服务器。

```
$ sudo systemctl start apache2.service
```

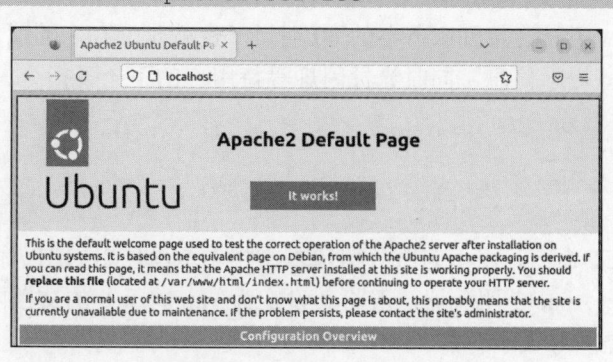

图 22.1　Apache 默认的主页

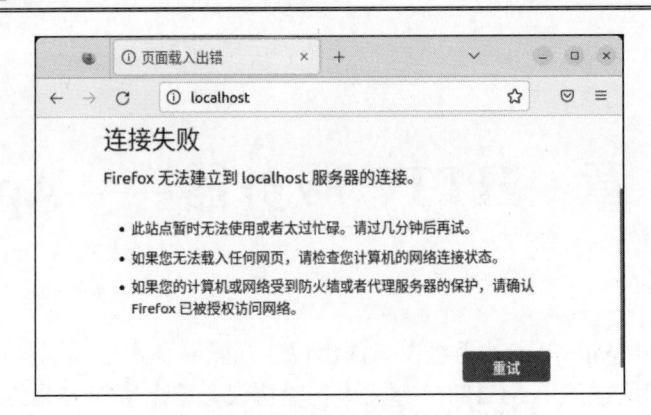

图 22.2　无法连接服务器

可以使用一个新的主页文件替代那个难看的 It works。新建一个名为 index.html 的文件并将其复制到/var/www 目录下就可以将默认主页替换掉了。

22.2　Apache 基础知识

通过 22.1 节读者已经大致了解了 Apache 服务器架设的基本过程。本节将详细讨论 Apache 服务器基本应用的各个细节，从 HTTP 的基本原理开始介绍 HTTP 服务器的基础知识。

22.2.1　HTTP 的工作原理

HTTP 是一种简单的客户机/服务器协议。在服务器端，有一个守护进程在 80 端口监听，处理客户机（通常是类似于 Firefox 和 IE 这样的浏览器）的请求。客户机向服务器请求位于某个特定 URL 的内容，服务器则用对应的数据内容回复。如果发生了错误（如请求的内容不存在），那么服务器会返回特定的错误信息（如 404 Not Found）。

浏览器向用户隐藏了和服务器程序通信的内容。为了清楚浏览器和 Apache 服务器究竟 "谈"了些什么，下面利用 Telnet 工具和本机的 Apache 服务器进行通信。这里假定已经启动了 Apache 服务器，如果因为某些原因还没有启动，那么可以任选一个网站进行测试。

首先使用 Telnet 工具连接到服务器的 80 端口（也就是 HTTP 的默认端口）。如果连接成功，可以看到一些提示信息，同时光标闪烁等待用户的下一条指令。

```
$ telnet localhost 80
Trying 127.0.0.1…
Connected to localhost.
Escape character is '^]'.
```

接下来发送 GET 命令，用于向服务器请求文档。这里使用 GET /命令表示请求服务器发送位于其根目录（Apache 服务器一般将其设定为/var/www）的文档内容，也就是主页。注意，HTTP 命令是区分大小写的。

```
GET /
<!DOCTYPE html PUBLIC "-//W3C//DTD XHTML 1.0 Transitional//EN"
 "http://www.w3.org/TR/xhtml1/DTD/xhtml1-transitional.dtd">
<html xmlns="http://www.w3.org/1999/xhtml">
  <!--
    Modified from the Debian original for Ubuntu
    Last updated: 2016-11-16
    See: https://launchpad.net/bugs/1288690
  -->
  <head>
    <meta http-equiv="Content-Type" content="text/html; charset=UTF-8" />
    <title>Apache2 Ubuntu Default Page: It works</title>
    <style type="text/css" media="screen">
  * {
    margin: 0px 0px 0px 0px;
    padding: 0px 0px 0px 0px;
  }
…//省略部分内容//…
      </div>
    </div>
    <div class="validator">
    </div>
  </body>
</html>
Connection closed by foreign host.
```

在这里可以看到 HTTP 服务器返回的完整内容。事实上，当在浏览器地址中输入 http://localhost/并按 Enter 键后，浏览器接收到的就是这些内容。通过对这些文字的解释，浏览器将最终的结果在窗口中输出。

22.2.2 安装 Apache 服务器

虽然可以从二进制软件包安装 Apache 服务器，但是为了获得更高的可定制性，或者为了获取最新的 Apache 服务器版本，从源代码安装也是很有必要的。如果决定自己下载源代码并编译，那么本节将提供这方面的帮助。可以从 https://httpd.apache.org/ 上获得 Apache 的源代码，下载的文件类似于 httpd-2.4.54.tar.gz。下面介绍在 Ubuntu 系统中编译安装 Apache 服务器的步骤。

在 Ubuntu 系统中安装 Apache 服务器之前，需要先安装 GCC 和各种编译工具。执行命令如下：

```
$ sudo apt-get install gcc make libexpat1-dev
```

以上是笔者测试时缺少的软件包。如果用户在安装过程出现缺少包的情况，根据提示安装即可。接下来还需要安装一些依赖包，如 apr、apr-util 和 pcre2。首先将所有软件包解压到/usr 目录下：

```
$ sudo tar zxvf httpd-2.4.54.tar.gz -C /usr        #解压 Apache 源码包
$ sudo tar zxvf apr-1.7.0.tar.gz -C /usr/          #解压 apr 源码包
$ sudo tar zxvf apr-util-1.6.1.tar.gz -C /usr/     #解压 apr-util 源码包
$ sudo tar zxvf pcre2-10.40.tar.gz -C /usr/        #解压 pcre2 源码包
```

下面将依次讲解这些软件包的安装步骤。

1. 安装apr软件包

在新版的 httpd 源码包中,需要手动将解压出的 apr 和 apr-util 目录复制到 httpd 的 srclib 目录下,否则,在编译的时候将会出现如下错误:

```
collect2: error: ld returned 1 exit status
make[2]: *** [Makefile:48: htpasswd] 错误 1
make[2]: 离开目录"/home/test/httpd-2.4.54/support"
make[1]: *** [/home/test/httpd-2.4.54/build/rules.mk:75: all-recursive] 错误 1
make[1]: 离开目录"/home/test/httpd-2.4.54/support"
make: *** [/home/test/httpd-2.4.54/build/rules.mk:75: all-recursive] 错误 1
```

下面安装 apr 软件包,操作步骤如下:

(1) 进入解压目录/usr,将解压出的 apr 目录复制到 httpd 的 srclib 目录下:

```
$ cd /usr/
$ sudo cp -r apr-1.7.0/ /usr/httpd-2.4.54/srclib/apr    #拷贝 apr 目录
```

(2) 切换到 apr 软件包目录并创建一个名为 libtoolT 的文件,否则,安装过程将会提示 cannot remove `libtoolT': No such file or directory 错误:

```
$ cd apr-1.7.0/                                         #进入 apr 目录
$ sudo touch libtoolT                                   #创建 libtoolT 文件
```

(3) 开始安装 apr 软件包:

```
$ sudo ./configure --prefix=/usr/local/apr              #配置 apr 软件包
$ sudo make                                             #编译 apr 软件包
$ sudo make install                                     #安装 apr 软件包
```

2. 安装apr-util软件包

安装 apr-util 软件包的操作步骤如下:

(1) 将解压出的 apr-util 复制到 httpd 的 srclib 目录下。

```
#复是 apr-util 目录
$ sudo cp -r apr-util-1.6.1/ ./httpd-2.4.54/srclib/apr-util
```

(2) 开始安装 apr-util 软件包。

```
$ cd apr-util-1.6.1/                                    #进入 apr-util 目录
#配置 apr-util 软件包
$ sudo ./configure --prefix=/usr/local/apr-util --with-apr=/usr/local/apr
$ sudo make                                             #编译 apr-util 软件包
$ sudo make install                                     #安装 apr-util 软件包
```

3. 安装pcre2软件包

安装 pcre2 软件包的命令如下:

```
$ cd /usr/pcre-8.45/
$ sudo ./configure                                      #配置 pcre 软件包
$ sudo make                                             #编译 pcre 软件包
$ sudo make install                                     #安装 pcre 软件包
```

4. 安装Apache服务

进入解压的 httpd 软件包目录。运行目录中的 configure 以检测和设置编译选项，构造合适的 makefile 文件。使用 --prefix 选项指定 Apache 服务器安装的位置。如果不指定这个选项，那么 Apache 会安装在/usr/local/apache2 目录下。

```
$ cd /usr/httpd-2.4.54/
$ sudo ./configure --prefix=/usr/local/apache2 --with-included-apr -with
-apr=/usr/local/apr --with-apr-util=/usr/local/apr-util --with-module=
module_type:modules/generators/mod_cgi.c --enable-cgi --enable-so -enable
-mods-shared=most
checking for chosen layout… Apache
checking for working mkdir -p… yes
checking for grep that handles long lines and -e… /usr/bin/grep
checking for egrep… /usr/bin/grep -E
checking build system type… x86_64-pc-linux-gnu
checking host system type… x86_64-pc-linux-gnu
checking target system type… x86_64-pc-linux-gnu
configure:
configure: Configuring Apache Portable Runtime library…
configure:
configuring package in srclib/apr now
checking build system type… x86_64-pc-linux-gnu
checking host system type… x86_64-pc-linux-gnu
checking target system type… x86_64-pc-linux-gnu
Configuring APR library
…
```

强烈建议用户使用--enable-mods-shared 这个选项。把模块编译成动态共享对象，让 Apache 启动时动态加载，这样以后需要加载新模块时，只需要在配置文件中设置即可。虽然这种动态加载的方式在一定程度上降低了服务器的性能，但是和能够随时增加和删除模块的便捷性比起来，这一点性能上的损失还是非常值得的。

可以使用 configure --help 命令查看完整的 configure 选项。configure 脚本执行完成后，依次使用 make 和 make install 命令完成编译和安装工作。注意，运行 make install 命令需要 root 权限，这会耗费一定的时间。

```
$ make
Making all in srclib
make[1]: 进入目录"/usr/httpd-2.4.54/srclib"
Making all in apr
make[2]: 进入目录"/usr/httpd-2.4.54/srclib/apr"
make[3]: 进入目录"/usr/httpd-2.4.54/srclib/apr"
/bin/bash /usr/httpd-2.4.54/srclib/apr/libtool --silent --mode=compile gcc
 -g -O2  -DHAVE_CONFIG_H -DLINUX -D_REENTRANT -D_GNU_SOURCE   -I./include
-I/usr/httpd-2.4.54/srclib/apr/include/arch/unix -I./include/arch/unix
-I/usr/httpd-2.4.54/srclib/apr/include/arch/unix
-I/usr/httpd-2.4.54/srclib/apr/include
-I/usr/httpd-2.4.54/srclib/apr/include/private
-I/usr/httpd-2.4.54/srclib/apr/include/private -o encoding/apr_encode.lo
-c encoding/apr_encode.c && touch encoding/apr_encode.lo
/usr/httpd-2.4.54/srclib/apr/build/mkdir.sh tools
…
/usr/httpd-2.4.54/srclib/apr/libtool --silent --mode=link gcc  -g -O2
-o mod_rewrite.la -rpath /usr/local/apache2/modules -module -avoid-version
```

```
mod_rewrite.lo
ar: `u' modifier ignored since `D' is the default (see `U')
make[4]: 离开目录"/usr/httpd-2.4.54/modules/mappers"
make[3]: 离开目录"/usr/httpd-2.4.54/modules/mappers"
make[2]: 离开目录"/usr/httpd-2.4.54/modules"
make[2]: 进入目录"/usr/httpd-2.4.54/support"
make[2]: 离开目录"/usr/httpd-2.4.54/support"
make[1]: 离开目录"/usr/httpd-2.4.54"
$ sudo make install
Making install in srclib
make[1]: 进入目录"/usr/httpd-2.4.54/srclib"
Making install in apr
make[2]: 进入目录"/usr/httpd-2.4.54/srclib/apr"
make[3]: 进入目录"/usr/httpd-2.4.54/srclib/apr"
make[3]: 对"local-all"无须做任何事。
make[3]: 离开目录"/usr/httpd-2.4.54/srclib/apr"
/usr/httpd-2.4.54/srclib/apr/build/mkdir.sh /usr/local/apache2/lib /usr/
local/apache2/bin /usr/local/apache2/build \
        /usr/local/apache2/lib/pkgconfig /usr/local/apache2/include
/usr/bin/install -c -m 644 /usr/httpd-2.4.54/srclib/apr/include/apr.h
/usr/local/apache2/include
for f in /usr/httpd-2.4.54/srclib/apr/include/apr_*.h; do \
    /usr/bin/install -c -m 644 ${f} /usr/local/apache2/include; \
done
…
Installing configuration files
mkdir /usr/local/apache2/conf
mkdir /usr/local/apache2/conf/extra
mkdir /usr/local/apache2/conf/original
mkdir /usr/local/apache2/conf/original/extra
Installing HTML documents
mkdir /usr/local/apache2/htdocs
Installing error documents
mkdir /usr/local/apache2/error
Installing icons
mkdir /usr/local/apache2/icons
mkdir /usr/local/apache2/logs
Installing CGIs
mkdir /usr/local/apache2/cgi-bin
Installing header files
Installing build system files
Installing man pages and online manual
mkdir /usr/local/apache2/man
mkdir /usr/local/apache2/man/man1
mkdir /usr/local/apache2/man/man8
mkdir /usr/local/apache2/manual
make[1]: 离开目录"/usr/httpd-2.4.54"
```

22.2.3 启动和关闭服务器

可以用手工的方式启动和关闭 Apache 服务器。Apache 服务器的控制脚本是 apachectl，给这个脚本传递参数，可以控制 Apache 服务器的启动和关闭（需要有 root 权限）。常用的 3 个参数是 start、stop 和 restart，分别代表启动、停止和重启。下面的命令是启动 Apache 服务器。

```
$ sudo apachectl start
```

如果系统提示找不到 apachectl 命令，那么很可能是 apachectl 脚本所在的目录没有被加入搜索路径。可以使用绝对路径来运行这个命令。例如，把 Apache 安装在/usr/local/apache2 目录下，使用下面这个命令启动 Apache 服务器。

```
$ sudo /usr/local/apache2/bin/apachectl start
```

如果是二进制包安装的 Apache，不确定当初把 Apache 安装在哪里，那么可以使用 whereis 命令找到它。

```
$ whereis apachectl
apache2ctl: /usr/sbin/apachectl/usr/share/man/man8/apachectl.8.gz
```

比手工启动更好的方法是设置 Apache 在系统引导时自动运行，命令如下：

```
$ sudo systemctl enable apache2.service
```

至此，Apache 服务器已经能够在当前系统上运行了。打开浏览器并定位到 http://localhost/，可以看到 Apache 反馈的 It works!信息。

22.3 设置 Apache 服务器

完成 Apache 服务器的安装后，下一步就是配置 Apache 服务器。虽然 Apache 默认的配置做得非常好，但是对于某些高级应用而言仍然需要手动定制。和 Linux 上的其他服务器程序一样，Apache 使用文本文件来配置所有的功能选项。

22.3.1 配置文件

Apache 服务器的配置文件可以在子目录 conf 下找到，文件名为 httpd.conf。如果是从源代码编译安装，那么可以从 Apache 所在的目录（默认为/usr/local/apache2）下找到这个子目录。但这个规则对于从发行版包管理器安装的 Apache 往往并不适用。在后一种情况下，Linux 各发行版倾向于把所有的配置文件集中在/etc 目录下。对于统筹管理而言，这样的处理方法具有一定的优势。例如，Ubuntu 就把配置文件安放在/etc/apache2 目录下，文件名为 apache2.conf。

配置文件 httpd.conf 由三部分组成。第一部分用于配置全局设置。例如，Listen 80 指定 Apache 服务器在 80 端口监听；一串 LoadModule 命令指定了 Apache 服务器启动时需要动态加载的模块等。用户可以根据需要自由更改这些选项。每条命令前面都有注释提示该命令的作用和语法。

```
# Listen: Allows you to bind Apache to specific IP addresses and/or
# ports, instead of the default. See also the <VirtualHost>
# directive.
#
# Change this to Listen on specific IP addresses as shown below to
# prevent Apache from glomming onto all bound IP addresses.
#
#Listen 12.34.56.78:80
Listen 80
```

第二部分用于配置主服务器。这里的主服务器是相对于"虚拟主机"而言的，所有虚拟主机无法处理的请求都由这个服务器受理。在没有配置虚拟主机的 Apache 上，这就是唯一和客户端打交道的服务器进程。

下面来看几条有用的信息。下面这两个命令配置 Apache 服务器由哪个用户和用户组运行。

```
# If you wish httpd to run as a different user or group, you must run
# httpd as root initially and it will switch.
#
# User/Group: The name (or #number) of the user/group to run httpd as.
# It is usually good practice to create a dedicated user and group for
# running httpd, as with most system services.
#
User daemon
Group daemon
```

出于安全考虑，应该建立特别的用户和用户组，然后将 Apache 交给它们（事实上，Apache 在安装过程中自动完成了这个工作）。对于大部分系统服务而言，这都是一个好习惯。

```
# DocumentRoot: The directory out of which you will serve your
# documents. By default, all requests are taken from this directory, but
# symbolic links and aliases may be used to point to other locations.
#
DocumentRoot "/usr/local/apache2/htdocs"
```

上面的命令指定了网站根目录的路径。在上面这个例子中，如果浏览器访问该网站，那么实际上访问的将是这台服务器上/usr/local/apache2/htdocs 目录下的内容。

第二部分还定义了一些安全选项，在通常情况下并不需要用户更改。Apache 已经把自己配置得足够安全，可以胜任绝大多数安全的情况，因此使用默认值就可以。

第三部分用于设置虚拟主机，在初始情况下所有的命令都被打上了注释符号。如何设置虚拟主机超出了本章的范围，想进一步探究的读者可以参考 Apache 手册。

完成配置文件的修改后，使用 http -t 命令检查有无语法错误。正常情况下会产生如下信息：

```
$ /usr/local/apache2/bin/httpd -t
Syntax OK
```

☎ 提示：使用源码包安装的 Apache 服务，在启动时会显示如下警告信息：

```
AH00558: httpd: Could not reliably determine the server's fully qualified
domain name, using 127.0.1.1. Set the 'ServerName' directive globally to
suppress this message
```

这是因为没有设置 ServerName 参数引起的。此时只需要将配置文件中 ServerName 参数前面的注释符"#"删除即可。

```
ServerName www.example.com:80
```

22.3.2 使用日志文件

对于一个 Web 站点而言，收集关于该站点使用情况的统计数据非常重要。网站的访问量、数据传输量、访问来源及发生的错误等信息必须得到实时监控。Apache 会自动记录这些信息，并把它们保存在日志文件中。这些日志文件都是文本文件，可以使用任意的编辑器查看。

和配置文件一样,从哪里找到这些日志文件是一门学问。从源代码安装的 Apache 的日志文件被存放在 Apache 目录(默认是/usr/local/apache2)的 logs 子目录下。如果是从发行版的包管理器安装,那么情况会变得复杂。比较常见的情况是,在/var/log 目录(这个目录被用来存放各种日志文件)下可以找到名为 apache2 的子目录。例如,Ubuntu Linux 的 Apache 日志文件就被保存在/var/log/apache2 目录下。

```
$ ls /var/log/apache2/
access.log  access.log.1  access.log.2.gz  error.log  error.log.1  error.log.2.gz
```

直接查看这些日志文件是毫无帮助的,其中的信息太多了,看起来简直一团糟。Analog 是一款值得考虑的免费日志分析软件,可以用来提取足够多的基础信息。当然,如果对日志分析的要求非常严格,可以考虑购买一款商业软件。

22.3.3 使用 CGI

CGI(Common Gateway Interface,公共网关接口)定义了 Web 服务器和外部程序交互的接口,是在网站上实现动态页面最简单和常用的方法。用户只要在网站的一个特定目录下放入可执行文件,就可以从浏览器中访问这个文件。Apache 中配置使用 CGI 非常方便。如果读者是从源代码编译和安装 Apache,那么此时 CGI 应该已经启用了。查看 httpd.conf 文件,可以找到下面这个命令:

```
ScriptAlias /cgi-bin/ /usr/local/apache2/cgi-bin/
```

Apache 默认将/usr/local/apache2/htdocs 作为网站的根目录,而这个 cgi-bin 目录显然处在根目录之外。为此,ScriptAlias 命令指定 Apache 将所有以/cgi-bin/开头的资源全部映射到/usr/local/apache2/cgi-bin/下,并作为 CGI 程序运行。这意味着类似于 http://localhost/cgi-bin/hello.pl 这样的 URL 实际上请求的是/usr/local/apache2/cgi-bin/hello.pl。

为了体验 CGI 程序的效果,打开编辑器,在 cgi-bin 子目录下创建一个名为 hello.pl 的 Shell 脚本文件,该脚本的内容如下:

```
#!/bin/bash
echo "Content-type:text/html"
echo
echo "Hello, World"
```

运行 chmod 命令增加可执行权限。

```
$ sudo chmod +x hello.pl
```

如果 Apache 服务器还没有启动,那么就启动它。打开浏览器,访问 http://localhost/cgi-bin/hello.pl,效果如图 22.3 所示。

图 22.3 运行 CGI 脚本

22.4 使用 PHP+MySQL

LAMP 是在业界一个非常流行的词语,这 4 个大写字母分别代表 Linux、Apache、MySQL 和 PHP。LAMP 以其高效、灵活的特性成为中小型企业网站架设的首选。读者应该尽量使用发行版的软件包管理工具安装这 3 套软件,这样可以省去很多配置的麻烦。如果希望获得更大程度上的定制,那么不妨跟随本节的介绍从源代码编译 PHP 和 MySQL。首先来看一下 PHP 和 MySQL 究竟是什么。

22.4.1 PHP 和 MySQL 简介

PHP 是一种服务器端脚本语言,它专门为实现动态 Web 页面而产生。使用 PHP 语言编写动态网页非常容易,它可以自由嵌入 HTML 代码,并且内置了访问数据库的函数。从 PHP 5 开始就全面支持面向对象的概念,使其适应大型网站开发的能力进一步得到增强。

PHP 是一款开放源代码的产品。这意味着用户可以免费访问其源代码,并且可以进行修改然后自由发布。相比其他同类脚本语言,如 ASP.NET 和 JSP 等,PHP 表现出更高的执行效率,更丰富的函数库和更高的可移植性。这些优点使得 PHP 得到越来越广泛的应用。

MySQL 或许是世界上目前最受欢迎的开放源代码数据库。MySQL 使用了全球通用的标准数据库查询语言 SQL。通过服务器端的控制,MySQL 可以允许多个用户并发地使用数据库,并建立了一套严格的用户权限制度。在实际应用中,MySQL 表现得十分迅捷和健壮,很多大型企业(如 Google)都采用了这套数据库系统。

MySQL 为瑞典 MySQL 公司开发,2008 年 1 月 16 日该公司被 Sun 公司收购。应该要感谢 Sun 公司在完成对 MySQL 的收购后依旧保持其作为自由软件的特性。2009 年,Sun 公司又被 Oracle 公司收购,就如同一个轮回,MySQL 成为 Oracle 公司的一个数据库项目。

MySQL 被收购后,其开放程度降低。当初创建 MySQL 的 Widenius 又开发了 MariaDB 数据库。该数据库可以看作 MySQL 的一个分支,并保持了开放特性。现在的 Linux 普遍使用 MariaDB 取代 MySQL。在基础使用上,二者完全相同,因此,这里以 MariaDB 来讲解 MySQL。对 PHP 和 MySQL 有所了解后,下面正式进入 MariaDB 的安装环节。

22.4.2 安装 MariaDB

在 Ubuntu 软件源中自带了 MariaDB 的二进制代码安装包。用户可以直接从发行版的软件包管理器中搜索 MySQL 来安装,也可以从其官方网站 https://mariadb.com/downloads/ 上下载。安装完成后,MariaDB 服务器应该已经运行起来了。先不要急着欢呼,但还需要做一些设置。

首先应该设置 MariaDB 的 root 用户密码。和 Linux 一样,MariaDB 的 root 用户具有至高无上的权限,可以对数据库进行任何操作。下面的命令将 MariaDB 数据库的 root 用户密码设为 new-password,在实际操作中,应该选择一个更安全的密码替代它。

```
$ sudo mysqladmin -u root password 'new-password'
```

使用 mysql -u root -p 命令登录数据库，输入密码并通过验证后，MariaDB 会显示一条欢迎信息并反馈当前的连接号和版本信息。

```
$ sudo mysql -u root -p
Enter password:
Welcome to the MariaDB monitor.  Commands end with ; or \g.
Your MariaDB connection id is 33
Server version: 10.6.7-MariaDB-2ubuntu1.1 Ubuntu 22.04

Copyright (c) 2000, 2018, Oracle, MariaDB Corporation Ab and others.

Type 'help;' or '\h' for help. Type '\c' to clear the current input statement.

MariaDB [(none)]>
```

但是，在 MariaDB 10 中，为 root 用户设置密码后，仍然无密码也能登录数据库。这是因为在 MariaDB 10 中，mysql.user 表已不起作用了，真正的表是 mysql.global_priv 表。在该表中，root 用户是 unix_socker 类型，因此 root 用户总能直接登录。

```
MariaDB [(none)]> use mysql;                      #切换数据库
Reading table information for completion of table and column names
You can turn off this feature to get a quicker startup with -A
Database changed
MariaDB [mysql]> select * from global_priv;       #查询 global_priv 表数据
+-----------+-------------+------------------------------------------+
| Host      | User        | Priv                                     |
+-----------+-------------+------------------------------------------+
| localhost | mariadb.sys | {"access":0,"plugin":"mysql_native_      |
|           |             | password","authentication_string":"",    |
|           |             | "account_locked":true,"password_last_    |
|           |             | changed":0}                              |
| localhost | root        | {"access":18446744073709551615,"plugin": |
|           |             | "mysql_native_password","authentication_ |
|           |             | string":"*6BB4837EB74329105EE4568DDA7DC67|
|           |             | ED2CA2AD9","auth_or":[{},{"plugin":"unix_|
|           |             | socket"}],"password_last_changed":       |
|           |             | 1676042411}                              |
| localhost | mysql       | {"access":18446744073709551615,"plugin": |
|           |             | "mysql_native_password","authentication_ |
|           |             | string":"invalid","auth_or":[{},         |
|           |             | {"plugin":"unix_socket"}]}               |
+-----------+-------------+------------------------------------------+
3 rows in set (0.000 sec)
```

从显示结果中可以看到，root 用户的类型为 unix_socker（加粗部分）。此时，使用 ALTER USER 命令更新用户账号属性，即可解决该问题。执行命令如下：

```
MariaDB [mysql]> ALTER USER root@localhost IDENTIFIED VIA mysql_native_
password USING PASSWORD("new-password");
Query OK, 0 rows affected (0.015 sec)
```

使用 quit 命令退出 MariaDB。执行命令如下：

```
MariaDB [(none)]> quit
Bye
```

22.4.3　安装 PHP

首先到 PHP 的官方网站 http://www.php.net/ 上下载 PHP 的源代码包。这里假定读者已经安装了 Apache，即打开了 --enable-mods-shared 选项。下载的源代码包类似 php-8.1.12.tar.gz 这样。解压并进入 PHP 源代码目录。

```
$ tar zxvf php-8.1.12.tar.gz
$ cd php-8.1.12/
```

运行 configure 脚本并添加对 MySQL 和 Apache 的支持。注意，应该将/usr/local/apache2 替换为安装 Apache 时选择的路径。

```
$ ./configure --with-pdo-mysql --with-apxs2=/usr/local/apache2/bin/apxs
```

☎提示：笔者在编译 PHP 时缺少几个依赖包，需要执行以下命令进行安装。

```
sudo apt-get install pkg-config libxml2-dev libsqlite3-dev
```

命令运行成功后，可以看到如下欢迎信息：

```
+--------------------------------------------------------------------+
| License:                                                           |
| This software is subject to the PHP License, available in this     |
| distribution in the file LICENSE. By continuing this installation  |
| process, you are bound by the terms of this license agreement.     |
| If you do not agree with the terms of this license, you must abort |
| the installation process at this point.                            |
+--------------------------------------------------------------------+

Thank you for using PHP.
```

分别使用 make 和 make install（需要 root 权限）命令完成编译和安装工作。这项工作的运行时间取决于计算机的性能，将花费一定的时间。

```
$ sudo make
$ sudo make install
```

最后，把一个配置文件复制到 lib 目录下。注意，在本例中，php.ini-development 是为开发用户准备的。通过设置一系列调试选项，使 PHP 开发变得相对容易。但对于一台产品服务器而言，不应该在程序运行出错时向用户透露太多的配置细节。对于后一种情况，建议使用 php.ini-production 文件。

```
$ sudo cp php.ini-development /usr/local/lib/php.ini
```

22.4.4 配置 Apache

作为整个安装过程的最后一步，需要修改 Apache 的配置文件使其"认识" PHP。用熟悉的编辑器打开 Apache 的配置文件 httpd.conf，添加下面的语句加载 PHP 模块。

```
LoadModule php_module modules/libphp.so
```

添加下面的语句指定 Apache 识别 PHP 文件的后缀。

```
AddType application/x-httpd-php .php .phtml
AddType application/x-httpd-php-source .phps
```

至此，已经完成了 Apache+PHP+MySQL 的安装。为了测试服务器是否正常工作，编辑一个包含如下内容的 PHP 文件（扩展名为.php）并放在网站根目录下。

```
<?php
    phpinfo();
?>
```

重启 Apache 服务器，在浏览器中访问这个 PHP 文件。如果一切顺利，页面显示如图 22.4 所示。

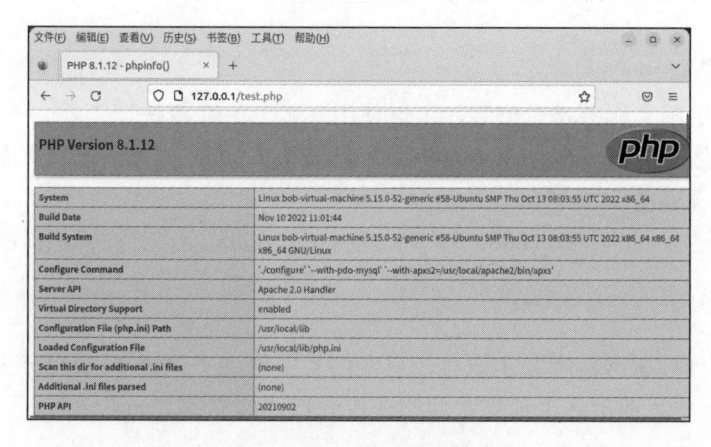

图 22.4 PHP 当前的配置信息

22.5 小 结

- Apache 是当前最流行的 HTTP 服务器软件。
- Linux 各发行版本通常都在安装源中已包含 Apache 服务器。
- 网站的根目录通常是/var/www。
- HTTP 服务器在 80 端口监听客户机请求，并返回浏览器可以理解的信息。
- 编译 Apache 时使用--enable-mods-shared 选项可以把模块编译为动态共享对象。
- Apache 应该使用 standalone 方式，不推荐使用 inetd/xinetd 方式。
- Apache 配置文件位于/usr/local/apache2（手动编译）或/etc/apache2（从发行版安装源安装）目录下。
- Apache 会把服务器的运行情况记录到日志文件中，可以使用日志分析软件对其进行分析。
- CGI 是在网站上实现动态页面最简单的方法。
- PHP 是一种开放源代码的服务器脚本语言，被中小型企业广泛使用。
- MySQL 是一款开放源代码的数据库，以其快速和健壮的特性得到众多企业的青睐。
- LAMP 是 Linux、Apache、PHP 和 MySQL 的首字母缩写，是目前最流行的网站架设组合。

22.6 习 题

一、填空题

1. WWW（World Wide Web，万维网）工作使用的协议是_____。

2．Apache 服务器的控制脚本是_____。

3．Apache 服务器的配置文件保存在_____子目录下。

二、选择题

1．为了确定某个服务是否安装，可以使用（　　）命令快速查找。
A．find　　　　　　B．whereis　　　　　C．locate　　　　　C．前面三项均不正确

2．Apache 服务默认监听的端口是（　　）。
A．80　　　　　　　B．8080　　　　　　　C．8008　　　　　　C．前面三项均不正确

三、判断题

1．PHP 是一种服务器端脚本语言，它专门为实现动态 Web 页面而产生。　　（　　）

2．MySQL 是目前世界上最受欢迎的开放源代码数据库。　　　　　　　　　（　　）

四、操作题

1．通过二进制包快速搭建 Apache 服务。

2．启动 Apache 服务，并访问其默认页面。

第 23 章　Samba 服务器

本章将带领读者架设自己的 Samba 服务器。通过 Samba 服务器，Windows 客户端可以方便地访问 Linux 系统上的资源。关于什么是 Samba 和 Linux，如何访问 Windows 的"共享文件夹"，已经在 13.2 节详细介绍过，这里不再赘述。

23.1　快速上手：搭建一个 Samba 服务器

为了运行 Samba 服务器，首先需要安装相关的软件包。Samba 服务器目前已经包含在所有的主流 Linux 发行版中，可以直接从安装源中下载并安装这个服务器软件。以 Ubuntu Linux 为例，只要执行下面简单的命令即可。

```
$ sudo apt-get install samba-common samba
```

和其他大部分服务器一样，Samba 使用一个文本文件完成服务器的所有配置。这个文件叫作 smb.conf，位于/etc 或者/etc/samba 目录下，用文本编辑器打开这个文件，在末尾加入下面几行代码：

```
[share]
comment = Linux Share
path = /opt/share
public = yes
writeable = no
browseable = yes
guest ok = yes
```

下面简单解释一下这几行代码的含义。方括号"[]"中的内容为共享目录名称，这个名称可以随意设置，但应该有意义，因为 Windows 用户需要据此判断这个文件夹的用途。comment 字段用于设置这个共享目录的描述信息，这个字段是给"自己"看的，但设置含义明确的描述信息可以在以后翻看这个文件时不至于摸不着头脑。

接下来的 3 个字段是对共享目录的具体设置。path 指定共享目录的路径，这里设置为/opt/share。writeable 用于设置目录是否可写，这里设置为 no（不可写）。browseable=yes 和 public=yes 表示该共享目录在 Windows 的"网络"中可见。最后的 guest ok=yes 告诉 Samba 服务器这个共享目录允许匿名者访问。

在启动 Samba 服务器之前，不要忘记建立共享目录，命令如下：

```
$ sudo mkdir /opt/share
```

然后使用下面的命令启动 Samba 服务器：

```
$ sudo systemctl start smbd.service
```

在相邻的一台 Windows 计算机上打开"网络"窗口，在地址栏中输入 UNC 路径\\Samba

服务器 IP 地址，即可访问这台 Samba 服务器的共享目录，如图 23.1 所示。双击打开这个文件夹，可以看到其中的文件。

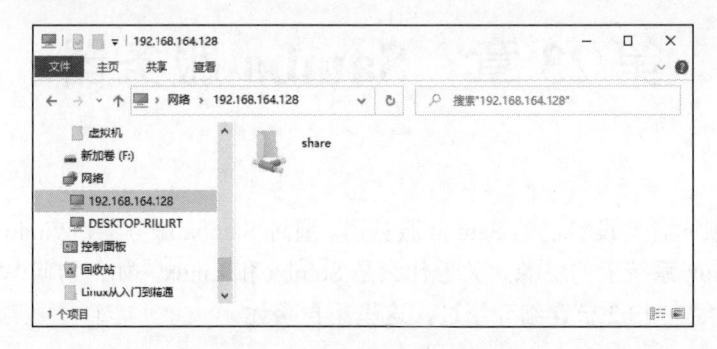

图 23.1 在 Windows "网络"窗口中看到的 Samba 服务器

23.2 Samba 基础知识

本节具体介绍和 Samba 服务器安装有关的详细信息，包括如何从源代码编译安装 Samba 服务器。如果读者的 Samba 服务器已经运行起来了，也可以跳过本节内容。

23.2.1 从源代码安装 Samba 服务器

几乎所有的 Linux 发行版本都在自己的安装源中附带了 Samba 服务器软件。但一些用户仍然会设法从源代码编译安装——为了追求更高的可定制性，以及更统一、更"标准"的配置。无论哪一种方法，使用现成的二进制包或者编译源码都是可行的，二者在使用上的差异并不大，选择完全取决于需求和个人爱好。

Samba 服务器的完整源代码可以从 www.samba.org 上下载，下载的文件类似 samba-latest.tar.gz 这样。找一个合适的目录，将压缩包中的文件解压到这个目录下。

```
$ tar zxvf samba-latest.tar.gz
samba-4.17.2/.clang-format
samba-4.17.2/.editorconfig
samba-4.17.2/.gitattributes
samba-4.17.2/.github/contributing.md
samba-4.17.2/.github/pull_request_template.md
samba-4.17.2/.gitlab-ci-coverage-runners.yml
samba-4.17.2/.gitlab-ci-coverage.yml
samba-4.17.2/.gitlab-ci-default-runners.yml
samba-4.17.2/.gitlab-ci-default.yml
samba-4.17.2/.gitlab-ci-main.yml
samba-4.17.2/.gitlab-ci-private.yml
…
```

执行以上命令后，Samba 软件包将被解压到 samba-4.17.2 目录下。Samba 编译安装依赖很多的软件包，因此在执行 configure 脚本之前需要安装依赖的软件包。下面是笔者测试时手动安装的软件包。如果用户在执行过程中缺少某个依赖包，根据提示安装即可。执行命令如下：

```
sudo apt-get install acl attr autoconf bind9utils bison build-essential
debhelper dnsutils docbook-xml docbook-xsl flex gdb libjansson-dev krb5-user
libacl1-dev libaio-dev libarchive-dev libattr1-dev libblkid-dev libbsd-dev
libcap-dev libcups2-dev libgnutls28-dev libgpgme-dev libjson-perl
libldap2-dev libncurses5-dev libpam0g-dev libparse-yapp-perl    libpopt-dev
libreadline-dev nettle-dev perl perl-modules-5.34 pkg-config      python-
all-dev  python3-cryptography python3-dbg python3-dev python3-dnspython
python3-gpg python3-markdown   xsltproc zlib1g-dev liblmdb-dev lmdb-utils
```

成功安装所有依赖包后，运行 configure 脚本生成合适的 makefile 文件。注意，这里的操作都需要使用 root 权限。执行命令如下：

```
$ sudo ./configure                                       ##生成makefile
Setting top to                          : /home/bob/samba-4.17.2
Setting out to                          : /home/bob/samba-4.17.2/bin
Checking for 'gcc' (C compiler)         : /usr/bin/gcc
Checking for program 'git'              : /usr/bin/git
Checking for c flags '-MMD'             : yes
Checking for program 'gdb'              : /usr/bin/gdb
Checking for header sys/utsname.h       : yes
Checking uname sysname type             : Linux
Checking uname machine type             : x86_64
Checking uname release type             : 5.15.0-52-generic
Checking uname version type             : #58-Ubuntu SMP Thu Oct 13 08:03:55 UTC
                                          2022
Checking for header stdio.h             : yes
Checking simple C program               : ok
…
-lc not needed                          : -lc is unnecessary
Checking configure summary              : ok
Checking compiler for PIE support       : yes
Checking compiler for full RELRO support                : yes
Checking if compiler accepts -fstack-protector-strong   : yes
Checking if compiler accepts -fstack-clash-protection   : yes
```

'configure' finished successfully (1m4.971s)使用 make 命令编译源代码。Samba 服务器非常复杂，编译源代码需要花费一定的时间（在本书列举的几个服务器中，Samba 的编译时间是最长的）。

```
$ sudo make                                              ##编译源代码
PYTHONHASHSEED=1 WAF_MAKE=1  ./buildtools/bin/waf build
Waf: Entering directory `/home/test/samba-4.17.2/bin/default'
    Selected embedded Heimdal build
Checking project rules …
Project rules pass
[234/239] Compiling examples/winexe/winexesvc.c
[235/239] Compiling examples/winexe/winexesvc.c
[242/286] Compiling lib/replace/replace.c
[243/286] Compiling third_party/heimdal/lib/roken/net_read.c
[244/286] Compiling third_party/heimdal/lib/roken/timeval.c
[245/286] Compiling third_party/heimdal/lib/roken/strlwr.c
…
[4546/4547] Compiling libcli/nbt/man/nmblookup4.1.xml
Note: Writing nmblookup4.1
[4547/4547] Compiling source4/scripting/man/samba-gpupdate.8.xml
Note: Writing samba-gpupdate.8
Waf: Leaving directory `/home/test/samba-4.16.1/bin/default'
Build commands will be stored in bin/default/compile_commands.json
'build' finished successfully (15m51.205s)
```

运行 make install 命令安装二进制文件。注意，这一步需要 root 权限。

```
$ sudo make install                                              ##执行安装
PYTHONHASHSEED=1 WAF_MAKE=1  ./buildtools/bin/waf install
Waf: Entering directory `/home/test/samba-4.17.2/bin/default'
    Selected embedded Heimdal build
Checking project rules …
Project rules pass
[1/1] Compiling VERSION
- install /usr/local/samba/lib/pkgconfig/samba-hostconfig.pc (from
bin/default/lib/param/samba-hostconfig.pc)
- install /usr/local/samba/lib/pkgconfig/dcerpc_samr.pc (from bin/
default/source4/librpc/dcerpc_samr.pc)
- install /usr/local/samba/lib/pkgconfig/dcerpc.pc (from bin/
default/source4/librpc/dcerpc.pc)
- install /usr/local/samba/lib/pkgconfig/samdb.pc (from bin/
default/source4/dsdb/samdb.pc)
…
+ install /usr/local/samba/share/man/man1/masktest.1 (from bin/
default/source4/torture/man/masktest.1)
+ install /usr/local/samba/share/man/man1/locktest.1 (from bin/
default/source4/torture/man/locktest.1)
+ install /usr/local/samba/share/man/man8/samba-gpupdate.8 (from bin/
default/source4/scripting/man/samba-gpupdate.8)
Waf: Leaving directory `/home/test/samba-4.17.2/bin/default'
'install' finished successfully (5m7.804s)
```

如果看到最后的这条提示信息，那么表示 Samba 服务器已经顺利地安装到计算机上了。

23.2.2 启动和关闭服务器

Samba 服务器的启动和关闭没有什么特殊的地方。默认情况下，Samba 的启动脚本是 /lib/systemd/system/smbd.service，通过下面的命令可以启动 Samba 服务器。

```
$ sudo systemctl status smbd.service
```

stop 参数表示停止 Samba 服务器，restart 参数是 stop 和 start 的组合。准确地说，Samba 服务器的大部分功能是由两个守护进程实现的。其中：smbd 进程负责提供文件和打印服务，以及身份验证功能；nmbd 进程负责进行主机名字解析。

23.3 Samba 配置

读者已经在"快速上手"环节体验了 Samba 的配置。Samba 的配置文件看起来比较复杂，并且拥有一些功能重叠的关键字，有些让人"迷糊"。但总体上，Samba 的配置并不难。本节将介绍如何配置一台实用和可靠的 Samba 服务器。

23.3.1 关于配置文件

在正式介绍如何配置 Samba 之前，首先来看一下这个配置文件的内容。为了不占用篇幅，下面截取了其中比较重要的部分内容。

```
#======================= Global Settings =========================

[global]

## Browsing/Identification ###

# Change this to the workgroup/NT-domain name your Samba server will part
of
   workgroup = WORKGROUP

…

# Allow users who've been granted usershare privileges to create
# public shares, not just authenticated ones
   usershare allow guests = yes

#======================= Share Definitions =======================

# Un-comment the following (and tweak the other settings below to suit)
# to enable the default home directory shares.  This will share each
# user's home directory as \\server\username
;[homes]
;   comment = Home Directories
;   browseable = no

…
```

所有以"#"和";"开头的行都是注释行。可以看到，smb.conf 文件给出了非常完整的注释信息，这些信息对于用户配置服务器很有帮助。从这个文件中可以看到，smb.conf 总共分为两个部分，分别为全局设置（Global Settings）和共享定义（Share Definitions）。

顾名思义，全局设置用于定义 Samba 服务器的整体行为。例如，工作组、主机名和验证方式等。共享定义则用于设置具体的共享目录（或者设备）。23.3.2 节和 23.3.3 节将会介绍这两个方面的内容，更完整的选项设置可以参考 Samba 官方网站 www.samba.org 中的相关文档（或者直接参考 smb.conf 里的注释）。

在每次修改完配置文件后，可以不必重启 Samba 服务器。勤奋的 Samba 每隔几秒就会检查一下配置文件，并且载入这期间发生的所有修改。

23.3.2　设置全局域

以"[global]"开头的是 Samba 的全局配置部分，下面介绍其中比较常用的设置。

workgroup 字段用于设置在 Windows 中显示的工作组。以前为了兼顾早期版本的 Windows，工作组取名需要遵循全部大写、不超过 9 个字符、无空格这 3 条规则，但现在已经看不出有什么必要这么做了。server string 字段是 Samba 服务器的说明。这两个字段后的内容可以随便写，但通常应该写得有"意义"一些。例如：

```
# Change this to the workgroup/NT-domain name your Samba server will part
of
   workgroup = WORKGROUP

# server string is the equivalent of the NT Description field
   server string = %h server (Samba, Ubuntu)
```

Windows 默认使用 NetBIOS（Network Basic Input/Output System，网络基础输入/输出系统）来识别同一子网上的计算机。这样，用户就可以通过一些有意义的名称（而不是一长串 IP 地址）来指定一台计算机。从某种意义上看，这和 DNS 非常相似（但不够安全）。Samba 提供了 netbios name 属性，用于设置在 Windows 客户机上显示的名称。

```
netbios name = linux_server
```

应该确保 Samba 打开了口令加密功能，否则口令将会以明码形式在网络上传输。smb.conf 中的默认配置已经打开了这个功能。

```
encrypt passwords = true
```

文件名的编码问题也是需要考虑的。通常来说，将 Samba 服务器的编码模式设置为 UTF-8 是比较保险的，这样可以很好地解决中文显示的问题。

```
unix charset = UTF8
```

但是这样的设置仍然存在一个问题。Windows 2000 以前的 Windows 系统（如 Windows 98 和 Windows Me）不认识 Unicode 编码，UTF-8 编码的中文文件名在这些系统中会显示为乱码。Samba 提供了 dos charset 这个字段。下面的配置命令是让不认识 Unicode 的 Windows 系统使用 GBK 编码。

```
dos charset = cp936
```

security 字段设置了用户登录的验证方式，share 和 user 是常用的两种方式。share 方式允许任何用户登录系统，而不用提供用户名和口令——就像"快速上手"环节中所做的那样。这种方法并不值得推荐，但不幸的是，这是 Samba 默认使用的验证方式。另一种是 user 方式，这种方式要求用户提供账户信息供服务器验证。要使用 user 验证，Samba 的配置文件中应该包含下面这行代码：

```
security = user
```

Samba 会将每一个试图连接服务器的行为记录下来，并存放在一个特定的地方。具体的存放位置是由配置文件中的 log file 字段指定的。

```
log file = /var/log/samba/log.%m
```

"%m" 指代了客户端主机的主机名（或者 IP 地址）。这条配置告诉 Samba 服务器，日志文件以"log.+主机名（或者 IP 地址）"的形式命名。查看/var/log/samba 下的文件列表可以看到这一点。

```
$ ls /var/log/samba/                            ##查看日志文件列表
cores                       log.10.250.20.168       log.10.250.20.253
log.169.254.156.208         log.874bd0071cb14fd     log.linux-dqw4
log.smbd.3.gz               log.liu-785bd31d7be     log.smbd.4.gz
log.liuyu-pc
log.10.171.33.54            log.10.250.20.182       log.10.250.20.42
log.169.254.46.195          log.b7675c729461487     log.luobo-fecebfad6
log.winbindd
log.10.171.37.130           log.10.250.20.185       log.10.250.20.44
log.169.254.61.142          log.b7abbc2625174d5     log.mac001f5b84c0c1
log.winbindd.1.gz
log.10.171.39.113           log.10.250.20.188       log.10.250.20.47
log.169.254.66.226          log.benq-b9155397ff
…
```

定期查看日志文件是非常重要的，这有助于管理员在第一时间掌握系统的安全状况，并及时做出反应。下面列出了日志记录的某些不受欢迎的访问记录。

```
$ cat log.fengjiao-pc                          ##查看来自 fengjiao-pc 的访问记录
[2022/11/11 08:53:10, 0] auth/auth_util.c:create_builtin_administrators(792)
  create_builtin_administrators: Failed to create Administrators
[2022/11/11 08:53:10, 0] auth/auth_util.c:create_builtin_users(758)
  create_builtin_users: Failed to create Users
[2022/11/11 08:53:32, 0] auth/auth_util.c:create_builtin_administrators(792)
  create_builtin_administrators: Failed to create Administrators
[2022/11/11 08:53:32, 0] auth/auth_util.c:create_builtin_users(758)
  create_builtin_users: Failed to create Users
...
```

23.3.3　设置匿名共享资源

在"快速上手"环节中已经创建了一个匿名 Samba 资源。这里简单地回顾一下设置匿名共享的全过程，以及需要注意的相关事项。

首先，应该保证 security 字段被设置为 share，即允许匿名用户登录。如果配置文件中用于设置 security 的行被注释了，那么允许匿名登录是 Samba 的默认行为。这也是在"快速上手"环节没有设置这个验证方式的原因。

仍然以"快速上手"环节的设置为例。每一个共享资源都应该以方括号"[]"开始。标识共享资源的名称，客户机通过地址"//主机名/共享名"来访问共享资源（Windows 使用反斜杠\\）。其中必不可少的一个配置选项是 guest ok=yes，表示这个目录可以被匿名用户访问（public=yes 的含义相同）。

```
[share]
comment = Linux Share
path = /opt/share
writeable = no
browseable = yes
guest ok = yes
```

和匿名 FTP 一样，既然所有人都能够访问这个共享目录，那么就不应该开放写权限。writeable=no 表示阻止任何写入数据。一个与该功能相同的选项是 read only，但设置方式刚好相反，read only=yes 和 writeable=no 的含义相同。

browseable 选项用于控制共享资源是否可以在 Windows 客户机的"网络"中显示。如果设置 browseable=no，那么用户必须在地址栏中手动输入 Samba 服务器的 IP 地址（或者主机名）来访问共享资源。

23.3.4　开启 Samba 用户

和全世界共享 Samba 资源显得太慷慨了，而且也不够安全。在更多的情况下，需要赋予特定的用户使用共享资源的权力，并且设置不同的权限。为了让未授权的用户远离 Samba 服务器，应该开启用户信息验证。在 Samba 的配置文件中加入（或者取消注释）下面这一行设置：

```
security = user
```

仍以/opt/share 目录作为共享目录，在配置文件中把配置修改如下：

```
[share]
comment = Linux Share
path = /opt/share
public = yes
writeable = yes
browseable = yes
guest ok = no
```

注意，这里做了两处修改。第 1 处是将 guest ok=yes 改为 guest ok=no，从而屏蔽匿名用户对这个目录的访问。第 2 处是 browseable=yes，允许客户端看到该共享资源。是否开启这一选项完全取决于具体环境，并不是必须的。

接下来为 Samba 添加用户。为此，首先需要在系统中添加一个实际存在的用户 smbuser（也可以取其他名称）。

```
$ sudo useradd smbuser
```

由于 Windows 口令的工作方式和 Linux 有本质上的区别，因此需要使用 smbpasswd 工具设置用户的口令。

```
$ sudo smbpasswd -a smbuser                           ##设置 Samba 用户口令
New SMB password:
Retype new SMB password:
Added user smbuser.
```

之后可以使用带-U 参数的 smbpasswd 命令修改已有用户的口令。如果用户希望在本地服务器上修改自己的口令，可以使用-r 参数。下面的命令用于修改服务器 smbserver 上的 smbuser 用户的口令。

```
$ smbpasswd -r smbserver -U smbuser
```

看起来一切都已经设置完成了。但别着急，刚才承诺过要赋予 smbuser 对共享目录的写权限。

```
writeable = yes
```

在配置文件中，上面的这一条还远远不够。如果服务器上的这个目录本身对 smbuser 不可写，那么这句承诺只能沦为一张"空头支票"。下面这条命令将共享目录（对应服务器上的/opt/share）的属主和属组都设置为 smbuser（文件的权限属性请参考 6.5 节）。

```
$ sudo chown smbuser:smbuser /opt/share/
```

23.3.5 配合用户权限

添加用户后，Samba 并不是将这个目录完全地交给 smbuser 了。可以对用户在目录中的权限进行一定的限制，在刚才的配置段中加入两行权限信息如下：

```
[share]
comment = Linux Share
path = /opt/share
public = yes
writeable = yes
browseable = yes
guest ok = no
```

```
create mask = 0664
directory mask = 0775
```

create mask 设置了用户在共享目录中创建文件所使用的权限。0664 是文件权限的八进制表示法，真正起作用的是后面的 3 个数字 664，表示对属主和属组用户可读写，对其他用户只读（关于文件权限的八进制表示法请参考 6.5.6 节）。

directory mask 的功能与 create mask 的功能类似，只不过它针对的是目录。上面配置的最后一行代码是将用户创建的目录权限设置为对属主和属组用户完全开放，其他用户拥有读和执行（进入目录）权限。

完成这些设置后，尝试以 smbuser 用户的身份登录 Samba 服务器——从 Windows 或者直接使用 smbclient 命令（参考 13.2 节）。在共享目录下创建文件 new_file.txt 和目录 new_folder。在服务器上查看文件和目录的属性，可以看到权限和配置文件中设置的一致。

```
$ ls -l /opt/share/new_file.txt            ##查看new_file.txt 文件的属性
-rw-rw-r-- 1 smbuser smbuser 0 11月 14 13:08 /opt/share/new_file.txt

$ ls -dl /opt/share/new_folder/            ##查看目录new_folder 的属性
drwxrwxr-x 2 smbuser smbuser 4096 11月 14 13:09/opt/share/new_folder/
```

23.3.6 设置孤立用户的共享目录

"孤立"是为了保护隐私。由于拥有 Samba 账户的所有用户都可以任意访问 Samba 服务器上列出的资源，因此用户自己的文件似乎并没有得到保护。举例来说，如果系统中有另一个 Samba 用户 tosh，那么 tosh 同样可以访问属于 smbuser 的共享目录/opt/share。

如果要让 share 成为 smbuser 真正意义上的"私人目录"，一种解决方法是从系统级别上将/opt/share 的权限设置为 700，从而屏蔽其他用户（甚至属组用户）对该目录的一切权限。这样，当 tosh 试图访问这个共享目录时就会收到 NT_STATUS_ACCESS_DENIED 的出错提示。另一种解决方法是在共享目录的配置段中加入下面这一行设置，明确告诉 Samba 只有 smbuser 具有访问共享目录的权限。

```
valid users = smbuser
```

可以指定多个合法用户，用户之间使用逗号分隔。下面的设置是使 tosh 和 jcsmith 用户均可访问相应的共享资源。

```
valid users = tosh, jcsmith
```

有时用户不想让其他人在上一级目录中看到他们的共享目录，将 browseable 设置为 no 可以达到这个目的。现在这个配置段看起来如下：

```
[share]
comment = Linux Share
path = /opt/share
public = yes
writeable = no
browseable = yes
create mask = 0664
directory mask = 0775
guest ok = no
valid users = smbuser
```

23.3.7 访问自己的主目录

对于 23.3.6 节的问题还有一个更好的解决方法：直接使用 Samba 提供的[home]段配置。[home]段的配置如下：

```
[homes]
comment = Home Directories
browseable = no
read only = no
create mask = 0700
directory mask = 0700
valid users = %S
```

设置了主目录共享后，用户可以通过地址//servername/username 来访问自己在服务器上的主目录。以 smbuser 用户为例，首先将/opt/share 设置成为它的主目录。

```
$ sudo usermod -d /opt/share/ smbuser
```

使用 smbclient 像下面这样连接 smbuser 用户在 Samba 服务器上的主目录。

```
##连接用户 smbuser 位于 lewis-laptop 上的主目录
$ smbclient //lewis-laptop/smbuser -U smbuser
Password for [WORKGROUP\smbuser]:
Try "help" to get a list of possible commands.
smb: \>
```

注意，在配置文件中使用了 valid user=%S 的设置。其中，"%S"指代任何登录的 Samba 用户。这个设置保证用户只能登录到自己的主目录。

23.4 安全性的几点建议

在安全性方面，Samba 服务器的默认配置已经做得非常好了。不过，系统管理员永远不能简单地把某些事情看作理所当然，这里有几点和安全有关的建议。

- Samba 服务器通常是用于团队内部共享的，不应该让共享资源对所有主机可见——向公众开放的文件服务应该使用 FTP 或者 Web 服务器。在 smb.conf 中可以使用 hosts allow 字句明确指定哪些主机可以访问 Samba 服务。下面是在配置文件中的相关设置。

```
[global]
        hosts allow = 127., 192.168.1.11, 192.168.1.21
```

- hosts allow 子句允许匹配一组主机。例如，上面例子中的"127."就用于匹配所有以 127 开始的 IP 地址。各个 IP 地址之间用逗号分隔。在上面这个例子中，当 IP 地址为 172.16.25.129 的主机试图访问 Samba 资源时，会收到如下信息：

```
$ smbclient //10.171.30.177/share -U smbuser
Password for [WORKGROUP\smbuser]:
Server not using user level security and no password supplied.
Server requested plaintext password but 'client plaintext auth' is disabled
tree connect failed: SUCCESS - 0
```

- 可以使用 EXCEPT 子句排除某些特定的主机，使其不能访问共享资源。下面的设置允许所有 IP 地址以 150.203 开始的主机，但排除 IP 地址为 150.203.6.66 的主机。

```
hosts allow = 150.203. EXCEPT 150.203.6.66
```

- 除了使用 Samba 的配置文件，也可以通过网络防火墙来阻止未授权的主机访问 Samba 服务器。Samba 使用 UDP 的端口范围是 137~139，使用 TCP 的端口是 137、139 和 445。下面是为 Samba 服务器准备的典型的防火墙配置。

```
$ sudo ufw allow from 192.168.1.0/24 to port 139/tcp
$ sudo ufw allow from 192.168.1.0/24 to port 137:139/udp
```

以上两条配置允许 192.168.1.0/24 这个网络上的主机访问 Samba 资源，同时指定了相应的端口号。关于防火墙的介绍请参考第 26 章。

最后一步是请确保开启了口令加密功能。

```
encrypt passwords = true
```

23.5 小 结

- Samba 服务器已经包含在所有主流的 Linux 发行版中。
- Samba 的配置文件是 smb.conf，位于/etc 或/etc/samba 目录下。
- Samba 服务器的大部分功能由 smbd 和 nmbd 实现，前者负责文件和打印服务，后者负责名字解析。
- 配置文件分为"全局设置"和"共享定义"两部分。
- Samba 服务器会自动载入配置文件中发生的修改。
- 使用 smbpasswd 命令可以设置 Samba 用户的口令。
- 可以在配置文件中设置用户对特定共享资源的权限。
- 配置文件中的[home]段可以将本地用户的主目录设置为共享资源。
- 应该让 Samba 共享资源只对特定的主机可见。

23.6 习 题

一、填空题

1. Samba 服务器的配置文件为_____。
2. Samba 服务器由两个守护进程来实现，分别为_____和_____。
3. Samba 服务的 smbd 进程负责_____，nmbd 进程负责_____。

二、选择题

1. 在 Samba 服务的配置文件中，（　　）符号中的文字表示共享目录名。
A. ( )　　　　　　B. [ ]　　　　　　C. { }　　　　　　D. < >

2. 在 Linux 客户端，可以访问 Samba 服务共享资源的命令是（　　）。
A．smbclient　　　　B．smbtree　　　　C．smbpasswd　　　　D．smb

三、判断题

创建 Samba 用户时，需要确保有对应的系统用户存在。　　　　　　　　　　（　　）

四、操作题

1．使用软件源自带的二进制包快速搭建 Samba 服务。
2．配置 Samba 服务的共享目录为/opt/share，并使用 smbclient 客户端访问共享资源。

第 24 章 网络硬盘——NFS

NFS（Network File System，网络文件系统），用于在计算机之间共享文件系统。通过 NFS 可以让远程主机的文件系统看起来就像在本地一样。这个由 Sun 公司（2009 年已被 Oracle 公司收购）于 1985 年推出的协议产品如今已被广泛采用，几乎所有的 Linux 发行版都支持 NFS。

NFS 同样基于服务器-客户机架构，本章着重介绍 NFS 服务器的安装和配置。NFS 只能用于 UNIX 类主机之间的文件共享，Windows 客户机应该使用 Samba 获得文件服务，读者可参考第 23 章的内容。

24.1 快速上手：搭建一个 NFS 服务器

按照惯例，本节将快速搭建一个 NFS 服务器。这个 NFS 服务器实现最基本的功能：向外界不加限制地导出一个目录。这里暂时不考虑安全因素，稍后会详细介绍和 NFS 配置相关的完整信息。

24.1.1 安装 NFS 服务器

所有的主流 Linux 发行版都在软件包管理系统中附带了 NFS 服务器套件，用户只要安装即可。以 Ubuntu Linux 为例，只要简单地在 Shell 终端执行下面的命令，就可以完成安装 NFS 服务器需要的一切步骤。

```
$ sudo apt-get install nfs-common nfs-kernel-server
正在读取软件包列表... 完成
正在分析软件包的依赖关系树
读取状态信息... 完成
将会安装下列额外的软件包：
  libevent1 libgssglue1 libnfsidmap2 librpcsecgss3 portmap
…
```

24.1.2 简易配置

完成 NFS 服务器的安装后，还需要对 NFS 进行相关设置，以确定哪些文件应该被共享，可以通过修改/etc/exports 文件来实现服务器的配置。用文本编辑器打开/etc/exports 文件（需要有 root 权限），在末尾添加下面的代码：

```
/srv/nfs_share *(rw)
```

上面这一行代码是设置/srv/nfs_share 可被导出（共享），网络中所有的主机对其拥有读写权限。当然也可以使用其他目录替代 nfs_share，如果要将其配置为通过 NFS 可写，那么必须在本地把这个目录设置为对用户可写。保存并关闭这个文件，使用 root 权限运行 exportfs -a 令改动生效。

```
$ sudo exportfs -a
exportfs: /etc/exports [1]: Neither 'subtree_check' or 'no_subtree_check'
 specified for export "*:/srv/nfs_share".
  Assuming default behaviour ('no_subtree_check').
  NOTE: this default has changed since nfs-utils version 1.0.x
```

暂时不必理会 exportfs 给出的警告。至此，完成了 NFS 服务器的配置。

24.1.3　测试 NFS 服务器

作为测试，下面通过 mount 命令在另一台主机上挂载这个文件系统。如果找不到其他 Linux 主机可供测试，那么可以直接在本地完成实验。在服务器的主机名（或者 IP 地址）和导出目录之间用冒号连接，-o 选项指定使用可读写方式挂载。

```
$ sudo mount -o rw localhost:/srv/nfs_share /mnt/nfs/
```

这样，/srv/nfs_share 目录就通过 NFS 被挂载到了/mnt/nfs 目录下。进入/mnt/nfs 目录，建立一个文件，然后回到/srv/nfs_share，看看这个文件是否同样出现在里面。

```
$ cd /mnt/nfs/                    ##进入/mnt/nfs 目录
$ touch test                      ##建立一个空文件
$ cd /srv/nfs_share/              ##切换到/srv/nfs_share 目录
$ ls
test                              ##可以看到刚才新建的文件
```

最后使用 umount 命令可以卸载这个文件系统。

```
$ sudo umount /mnt/nfs/
```

24.2　NFS 基础知识

通过简单的实践，大概了解了让 NFS 服务器工作的基本步骤。NFS 协议非常简单，但遗憾的是，简单往往意味着对管理员更大的挑战。NFS 服务器的配置文件从来不会像 Apache 那样"长篇大论"，很多事情必须自己考虑清楚，特别是在安全性方面，不要希望 NFS 像 Apache 那样自动给出一个完美的方案。通过本节及以后各节的学习，读者会发现，"快速上手"环节中使用的 NFS 配置是存在很多问题的，尽管它看上去似乎很不错。

24.2.1　关于 NFS 协议的版本

NFS 协议从诞生到现在，已经有多个版本，如 NFSv2、NFSv3 和 NFSv4。其中，每个版本的发布时间及更新说明如表 24.1 所示。

表 24.1 NFS协议的版本

版 本	发 布 时 间	说　明
NFSv2	1985年	定义了NFS是无状态协议，定义了文件锁、缓存和缓存一致性
NFSv3	1995年	在NFSv2上进行了大量的功能和性能优化
NFSv4	2000年	主要的变化是将无状态协议变成有状态协议
NFSv4的演进版本	2010年至2016年	陆续发布了NFS v4.1和NFS v4.2版本

NFSv4 继承了 NFSv2 和 NFSv3 的功能，同时整合了文件锁和挂载协议，通过新增协议沟通交互操作增强了协议的安全性。此外，NFSv4 新增了客户端缓存、聚合操作和国际化功能。默认情况下，在 Ubuntu 22.04 中，NFS 版本 2 是禁用的。NFS 版本 3 和版本 4 已启用，可以使用以下命令查看。

```
$ sudo cat /proc/fs/nfsd/versions
-2 +3 +4 +4.1 +4.2
```

24.2.2 RPC：NFS 的传输协议

NFS 使用 RPC 作为自己的传输协议。Sun 的 RPC（Remote Procedure Call，远程过程调用）协议提供了一种与系统无关的方法，用于实现网络进程间的通信。这个协议既可以使用 UDP，也可以使用 TCP 作为下层的传输协议。

最初的 NFS 使用的是 UDP，这个协议非常简单，并且在 20 世纪 80 年代的网络环境下被证明是最高效的。随着时间的推移，UDP 缺乏拥塞控制算法的特点（或者说缺点）在大型网络上逐渐暴露出劣势。于是人们转而把目光投向了 TCP。幸运的是，随着快速 CPU 和智能化网络控制器的普及，已经没有理由再选择 UDP 作为 RPC 的下层协议了。TCP 因此成为目前 NFS 通信的最好选择。

现在，所有的 Linux 发行版都能够同时支持 TCP 和 UDP 作为 NFS 的传输协议，具体选择哪一种完全取决于客户机（在安装时指定安装选项）。

24.2.3 无状态的 NFS

NFSv3 的服务器是"无状态"的，这意味着服务器并不知道——也不想知道哪些机器正在使用某个特定的文件，或者某个文件系统已经被哪些机器挂载了。在客户机成功地同 NFS 服务器建立连接后，会获得一个秘密的 Cookie。客户机通过这个 Cookie 取得访问服务器资源的权力。从这种意义上讲，NFS 服务器像一个慷慨的主人，把客人领进餐厅，然后对他说"想吃什么就随便拿吧"，随后就走开了。

这样的设计有很大的优势。如果 NFS 服务器崩溃了，那么客户机只要等待服务器恢复正常，然后就像什么事都没发生过一样继续工作即可，这期间不会丢失任何信息。当然，无状态的 NFS 不能支持类似于文件上锁这样的功能，因为这需要系统提供客户机的相关信息，这也正是 NFSv4 决定实现"有状态操作"的一个原因。

24.3 NFS 配置

本节主要介绍 NFS 服务器的配置和管理。和其他 Linux 服务一样，NFS 使用一个配置文件来完成配置工作。对于管理员来说，这个配置文件几乎是 NFS 的全部，因此将会首先介绍。随后将在 24.3.2 节介绍 NFS 的启动脚本。本节的内容兼顾各种不同的 Linux 主流发行版。

24.3.1 理解配置文件

NFS 服务器的配置文件是/etc/exports，与所有的发行版是一样的。选择这个名称的原因是，客户机的挂载对于 NFS 服务器而言是"导出（Export）"了一个文件系统。当 NFS 服务器安装完成后，这个文件应该是"空白"或者包含一些指导用户设置的注释。在 Ubuntu 中，这个文件如下：

```
# /etc/exports: the access control list for filesystems which may be exported
#               to NFS clients.  See exports(5).
#
# Example for NFSv2 and NFSv3:
# /srv/homes       hostname1(rw,sync) hostname2(ro,sync)
#
# Example for NFSv4:
# /srv/nfs4        gss/krb5i(rw,sync,fsid=0,crossmnt)
# /srv/nfs4/homes  gss/krb5i(rw,sync)
```

用户通过加入新的行来列举需要导出的文件系统。每一行应该由若干个字段组成，第一个字段表示需要导出的文件系统，之后列举可以访问该文件系统的客户机。每个客户机之后紧跟用括号括起来并以逗号分隔的一系列选项。例如：

```
/srv/nfs_share    datastore(rw)    10.171.38.108(ro)
```

上面这一行导出了/srv/nfs_share 目录，同时设置对主机名为 datastore 的主机可写，对 IP 地址为 10.171.38.108 只读，而其他主机则不能访问该资源。

可以使用通配符来指定一组主机。和 Shell 中一样，"*"用于匹配多个字符，但不能匹配点号"."。问号"?"则很少被使用。例如下面这一行设置表示/srv/nfs_share 目录能够对所有以"zju.edu.cn"为域名的主机可读。

```
/srv/nfs_share    *.zju.edu.cn(ro)
```

需要提醒的是，永远都不要简单地使用一个星号"*"让"整个世界"都能够访问某个文件系统。应该让 NFS 只对特定的人群服务。如果希望自己的系统不至于不堪一击，就千万不要偷懒（请尽快忘掉快速上手环节的那个"*"吧），一一列出各个主机的确有些麻烦，当一行特别长的时候可以使用反斜线"\"续行。

表 24.2 列出了常用的导出选项。可以为一个导出条目设置多个选项，各个选项之间通过逗号分隔。和安全性有关的选项将在 24.5 节详细介绍。

表 24.2 常用的NFS导出选项

选 项	含 义
ro	以只读方式导出
rw[=list]	以可读写方式导出（默认选项）。如果指定了list，那么rw只对在list中出现的主机有效，其他主机必须以只读方式安装
noaccess	阻止访问这个目录及其子目录
wdelay	为合并多次更新而延迟写入硬盘
no_wdelay	尽可能快地把数据写入硬盘
sync	在数据写入硬盘后响应客户机请求（同步模式）
async	在数据写入硬盘前响应客户机请求（非同步模式）
subtree_check	验证每个被请求的文件是否都在导出的目录树中
no_subtree_check	只验证涉及被导出的文件系统的文件请求

选项 sync 和 async 指定了 NFS 服务器的同步模式。从效率上看 async 更高，因为使用 NFS 的程序可以在服务器实际写入数据之前就开始下一步工作，无须等待服务器完成硬盘写操作。但是当服务器或客户机发生故障的时候，非同步模式有可能造成硬盘数据错误，从而带来很多不稳定的因素。因此，如果没有特殊需要，不推荐使用 async 选项。

另一个常用选项是 noaccess，这个选项允许用户指定某个目录不能被导出。因为 NFS 会导出一个目录下的所有子目录（NFS 认为它导出的是一个"文件系统"），因此这个选项非常有用。例如：

```
/home           *.qsc.zju.edu.cn(rw)
/home/lewis     (noaccess)
```

配置文件的这两行能够让 qsc.zju.edu.cn 域的主机访问/home 下除了/home/lewis 目录的所有内容。注意，第 2 行没有照例给出主机名，表示这个选项适用于所有主机。

在完成配置文件的修改后，应该使用 exportfs -a 命令使改动生效。NFS 服务器在某些选项没有设置的时候会发出警告，就像在"快速上手"环节中看到的那样。虽然在大部分情况下 Linux 会选择一个合适的默认选项，但是为了让 exportfs 不再告警，尽量满足它的要求吧。

24.3.2 启动和停止服务

NFS 需要两个不同的守护进程来处理客户机请求，其中，mountd 响应安装请求，而 nfsd 则响应实际的文件服务。正如 24.2.2 节已经提到的，NFS 运行在 Sun 的 RPC 协议上。因此另一个守护进程也是必须要做的事情，portmap 进程用于把 RPC 服务映射到 TCP 或者 UDP 端口。事实上，所有将 RPC 协议作为下层传输协议的应用程序都需要 portmap 守护进程。

无须担心这些守护进程是否需要手工启动。安装完 NFS 服务器后，系统会自动把它们设置为随系统启动。如果 NFS 的确没有启动起来，表 24.3 给出了不同发行版上 NFS 服务器的启动脚本，以供参考。

表 24.3 不同Linux发行版上的NFS启动脚本

Linux发行版	启动脚本的路径
Debian和Ubuntu	/lib/systemd/system/nfs-server.service
RedHat和Fedora	/usr/lib/systemd/system/nfs-utils.service
SUSE	/usr/lib/systemd/system/nfs.service

服务器端的用户可以随时使用 showmount -e 命令查看 NFS 服务上的共享文件列表。命令如下:

```
$ showmount -e
Export list for test-virtual-machine:
/srv/nfs_share *
```

从输出信息中可以看到,当前 NFS 服务器上的共享目录为/srv/nfs_share。

24.4 安全性的几点建议

NFS 在设计初期并没有着重考虑安全性的问题,在实际使用过程中,NFS 协议带来很多安全隐患。但不管怎样,出现问题就必须去解决。

24.4.1 充满风险的 NFS

NFS 通过 Exports 文件导出文件系统,同时指定哪些主机可以访问这些资源。看起来这样的做法没有什么问题。如果管理员能够把 Exports 文件设置得足够"精细",就可以保证只有可信赖的主机拥有访问权限。然而遗憾的是,这种想法只是一厢情愿。NFS 服务器是根据客户机的报告,而不是它自己的判断来确定连接来自哪里。在 24.3.1 节的例子中,如果客户机撒谎说自己是 datastore,那么 NFS 服务器就相信它是 datastore,并授予它对/srv/nfs_share 的写权限。

同样的问题也存在于对文件访问权限的控制上。和本地文件系统一样,NFS 通过用户的 UID 和 GID 来确定它对某个文件(或目录)拥有哪些权限。举例来说,如果 NFS 服务器上的文件 plan 只对 UID 为 1048 的用户甲可读,那么不管登录的是用户甲、用户乙还是其他人,只要他戴着一块"1048"的胸牌,NFS 服务器就会乐滋滋地把文件交给他。总而言之,NFS 永远不会去核实用户的信息是真还是假,NFS 太"单纯"了。

24.4.2 使用防火墙

对于上面提到的第一种情况,最好的解决方法就是"交给 Linux 去解决"。所有的 Linux 发行版本都包含一个包过滤防火墙,通过设置防火墙只允许特定的主机连接 NFS 端口,可以有效地过滤来自其他主机的连接请求。防火墙从源头上断绝了 NFS 相信陌生人的机会。关于防火墙的设置,请参考第 26 章。

使用防火墙并不是说可以不必关心 Exports 文件了。相反,应该认真设置 Exports 中的可信赖主机列表,确保文件系统只供内部有限的几台主机访问。在 Exports 中设置太多

"信任"的主机会让入侵出现之后的调查变得异常艰难,并且这种设置本身包含巨大的安全隐患。

24.4.3 压制 root 和匿名映射

允许 root 用户在 NFS 文件系统上随意运行是很危险的。NFS 通过 UID 来判断用户的身份。如果 root 用户登录进来,那么这个 UID 为 0 的超级用户对其中的所有文件和目录拥有完整的权限,管理员精心设置的权限控制就失效了。

在默认情况下,Linux 的 NFS 服务器截获所有来自 root 用户(UID=0)的请求,将其转换为另一个普通用户,这种行为称作"压制 root(Squashing Root)"。Linux 定义了一个特殊的用户 nobody(与其对应的组是 nogroup)来完成这种转换。这个用户没有任何特殊的权限,在大部分情况下,nobody 用户必须遵循文件权限中针对"其他人"的设置(参考第 6.5 节)。

无论"压制 root"是否 NFS 服务器的默认行为,建议在配置 Exports 导出段时都设置 root_squash 选项。这有助于在将同一份 Exports 文件应用在不同服务器上时保证其安全性。下面这条配置用于开启"压制 root"。

```
/srv/nfs_share  *.zju.edu.cn(rw, root_squash)
```

下面以 root 用户在 NFS 文件系统上建立文件。查看该文件属性可以看到,文件的属主和属组自动变成 nobody 和 nogroup。

```
##挂载 NFS 文件系统
lewis@lewis-laptop:~$ sudo mount localhost:/srv/nfs_share/ share/
lewis@lewis-laptop:~$ cd share/                    ##进入目录
lewis@lewis-laptop:~/share$ sudo -s                ##切换为 root 用户
root@lewis-laptop:~/share# touch p                 ##建立空文件 p
root@lewis-laptop:~/share# ls -l p                 ##查看文件 p 的属性
-rw-r--r-- 1 nobody nogroup 0 12月 28 11:15 p
```

通过设置 anonuid 和 anongid 选项,可以手动指定 root 用户映射到的 UID 和 GID。下面这条配置用于开启"压制 root",并将 root 的 UID 和 GID 映射为 99 和 98。

```
/srv/nfs_share  *.zju.edu.cn(rw,root_squash,anonuid=99,anongid=98)
```

事实上,使用 root_squash 选项并不能有效地保护其他用户的文件,它只能保护服务器上 root 用户的文件。这是因为客户机的 root 用户可以在本地使用 su 命令切换成任意一个用户身份(UID),然后向 NFS 服务器发送请求。在这种情况下,NFS 服务器仍然会给予访客他想要的权限。

为此可以使用 all_squash 选项将所有客户的 UID 和 GID 都映射为 anonuid 和 anongid 选项设置的值。这样,NFS 服务器上的文件实际上就没有什么"权限"可言了。所有的用户都被压制,以相同的受限身份使用这些资源。在实际使用中,NFS 的权限设置并不经常用到。使用 all_squash 选项在绝大多数情况下都是可行的。表 24.4 总结了和匿名映射有关的 NFS 配置选项。

表 24.4　和匿名映射有关的NFS配置选项

选项	含义
root_squash	将root用户（UID=0）的UID和GID映射为anonuid和anongid选项设置的值
no_root_squash	允许以root身份访问NFS文件系统
all_squash	将所有用户的UID和GID都映射为anonuid和anongid选项设置的值
anonuid=x	将用户的UID值设置为x
anongid=x	将用户的GID值设置为x

24.4.4　使用特权端口

NFS 客户机可以选择使用任意一个端口来连接 NFS 服务器，除非服务器在导出文件系统时指定了 secure 选项，这个选项要求客户机必须使用特权端口（端口号小于 1024）连接 NFS 服务器，即使在 PC 上，使用特权端口并不能显著提高安全性。

与 secure 选项相反的一个选项是 insecure，它告诉服务器可以接收来自非特权端口（端口号大于/等于 1024）发送的连接请求。在默认情况下，Linux 客户机都会使用一个特权端口来连接 NFS 服务器，因此一般无须考虑客户机的设置。

24.5　监视 NFS 的状态：nfsstat 命令

nfsstat 命令可以显示当前 NFS 的各项统计信息。带 -s 选项的 nfsstat 命令可以显示 NFS 服务器的相关信息。

```
$ nfsstat -s
Server rpc stats:
calls        badcalls     badfmt       badauth      badclnt
173          0            0            0            0

Server nfs v4:
null                     compound
3         1%             170          98%
Server nfs v4 operations:
op0-unused   op1-unused   op2-future   access       close
0     0%     0     0%     0     0%     15    2%     3     0%
commit       create       delegpurge   delegreturn  getattr
0     0%     0     0%     0     0%     0     0%     109   21%
getfh        link         lock         lockt        locku
18    3%     0     0%     0     0%     0     0%     0     0%
lookup       lookup_root  nverify      open         openattr
39    7%     0     0%     0     0%     5     0%     0     0%
```

与 -s 选项对应的是 -c 选项，该选项用于显示 NFS 客户机的相关信息。

```
$ nfsstat -c
Client rpc stats:
Calls        retrans      authrefrsh
50           0            0


Client nfs v4:
null         read         write        commit       open
9     1%     0     0%     0     0%     0     0%     15    3%
```

```
open_conf       open_noat       open_dgrd       close           setattr
0    0%         0    0%         0    0%         2    0%         4    0%
fsinfo          renew           setclntid       confirm         lock
25   5%         2    0%         4    0%         4    0%         0    0%
lockt           locku           access          getattr         lookup
0    0%         0    0%         33   6%         74   14%        63   12%
```

24.6 小　　结

- 所有的主流 Linux 发行版都在安装源中包含 NFS 服务器。
- NFS 使用 RPC 作为传输协议。RPC 由 Sun 公司开发，提供了一种与系统无关的通信方法。
- NFSv3 是一种无状态的服务，NFSv4 是一种有状态的服务。
- NFS 服务器通过/etc/exports 文件确定导出的文件系统。
- 不同的 Linux 发行版常常使用不同的 NFS 启动脚本。
- NFS 服务器根据客户机报告来确定客户机的身份。
- 应该使用防火墙、压制 root 和匿名映射等方法增强 NFS 服务器的安全性。
- nfsstat 命令用于显示 NFS 的各项统计信息。

24.7 习　　题

一、填空题

1．NFS（网络文件系统）的全称为_____，用于在计算机间共享文件系统。
2．NFS 服务器的配置文件是_____。

二、选择题

1．当配置 NFS 共享文件后，使用（　　）命令可以导出共享资源。
A．showmount　　　B．mount　　　C．exportfs　　　D．前面三项均不正确
2．在配置 NFS 服务时，（　　）选项表示以可读写方式导出。
A．ro　　　B．rw　　　C．sync　　　D．前面三项均不正确

三、判断题

1．用户为 NFS 共享文件配置可写权限时，该目录也必须在本地设置为对用户可写。
（　　）
2．NFSv4 继承了 NFSv2/NFSv3 的功能，而且也是一种无状态的服务。（　　）

四、操作题

1．通过二进制包快速搭建 NFS 服务器。
2．使用 NFS 服务共享目录/opt/nfs_share，并以可读写权限挂载该目录。

第 7 篇
系统安全

▶▶ 第 25 章　任务计划——cron

▶▶ 第 26 章　防火墙和网络安全

▶▶ 第 27 章　病毒和木马

第 25 章 任务计划——cron

本章开始介绍 Linux 上的任务计划。之所以到现在才开始介绍这项功能，是考虑到读者至此已经学习了足够多的系统管理知识。任务计划可以有效地把这些知识融合在一起，使系统更高效地运转。事实上，有效管理系统的关键在于让尽可能多的任务自动完成，这样可以把管理员从无休止的体力劳动中解放出来，同时也更少出错。

25.1 快速上手：定期备份重要文件

由于工作的关系，我们的硬盘上每天都会产生大量的 DOC 文件。这些文档非常重要，因此希望能够定期备份这些工作文件。每次手动输入备份命令不是一个好方法，不但费时费力，而且容易忘记。通过 cron 可以自动完成这项操作。以 root 身份打开/etc/crontab 文件，在其中添加以下设置：

```
0  17  *  *  *  root   (tar czf /media/disk/book.tar.gz /media/station/document/book/*.doc)
```

下面从左至右各字段的含义如下：
- 分钟，0 表示整点。
- 小时，17 表示下午 5 点。
- 日期，星号"*"表示一个月中的每一天。
- 月份，星号"*"表示一年中的每个月。
- 星期，星号"*"一星期中的每一天。
- 以哪个用户身份执行命令，这里是 root。
- 需要执行的命令，在本例中两端的圆括号可以省略。

因此上面的设置的含义是，每天下午 5 点（下班的时间）以 root 身份将/media/station/document/book 目录下所有的 DOC 文件打包成 book.tar.gz，并且存放在闪存/media/disk 中。最后保存文件并退出编辑器，该配置会自动生效。

☎ 提示：为了得到更好的备份效果，可以将备份文件存放在另一台主机上。

25.2 cron 的运行原理

Linux 上的周期性任务通常都是由 cron 这个守护进程来完成的。cron 随系统启动而启动，一般不需要用户干预。当 cron 启动时，它会读取配置文件，并把信息保存在内存中。

每过 1min，cron 重新检查配置文件，并执行这 1min 内安排的任务。因此 cron 执行命令的最短周期是 1min。

如果一定要手动运行 cron 守护进程，可以在/lib/systemd/system 中找到它的启动脚本 cron.service。如果 cron 出现问题，执行下面的命令可以重新启动 cron 守护进程。

```
$ sudo systemctl restart cron.service
Restarting cron (via systemctl): cron.service.
```

25.3 crontab 管理

cron 的配置文件叫作 crontab。和其他服务器不同的是，可以在 3 个地方找到 cron 的配置文件，这些文件对 cron 而言都是有用的。此外，管理员可以控制普通用户提交 crontab 的行为，并赋予某些用户特定的权限。

25.3.1 系统的全局 cron 配置文件

和系统维护有关的全局任务计划一般都存放在/etc/crontab 中，这个配置文件由系统管理员手动制定。通常来说，不应该把同管理无关的任务放在这个文件中，这样会使任务计划变得缺乏条理且难以维护。普通用户可以有自己的 cron 配置文件，具体内容将在 25.3.2 节介绍。

另一个存放系统 crontab 的地方是/etc/cron.d 目录。在实际工作中，这个目录中的文件和/etc/crontab 的地位是相等的。通常，/etc/cron.d 目录下的文件并不需要管理员手动配置。某些应用软件需要设置自己的任务计划，/etc/cron.d 提供了这样一个地方，可以让这些软件包安装 crontab 项。下面显示了/etc/cron.d 目录下的两个 cron 配置文件。

```
$ cd /etc/cron.d
$ ls
anacron  e2scrub_all
```

很容易可以看出，这两个 crontab 文件分别属于 anacron 和 e2scrub_all。特别提供这个目录的意义在于，将系统管理员的计划任务和应用软件的计划任务分开，保证它们不会混杂在一个文件（/etc/crontab）中。这样的处理方式高效且便于管理。

除了/etc/cron.d 目录，cron 还提供了/etc/cron.hourly、/etc/cron.daily、/etc/cron.weekly 和/etc/cron.monthly 这些目录，分别用于存放每小时、每天、每星期和每月需要执行的脚本文件。这种机制使得应用程序的配置更简便、更清晰。

25.3.2 普通用户的配置文件

普通用户在获得管理员的批准后也可以定制自己的任务计划。每个用户的 cron 配置文件都保存在/var/spool/cron 目录下（SUSE 在/var/spool/cron/tabs 目录下），这个配置文件以用户的登录名作为文件名。例如，lewis 用户的 crontab 文件就叫作 lewis。cron 依据这些文件名来判断到时候以哪个用户身份执行命令。

和系统的 crontab 不同，编辑用户自己的 cron 配置文件应该使用 crontab 命令。crontab

命令的基本用法如表 25.1 所示。

表 25.1　crontab命令的基本用法

命　　令	说　　明
crontab filename	将文件filename安装为用户的crontab文件（并替换原来的版本）
crontab -e	调用编辑器打开用户的crontab文件，在用户完成编辑后保存并提交
crontab -l	列出用户的crontab文件（如果存在的话）中的内容
crontab -r	删除用户自己的crontab文件

root 用户也可以有自己的 crontab 文件，但通常很少用到。需要 root 权限的系统管理命令一般集中存放在/etc/crontab 文件中。

25.3.3　管理用户的 cron 任务计划

用户提交自己的 crontab 文件需要得到系统管理员的许可。为此，系统管理员需要建立/etc/cron.allow 和/etc/cron.deny 文件（通常只要建立其中一个就可以了）。/etc/cron.allow 文件列出了可以提交 crontab 文件的用户，与之相反，/etc/cron.deny 文件则指定哪些用户不能提交 crontab 文件。这两个文件的"语法"非常简单：包含若干行，每行一个用户。下面是 openSUSE 默认的/etc/cron.deny 文件的内容。

```
$ cat /etc/cron.deny
guest
gast
```

/etc/cron.deny 文件指定了 guest 和 gast 这两个用户不能提交 crontab 文件。在实际工作中，cron 会首先查找/etc/cron.allow 文件。这个文件中列出的用户可以提交 crontab 文件，而其他用户则没有这个权利。如果没有/etc/cron.allow 文件，cron 就继续寻找/etc/cron.deny 文件。这个文件的作用是除了被列出的用户，其他人都能够提交 crontab 文件。如果/etc/cron.allow 和/etc/cron.deny 这两个文件都不存在，那么在大部分情况下，只有 root 用户有权提交 crontab 文件。Debian 和 Ubuntu 有些不同，这两个发行版本默认允许所有用户提交他们的 crontab 文件。

root 用户的 crontab 命令多了一个-u 选项，用于指定这个命令对哪个用户生效。下面的两个命令首先将 mike_cron 文件安装为用户麦克的 crontab 文件，然后将用户约翰的 crontab 文件删除。

```
$ sudo crontab -u mike mike_cron
$ sudo crontab -u john -r
```

25.4　理解配置文件

在"快速上手"环节中带领读者实践了定制一项任务计划的全过程，但可能读者并不清楚输入的那一串字符的含义，本节将具体介绍 crontab 的语法。

每个系统在安装完成后都会在/etc/crontab 中写入一些东西，执行必要的任务计划。因此在开始讲解之前，首先打开一个现成的 crontab 文件看一下。下面是 Ubuntu 中默认安装的 crontab 文件。

```
# /etc/crontab: system-wide crontab
# Unlike any other crontab you don't have to run the 'crontab'
# command to install the new version when you edit this file
# and files in /etc/cron.d. These files also have username fields,
# that none of the other crontabs do.

SHELL=/bin/sh
# You can also override PATH, but by default, newer versions inherit it from
the environment#PATH=/usr/local/sbin:/usr/local/bin:/sbin:/bin:/usr/
sbin:/usr/bin

# Example of job definition:
# .---------------- minute (0 - 59)
# |  .------------- hour (0 - 23)
# |  |  .---------- day of month (1 - 31)
# |  |  |  .------- month (1 - 12) OR jan,feb,mar,apr …
# |  |  |  |  .---- day of week (0 - 6) (Sunday=0 or 7) OR sun,mon,tue,
wed,thu,fri,sat
# |  |  |  |  |
# *  *  *  *  * user-name command to be executed
17 *    * * *   root    cd / && run-parts --report /etc/cron.hourly
25 6    * * *   root    test -x /usr/sbin/anacron || ( cd / && run-parts
--report /etc/cron.daily )
47 6    * * 7   root    test -x /usr/sbin/anacron || ( cd / && run-parts
--report /etc/cron.weekly )
52 6    1 * *   root    test -x /usr/sbin/anacron || ( cd / && run-parts
--report /etc/cron.monthly )
#
```

所有以"#"开头的行都是注释行。可以看到，crontab 文件在开头首先自我介绍了一番。在对某个配置文件进行修改之前，查看开头的注释行是很有帮助的。这些注释不会花费管理员太多的时间，但总能切中要害。例如，注释的第 2、3 行提到：

```
# Unlike any other crontab you don't have to run the `crontab'
# command to install the new version when you edit this file
```

这意味着为了使改动生效，只需要修改并保存这个文件就可以了，而不必运行 crontab 命令通知 cron 重新载入配置文件。不同系统的 cron 可能有不同的行为，因此保持阅读注释的习惯非常有必要。

接下来的两行代码设置了用于运行命令的 Shell 和命令搜索路径。在 Linux 中，/bin/sh 实际上是一个符号链接。指向系统默认使用的 Shell，通常是 BASH。

☎提示：Ubuntu 和 Debian 已经把默认的 Shell 改成 DASH（Debian ash）了，这是一种对 BASH 的改进版本。Ubuntu 的解释是"这样可以提供更快的脚本执行速度"。

最后一部分是管理员定制的任务计划。每行代表一个任务计划，其基本语法格式如下：

```
minute   hour   day   month   weekday   username   command
```

前 5 个字段告诉 cron 应该在什么时候运行 command 字段指定的命令，这些字段的含义如表 25.2 所示。

表 25.2 cron的时间设置字段及其含义

字 段 名	含 义	范 围
minite	分钟	0~59
hour	小时	0~23
day	日期	1~31
month	月份	1~12
weekday	星期几	0~6（0代表星期日）

表示时间的字段应该是下面的 4 种形式之一。
- 星号 "*"：用于匹配所有合法的时间。
- 整数：精确匹配一个时间单位。
- 短横线 "-"：匹配用短横线隔开的两个整数代表的时间范围。
- 逗号 ","：匹配用逗号分隔的一系列整数所代表的时间单位。

举例来说，如果希望在每月 20 日的下午 3:40 执行某项任务，那么时间格式应该这样写：

```
40    15    20    *    *
```

同时设置 day 字段和 weekday 字段意味着"匹配其中任意一项"。下面的时间设置表示"每周的周一至周三，以及每月的 25 号，每隔半个小时（执行某项命令）"。

```
0,30    *    25    *    1-3
```

如果记不住时间字段的含义，在 crontab 文件中通常会以注释形式给出提示。

```
# m h dom mon dow username command
```

username 字段指定以哪个用户的身份执行 command 字段的命令。这是 root 用户特有的权利，并且只应该在/etc/crontab 和/etc/cron.d 下的相关文件中出现。普通用户的 crontab 文件不应该也没有权利包含这个字段。

command 字段可以是任何有效的 Shell 命令，并且不应该加引号。command 一直延续到行尾，中间可以夹杂空格和制表符。

可以使用圆括号 "()" 括起多条命令，命令之间用分号 ";" 隔开。下面的这个 crontab 配置在每周五的凌晨 2:00 进入/opt/project 目录，并以用户 mike 的身份执行编译任务。

```
0  2  *  *  5    mike    (cd /opt/project; make)
```

需要注意的是，使用 cron 执行的任何命令都不会在终端产生输出信息。通常来说，应用程序的输出信息会以系统邮件的方式发送给 crontab 文件的属主用户。

25.5 简单的定时：at 命令

cron 程序包非常适用于计划周期性运行的系统管理任务。相对而言，at 命令则更适合一次性的任务。

下面的例子要求系统在 16:00 时响铃。为此使用 Mplayer 播放器播放铃声文件/usr/share/sounds/phone.wav，当然，用户也可以选择使用其他播放器。命令如下：

```
$ at 16:00
warning: commands will be executed using /bin/sh
at Tue Nov 15 16:00:00 2022
at> mplayer /usr/share/sounds/phone.wav        ##输入需要执行的命令
at> <EOT>                                       ##使用快捷键 Ctrl+D 结束输入
job 1 at Tue Nov 15 16:00:00 2022
```

at 会逐条执行用户输入的命令，使用快捷键 Ctrl+D 输入文件结束符 EOT 可以结束输入。at 命令的-f 选项可以使用文件路径作为参数，在指定的时间执行这个参数脚本。

```
$ at 17:00 -f ~/alarm                           ##17:00 时执行脚本~/alarm
warning: commands will be executed using /bin/sh
job 2 at Tue Nov 15 17:00:00 2022
```

可以使用 at 命令提前几分钟、几小时、几天、几星期甚至几年来安排某个任务，在 at 命令中，日期的写法是 MM/DD/YY（月/日/年）。下面的例子设定在明年（2024 年）2 月 1 日凌晨 3 点响铃。

```
$ at 3:00 02/01/2024
warning: commands will be executed using /bin/sh
at> mplayer /usr/share/sounds/phone.wav
at> <EOT>
job 3 at Wed Feb  1 03:00:00 2023
```

使用 atq 命令可以查看当前已经设置的任务。

```
$ atq
1    Wed May 25 16:00:00 2023 a lewis
2    Wed May 25 17:00:00 2023 a lewis
3    Wed Feb  1 03:00:00 2024 a lewis
```

可以看到，2023 年 5 月 15 日有两个任务，分别安排在 16:00 和 17:00；2024 年有一个任务，安排在 3:00。每个任务占据一行，以该任务的编号开头。使用 atrm 命令可以删除任务，该命令可以使用任务的编号作为参数。下面删除编号为 3 的任务。

```
$ atrm 3
```

和 cron 一样，at 命令将程序的输出信息通过 sendmail 发送给用户，而不是显示在标准输出上。本书没有涉及 sendmail 服务器配置的相关介绍，有兴趣的读者请参考其他 Linux 服务器配置类书籍。

25.6 小　　结

- ❑ cron 守护进程用于完成周期性任务。
- ❑ 可以在/etc、/etc/cron.d 和/var/spool/cron 目录下找到 cron 的配置文件。前两个目录用于系统的 cron 配置，第 3 个目录用于普通用户的 cron 配置。
- ❑ 普通用户提交 cron 任务需要得到管理员（root）用户的许可。
- ❑ cron 任务的最小执行周期是 1min。
- ❑ at 命令用于简单的定时任务。
- ❑ cron 和 at 会将程序的输出信息通过系统邮件的方式发送给用户。

25.7 习　　题

一、填空题

1. Linux 上的周期性任务通常由_____守护进程来完成。
2. cron 的配置文件为_____。在该配置文件中，设置计划任务的字段依次为_____、_____、_____、_____、_____、_____和_____。

二、选择题

1. cron 程序提供了许多目录，（　　）目录用来存放每天需要执行的脚本文件。
   A．cron.hourly   B．cron.daily
   C．cron.weekly   D．cron.monthly
2. crontab 命令的（　　）选项用来编辑用户的 crontab 文件。
   A．-e   B．-l   C．-r   D．前面三项均不正确

三、判断题

1. 在 cron 计划任务中，管理员可以通过建立 cron.allow 和 cron.deny 文件，允许或拒绝用户提交自己的 crontab 文件。　　　　　　　　　　　　　　　　　　　　（　　）
2. 使用 at 命令可以创建简单的定时任务。　　　　　　　　　　　　　　　（　　）

四、操作题

1. 使用 cron 创建一个任务计划，指定每天的 14:25 执行脚本/home/test/test.sh。
2. 使用 at 命令创建一个计划任务为"15:00 关闭计算机"。

第 26 章 防火墙和网络安全

防火墙是网络安全的基本工具。通过在服务器和外部访客之间建立过滤机制,防火墙在网络层面上实现了安全防范。Linux 的防火墙工具是 UFW(Uncomplicated FireWall),这套防火墙系统甚至被作为很多其他专业网络设备的核心。本章将介绍 Linux 中的网络安全工具,这些工具对于找出系统的安全问题非常有帮助。

26.1 Linux 的防火墙——UFW

UFW 是 Ubuntu 22.04 的默认防火墙,同 Windows 中的众多防火墙不同的是,UFW 需要用户自己定制相关的规则。因此在正式开始介绍之前,首先对其中的一些概念进行简单介绍。

26.1.1 UFW 简介

UFW 是 Ubuntu 系列发行版自带的类似 Iptables 的防火墙管理软件,简化了 Iptables,底层也是基于 Netfilter 的。目前,UFW 已经成为 Ubuntu 和 Debian 等系统的默认防火墙。UFW 默认关闭所有开放的端口。

26.1.2 查看 UFW 防火墙的状态

在 Ubuntu 系统中,默认已经安装了 UFW 防火墙。在使用该防火墙之前,可以查看一下其帮助信息,了解所有的命令及其含义。

```
$ ufw --help
Usage: ufw COMMAND
Commands:
 enable                          enables the firewall
 disable                         disables the firewall
 default ARG                     set default policy
 logging LEVEL                   set logging to LEVEL
 allow ARGS                      add allow rule
 deny ARGS                       add deny rule
 reject ARGS                     add reject rule
 limit ARGS                      add limit rule
 delete RULE|NUM                 delete RULE
 insert NUM RULE                 insert RULE at NUM
 route RULE                      add route RULE
 route delete RULE|NUM           delete route RULE
```

```
  route insert NUM RULE      insert route RULE at NUM
  reload                     reload firewall
  reset                      reset firewall
  status                     show firewall status
  status numbered            show firewall status as numbered list of RULES
  status verbose             show verbose firewall status
  show ARG                   show firewall report
  version                    display version information
Application profile commands:
  app list                   list application profiles
  app info PROFILE           show information on PROFILE
  app update PROFILE         update PROFILE
  app default ARG            set default application policy
```

UFW 防火墙默认是禁用的。用户可以使用 status 命令查看其状态。

```
$ sudo ufw status
状态：不活动
```

输出信息显示 UFW 服务状态为不活动。如果要使用防火墙允许或禁止访问某主机或端口，则需要启动 UFW 服务。执行命令如下：

```
$ sudo ufw enable
在系统启动时启用和激活防火墙
```

执行以上命令后，开机将自动启动 UFW 防火墙。此时，再次查看 UFW 的服务状态如下：

```
$ sudo ufw status
状态： 激活
```

用户还可以使用 status verbose 命令查看防火墙状态的详细信息。

```
$ sudo ufw status verbose
状态：激活
日志： on (low)
默认: deny (incoming), allow (outgoing), disabled (routed)
新建配置文件: skip
```

从输出信息中可以看到，当前防火墙为激活状态并启用了日志功能，级别为 low。UFW 支持的日志级别有 low、medium、high 和 full。用户可以设置日志级别，开启或关闭日志功能。

```
$ sudo ufw logging off                    #关闭防火墙日志
日志被禁用
$ sudo ufw logging on                     #开启防火墙日志
日志被启用
```

UFW 防火墙的默认日志级别为 low，用户也可以设置其他级别。例如，设置日志级别为 medium，执行命令如下：

```
$ sudo ufw logging medium
日志被启用
```

如果用户不需要 UFW 防火墙，则可以使用 disable 命令关闭。

```
$ sudo ufw disable
防火墙在系统启动时自动禁用
```

26.1.3 添加规则

当 UFW 服务启动后,就可以添加防火墙规则了。默认情况下,UFW 添加的规则是指允许入站连接。如果要指定允许出站,则需要加上 out 关键字。语法格式如下:

```
$ sudo ufw allow in port                    #允许 port 入站
$ sudo ufw allow out port                   #允许 port 出站
```

假设当前防火墙所在的主机是一台 Web 服务器,为此应该允许外部主机能够连接到 80 端口(对应 HTTP 服务器)和 22 端口(对应 SSH 服务)。使用 ufw 命令添加规则,命令如下:

```
$ sudo ufw allow 80/tcp
$ sudo ufw allow 22/tcp
```

添加成功后,通过查看 UFW 的状态可以看到所有的规则。

```
$ sudo ufw status
状态: 激活

至                          动作             来自
-                           --               --
80/tcp                      ALLOW            Anywhere
22/tcp                      ALLOW            Anywhere
80/tcp (v6)                 ALLOW            Anywhere (v6)
22/tcp (v6)                 ALLOW            Anywhere (v6)
```

以上语法是通过服务的默认端口来添加防火墙规则。用户也可以指定端口的协议来添加防火墙规则,命令如下:

```
$ sudo ufw allow http
$ sudo ufw allow ssh
```

UFW 防火墙还允许指定范围内的端口协议、允许指定 IP 的地址、允许子网的连接、允许指定的 IP 段访问特定的端口,以及允许通过某个网卡的连接。下面列举几个例子。

(1)允许指定范围内的端口协议。例如,允许 TCP 和 UDP 上的端口从 8000 到 8100。

```
$ sudo ufw allow 8000:8100/tcp
$ sudo ufw allow 8000:8100/udp
```

(2)允许特定的 IP 地址。例如,允许主机 192.168.1.100 访问当前主机上的所有端口。

```
$ sudo ufw allow from 192.168.1.100
```

(3)允许子网的连接。例如,允许 IP 段 192.168.1.1 到 192.168.1.254 的所有连接。

```
$ sudo ufw allow from 192.168.1.0/24
```

(4)允许指定 IP 段访问特定的端口。例如,允许 IP 段 192.168.1.0/24 访问端口 22。

```
$ sudo ufw allow from 192.168.1.0/24 to any port 22
```

(5)允许连接到特定的网卡。例如,允许接口 eth0 的 80 端口连接。

```
$ sudo ufw allow in on eth0 to any port 80
```

以上添加的规则都是允许连接。如果想要添加拒绝连接的规则,原理一样,只需要将 allow 换成 deny 即可。例如,拒绝 HTTP 端口的所有连接。执行命令如下:

```
$ sudo ufw deny http
```

或者：

```
$ sudo ufw deny 80
```

26.1.4 删除规则

在大部分情况下，管理员在改变防火墙设置之前总是清空所有规则，因为这样可以避免一些不必要的冲突。但是人难免会犯错，管理员有时候需要删除自己刚才的失误操作。UFW 提供了子命令 delete 可以删除错误的规则。这里可以通过编号和服务两种方式来删除，语法格式如下：

```
sudo ufw delete number                        #按编号删除
sudo ufw delete allow service/protocol        #按服务删除
```

如果通过编号删除防火墙规则，则需要使用 status numbered 命令查看规则编号。

```
$ sudo ufw status numbered
状态：激活
     至                          动作           来自
     -                           --             --
[ 1] 80/tcp                      DENY IN        Anywhere
[ 2] 22/tcp                      ALLOW IN       Anywhere
[ 3] 8000:8100/tcp               ALLOW IN       Anywhere
[ 4] Anywhere                    ALLOW IN       192.168.1.0/24
[ 5] 22/tcp                      ALLOW IN       192.168.1.0/24
[ 6] 80/tcp on eth0              ALLOW IN       Anywhere
[ 7] 80/tcp (v6)                 DENY IN        Anywhere (v6)
[ 8] 22/tcp (v6)                 ALLOW IN       Anywhere (v6)
[ 9] 8000:8100/tcp (v6)          ALLOW IN       Anywhere (v6)
[10] 80/tcp (v6) on eth0         ALLOW IN       Anywhere (v6)
```

例如，下面删除编号为 1 的规则。执行命令如下：

```
$ sudo ufw delete 1
将要删除：
 deny 80/tcp
要继续吗 (y|n)? y
规则已删除
```

下面删除 SSH 服务的规则。执行命令如下：

```
$ sudo ufw delete allow ssh
规则已删除
规则已删除 (v6)
```

UFW 提供了一个 reset 命令可以重置 UFW，即删除所有活动规则，并且禁用 UFW。执行命令如下：

```
$ sudo ufw reset
所有规则将被重设为安装时的默认值。要继续吗 (y|n)? y
备份 "user.rules" 至 "/etc/ufw/user.rules.20220525_172642"
备份 "before.rules" 至 "/etc/ufw/before.rules.20220525_172642"
备份 "after.rules" 至 "/etc/ufw/after.rules.20220525_172642"
备份 "user6.rules" 至 "/etc/ufw/user6.rules.20220525_172642"
备份 "before6.rules" 至 "/etc/ufw/before6.rules.20220525_172642"
备份 "after6.rules" 至 "/etc/ufw/after6.rules.20220525_172642"
```

26.1.5 防火墙保险吗

没有什么规则是绝对可靠的,人们往往以为购买了防火墙产品就可以高枕无忧了。如果一个大型站点的管理员也抱有这样的想法,那么是极其危险的。管理员首先应该确保每项服务都进行了足够安全的配置,对安全漏洞和补丁持续关注,并且注重对内部员工的安全教育。总之,防火墙只是保证网络安全的辅助工具。

第 26.2 节将介绍一些网络安全工具。作为对系统安全措施的补充,管理员应该了解这些工具,并且恰当地使用它们。时刻对网络安全提高警惕,才是保证网络安全最有效的手段。

26.2 网络安全工具

各种网络安全工具可以帮助管理员了解系统存在哪些漏洞,当然也可以让攻击者了解到漏洞所在,如端口扫描和口令猜解等工具能发挥怎样的作用,完全取决于是谁在使用。从这个意义上来看,人们总是陷入"以子之矛,攻子之盾"的循环。无论是否喜欢,始终要记住的一点是,管理员通过安全工具获得的信,攻击者也可以获得。

26.2.1 扫描网络端口:nmap 命令

nmap 命令用于扫描一组主机的网络端口。端口扫描的意义是很明显的——所有的服务器程序都要通过网络端口对外提供服务。一些端口的功能是人所共知的。例如,80 端口用于提供 HTTP 服务、22 端口用于接收 SSH 连接、21 端口用于提供 FTP 服务等。通过扫描服务器开放的端口,可以得到很多信息,获取这些信息是实施攻击行为的第一步。

nmap 命令可以帮助管理员了解自己的系统在"别人"看来是什么样的。使用 -sT 参数尝试同目标主机的每个 TCP 端口建立连接,观察哪些端口处于开放状态,以及正在运行什么服务。

```
$ nmap -sT db1.example.org                    #扫描 db1.example.org
Starting Nmap 7.80 ( https://nmap.org ) at 2022-11-15 15:17 CST
Interesting ports on db1.example.org (192.168.1.101):
Not shown: 1703 closed ports
PORT      STATE SERVICE
21/tcp    open  ftp
22/tcp    open  ssh
80/tcp    open  http
111/tcp   open  rpcbind
139/tcp   open  netbios-ssn
445/tcp   open  microsoft-ds
631/tcp   open  ipp
902/tcp   open  iss-realsecure-sensor
2049/tcp  open  nfs
3306/tcp  open  mysql
8009/tcp  open  ajp13
```

```
Nmap done: 1 IP address (1 host up) scanned in 0.165 seconds
```

nmap 命令可以显示所有开放服务的端口。如果由于防火墙干扰而无法探测到该端口，那么 nmap 命令会在 STATE 一栏中显示 filtered。为了进一步得到关于该主机的信息，nmap 命令提供了-O 选项（探测主机操作系统）和-sV 选项（探测端口上运行的软件），但需要以 root 身份执行该命令。

```
$ sudo nmap -O -sV db1.example.org

Starting Nmap 7.80 ( https://nmap.org ) at 2022-11-15 15:17 CST
Interesting ports on localhost (192.168.1.101):
Not shown: 1703 closed ports
PORT         STATE SERVICE          VERSION
21/tcp       open  ftp              vsftpd or WU-FTPD
22/tcp       open  ssh              OpenSSH 4.7p1 Debian 8ubuntu1.2 (protocol 2.0)
80/tcp       open  http             Apache httpd 2.2.8 ((Ubuntu) PHP/5.2.4-2ubun-
tu5.4 with Suhosin-Patch)
111/tcp      open  rpc
139/tcp      open  netbios-ssn      Samba smbd 3.X (workgroup: WORKGROUP)
445/tcp      open  netbios-ssn      Samba smbd 3.X (workgroup: WORKGROUP)
631/tcp      open  ipp              CUPS 1.2
902/tcp      open  ssl/vmware-auth  VMware GSX Authentication Daemon 1.10 (Uses
VNC, SOAP)
2049/tcp open  rpc
3306/tcp open  mysql            MySQL 5.0.51a-3ubuntu5.4
8009/tcp open  ajp13?
Device type: general purpose
Running: Linux 2.6.X
OS details: Linux 2.6.17 - 2.6.18
Uptime: 0.324 days (since Wed Jan 14 12:45:32 2022)
Network Distance: 0 hops
Service Info: Host: blah; OS: Linux

Host script results:
|  Discover OS Version over NetBIOS and SMB: OS version cannot be determined.
|_ Never received a response to SMB Setup AndX Request

OS and Service detection performed. Please report any incorrect results at
http://insecure.org/nmap/submit/ .
Nmap done: 1 IP address (1 host up) scanned in 43.074 seconds
```

nmap 命令检测到 db1.example.org 上运行的操作系统是 Linux 2.6 版本，并且相当准确地推断出了每个开放端口上运行的服务器程序。这些信息对于攻击者而言非常重要，因为他们可以根据已知的漏洞对这些服务器软件进行攻击。

并不是每次推断都是准确的，例如下面的例子：

```
$ sudo nmap -O -sV 220.191.75.201

…
Running (JUST GUESSING) : Microsoft Windows XP|2000|2003 (91%), Apple Mac
OS X 10.4.X (85%)
Aggressive OS guesses: Microsoft Windows XP SP2 (91%), Microsoft Windows
XP SP2 (firewall disabled) (87%), Microsoft Windows 2000 SP4 or Windows XP
SP2 (86%), Microsoft Windows 2003 Small Business Server (86%), Microsoft
Windows XP Professional SP2 (86%), Microsoft Windows Server 2003 SP0 or
Windows XP SP2 (86%), Apple Mac OS X 10.4.9 (Tiger) (PowerPC) (85%), Microsoft
Windows Server 2003 SP1 (85%)
No exact OS matches for host (test conditions non-ideal).
```

```
Service Info: OS: Windows
...
```

  nmap 命令从高到低列出了每种操作系统的百分比，鉴于该主机真正运行的操作系统（Microsoft Windows XP SP2），nmap 命令的推断基本还是正确的。

  nmap 命令在扫描之前会先 ping 一下目标主机，在收到回应后才执行扫描程序。很多服务器出于安全考虑，设置防火墙丢弃这样的探测包，nmap 命令在遇到这种情况时会"礼貌"地停止。

```
$ nmap -sT 220.191.75.201

Starting Nmap 7.80 ( https://nmap.org ) at 2022-11-15 15:27 CST
Note: Host seems down. If it is really up, but blocking our ping probes,
try -PN
Nmap done: 1 IP address (0 hosts up) scanned in 2.045 seconds
```

可以使用-PN 参数强制 nmap 命令对这类主机进行扫描。

```
$ nmap -sT -PN 220.191.75.201

Starting Nmap 7.80 ( https://nmap.org ) at 2022-11-15 15:30 CST
Interesting ports on 201.75.191.220.broad.hz.zj.dynamic.163data.com.cn
(220.191.75.201):
Not shown: 1707 filtered ports
PORT      STATE SERVICE
23/tcp    open  telnet
25/tcp    open  smtp
...
```

  最后，使用-p 参数可以指定 nmap 命令对哪些端口进行扫描。下面的例子扫描主机 172.16.25.129 的 1～5000 号端口。

```
$ nmap -sT -PN -p1-5000 172.16.25.129

Starting Nmap 7.80 ( https://nmap.org ) at 2022-11-15 15:31 CST
Interesting ports on 172.16.25.129:
Not shown: 4999 filtered ports
PORT    STATE SERVICE
22/tcp open  ssh

Nmap done: 1 IP address (1 host up) scanned in 24.057 seconds
```

26.2.2　找出不安全的口令：John the Ripper

  管理员不能总是相信用户会把口令设置得足够安全，因此定期地尝试破解一下口令是有必要的。John the Ripper 就是这样一款久负盛名的口令破解工具。任何人都可以从 www.openwall.com/john 上下载这款工具软件（读者应该明白"任何人"的含义）。

  最常见的用法是尝试破解系统口令文件/etc/shadow。john 命令的使用方法如下面这样简单。

```
$ sudo john /etc/shadow
Loaded 3 passwords with 3 different salts (FreeBSD MD5 [32/64])
12345            (baduser1)
654321           (baduser2)
...
```

破解口令的时间通常很长，但是像"12345"这样的口令几乎是"瞬间"就被破解了。John the Ripper 会把最终的结果输出到 john.pot 中，这个文件只对 root 用户可读。

```
$ sudo cat john.pot
$1$YRPXDdkd$msvgGAru4HMwEjllLYiVK1:12345
$1$hEbRA638$1n24KD1oJPaB9/3kTkREw0:654321
```

接下来管理员应该做两件事情：通知这两个用户立刻修改密码；删除 john.pot 文件。

26.3　主机访问控制

对于那些包含主机访问控制（hosts_access）功能的服务（典型的有 xinetd 和 sshd 等），Linux 提供了除防火墙之外的另一种来源控制方案。在/etc 目录下有两个文件 hosts.allow 和 hosts.deny，前者指定哪些主机可以访问某个特定的服务，后者则对此做出限制。在默认情况下，这两个文件都为空。为了限制网络 192.168.1.0/24 访问 SSH 服务，可以在/etc/hosts.deny 中加入下面这行代码：

```
sshd: 192.168.1.0/24
```

/etc/hosts.allow 的"优先级"高于/etc/hosts.deny。如果一台主机（或者网络）同时在这两个文件中出现，则"允许"处理。对于安全性要求比较高的环境，可以首先在/etc/hosts.deny 中禁用所有主机的访问，然后在/etc/hosts.allow 中逐条开放。

在/etc/hosts.deny 中拒绝所有访问。

```
ALL: ALL
```

在/etc/hosts.allow 中开放网络 10.171.1.0/24 对 SSH 服务的访问许可。

```
sshd: 10.171.1.0/24
```

26.4　小　　结

- UFW 是 Ubuntu 系统默认的防火墙组件，是为了轻量化配置 Iptables 而开发的一款工具。
- IN 规则定义了发送到本机的数据包的行为。
- OUT 规则作用于从本机发送出去的数据包。
- 在每次重新设置防火墙规则前应该清空规则表。
- 防火墙只是保证系统安全的辅助工具。
- 网络安全工具可以帮助管理员了解自己系统的漏洞，这对攻击者同样有用。
- nmap 命令可以扫描一组主机的网络端口，它可以推测出远程主机使用的服务器程序和操作系统。
- John the Ripper 是一款口令破解工具。管理员可以通过该工具发现系统中不安全的口令。
- 主机访问控制 hosts_access 从系统的角度控制客户机来源。

26.5 习　　题

一、填空题

1. 在 Ubuntu 系统中默认的防火墙为_____。
2. 官网 UFW 防火墙的命令为_____。
3. Linux 中常用的网络端口扫描工具为_____。

二、选择题

1. 使用 UFW 防火墙时，使用 UFW 的（　　）选项查看防火墙的状态。
   A．enable　　　　B．disable　　　　C．status　　　　D．前面三项均不正确
2. 为 UFW 防火墙添加规则时，（　　）参数表示入站。
   A．in　　　　　　B．out　　　　　　C．allow　　　　D．前面三项均不正确

三、判断题

在主机访问控制（hosts_access）功能服务中，hosts.deny 的优先级高于 hosts.allow。
　　　　　　　　　　　　　　　　　　　　　　　　　　　　　　　（　　）

四、操作题

1. 启动 UFW 防火墙并查看其状态。
2. 添加 UFW 防火墙规则，允许所有主机访问 TCP 端口 80。

第 27 章 病毒和木马

本章介绍个人用户比较关心的两个安全性问题：计算机病毒和木马程序（尽管人们常常把这两个概念混为一谈）。几乎每个计算机用户都有被病毒和木马侵袭的经历，看看安全厂商病毒库的更新速度就知道了。本章首先介绍病毒和木马的基础知识，随后向读者推荐一款 Linux 中的防病毒软件，最后以对安全问题的反思来结束本章的介绍，这也是对整个系统安全篇的总结。

27.1 随时面临的威胁

无论系统管理员还是普通用户，每天都被各种安全问题"包围"着。一些最初用于科研目的的病毒和木马有可能被人利用而使计算机用户蒙受损失。所谓知己知彼，在寻找合适的安全手段之前，首先来了解一些简单的安全知识。

27.1.1 计算机病毒

随着科学的普及，没有人会拿着酒精棉去杀灭计算机病毒。一段程序指令，旨在破坏计算机的功能和数据，同时能够自我复制——计算机病毒和生物学上的病毒的确非常相似。

病毒总是想尽可能广泛地传播自己。在网络还不怎么发达的时候，病毒的传播总是备受限制，那时候的安全建议往往是在不需要写入数据的软盘上开启写保护。随着互联网的普及，病毒的数量和破坏性呈现出了爆炸性的增长。通过网络将病毒从一台主机传播给另一台主机是非常容易的事情。例如"冲击波病毒"，在短短一周时间内就感染了当时世界上大部分的 Windows XP 系统。

病毒制造者喜欢让自己的程序在计算机中潜伏一段时间，然后让它在某一时刻爆发。这段潜伏期是病毒复制传播的好机会，用户此时不会察觉任何异常。病毒可能会在不同的地方出现，但通常来说病毒总是存在于能够得到执行的地方，如可执行文件、启动扇区（Boot）和硬盘的系统引导扇区（MBR）等。文本文件中的"病毒"是没有意义的，因为它们根本没有运行的机会。

病毒的破坏性有大有小，这通常取决于编写者的目的。有些病毒不会造成重大破坏而只是热衷于四处传播；而有些病毒则会在特定的时间进行恶作剧，如闪动屏幕、发出声响等。此外，还有很多病毒是具有实际破坏性的，如删除数据、破坏引导分区和窃取信息等。遗憾的是，互联网上一直都存在这类破坏性的病毒。

27.1.2 特洛伊木马

特洛伊木马以一个耳熟能详的历史故事作为病毒名称，对这个病毒的特点可见一斑。从广义角度理解，特洛伊木马是一种"欺骗"程序，它给自己披上了合法的外衣，堂而皇之地进入用户的计算机，然后做一些并不被授权的事情。有些时候，特洛伊木马并不做什么"坏事"，它们只是有点烦人。但在更多的情况下，编写者会在其中植入恶意代码，就像藏在那座巨型木马里的希腊士兵——让攻击者得以自由出入用户的系统。

对于某些企业和政府单位而言，特洛伊木马的害处比破坏性病毒更大。不怀好意的攻击者可能会窃取其中的机密信息，然后高价转让或者为己所用。数据的意外删除可以通过备份有效防范，但被窃取的机密信息就像是泼出去的水，无法挽回。

特洛伊木马可以很简单，如被攻击者替换掉的 su 程序可以很方便地获取主机的 root 口令。有些时候人们很容易上当，例如笔者知道的一个 Linux 社团就有攻击者通过这种方法得到了所有主机的 root 口令。

27.1.3 掩盖入侵痕迹：Rootkits

Rootkits 是入侵类的病毒。未经许可进入别人的系统难免留下痕迹，"高明"的入侵者会试图掩盖这些痕迹，为下一次入侵做好准备。攻击者通常不希望自己辛苦得来的"战利品"是一次性的，他们希望能够重复利用这台系统，也许这台主机没有利用价值，但它是攻击另一个系统的一个好的跳板。

Rootkits 是用来隐藏系统信息的恶意程序，入侵者利用它来防止自己被用户发现。Rootkits 可以非常简单——只需要替换正常的应用程序，也可以实现很复杂的功能。例如，一些特洛伊木马将自己作为内核模块来运行，这类内核级的木马编写得相当巧妙，几乎不可能被发现。

27.2 基于 Linux 系统的防毒软件：ClamAV

ClamAV 是 Linux 中最流行的防病毒软件，其包含完整的防病毒工具库，并且更新迅速。ClamAV 由 Tomasz Kojm 开发，遵循 GPL 协议免费发放。本书列举的两个 Linux 发行版（Ubuntu 和 openSUSE）在其安装源中都包含这款软件。如果读者使用的发行版本没有包含该软件，那么可以在 www.clamav.net 上下载。

27.2.1 更新病毒库

对于防毒软件而言，经常更新病毒库和定期查毒几乎同等重要。ClamAV 提供了自动更新功能，用户也可以使用命令行工具手动更新病毒库。如果需要通过代理服务器上网，那么可以打开更新程序的配置文件/etc/clamav/freshclam.conf，在其中添加如下代码：

```
HTTPProxyServer 220.191.74.181
HTTPProxyPort 6666
```

HTTPProxyServer 表示这是 HTTP 代理。将 220.191.74.181 和 6666 替换成实际的 IP 地址（或主机名）和端口号，然后使用命令 freshclam 更新 ClamAV。

```
$ sudo freshclam                                            ##执行更新 ClamAV
Wed May 25 16:02:35 2022 -> ClamAV update process started at Wed May 25 16:02:35
2022
Wed May 25 16:02:35 2022 -> daily.cvd database is up-to-date (version: 26551,
sigs: 1984562, f-level: 90, builder: raynman)
Wed May 25 16:02:35 2022 -> main.cvd database is up-to-date (version: 62,
sigs: 6647427, f-level: 90, builder: sigmgr)
Wed May 25 16:02:35 2022 -> bytecode.cvd database is up-to-date (version:
333, sigs: 92, f-level: 63, builder: awillia2)
```

☎提示：使用 freshclam 命令更新 ClamAV 时，需要先停止 ClamAV 服务。否则，freshclam 命令将执行失败。如要停止 ClamAV 服务，执行命令如下：

```
$ sudo systemctl stop clamav-freshclam.service
```

27.2.2 基本命令和选项

ClamAV 是一套基于命令行的反病毒工具。使用命令 clamscan 命令可以对当前目录进行扫描（不会深入子目录中）。

```
$ clamscan                                                  ##扫描当前目录
/home/lewis/ubuntu_3d: OK
/home/lewis/nfs_compile: OK
/home/lewis/.sudo_as_admin_successful: Empty file
/home/lewis/.chromium: OK
…
/home/lewis/.xscreensaver-getimage.cache: OK

----------- SCAN SUMMARY -----------
Known viruses: 527359
Engine version: 0.103.6
Scanned directories: 1
Scanned files: 69
Infected files: 0
Data scanned: 104.59 MB
Data read: 41.54 MB (ratio 1.53:1)
Time: 41.972 sec (0 m 41 s)
Start Date: 2022:05:25 11:30:18
End Date:   2022:05:25 11:31:00
```

扫描完成后 clamscan 会通过一张汇总表显示本次扫描的结果。使用 clamscan 的 -r 选项能够递归地扫描一个目录（深入子目录中）。

```
$ sudo clamscan -r /media/station/document/
```

请确保用户对于扫描的文件和目录拥有读权限，这也是使用 sudo 提升用户权限的原因。如果要扫描一个文件，那么只需要将文件名作为 clamscan 的参数即可。

```
$ clamscan sum.exe
```

clamscan 命令还可以到打包文件内部扫描。下面的命令是要求进入 ask.tar.gz 中扫描。

```
$ clamscan ask.tar.gz
ask/
```

```
ask/ask.php
ask/index.php
ask/search.php
ask/response.php
…
----------- SCAN SUMMARY -----------
Known viruses: 527359
Engine version: 0.103.6
Scanned directories: 3
Scanned files: 11
Infected files: 0
Data scanned: 0.18 MB
Data read: 41.54 MB (ratio 1.53:1)
Time: 41.972 sec (0 m 41 s)
Start Date: 2022:05:25 11:30:18
End Date:   2022:05:25 11:31:00
```

ClamAV 并没有提供清除病毒的功能，这有点让人沮丧。表 27.1 列出了处理病毒感染文件的 clamscan 命令选项。

表 27.1 处理病毒感染文件的 clamscan 命令选项

选项	描述
--remove	删除被感染的文件
--move=DIRECTORY	把被感染的文件移动到目录 DIRECTORY 下
--copy=DIRECTORY	把被感染的文件复制到目录 DIRECTORY 下

读者可以使用 man clamscan 命令查看 clamscan 命令的完整选项列表。

27.2.3 图形化工具

ClamAV 也提供了图形化的工具 ClamTK，如果读者正在使用 Ubuntu，可以使用下面的命令下载并安装这个小工具。

```
$ sudo apt-get install clamtk
```

安装完成后，在程序列表中启动 ClamTK 程序，打开后的 ClamTK 界面如图 27.1 所示。图形化工具的操作很容易，这里就不再赘述了。

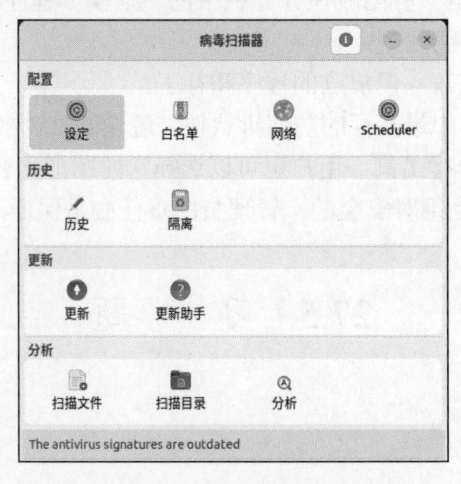

图 27.1 ClamAV 的图形化工具 ClamTK

如果 ClamAV 的病毒库过期了，那么 ClamTK 会在启动的时候会提示。ClamTK 没有提供升级病毒库的功能，用户需要运行 freshclam 命令来完成升级。

27.3　反思：Linux 安全吗

　　Linux 不安全。也没有哪一套系统是绝对安全的。只要一台主机连接上了网络，就要准备好接受各种挑战。房子的主人可以安装 4 层或 5 层防盗门，但是小偷仍然有办法进来，只是难度更大一些，相应的，这意味着房子的主人出去也不方便。

　　Linux 是开放源代码的，所有人都可以仔细研究其中的每行代码。就像一枚硬币的两面，一方面增加了人们发现漏洞并改进代码的机会，使 Linux 能够更迅速地弥补过错；另一方面也增加了人们发现漏洞并实施破坏的机会。

　　Linux 的确很少受到病毒攻击。这是因为病毒通常只能以受限用户的身份行动，很难取得 root 权限。但是这种"集权"模式实际上会带来另一个问题——如果攻击者取得了 root 权限，那么管理员几乎没有任何挽回的余地。

　　安全性总是同操作的简便性成反比。Linux 不是铁板一块，设计者必须考虑到用户的使用体验，否则没有人愿意使用它。为了简便的操作而放弃一些安全并不奇怪，管理员必须了解这一点。系统越安全意味着它越不适合被人操作，必须根据实际情况在二者之间寻求一个平衡点。小偷不愿去偷一辆锁了 12 把锁的自行车，它的主人也不愿意开 12 道锁才能使用。

　　系统管理员需要明白，只有时刻提高警惕才是保证系统安全的唯一有效方法。很多时候，和安全性成正比的不是预算和资金，而是管理员的责任心。

27.4　小　　结

- 计算机病毒是一段旨在破坏计算机功能和数据并且能够自我复制的程序指令。
- 特洛伊木马程序是一种隐藏在计算机中的"欺骗"程序，攻击者常常通过它来控制计算机或窃取机密信息。
- Rootkits 是用于掩盖入侵痕迹的程序和补丁。
- ClamAV 是 Linux 中最流行的防病毒软件，遵循 GPL 协议免费发布。
- ClamAV 使用命令行工具。用户也可以选择它的图形化客户端 ClamTK。
- 没有哪一套系统是绝对安全的，管理员的责任心是保证系统安全最有效的武器。

27.5　习　　题

一、填空题

1. ＿＿＿＿＿＿是用来隐藏系统信息的恶意程序，入侵者利用它们来防止自己被用户发现。

2．Linux 中最流行的防病毒软件是_____。

二、判断题

1．ClamAV 工具没有提供清除病毒的功能。　　　　　　　　　　（　　）
2．Linux 是非常安全的操作系统，不可能受到病毒攻击。　　　　（　　）

三、操作题

1．安装并更新 ClamAV 病毒库。
2．使用 ClamAV 工具扫描当前目录中的文件。

附录 A Linux 的常用指令

1. 文件操作的相关指令

名称	说明	名称	说明
arj	ARJ压缩包管理器	ed	行文本编辑器
basename	从文件名中去掉路径和后缀	ex	以Ex模式运行vi指令
bzip2	创建和管理.bz2压缩包	expand	将制表符转换为空白字符
bunzip2	解压缩.bz2压缩包	find	查找文件并执行指定的操作
bzcat	显示.bz2压缩包中的文件内容	file	探测文件类型
bzcmp	比较.bz2压缩包中的文件	fold	指定文件显示的宽度
bzdiff	比较两个.bz2压缩包中的文件的不同	fmt	优化文本格式
bzgrep	搜索.bz2压缩包中文件的内容	grep	在文件中搜索匹配的行
bzip2recover	恢复被破坏的.bz2压缩包中的文件	gzip	GNU的压缩与解压缩工具
bzmore	分屏查看.bz2压缩包中的文本文件	gunzip	解压缩.gz压缩包
bzless	增强的.bz2压缩包分屏查看器	gzexe	压缩可执行文件
chgrp	改变文件所属工作组	head	显示文件的头部内容
chmod	改变文件访问权限	ispell	拼写检查程序
chown	改变文件的所有者和所属工作组	jed	程序员的文本编辑器
cat	连接文件并显示内容	joe	全屏文本编辑器
cut	删除文件中的指定字段	join	将两个文件的相同字段合并
cmp	比较两个文件	jobs	显示任务列表
col	具有反向换行的文本过滤器	ln	为文件创建连接
colrm	删除文件中的指定列	locate/slocate	快速定位文件的路径
comm	以行为单位比较两个已排序文件	less	分屏显示文件内容
csplit	将文件分割为若干小文件	look	显示文件中以指定字符串开头的行
cpio	存取归档包中的文件	mv	移动文件或改名
compress	压缩文件	more	文件内容分屏查看器
dd	复制文件并进行内容转换	od	将文件导出为八进制或其他格式
diff	比较两个文件的不同	pathchk	检查文件路径名的有效性和可移植性
diff3	比较三个文件的不同	pico	文本编辑器
diffstat	显示diff命令输出的柱状图	paste	合并文件
dump	Ext2、Ext3文件备份工具	printf	格式化并打印数据
emacs	全屏文本编辑器	pr	将文本转换为适合打印的格式

续表

名称	说明	名称	说明
rename	批量为文件改名	uniq	报告或忽略文件中的重复行
rev	将文件的每行内容以字符为单位反序输出	unexpand	将空白（Space）转换为制表符
restore	还原dump备份	uncompress	解压缩.Z压缩包
sed	用于文本过滤和转换的流式编辑器	unzip	解压缩.zip压缩包
sort	对文件进行排序	unarj	解压缩.arj压缩包
split	将文件分割成碎片	vi	全屏幕纯文本编辑器
spell	拼写检查	whereis	显示指令及相关文件的路径
touch	修改文件的时间属性	which	显示指令的绝对路径
tail	输出文件尾部内容	wc	统计文件的字节数、单词数和行数
tr	转换和删除字符	zip	压缩和文件打包工具
tee	将输入内容复制到标准输出或文件	zipinfo	显示Zip压缩包的细节信息
tac	以行为单位反序连接和打印文件	zipsplit	分割Zip压缩包
tar	打包备份	zforce	强制在Gzip格式文件后添加.gz后缀
updatedb	创建或更新Slocate数据库	znew	将.Z文件重新压缩为.gz文件
unlink	删除指定的文件	zcat	显示.gz压缩包中的文件内容

2. 目录操作的相关指令

名称	说明	名称	说明
cd	将当前工作目录切换到指定的目录	pwd	打印当前的工作目录
cp	复制文件或目录	pushd	向目录堆栈中压入目录
dirname	去除文件名中的非目录部分	popd	从目录堆栈中弹出目录
dirs	显示目录堆栈	rm	删除文件或目录
ls	显示目录内容	rmdir	删除空目录
mkdir	创建目录		

3. Shell操作的相关指令

名称	说明	名称	说明
alias	设置命令别名	export	将变量输出为环境变量
bg	后台执行作业	enable	激活或关闭内部命令
bind	显示内部命令的帮助信息	exec	调用并执行指令
builtin	执行Shell的内部命令	fg	将后台作业放到前台执行
command	调用指定的指令并执行	fc	修改历史命令并执行
declare	声明Shell变量	history	显示历史命令
dirs	显示目录堆栈	help	显示内部命令的帮助信息
echo	打印变量或字符串	kill	杀死进程
env	在定义的环境中执行指令	logout	退出登录
exit	退出Shell	read	从键盘读取变量值

名称	说明	名称	说明
readonly	定义只读Shell变量或函数	unset	删除指定的Shell变量与函数
set	显示或设置Shell特性及Shell变量	ulimit	限制用户对Shell资源的使用
shopt	显示和设置Shell行为选项	umask	设置权限掩码
type	判断内部指令和外部指令	wait	等待进程执行完后返回终端
unalias	取消命令别名		

4．系统管理的相关指令

名称	说明	名称	说明
batch	在指定时间执行任务	lastlog	显示用户最近一次登录信息
modinfo	显示模块的详细信息	logsave	将指令输出信息保存到日志中
ctrlaltdel	设置Ctrl+Alt+Del快捷键的功能	logwatch	分析报告系统日志
chpasswd	以批处理模式更新密码	logrotate	日志轮转工具
crontab	周期性地执行任务	mpstat	报告CPU相关状态
chroot	切换根目录环境	newusers	批处理创建用户
depmod	产生模块依赖于映射文件	nologin	礼貌地拒绝用户登录
finger	查询用户信息	nice	以指定优先级运行程序
free	显示内存的使用情况	nohup	以忽略挂起信号方式运行程序
fuser	报告进程使用的文件或套接字	poweroff	关闭计算机并切断电源
groupadd	创建新工作组	passwd	设置用户密码
groupdel	删除工作组	pwck	验证密码文件的完整性
gpasswd	工作组文件管理工具	pwconv	创建用户影子文件
groupmod	修改工作组信息	pwunconv	还原用户密码到passwd文件
groups	打印用户所属的工作组	pkill	按名称杀死进程
grpck	验证组文件的完整性	pstree	以树形显示进程派生关系
grpconv	创建组影子文件	ps	报告系统当前进程的快照
grpunconv	还原组密码到group文件	pgrep	基于名称查找进程
halt	关闭计算机	pidof	查找进程的ID号
hostid	打印当前主机的数字标识	pmap	报告进程的内存映射
init	初始化Linux进程	reboot	重新启动计算机
ipcs	报告进程间通信设施的状态	renice	调整进程优先级
iostat	报告CPU状态和设备及分区的I/O状态	runlevel	打印当前运行的等级
insmod	加载模块到内核	rmmod	从内核中移除模块
killall	按照名称杀死进程	su	切换用户身份
kexec	直接启动另一个Linux内核	sudo	以另一个用户身份执行指令
lsmod	显示所有已打开的文件列表	telinit	切换运行等级
lastb	显示错误登录列表	top	实时报告系统的整体性能情况
last	显示用户最近登录的列表	time	统计指令运行时间

名称	说明	名称	说明
tload	图形化显示系统平均负载	w	显示已登录用户正在执行的指令
useradd	创建新用户	xauth	修改X服务器访问授权信息
userdel	删除用户及相关文件	xhost	X服务器访问控制工具
usermod	修改用户	xinit	X-Window系统初始化程序
uptime	报告系统运行时长及平均负载	xlsatoms	显示X服务器定义的原子成分
uname	打印系统信息	xlsclients	列出在X服务器上显示的客户端程序
vmstat	报告系统整体运行状态	xlsfonts	显示X服务器字体列表
watch	全屏方式显示周期性执行的指令	xset	X-Window系统的用户爱好设置

5. 打印的相关指令

名称	说明	名称	说明
cancel	取消打印任务	lprm	删除打印任务
cupsdisable	停止打印机	lpc	打印机控制程序
cupsenable	启动打印机	lpq	显示打印队列状态
dmesg	打印和控制内核环形缓冲区	lpstat	显示CUPS的状态信息
lp	打印文件	lpadmin	管理CUPS打印机
lpr	打印文件		

6. 实用工具的相关指令

名称	说明	名称	说明
bc	任意精度的计算器语言	sum	打印文件的校验和
cksum	计算文件的校验和与统计文件字节数	sleep	暂停指定的时间
cal	显示日历	stty	修改终端命令行设置
clear	清屏指令	sln	静态ln
consoletype	打印已连接的终端类型	talk	用户聊天客户端工具
date	显示与设置系统日期时间	tee	双向重定向指令
dircolors	ls指令显示颜色设置	users	打印登录系统的用户
info	GNU格式在线帮助	whatis	从数据库中查询指定的关键字
login	登录指令	who	打印当前的登录用户
logname	打印当前用户的登录名	whoami	打印当前的用户名
man	帮助手册	wall	向所有终端发送信息
md5sum	计算和检查文件的MD5报文摘要	write	向指定用户终端发送信息
mesg	控制终端是否可写	yes	重复打印字符串直到该命令被强制杀死
mtools	DOS兼容工具集		

7. 硬件的相关指令

名称	说明	名称	说明
badblocks	查找硬盘坏块	mkisofs	创建光盘映像文件
blockdev	在命令行中调用硬盘的ioctl	mknod	创建字符或者块设备文件
cdrecord	光盘刻录工具	mkswap	创建交换分区或者交换文件
convertquota	转换老的硬盘配额数据文件	parted	强大的硬盘分区工具
df	报告硬盘空间使用情况	partprobe	确认分区表的改变
eject	弹出可移动媒体	pvcreate	创建物理卷
fdisk	Linux的硬盘分区工具	pvscan	扫描所有硬盘上的物理卷
gpm	虚拟控制台的鼠标工具	pvdisplay	显示物理卷属性
hwclock	查询与设置硬件时钟	pvremove	删除指定的物理卷
hdparm	读取并设置硬盘参数	pvck	检查物理卷元数据
lsusb	显示USB设备列表	pvchange	修改物理卷属性
lspci	显示PCI设备列表	pvs	输出物理卷信息报表
lilo	Linux引导加载器	setpci	配置PCI设备
lvcreate	创建逻辑卷	systool	查看系统设备信息
lvscan	扫描逻辑卷	vgcreate	创建卷组
lvdisplay	显示逻辑卷的属性	vgscan	扫描并显示系统中的卷组
lvextend	扩展逻辑卷的空间	vgdisplay	显示卷组属性
lvreduce	收缩逻辑卷的空间	vgextend	向卷组中添加物理卷
lvremove	删除逻辑卷	vgreduce	从卷组中删除物理卷
lvresize	调整逻辑卷的空间大小	vgchange	修改卷组属性
mkfs	创建文件系统	vgremove	删除卷组
mkinitrd	为预加载模块创建初始化RAM硬盘映像	vgconvert	转换卷组元数据格式

8. 文件系统管理的相关指令

名称	说明	名称	说明
at	在指定时间执行任务	findfs	通过卷标或UUID查找文件系统
atq	显示用户待执行任务列表	lsattr	查看文件的第二扩展文件系统属性
atrm	删除待执行任务	mount	加载文件系统
chattr	改变文件的第二扩展文件系统属性	mkfs	创建文件系统
dumpe2fs	导出Ext2、Ext3文件系统信息	mke2fs	创建Ext2、Ext3文件系统
e2fsck	检查Ext2、Ext3文件系统	mountpoint	判断目录是不是加载点
e2image	将Ext2、Ext3文件系统元数据保存到文件中	quotacheck	硬盘配额检查
e2label	设置文件系统卷标	quotaoff	关闭硬盘配额功能
edquota	编辑硬盘配额	quotaon	激活硬盘配额功能
fsck	检查文件系统	quota	显示用户硬盘配额

续表

名称	说明	名称	说明
quotastats	查询硬盘配额运行状态	service	控制系统服务
repquota	打印硬盘配额报表	sar	搜集、报告和保存系统活动状态
resize2fs	调整Ext2文件系统大小	sysctl	运行时配置内核参数
swapoff	关闭交换空间	slabtop	实时显示内核slab缓冲区信息
swqpon	激活交换空间	startx	初始化X Window会话
sync	刷新文件系统缓冲区	tune2fs	调整Ext2、Ext3文件系统参数
stat	显示文件系统状态	umount	卸载文件系统
skill	向进程发送信号		

9. 软件包管理的相关指令

名称	说明	名称	说明
apt-get	APT包管理工具	dpkg-statoverride	改写所有权和模式
aptitude	基于文本界面的软件包管理工具	dpkg-trigger	软件包触发器
apt-key	管理APT软件包的密钥	ntsysv	配置不运行等级下的服务
apt-sortpkgs	排序软件包索引文件	patch	为代码打补丁
chkconfig	管理不同运行等级下的服务	rpm	RPM软件包管理器
dpkg	Debian包管理器	rpm2cpio	将RPM包转换为Cipo文件
dpkg-deb	Debian包管理器	rpmbuild	创建RPM软件包
dpkg-divert	将文件安装到转移目录	rpmdb	RPM数据库管理工具
dpkg-preconfigure	软件包安装前询问问题	rpmquery	RPM软件包查询工具
dpkg-query	在Dpkg数据库中查询软件包	rpmsign	管理RPM软件包签名
dpkg-reconfigure	重新配置已安装的软件包	rpmverify	验证RPM包
dpkg-split	分割软件包	yum	基于RPM的软件包管理器

10. 编程开发的相关指令

名称	说明	名称	说明
as	GNU汇编器	make	GNU工程化编译工具
expr	表达式求值	mktemp	创建临时文件
gcc	GNU C/C++编译器	nm	显示目标文件符号表
gdb	GNU调试器	perl	perl语言解释器
gcov	测试代码覆盖率	php	PHP的命令行接口
ld	GNU调试器	test	测试条件表达式
ldd	打印程序依赖的共享库	mktemp	创建临时文件

11．网络管理的相关指令

名 称	说 明	名 称	说 明
arp	操纵ARP缓冲区	lftpget	使用lftp下载文件
arping	发送ARP请求报文给邻居主机	lynx	纯文本网页浏览器
arpwatch	监控ARP缓冲区的变化	lnstat	显示Linux的网络状态
arpd	ARP守护进程	mailq	打印邮件传输队列
arptables	ARP包过滤管理工具	mailstat	显示到达的邮件状态
ab	Apache的Web服务器基准测试程序	mail	接收和发送电子邮件
apachectl	Apache Web服务器控制接口	mailq	打印邮件发送队列
dhclient	动态主机配置协议客户端工具	mysqldump	MySQL数据库备份工具
dnsdomainname	打印DNS的域名	mysqladmin	MySQL服务器的客户端管理工具
domainname	显示和设置系统的NIS域名	mysqlimport	MySQL服务器的数据导入工具
dig	DNS查询工具	mysqlshow	显示数据库、数据表和列信息
elinks	纯文本界面的WWW浏览器	mysql	MySQL服务器的客户端工具
exportfs	输出NFS文件系统	nisdomainname	显示NIS域名
ftp	文件传输协议客户端	netstat	显示网络状态
ftpcount	显示ProFTPD服务器当前连接的用户数	nslookup	域名查询工具
ftpshut	在指定时间停止ProFTPD服务	nc/netcat	随意地操纵TCP或UDP连接和监听端口
ftptop	显示ProFTPD服务器的连接状态	ncftp	增强FTP客户端工具
ftpwho	显示当前的每个FTP会话信息	nstat	网络状态统计工具
hostname	显示和设置系统的主机名称	nfsstat	列出NFS的状态
host	域名查询工具	nmap	网络探测工具和安全/端口扫描器
htdigest	管理用户摘要认证文件	ping	测试主机之间的网络连通性
htpasswd	管理用户基本认证文件	route	显示并设置路由
httpd	Apache的Web服务器守护进程	rcp	远程文件复制
ifconfig	配置网络接口	rlogin	远程登录
ifdown	禁用网络接口	rsh	远程Shell
ifup	激活网络接口	ss	显示活动套接字连接
iptables	内核包过滤与NAT管理工具	sendmail	电子邮件传送代理
iptables-save	保存Iptables表	showmount	显示NFS服务器的加载信息
iptables-restore	还原Iptables表	smbclient	Samba套件的客户端工具
ip6tables	IPv6版内核包过滤管理工具	smbpasswd	修改用户的SMB密码
ip6tables-save	保存ip6tables表	squidclient	Squid客户端管理工具
ip6tables-restore	还原ip6tables表	squid	代理服务器守护进程
ip	显示或操纵路由、网络设备和隧道	scp	安全复制远程文件
iptraf	监视网卡流量	sftp	加密文件传输
lftp	文件传输程序	ssh	安全连接客户端

续表

名称	说明	名称	说明
sshd	OpenSSH服务器守护进程	telnet	远程登录工具
ssh-keygen	生成、管理和转换认证密钥	tftp	简单文件传输协议客户端
ssh-keyscan	收集主机的SSH公钥	tcpdump	监听网络流量
traceroute	追踪报文到达目的主机的路由	wget	从指定的URL地址下载文件
tracepath	追踪报文经过的路由信息	ypdomainname	显示NIS域名